普通高等教育“十一五”规划教材
PUTONG GAODENG JIAOYU SHIYIWU GUIHUA JIAOCAI （高职高专教育）

DIANGONG JISHU

电工技术

（上册）

主 编 解建宝
副主编 刘佩芬 李建兴
编 写 吴安岚 智贵连 魏晓军
王 锦 徐益敏 林创利
陈延枫 陈 莅 王 艳
王锁川 贺军荪
主 审 张 明 齐 强

中国电力出版社
http://jc.cepp.com.cn

内 容 提 要

本书为普通高等教育“十一五”规划教材（高职高专教育）。

全书分上、下两册。上册共十二章，内容包括恒稳直流电路，电磁和电磁感应，恒稳单相正弦交流电路，恒稳三相正弦交流电路，动态电路，半导体整流、滤波稳压电路，半导体放大电路，数字电子电路介绍，电力变压器，异步电动机，同步电机，常用电工仪表及测量。下册共七章，内容包括电力系统基本知识，电气设备及配电装置，电气主接线，防雷与接地，二次接线部分，电气设备的运行，安全用电。

本书可作为高职高专院校非电类专业教材，亦可作为成人教育教材和相关工程技术人员参考用书。

图书在版编目（CIP）数据

电工技术．上册/解建宝主编．—北京：中国电力出版社，2009.2（2013.7重印）

普通高等教育“十一五”规划教材．高职高专教育

ISBN 978-7-5083-7862-6

Ⅰ．电… Ⅱ．解… Ⅲ．电工技术-高等学校：技术学校-教材 Ⅳ．TM

中国版本图书馆CIP数据核字（2008）第145659号

中国电力出版社出版、发行

（北京市东城区北京站西街19号 100005 http：//jc.cepp.com.cn）

航远印刷有限公司印刷

各地新华书店经售

*

2009年2月第一版 2013年7月北京第二次印刷

787毫米×1092毫米 16开本 14.25印张 341千字

定价**22.80**元

前 言

本书是按照教育部对高职高专教育人才培养工作的指导思想，结合陕西21世纪初高等教育教学改革工程研究课题《高职高专教育电工课程教学内容体系改革、建设的研究与实践》，在广泛汲取与借鉴近年来高职高专教学经验的基础上编写的。

本书主要针对高职高专热能动力类非电专业少课时《电工学》的要求编写，在内容体系上比以前的《电工学》有较大的改变，主要包括两个部分：

电工技术部分：

(1) 要求掌握电路的基本概念，增加了电磁场的基本知识，删除了受控源、复杂交流电路、二阶电路的响应、非正弦周期电流电路的计算及交流铁心线圈的等效电路等内容；

(2) 增加了电力变压器的原理、特性、运行的内容；

(3) 删去控制电机、直流发电机和可编程控制器内容，加强对异步电动机、同步电机原理特性讲解；

(4) 强化了现场电量测量方式的基本概念；

(5) 增加了电力系统基本知识、发电厂电气设备及运行方面的内容；

(6) 适当加强安全用电方面的知识。

电子技术部分：

(1) 在放大电路部分删去或精简了一些分立元件电路，加强了运算放大器的分析和应用；

(2) 加强了晶闸管的应用，例如结合电动机的变频调速，增加晶闸管逆变器内容；

(3) 在数字电路部分，由小规模集成电路入门，以中规模集成电路为重点，结合应用引入大规模集成电路；

(4) 增加“存储器和可编程逻辑器件”一章，侧重其应用；

(5) 加强应用，特别注意将多种元器件或单元电路组成实用系统，使学生了解它们之间的联系，建立完整概念；

(6) 此外，还编入功率场效应管、集成功率放大电路、晶闸管交流调压、卡诺图、数据分配器和数据选择器、环形计数器、环形分配器、CMOSD触发器。

本书由电工学教改小组共同编写，解建宝主编，刘佩芬、李建兴副主编。全书分上、下册，上册编写人员为第一章由吴安岚编写，第二章由魏晓军编写，第三、四章由智贵连编写，第五、十二章由李建兴编写，第六、七、八章由王锦编写，第九、十、十一章由徐益敏编写。下册编写人员为第一章由刘佩芬、陈延枫共同编写，第二章由林创利编写，第三章由刘佩芬、贺军荪共同编写，第四、五章由陈莅编写，第六章由解建宝、王艳共同编写，第七章由解建宝、王锁川共同编写，全书由解建宝、陈延枫统稿。

本书还配有教学用课件，课件主要由李建兴、贺军荪、张秦文制作，徐益敏、林创利同志提供了大量素材，在此一并表示感谢。

本书先由电工学教改小组的编者互相审阅，并请宋宝利、朱雅清同志审阅了电子、电机部分的六章内容。全书由西安电力高等专科学校组织专家审核、审定。

本书从编写大纲的审定、初稿的形成、组织审核、定稿，一直得到牛鼎铭教授的支持和关心，同时也得到西安电力高等专科学校单位领导的大力支持。西安电力高等专科学校电力工程系为本书的编写做了大量的工作，在此向所有关心、支持和参与本书编写的领导和专家表示衷心的感谢。

由于编者能力有限，见解不多，有些内容属初次引入，难免不够妥善，甚至会有错误之处。希望读者，特别是使用本书的教师和同学积极提出批评和改进意见，以便今后修订提高。

编　者

2005 年 12 月

目 录

第一章 恒稳直流电路

第一节 电路的基本物理量

电气元器件按照一定的方式组合起来构成电荷流通的路径，称为电路，也称网络。按功能不同电路可以分为两类：一类的功能是传输、分配和使用电能，例如由发电机、变压器、输电线、电动机等主要设备构成的电力网；另一类的功能是转换、控制、储存和处理电信号，例如电视机中，输入的是微弱的视频音频载波信号，通过调谐器、放大器、显像管等电子器件，输出了放大的图像声音信号。随着电荷的流通，电路中进行着电能和其他形式能量的相互转换。

电荷在导体、电气元件中定向移动形成电流。**导体因为由原子、分子等微粒组成，对电荷在其中定向移动会产生阻力，该阻力称为电阻，图形符号为"-▭-"，用符号 R 表示，单位为欧姆（Ω），其大小可以用欧姆表进行测量。**一定温度下，导体的电阻与其长度成正比，与其截面积成反比，还与导体的材料有关，其大小为

$$R=\rho\frac{L}{S} \tag{1-1}$$

式中 ρ——导体材料的电阻率，Ω·m；

L——导体的长度，m；

S——导体的截面积，m^2。

电路图中连接各元器件的导线很短，一般看成理想导线，忽略它的电阻。

不但导体有电阻，其他元器件也有电阻。有些元器件的电阻在不同工作状态及环境下电阻值相差很大，称为可变电阻或非线性电阻，如热敏电阻、光敏电阻、压敏电阻，其特性在工程实践中用途很大。

电阻和其他元器件在电路中要消耗电能，与电能的传输、消耗有关的物理量有电流、电压、功率、电能等。

一、电流

电流是一种物理现象，也是电流强度的简称，用符号 i 表示，单位为安培（A），其大小等于穿过导体横截面的电荷量与所需时间之比：$i=\frac{\Delta q}{\Delta t}$，每秒内穿过导体横截面的电荷为 1C 时，电流就为 1A。电流的大小可以用电流表进行测量。

本章述及的电流大小和方向均不随时间变化，被称为直流（DC）电流，常用大写字母 I 表示。

习惯上将正电荷的移动方向规定为电流的实际方向。在分析较复杂的电路时，往往事先难以判定某路径中电流的实际方向，可任意假定某一方向作为电流的参考方向，用箭头或双下标表示，如图 1-1 所示。规定了电流的参考方向以后，电流就是一个代数量了。**若某电流参考方向与实际方向一致，则该电流为正值，即 $I>0$；若两者方向相反，则该电流为负值，即 $I<0$。**未事先在电路图中假定电流的参考方向，计算电流的正负是没有意义的。

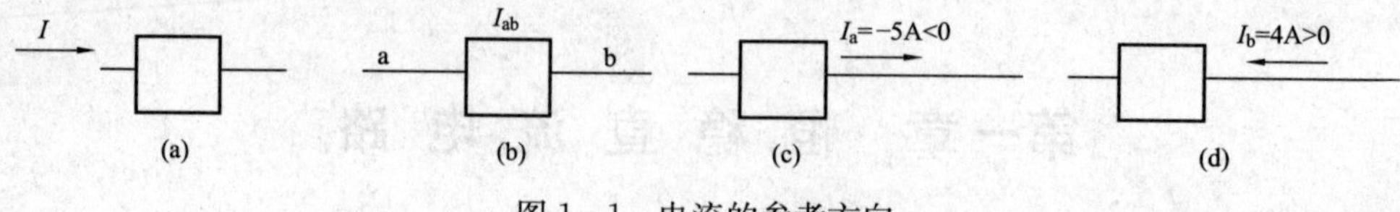

图1-1　电流的参考方向

在图1-1中，图1-1（a）表示电流的参考方向向右；图1-1（b）表示电流的参考方向由a点流向b点；图1-1（c）表示电流的实际方向向左；图1-1（d）表示电流的实际方向向左。

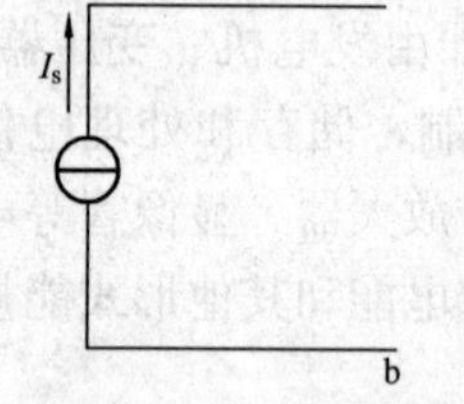

图1-2　理想电流源

为了讨论方便，人们设想出一种性能理想化的用于输出电流的电流源，称为“理想电流源”，其图形符号如图1-2所示。理想电流源是一个二端元件（有两个端子与外电路相接），无论在它的输出端ab端外接什么样的元器件，它的输出电流 I 恒等于它的确定电流值 I_s。品质优良的光电池在一定工作范围内其性能接近于理想电流源。

二、电位、电压、电动势

1. 电位

如图1-3（a）所示，人用力推动小车向前运动要对小车做功，功的大小为 $W=FS$。同理如图1-3（b）所示，电场力 f 推动正电荷从a点移动到o点，也要对正电荷做功，功的大小为 $W=fL$。

电场力把单位正电荷从电场中的某点移到参考点o所做的功称为该点的电位，用符号V表示，单位为伏特（V）。参考点o的电位假设为零，一般电系统中以大地作为零电位参考点，用符号“⏚”来表示，高于参考点的电位是正电位，低于参考点的电位是负电位。电路中某点的电位是个相对量，因为电位参考点o可以任意选取，参考点发生变化，电路中各点的电位也要随之变化。

2. 电压

图1-3（b）中电场力 f 将单位正电荷从a点和b点分别移到参考点o所做的功是不一样的，其中有

$$W_{ao}=V_{ao}=fL_{ao}$$

$$W_{bo}=V_{bo}=fL_{bo}$$

因为　$$L_{ao}>L_{bo}$$

所以　$$V_{ao}>V_{bo}$$

由此可知，a点的电位高于b点的电位。

电路中任意两点间的电位之差定义为这两点间的电压，用符号 U 表示，单位为伏特（V）。图1-3（b）中有

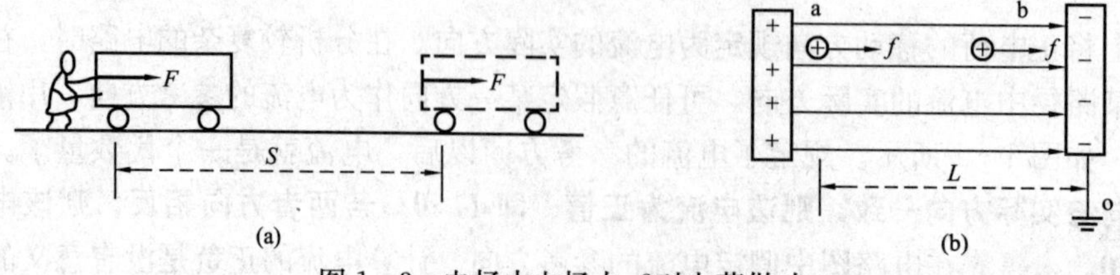

图1-3　电场中电场力 f 对电荷做功

$$U_{ab}=V_{ao}-V_{bo} \tag{1-2}$$

可以简单地理解为电压是电路中电荷之所以会产生移动的原因。导体中的正电荷在电位差的作用下向低电位点移动，类似于水管中的水在水压差的作用下向低水压处流动。同一电路中，电位参考点发生变化，任意两点间的电压不变。电压的大小可以用电压表进行测量。

电位也可以用电压来定义，**电路中 a 点的电位 V_a 就是该点与参考点之间的电压 u_{ao}。**

本章述及的电压其大小和方向均不随时间变化，被称为直流电压，常用大写字母 U 表示。

电压的实际极性是高电位点为正极、低电位点为负极，电压实际方向是电位降低的方向。在分析较复杂的电路时，可任意假定参考极性（设某一点极性为正、另一点极性为负）或用双下标和箭头表示电压的参考方向，如图 1-4 所示。规定了电压的参考方向以后，电压就是一个代数量了。**若某电压参考方向与实际方向一致，则该电压为正值，$U>0$；若两者方向相反，则该电压为负值，$U<0$。**未事先在电路图中假定电压的参考极性，计算电压的正负是没有意义的。

图 1-4（a）、（b）、（c）均表示电压的参考方向向右；图 1-4（d）、（e）均表示电压实际方向向左。

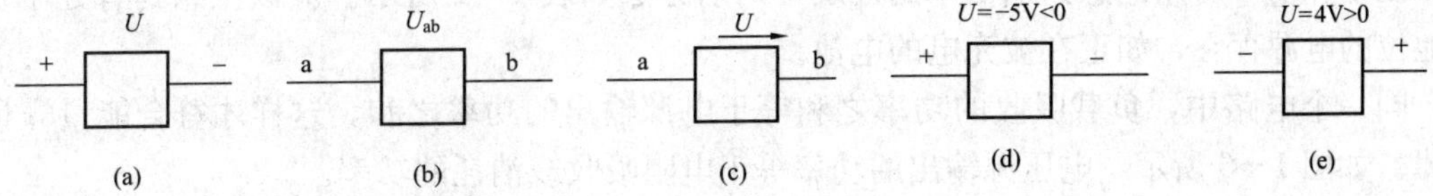

图 1-4 电压的参考方向

为了讨论方便，人们设想出一种性能理想化的用于输出电压的电压源，称为“理想电压源”，其图形符号如图 1-5（a）所示，直流情况下也可以用图 1-5（b）中的电池来表示。理想电压源是一个二端元件，无论在它的输出端 ab 端外接什么样的元器件，它的输出电压 U 恒等于它的确定电压值 U_s。品质优良的干电池或电子稳压电源在一定工作范围内其性能接近理想电压源。

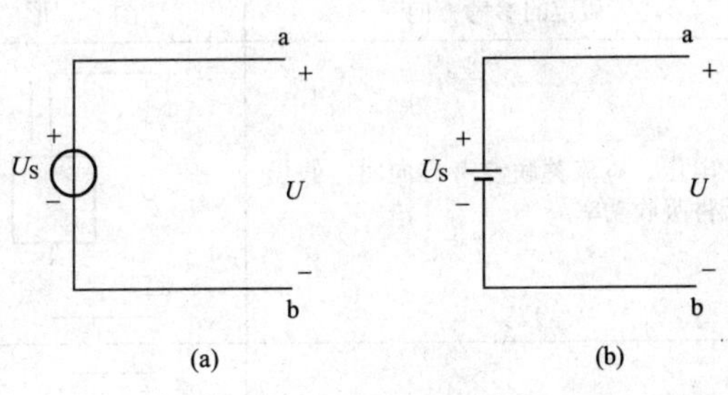

图 1-5 理想电压源

3. 电动势

观察图 1-6，如果 U_S 为正值，I 也为正值且顺时针流动，在电阻中正电荷从高电位点 a 向低电位点 b 移动。为了形成连续的电流，在电源中正电荷必须从低电位点回到高电位点，这就要求在电源中有一个电源力作用在正电荷上，使之逆着电场力的方向移动回到 a 点，并把其他形式的能量转换成电能。例如在发电机中，当导体在磁场中旋转而切割磁力线时，导体内便出现这种电源力；在电池中，化学力充当了这种电源力。电源中的电源力克服电场力做功，使正电荷的电能增加。这如同循环水系统中，为了形成连续的水流，在水泵中必须有一个力将水逆着水的重力方向提升到高处的水泵出水口处，水在提升的过程中消耗了水泵的机械能使其的势能增加。

电动势表明了电源内电源力将单位正电荷从电源的负极移动至正极时所做的功，其数值等于正电荷电能的增加量。电动势用符号 E 表示，单位为伏特（V）。 电动势 E 的实际方向是从电源的负极指向正极，即电源力的方向，与电源电压的实际方向刚好相反。

图 1-6 中，右侧 R 的电流参考方向从电压的参考正极流向参考负极，**这种电压、电流指向一致的参考方向称为关联参考方向；而流过电压源 U_S 的电流参考方向是从电压的参考负极流向参考正极，称为非关联参考方向。**

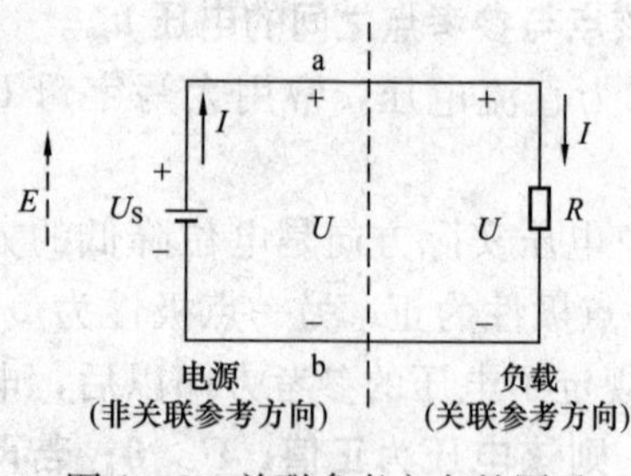

图 1-6 关联参考方向的图示

为方便起见，负载的电流、电压参考方向一般选为关联参考方向；电源的电流、电压参考方向一般选为非关联参考方向。

三、功率

电气元件在单位时间内输出或消耗的电能称为电功率，简称为功率。功率用符号 P 表示，单位为瓦特（W），计算公式为 $P=UI$。 功率可用功率表进行测量。

在计算功率时须注意判别功率的性质，判别方法如表 1-1 所示。应该注意到有处于负载地位的电源存在，如正在被充电的电池。

同一个电路中，负载吸收的功率之和等于电源输出的功率之和，这样才符合能量守恒定律。如图 1-6 所示，电压源输出的功率等于电阻吸收或消耗的功率。

表 1-1　　元件吸收功率与输出功率的判别

假定的参考方向	图　形	功率的计算值	功率的性质
电压、电流关联参考方向时，假设元件吸收功率	+、U、−，I 向下	$P=UI>0$	该元件吸收功率
		$P=UI<0$	该元件输出功率
电压、电流非关联参考方向时，假设元件输出功率	+、U、−，I 向上	$P=UI>0$	该元件输出功率
		$P=UI<0$	该元件吸收功率

四、电能

电路元件在一段时间内消耗或输出的能量为电能，用符号 W 表示，单位为焦耳（J）。 电能可用电能表进行测量。

电能计算公式为

$$W = Pt = UIt \tag{1-3}$$

式中，电压的单位为伏特（V），电流单位为安培（A），时间单位为秒（s），功率单位为瓦特（W），能量的单位是焦耳（J）。由于焦耳（J）这个单位在计量电能时显得过小，因此在电力生产及供应中，运用公式 $W=Pt$ 时，时间单位选为小时（h），功率单位选为千瓦（kW），于是电能的单位选为 kW·h，1kW·h 即 1 度电。

本节所讲到的电流、电压、功率、电阻的单位分别为 A、V、W、Ω。在工程中，有时觉得它们太大或太小，因此计算中还可以用它们的十进制倍数单位和分数单位。各级单位之间都是 1000 倍的关系，其换算关系如下。

$$1\text{kA}=10^3\text{A}；1\text{A}=1000\text{mA}=10^6\mu\text{A}$$

$$1\text{kV}=1000\text{V}；1\text{V}=1000\text{mV}=10^6\mu\text{V}$$

$$1\text{MW}=1000\text{kW}；1\text{kW}=1000\text{W}；1\text{W}=1000\text{mW}=10^6\mu\text{W}$$

$$1\text{M}\Omega=1000\text{k}\Omega；1\text{k}\Omega=1000\Omega；1\Omega=1000\text{m}\Omega=10^6\mu\Omega$$

第二节 电阻的串并联

一、欧姆定律与电阻吸收的功率

电阻元件上电流、电压的实际方向是一致的，因此在关联参考方向和非关联参考方向下欧姆定律有两种形式，如图 1-7 所示。非关联参考方向下，U_2 与 I_2 一个为正值时、另一个必为负值，那么比值$\frac{U_2}{I_2}$前必须加一个负号，才能使 R_2 的值为正值。

电阻元件始终吸收功率，其值为

$$P=UI=\frac{U^2}{R}=I^2R \tag{1-4}$$

二、电阻的串联及分压公式

数只电阻首尾相连，其间没有分叉路径，流过同一电流时称为电阻串联，如图 1-8 所示。串联电阻的总电压等于各个分电压之和，即

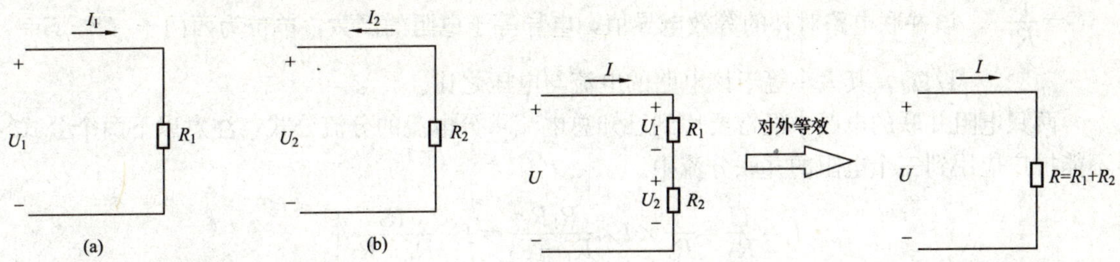

图 1-7 欧姆定律的两种不同形式

(a) 关联参考方向下：$R_1=\frac{U_1}{I_1}$；

(b) 非关联参考方向下：$R_2=-\frac{U_2}{I_2}$

图 1-8 电阻的串联

$$\left.\begin{aligned}U&=U_1+U_2=IR_1+IR_2=I(R_1+R_2)\\R&=\frac{U}{I}=R_1+R_2=\sum R_K\end{aligned}\right\} \tag{1-5}$$

式中 R——该串联电路对外的等效电阻值，该值大于每一只分电阻值。

电阻串联电路中经常要用到已知总电压求分电压的分压公式：

$$\left.\begin{aligned} U_1 &= \frac{R_1}{R_1+R_2}U = \frac{R_K}{\sum R_K}U \\ U_2 &= \frac{R_2}{R_1+R_2}U = \frac{R_K}{\sum R_K}U \end{aligned}\right\} \tag{1-6}$$

式（1-6）可以推广应用到三个及以上电阻的串联电路中。

电阻串联电路中电压分配和功率分配还有以下规律：

$$\frac{U_1}{U_2} = \frac{P_1}{P_2} = \frac{R_1}{R_2} \tag{1-7}$$

即两个串联电阻间的电压之比等于其功率之比等于其电阻值之比，电阻值越大者所分配的电压和功率越大。

三、电阻的并联及分流公式

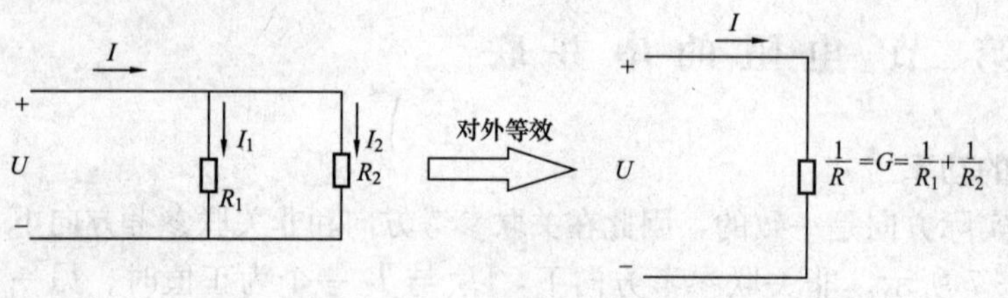

图 1-9　电阻的并联

数只电阻的一端连在一起，另一端也连在一起，所加同一电压时称为电阻并联，如图 1-9 所示。并联电阻的总电流等于各支路分电流之和，即

$$\left.\begin{aligned} I &= I_1 + I_2 = \frac{U}{R_1} + \frac{U}{R_2} = U\left(\frac{1}{R_1}+\frac{1}{R_2}\right) \\ G &= \frac{1}{R} = \frac{I}{U} = \frac{1}{R_1} + \frac{1}{R_2} = G_1 + G_2 = \sum G_K \\ R &= \frac{1}{\dfrac{1}{R_1}+\dfrac{1}{R_2}} = \frac{R_1 R_2}{R_1+R_2} \end{aligned}\right\} \tag{1-8}$$

式中　R——该并联电路对外的等效电阻值，该值小于每一个分电阻；

$G=\dfrac{1}{R}$——该并联电路对外的等效电导值，电导等于电阻的倒数，单位为西门子（S，$S=1/\Omega$），其大小等于该电路的电流与电压之比。

两只电阻并联的电路中经常要用到已知总电流求分电流的分流公式，注意以下两个公式不能推广应用到三个电阻的并联分流中。

$$\left.\begin{aligned} I_1 &= \frac{U}{R_1} = \frac{1}{R_1} \times I \times \frac{R_1 R_2}{R_1+R_2} = I \times \frac{R_2}{R_1+R_2} \\ I_2 &= \frac{U}{R_2} = \frac{1}{R_2} \times I \times \frac{R_1 R_2}{R_1+R_2} = I \times \frac{R_1}{R_1+R_2} \end{aligned}\right\} \tag{1-9}$$

电阻并联电路中电流分配和功率分配还有以下规律：

$$\frac{I_1}{I_2} = \frac{P_1}{P_2} = \frac{1/R_1}{1/R_2} \tag{1-10}$$

即两个并联电阻间的电流之比等于其功率之比等于其电导值之比，电导值越大者（即电阻值越小者）所分配的电流和功率越大。

【例 1-1】 求图 1-10、图 1-11 两电路中的等效电阻。

解：求等效电阻，一般从局部开始，将局部可以串联合并或并联合并的支路先行化简。图 1-10（a）电路中有三个 12Ω 电阻并联在一起，并联后的电阻值为 4Ω，然后画出图 1-10（b），得

$$R_{ab}=\frac{8\times(4+4)}{8+(4+4)}=4\Omega$$

图 1-10 【例 1-1】附图 1

【例 1-2】 求图 1-11（a）电路中的 I、I_1、U_{cd}。

解：图 1-11（a）所示电路看来复杂，看不清元件的连接方式，可以在不改变元件间连接关系的情况下将电路改画，得到图 1-11（b），其串并联方式一目了然，得到

$$R_{ab}=R_1+R_{cd}+R_2=5+\frac{3\times 6}{3+6}+1=8\Omega$$

化简以后的电路进行分流、分压计算十分方便

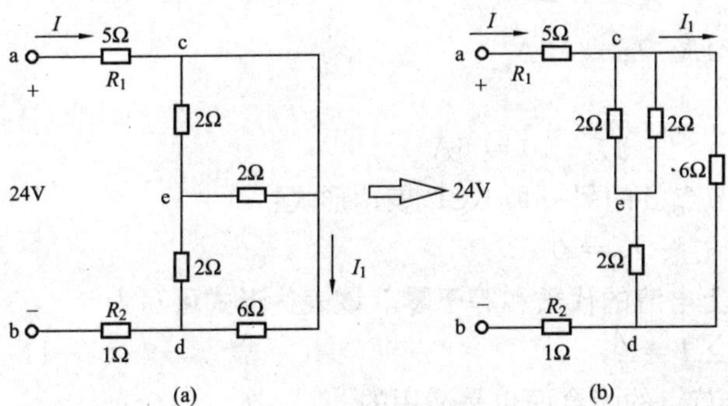

图 1-11 【例 1-1】附图 2

$$I=\frac{U_{ab}}{R_{ab}}=\frac{24}{8}=3\text{A}$$

应用分流公式，有

$$I_1=\frac{I}{6+R_{ced}}R_{ced}=\frac{3}{6+3}3=1\text{A}$$

应用分压公式，有

$$U_{cd}=\frac{U_{ab}}{R_1+R_2+R_{cd}}R_{cd}=\frac{24}{8}\times 2=6\text{V}$$

第三节 基尔霍夫定律

一、几个名词术语

支路：把电路中几个元件首尾相连组成的没有分叉，流过同一电流的分支称为支路，图 1-12 中共有五条支路 ab、bc、ad、cd、bed。

节点是指三条和三条以上支路的连接点。图 1-12 中共有三个节点：a、b、d；c 与 a 在一根理想导线两端，两点同电位，应看成是同一节点。

回路：电路中从一个节点出发不重复地经过若干支路和节点，再回到原出发节点所经过的闭合路径称为回路。图 1-12 中共有七个回路：abca、acda、bedcb、abeda、abcda、acbeda、abedca，**其中前三个回路的中间没有包括其他支路，又被称为网孔，网孔是一种特殊的回**

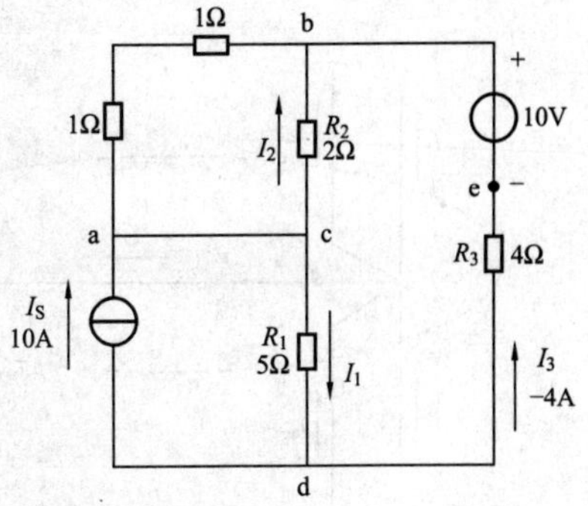

图 1-12 支点、节点、回路

路，可以平铺画在纸面上。

二、基尔霍夫电流定律

基尔霍夫电流定律（KCL）指出，电路中任一节点，在任一瞬间，流入节点的电流总和等于流出该节点的电流总和。也就是说电荷在节点处，不会消失，也不会堆积。这类似于一段具有分支的水管，在分支点处流入分支点的水流量总和等于流出该分支点的水流量总和。

例如在图 1－12 中，流入节点 d 的电流为 I_1，流出节点 d 的电流为 I_3、I_S，得到的 KCL 表达式为

$$I_1 = I_3 + I_S$$

由于

$$I_3 = -4A, I_S = 10A$$

故得

$$I_1 = I_3 + I_S = (-4) + 10 = 6A$$

若将式 $I_1 = I_3 + I_S$进行移项，可得到节点 d 的另一种 KCL 表达形式：

$$I_1 - I_3 - I_S = 0$$

上式表明：**在任一瞬间，任一个节点上电流的代数和等于零。**该表达形式可写为

$$\sum I = 0 \tag{1-11}$$

KCL 通常应用于节点，但对包围几个节点的闭合面也是适用的。

【例 1－3】 图 1－13 所示电路中，已知 $I_1 = 1A$，$I_2 = 2A$，$I_3 = -3A$，$I_4 = -1A$，$I_5 = 2A$，求其余各支路电流。

解：设流进左节点的电流为正，流出的为负，可得左侧节点的 KCL 方程：

$$I_1 + I_2 + I_3 - I_4 - I_7 = 0$$

所以

$$I_7 = I_1 + I_2 + I_3 - I_4 = 1+2+(-3)-(-1) = 1A$$

穿过图 1－13 中包围了左右两个节点的封闭面的有六条支路。由于电荷在封闭面内，也不会消失、不会堆积，因此这六条支路电流的代数和也应等于零，此处封闭面相当于一个放大了的节点。可得

$$I_1 + I_2 + I_3 - I_4 + I_5 + I_6 = 0$$

$$I_6 = -I_1 - I_2 - I_3 + I_4 - I_5 = -1-2-(-3)+(-1)-2 = -3A$$

图 1－14 所示的电路，如果开关 S 没有闭合，虚线封闭面仅切割到一条支路，根据

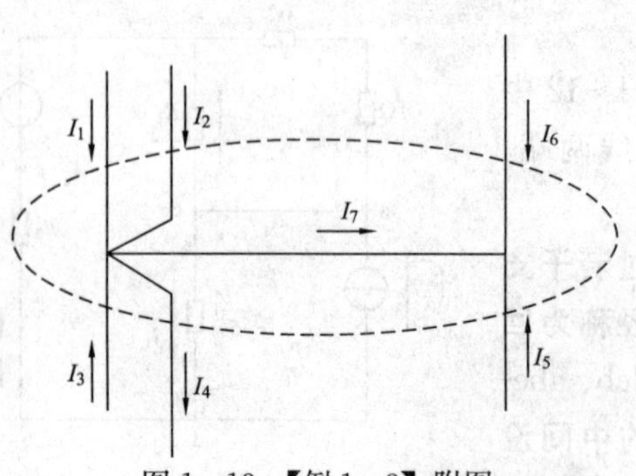

图 1－13 【例 1－3】附图

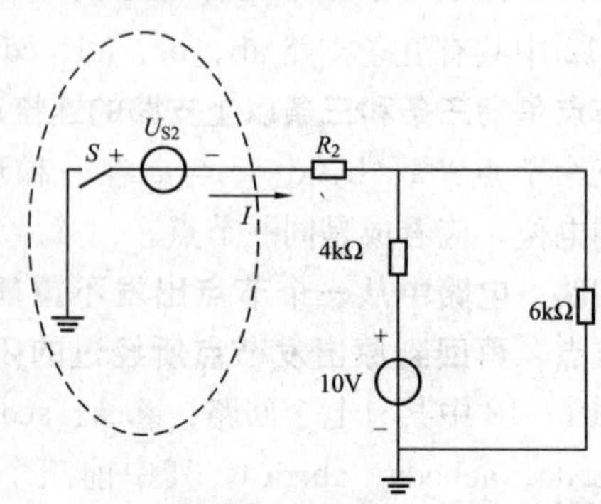

图 1－14 没有形成回路的支路电流为零

KCL，$\sum I=0$，则 $I=0$，这表明**没有形成回路的支路电流必为零**。但是若 S 闭合了，两个接地点就通过大地连在了一起，封闭面就切割到了两条支路，I 就可以流通了。

三、基尔霍夫电压定律

基尔霍夫电压定律（KVL）描述了闭合回路中各支路电压之间的关系。沿着闭合回路绕行，将会发生电位升降的变化。由于任意节点的电位值是唯一的（单值性），如果沿闭合回路绕行一周，回到原出发点，其电位的变化量应为零。这与图 1－15 所示人沿 BACDB 绕行一周回到出发点高度的变化量为零的道理类似。

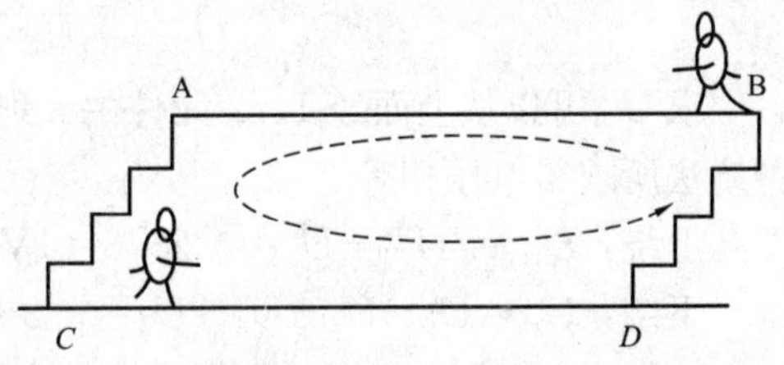

图 1－15　沿 BACDB 绕行一周高度的变化量为零

KVL 指出：在任一瞬间，沿任一闭合回路绕行一周，在绕行方向上各元件的电位升之和必等于电位降之和。在列写 KVL 方程时，沿绕行方向，若经过某元件时是电位降低，那么在它的电压项前冠上正号；反之经过某元件时是电位升高，则在它的电压项前冠上负号，那么 KVL 定律可表达为

$$\sum U = 0 \tag{1-12}$$

式（1－12）表明：**在任一瞬间，沿任一闭合回路绕行一周，各元件电位降的代数和等于零。**

例如在图 1－12 中，沿右网孔 bedcb 顺时针绕行一周，走出 b 点后，首先从正极到负极走过 10V 电压源，电位降低 10V，列 KVL 方程时“10V”前面冠正号；接着逆着 I_3 的方向走过 R_3，电位升高，电位升高了 R_3I_3，“R_3I_3”前面冠负号；然后逆着 I_1 的方向走过 R_1，电位升高了 R_1I_1，“R_1I_1”前面冠负号；最后顺着 I_2 的方向走过 R_2，电位降低，电位降低了 R_2I_2，“R_2I_2”前面冠正号，故 KVL 表达式为

$$\sum U = 10 - R_3I_3 - R_1I_1 + R_2I_2 = 0$$

式中，R_1、R_2、R_3、I_1、I_3 均为已知数，代入上式就可解出未知数 I_2：

$$I_2 = \frac{-10 + R_3I_3 + R_1I_1}{R_2} = \frac{-10 + 4(-4) + 5 \times 6}{2} = 2\text{A}$$

计算中若电压、电流、电阻的单位分别用 V、A、Ω 表示，那么算式中可以不带单位，以便使算式更简洁。这时如果已知条件给出的是十进制倍数单位和分数单位，应先将它们换算成 V、A、Ω，再代入方程计算。

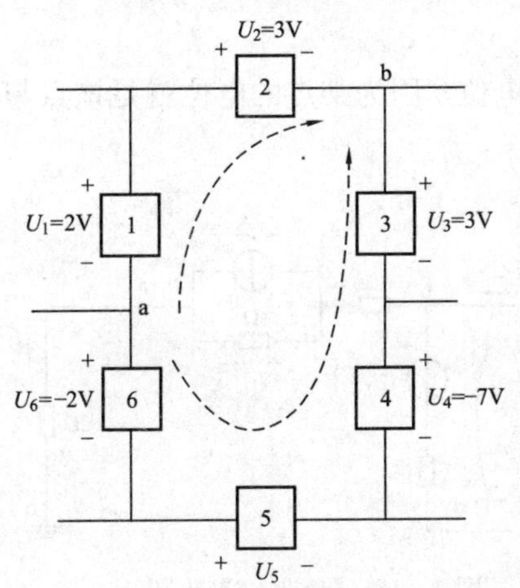

图 1－16 【例 1－4】附图

【例 1－4】 某局部电路如图 1－16 所示，试利用 KVL 求出 U_5，并用两种方法求出 a、b 两点间的电压 U_{ab}。

解：从 a 点出发先向上顺时针绕行一周，经过六只元件回到 a 点，得 KVL 方程为

$$-U_1 + U_2 + U_3 + U_4 - U_5 - U_6 = 0$$

$$\begin{aligned} U_5 &= -U_1 + U_2 + U_3 + U_4 - U_6 \\ &= -2 + 3 + 3 + (-7) - (-2) \\ &= -1\text{V} \end{aligned}$$

对已标注了电压参考极性的元件，列 KVL 方程时，沿绕行方向，从正极走到负极者，该项电压前冠

正号；从负极走到正极者，该项电压前冠负号。这个回路中，除元件 5 的电压 U_5 未知外，其他电压均已知，这时列写 KVL 方程，也可以从元件 5 的正极出发，逐个元件绕到元件 5 的负极，将各元件的电压降加起来就是 U_5，如下式：

$$U_5 = -U_6 - U_1 + U_2 + U_3 + U_4$$

求 U_{ab} 可以从上面经 1、2 元件由 a 到 b，也可以从下面经 6、5、4、3 元件由 a 到 b，两种绕法所求得电压相等

上绕：$U_{ab} = -U_1 + U_2 = -2 + 3 = 1\text{V}$

下绕：$U_{ab} = U_6 + U_5 - U_4 - U_3 = -2 + (-1) - (-7) - 3 = 1\text{V}$

该例表明 KVL 还可以应用于求任意两点间的电压，并且求两点间的电压与求解路径无关，这反映了电路中两点间电压的唯一确定性。

【例 1-5】 试求图 1-17 中的 U_{ab}、I_1、I_2。

解： 首先分析电路。a、b 两点之间没有接通，使 5Ω 电阻所在支路没有和其他支路形成回路，因此 5Ω 电阻上的电流和 U_{cd} 均为零，c、d 两点同电位。利用 KVL 可分别求出左、右两个网孔的电流，设两个网孔的绕行方向均为逆时针。

左网孔 $-6I_1 - (-10) - 30 - 4I_1 = 0$

$$I_1 = -2\text{A}$$

列写上式时，是逆着 I_1 绕行的，因此途径 6Ω、4Ω 电阻时，电位升高“$6I_1$”、“$4I_1$”两项前冠负号。

右网孔 $15I_2 + (-9) - 16 + 10I_2 = 0$

$$I_2 = 1\text{A}$$

列写上式时，途经“−9V”电池，是由正极走到负极，故“−9”前冠正号。

再求 U_{ab}，从 a 点到 b 点，走一条最近的路，途经 4Ω 电阻、30V 电压源、5Ω 电阻、−9V电压源、15Ω 电阻。首先顺着 I_1 流向经过 4Ω 电阻，“$4I_1$”前冠正号；30V 电压源从正极走到负极，“30”前面冠正号；5Ω 电阻上电压为零；−9V 电压源从负极走到正极，“−9”前面冠负号；逆着 I_2 流向经过 15Ω 电阻，“$15I_2$”前冠负号，故 KVL 方程为

$$U_{ab} = 4I_1 + 30 - (-9) - 15I_2$$

代入 I_1、I_2 的值，有

$$U_{ab} = 16\text{V}$$

【例 1-6】 利用 KVL 式还可方便地计算电路中的电位，因为某点的电位就是该点与参考点之间的电压。试计算图 1-18 中 b、c 两点的电位。

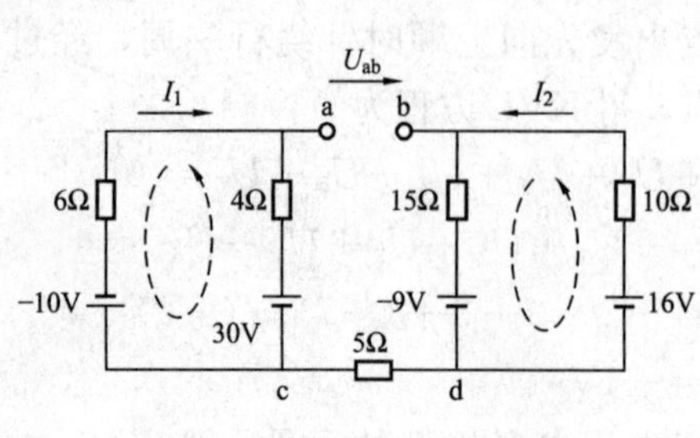

图 1-17 【例 1-5】附图

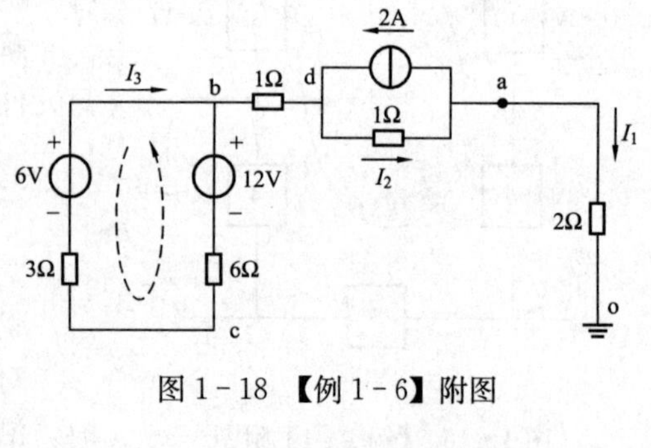

图 1-18 【例 1-6】附图

解：支路 bao 没有与其他支路形成回路，故 I_1 为零，但这条支路包含的一个小网孔中却有电流，显然 I_2 等于 2A。左网孔逆时针绕行的 KVL 方程为

$$6-9I_3-12=0$$

解得
$$I_3=-2/3\text{A}$$

求 b 点电位时，由于
$$U_{bd}=U_{ao}=0$$

故
$$V_b=U_{bo}=1\times I_2=2\text{V}$$

c 点的电位为

$$V_c=U_{co}=U_{cb}+U_{bo}=-6I_3-12+2=-6\text{V}$$

在应用 KCL、KVL 时，应注意以下两点：

（1）无论元件性质及电流、电压波形如何，KCL、KVL 都是适用的；

（2）列 KCL、KVL 方程，每一项前面冠以的正负号依据是电流、电压的参考方向；而代入的具体数据本身又可能有正有负。这两套正负符号不能混淆，错了其中任何一套，都可能出错。

【例 1-7】 利用 KVL，求图 1-19 所示电路中的电流 I 及各元件的功率，并验证电路中各元件输出的功率之和等于吸收功率之和。

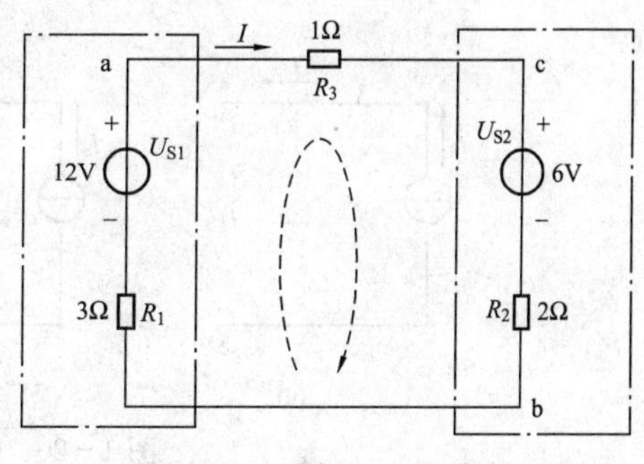

图 1-19 【例 1-7】附图

解：先按顺时针绕向列出该电路的 KVL 方程：

$$(R_1+R_2+R_3)I-U_{S1}+U_{S2}=0$$

$$I=\frac{U_{S1}-U_{S2}}{R_1+R_2+R_3}=\frac{12-6}{3+1+2}=1\text{A}$$

三只电阻吸收的功率为

$$P_R=I^2(R_1+R_2+R_3)=6\text{W}\quad\text{（吸收功率）}$$

U_{S1} 的功率为

$$P_1=U_{S1}I=12\times1=12\text{W}\quad\text{（输出功率）}$$

U_{S1} 与 I 的参考方向为非关联方向，根据表 1-1 判别，U_{S1} 的功率值为发出功率。

U_{S2} 的功率为

$$P_2=U_{S2}I=6\times1=6\text{W}\quad\text{（吸收功率）}$$

U_{S2} 与 I 的参考方向为关联方向，根据表 1-1 判别，U_{S2} 的功率值为吸收功率。

验证该电路达到了功率守恒：

$$P_1=P_R+P_2$$

该电路中，电压源 U_{S1} 通过电阻向另一个电压源 U_{S2} 充电，U_{S2} 的电压低于 U_{S1} 的电压，处于受电地位，即处于负载地位。由此可看到电路中并非所有的电源都在输出功率。

第四节　实际电流源与实际电压源

一个实际电源可以用两种不同的电路元件组合来表示。一种是实际电流源组合，简称为电流源；另一种是实际电压源组合，简称为电压源。

一、实际电流源

图 1－20 所示分别为理想电流源、实际电流源以及两者的伏安关系曲线。伏安关系曲线是将一个二端网络端子上的电压和电流分别作为直角坐标系的横轴、纵轴，作出电压和电流一一对应的关系曲线。理想电流源在实际生产中是不可能实现的，其伏安关系曲线为图 1－20（c）中的虚线 1，从虚线 1 中可观察到无论输出电压 U 如何变化其输出电流都始终等于 I_S；**实际电流源存在一个会引起分流作用的内电阻 R_S，它的电路结构可以由一个理想电流源 I_S 与其内电阻 R_S 相并联的组合来表示**，它向外输出的电流值 I 要受其输出端的电压 U 的影响。实际电流源内部产生的电流 I_S 并没有完全输送出去，而是要扣去内电阻上的分流值 U/R_S，其输出电流为

$$I = I_S - \frac{U}{R_S} \tag{1-13}$$

此一次方程称为实际电流源的伏安关系式（VCR），其变化规律如图 1－20（c）中的曲线 2，从该曲线可清楚看到随着端电压的增高输出电流下降，下降的量值就是内阻上分去的电流。

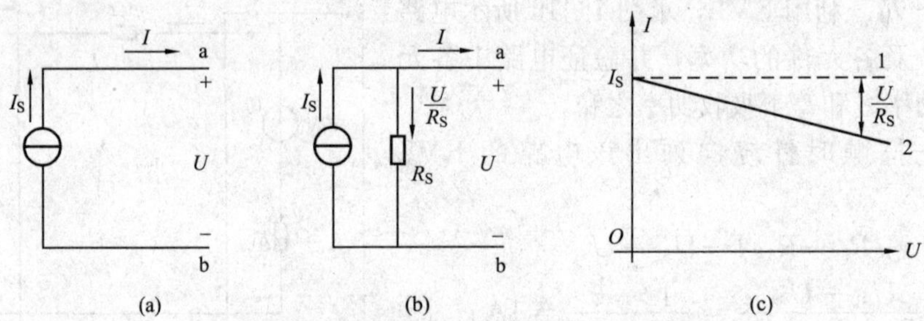

图 1－20　电流源以及伏安关系曲线

（a）理想电流源；（b）实际电流源；（c）两者的伏安关系曲线

二、实际电压源

图 1－21 所示分别为理想电压源、实际电压源以及两者的伏安关系曲线。与图 1－20（c）不同的是横轴表示电流、纵轴表示电压。理想电压源在实际生产中也不可能实现，其伏安关系曲线如图 1－21（c）中的虚线 1，从虚线 1 中可观察到无论输出电流 I 如何变化其输出电压都始终等于 U_S；**实际电压源存在一个会引起分压作用的内电阻 R_S，它的电路结构可以由一个理想电压源 U_S 与其内电阻 R_S 相串联的组合来表示**，它向外输出的电压值 U 要受其输出端的电流 I 的影响。实际电压源内部产生的电压 U_S 并没有完全输送出去，而是要扣去内电阻上的分压值 R_SI，其输出电压为

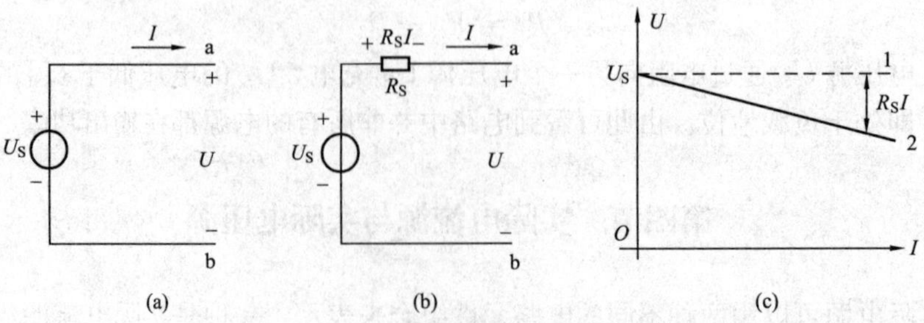

图 1－21　电压源以及伏安关系曲线

（a）理想电压源；（b）实际电压源；（c）两者的伏安关系曲线

$$U=U_S-R_SI \tag{1-14}$$

此一次方程是实际电压源的伏安关系式（VCR），其变化规律如图 1-21 中的曲线 2，从该曲线可清楚看到随着输出电流的增大输出电压下降，下降的量值就是内阻上分去的电压。

三、实际电流源与实际电压源之间对外电路的等效互换

电压源及电流源是电源的两种表示形式，这两种形式对与它们相连的外电路而言的是可以等效互换的。下面讨论等效互换的条件。

实际电流源的 VCR 为

$$I=I_S-\frac{U}{R_S} \tag{1-15}$$

实际电压源的 VCR 为

$$U=U_S-R_SI \tag{1-16}$$

将式（1-16）移项，调整一下使 I 作因变量，U 作自变量，得

$$I=\frac{U_S-U}{R_S}=\frac{U_S}{R_S}-\frac{U}{R_S} \tag{1-16'}$$

将式（1-16′）与式（1-15）的对应项相比较可知，要想使实际电压源输出端的伏安关系与实际电流源输出端的伏安关系对外一致，只要使

$$I_S=\frac{U_S}{R_S} \quad 或 \quad U_S=R_SI_S$$

成立即可，而两种实际电源的内阻 R_S 是相等的，如图 1-22 所示。

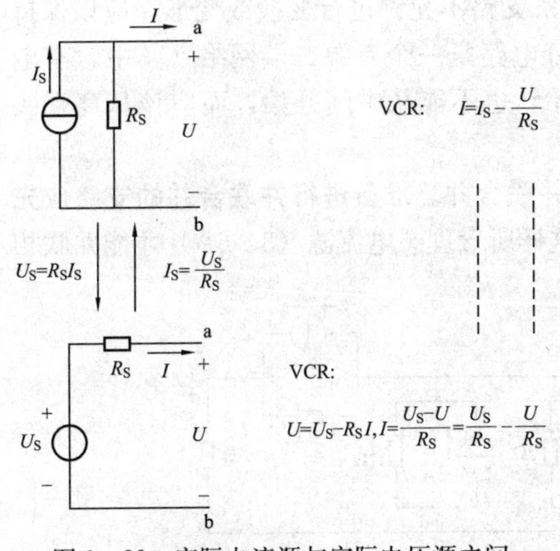

图 1-22 实际电流源与实际电压源之间对外电路的等效互换

实际上凡是理想电压源 U_S 与电阻串联的组合支路对外电路而言，都可以变换为理想电流源 I_S 与电阻并联的组合支路。电路的这种等效变换有时能使复杂的电路变得简单，便于计算。基本变换方法如图 1-23、图 1-24 所示。

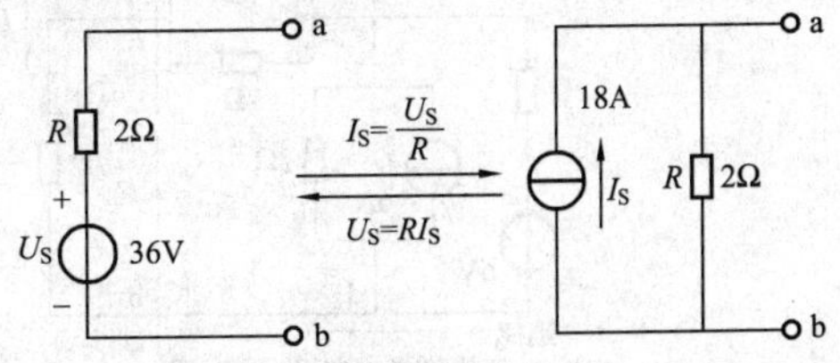

图 1-23 基本变换方法示例一

值得注意的是：

（1）等效变换时，**理想电流源流出电流的箭头端应与理想电压源的正极性端相对应。**变化部分以外其他电路的结构和电压、电流的大小和方向都不变。

（2）等效变换是对外电路等效，即变换后对外电路中电流、电压的分配不产生影响，而对电源内部并不等效。例如当外电路断开时，图 1-21（b）所示的实际电压源不往外输出电流，理想电压源不输出功率，与之串联的内电阻也不吸收功率；而图 1-20（b）所示的

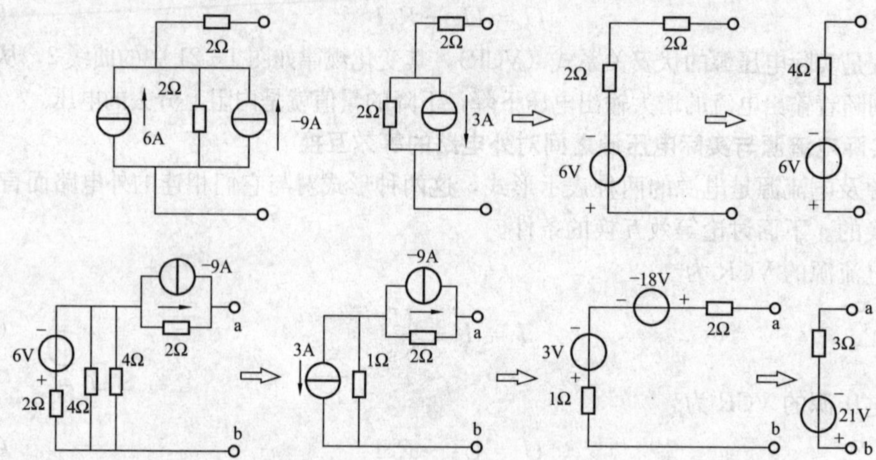

图 1-24 基本变换方法示例二

实际电流源中仍有内部电流，理想电流源输出功率，并且全部为与其并联的内电阻所吸收。

（3）理想电流源和理想电压源之间无法进行等效变换。换言之，参与变换的理想电流源必须是有电阻与之并联的；参与变换的理想电压源必须是有电阻与之串联的。

（4）凡是已经变换过的电路，一些支路、节点、元件已经不存在了（这种变换对内不等效），要求这些支路、节点、元件上的电流、电压必须回到未经变换过的原图来进行。

【例 1-8】 利用电源等效变换，求图 1-25（a）中的电流 I。

解：要求最右支路 7Ω 电阻上的电流，那么这条支路不允许进行变换或变形，应该保持原样，而将虚线以左的电路进行变换化简，这部分电路是一个有源二端网络（其中含有电源）。化简不能从有源二端网络的端头 a、b 处开始，也不能从中间开始，而应该从离端头 a、b 最远的支路（端尾）开始，逐步向端头推进。

在端尾的 c、d 两点之间，有两条支路要进行并联合并。**准备进行并联合并的支路应先变换成实际电流源**，如图 1-25（b）所示，只有这样所含理想电流源（3、6A）才能并联相

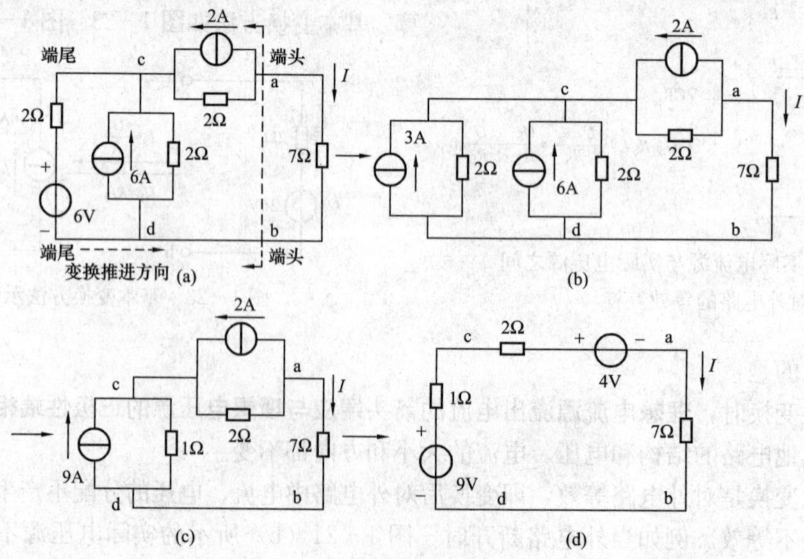

图 1-25 【例 1-8】附图

加。并联合并后的电路如图 1-25（c）所示，这时 a、c、d 三点间有两个实际电流源要进行串联合并，**准备进行串联合并的支路应先变换成实际电压源**，如图 1-25（d）所示，只有这样所含理想电压源（9、4V）才能串联相加。图 1-25（d）已经变成单网孔回路，顺时针列出 KVL 方程如下：

$$7I-9+3I+4=0$$

$$I=0.5\text{A}$$

该题求出电流 I 以后，若还要求求出 I_1、I_2、I_3、U_{cd}，就必须回到原图 1-25（a）来进行计算，如图 1-26 所示，这时 $I=0.5$A 是已知条件了。

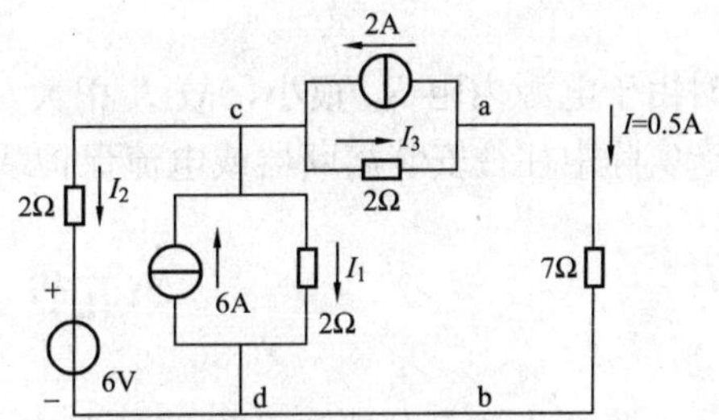

图 1-26　回到原图进行计算 I_1、I_2、I_3、U_{cd}

根据 KCL 方程，有

$$I_3=2+0.5=2.5\text{A}$$

根据 KVL 方程，有

$$U_{cd}=2I_3+7I=8.5\text{V}$$

$$I_1=U_{cd}/2=4.25\text{A}$$

$$I_2=(U_{cd}-6)/2=1.25\text{A}$$

四、电气设备的额定值和电源的三种工作状态

1. 额定值

接在电路中的电气设备及元器件，其工作电流、电压和功率等都有一个规定的限额值，这个数值称为额定值。按照额定值使用电气设备及元器件可以保证安全可靠，充分发挥其效能，并且保证正常的使用寿命。额定值通常用 U_N、I_N、P_N 等表示，这些额定值常标记在设备的铭牌上。对于 U_N、I_N、P_N 三个电量，一般给出两个，其余的可以由公式推算出来。例如对灯泡、电烙铁等通常只给出额定电压和额定功率；而对于电阻器除电阻值外，只给出额定功率。电气设备和元器件工作时，实际电流、电压和功率应尽量维持在额定值附近，这时 $I=I_N$ 称为满载；当电流和功率低于额定值时，$I<I_N$ 称为轻载，这时不能发挥设备的正常效能；当电流和功率高于额定值时，$I>I_N$ 称为过载，设备可能因为过热而缩短使用寿命。

2. 电源的有载工作状态

将图 1-27（a）所示电路中的开关 S 闭合，电源与负载（使用和消耗电能的设备）接通，电路中有电流流过，这种工作状态称为有载工作状态。电流大小为

$$I=\frac{U_S}{R+R_S}$$

R 越小，I 越大。值得注意的是，常说的“负载大”指的是负载取用的电流大，并不是指负载电阻值本身的大小。

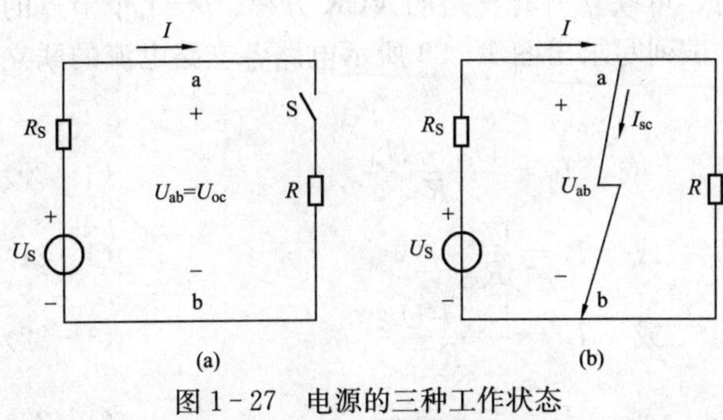

图 1-27　电源的三种工作状态

（a）电源的开路工作状态；（b）电源的短路工作状态

3. 电源的开路工作状态

将图 1-27（a）所示电路中的开关 S 断开，电路处于开路状态（这种

状态又称空载），开路时可认为外电路电阻为无穷大。这时电源输出端无电流流过，$I=0$；其输出电压称为开路电压，用U_{oc}表示，此时$U_{ab}=U_{oc}=U_S$。

4. 电源的短路工作状态

在图1-27（b）中，如果a、b间通过一段导体连接了起来，因导体电阻极小，可忽略不计，所以a、b两点等电位。电流I全部从该导体流过，负载电流为0，这种情况称为短路，其短路电流用I_{sc}表示

$$I_{sc}=U_S/R_S$$

此时由于电源内阻R_S很小，故I_{sc}很大，这会引起电源或导线绝缘的损坏，甚至引起火灾。生产实际中往往安装熔断器或电流保护装置来预防这种情况发生。

第五节　支路电流法

支路电流法是分析复杂电路的基本方法。所谓复杂电路是指多回路多节点的电路，见图1-28，这种电路不能用电阻串联或并联的方法简化为单网孔回路。

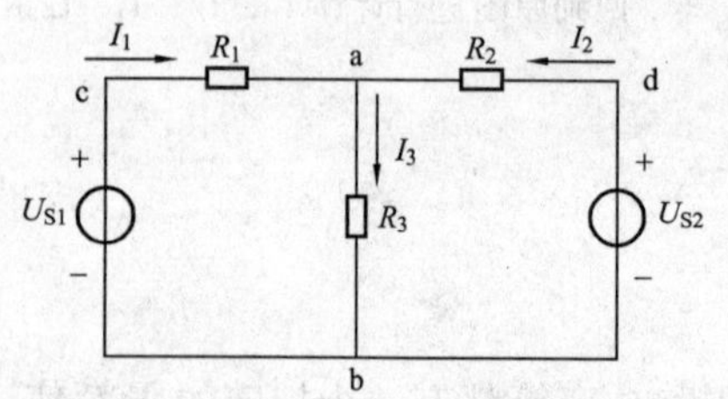

图1-28　复杂电路示例

常见电路都是平面电路，各回路像渔网一样可以平铺在纸面上，不存在空间立体交叉的支路。在用支路法求解平面电路的电流、电压时，通常设好各支路电流参考方向以后，先按网孔列出所有网孔的KVL方程；再列出$n-1$个节点的KCL方程，其中n为电路的节点的个数。有一个节点不列写KCL方程，是因为其他节点列写KCL方程后，最后一个节点的KCL方程不独立。联立求解列出的KVL、KCL方程组，就可求解出未知数。

例如，对图1-28所示电路，按顺时针绕向列写两个网孔的KVL方程如下：

网孔cabc $$R_1I_1+R_3I_3-U_{S1}=0 \tag{1-17}$$

网孔adba $$-R_2I_2+U_{S2}-R_3I_3=0 \tag{1-18}$$

再对a、b两个节点任选一个列写KCL方程，如对节点a列写：

$$I_1+I_2-I_3=0 \tag{1-19}$$

联立式（1-17）、式（1-18）、式（1-19），三个方程解出三个未知数I_1、I_2、I_3，进而还可求出每只电阻上的电压。如果图1-28中已知各元件参数$U_{S1}=3\text{V}$，$U_{S2}=5\text{V}$，$R_1=R_2=R_3=1\Omega$。解之得$I_1=0.33\text{A}$，$I_2=2.33\text{A}$，$I_3=2.67\text{A}$。

【例1-9】 当支路数多、节点数少时，可联立所有支路的VCR方程、$n-1$个节点的KCL方程进行求解，这也是一种支路法。试列写求出图1-29所示电路各支路电流的联立方程组。

解： 1支路 $$U_{ab}=-R_1I_1+U_{S1}\quad 或\quad I_1=\frac{U_{S1}-U_{ab}}{R_1} \tag{1-20}$$

2支路 $$U_{ab}=R_2I_2\quad 或\quad I_2=\frac{U_{ab}}{R_2} \tag{1-21}$$

3支路 $$U_{ab}=R_3I_3-U_{S3}\quad 或\quad I_3=\frac{U_{ab}+U_{S3}}{R_3} \tag{1-22}$$

4支路 $$U_{ab}=-R_4I_4+U_{S4}\quad 或\quad I_4=\frac{U_{S4}-U_{ab}}{R_4} \tag{1-23}$$

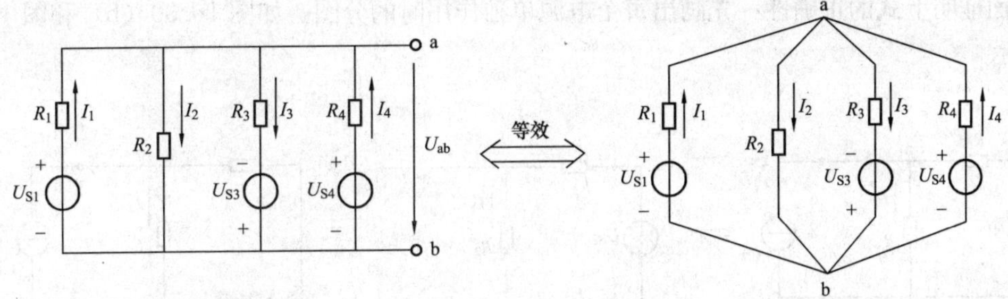

图 1-29 【例 1-9】附图

KCL 方程 $$I_1-I_2-I_3+I_4=0 \tag{1-24}$$

五式联立就可求出所有五个未知数。

如果上题仅要求求出两节点间的节点电压 U_{ab}，可将式（1-20）～式（1-23）同时代入式（1-24）得到

$$\frac{U_{S1}-U_{ab}}{R_1}-\frac{U_{ab}}{R_2}-\frac{U_{ab}+U_{S3}}{R_3}+\frac{U_{S4}-U_{ab}}{R_4}=0$$

整理上式后可得

$$U_{ab}=\frac{\frac{U_{S1}}{R_1}-\frac{U_{S3}}{R_3}+\frac{U_{S4}}{R_4}}{\frac{1}{R_1}+\frac{1}{R_2}+\frac{1}{R_3}+\frac{1}{R_4}}=\frac{\sum\frac{U_{SK}}{R_K}}{\sum\frac{1}{R_K}} \tag{1-25}$$

分析式（1-25）的结构，分母是各支路的电导（电阻的倒数）之和，分子相当于是各实际电压源支路变换成实际电流源支路后的理想电流源 I_{SK} 的值，I_{SK} 流进节点 a 时（即变换前电压源的正极朝着节点 a 时）该项前面冠正号。并联着的几条支路中也可以包括理想电流源，这时直接将理想电流源的值代入 $\sum\frac{U_{SK}}{R_K}$ 中即可。式（1-25）称为弥尔曼方程。

例如图 1-28 中各元件参数为 $U_{S1}=3V$，$U_{S2}=5V$，$R_1=R_2=R_3=1\Omega$ 时，用弥尔曼方程解答 U_{ab} 的过程为

$$U_{ab}=\frac{\frac{U_{S1}}{R_1}+\frac{U_{S3}}{R_3}}{\frac{1}{R_1}+\frac{1}{R_2}+\frac{1}{R_3}}=\frac{\frac{3}{1}+\frac{5}{1}}{\frac{1}{1}+\frac{1}{1}+\frac{1}{1}}=2.67\text{ V}$$

第六节 叠 加 原 理

叠加原理是反映线性电路基本性质的重要原理，它的内容是：在有多个电源共同作用的线性电路中，任一支路中的电流（或电压）等于各个电源分别单独作用时在该支路中产生的电流（或电压）的代数和。

例如图 1-30 中，将原电路图等效地分解为两个电源单独作用的情况，有

$$I_2=I_2'+I_2''$$

下面证明上式的正确性：先画出每个电源单独作用时的分图，如图 1－30（b）和图 1－30（c）所示。

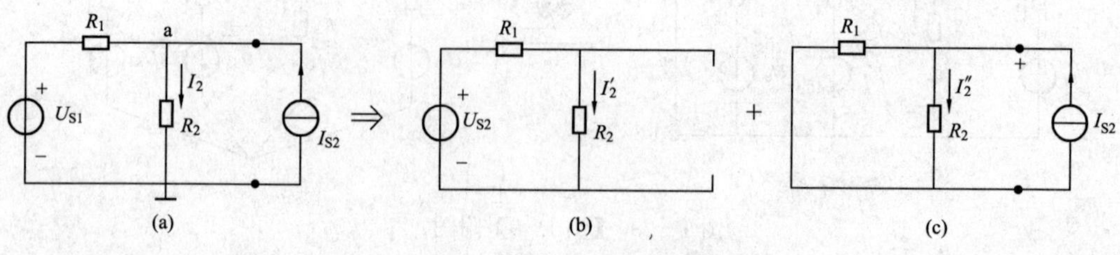

图 1－30 叠加原理的推导

对图 1－30（a）设下侧节点为参考节点，列写 a 点的节点方程计算 I_2。

$$\left(\frac{1}{R_1}+\frac{1}{R_2}\right)U_a=\frac{U_{S1}}{R_1}+I_{S2}$$

因为 $$U_a=R_2\times I_2$$

所以 $$\frac{R_1+R_2}{R_1R_2}(R_2\times I_2)=\frac{U_{S1}}{R_1}+I_{S2}$$

整理后 $$I_2=\frac{1}{R_1+R_2}\times U_{S1}+\frac{R_1}{R_1+R_2}\times I_{S2}=I_2'+I_2''$$

上式中 $I_2'=\frac{1}{R_1+R_2}\times U_{S1}$，与 U_{S1} 成正比，就是 U_{S1} 单独作用的结果，与用图 1－30（b）来计算 I_2' 的结果一致；$I_2''=\frac{R_1}{R_1+R_2}\times I_{S2}$，与 I_{S2} 成正比，就是 I_{S2} 单独作用的结果，与用图 1－30（c）来计算 I_2'' 的结果一致。

应用叠加原理应注意以下几点：

（1）电源单独作用是指电路中某一电源起作用，而其他电源置零（即不起作用）。具体处理方法如下：理想电压源不作用视为短路（即令 $U_S=0$，擦掉 U_S 符号中的圆圈，仅剩下一根短路线）；理想电流源不作用视为开路（即令 $I_S=0$，擦掉 I_S 符号中的圆圈，短横线示意切断线路表示“此路不通”了）。

（2）叠加原理不适用于非线性电路，因为在不同电流、电压下电阻值会发生变化。

（3）原电路图和各个分图中，同一电流、电压量的各个分量和总量的参考方向必须一致。

（4）功率不能用分图计算。

叠加原理在电路理论上十分重要，但计算过程分步骤多，不一定快捷简化。只有在支路数、回路数、电源数比较少的情况下计算会方便一些。

应用叠加原理，只要正确画出对应于电路总图的分图就完成了关键的一步，因为根据分图进行的后续计算，只有一个电源作用，一般利用电阻串、并联及分流、分压公式即可完成，并且负载的电流、电压实际方向很容易判断。

【例 1－10】 应用叠加原理计算图 1－31（a）中的 U_2、I_1、I_2。

解： 先作出分图 1－31（b）、（c）。

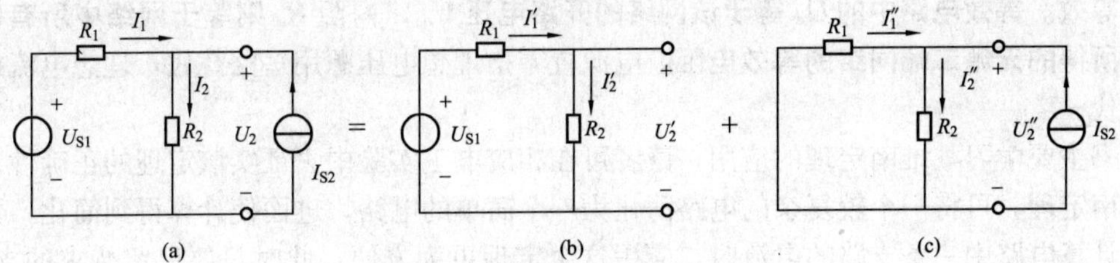

图 1-31 【例 1-10】附图

$$I_1' = I_2' = \frac{U_{S1}}{R_1 + R_2} = \frac{10}{6+4} = 1A$$

$$U_2' = R_2 I_2' = 4 \times 1 = 4V$$

$$U_2'' = \frac{R_1 R_2}{R_1 + R_2} I_{S2} = \frac{6 \times 4}{6+4} \times 4 = 9.6V$$

$$I_1'' = -\frac{U_2''}{R_1} = -\frac{9.6}{6} = -1.6A$$

$$I_2'' = \frac{U_2''}{R_2} = \frac{9.6}{4} = 2.4A$$

$$I_1 = I_1' + I_1'' = 1 + (-1.6) = -0.6A$$

$$I_2 = I_2' + I_2'' = 1 + 2.4 = 3.4A$$

$$U_2 = U_2' + U_2'' = 4 + 9.6 = 13.6V$$

【例 1-11】 按照叠加原理画出图 1-32（a）的分图。

解： 绘出分图 1-32（b）、（c），注意理想电压源、理想电流源的处理方法。

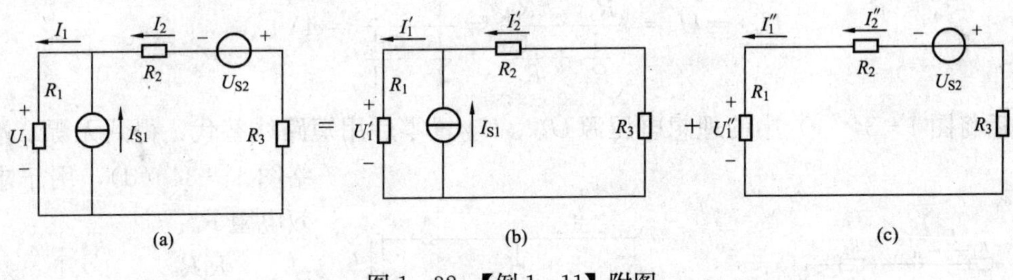

图 1-32 【例 1-11】附图

第七节 戴维南定理

戴维南定理用于对线性有源二端网络进行化简。所谓“有源二端网络”是指内部含有电源且有两个出线端的电路。有源二端网络的戴维南等效电路如图 1-33 所示。

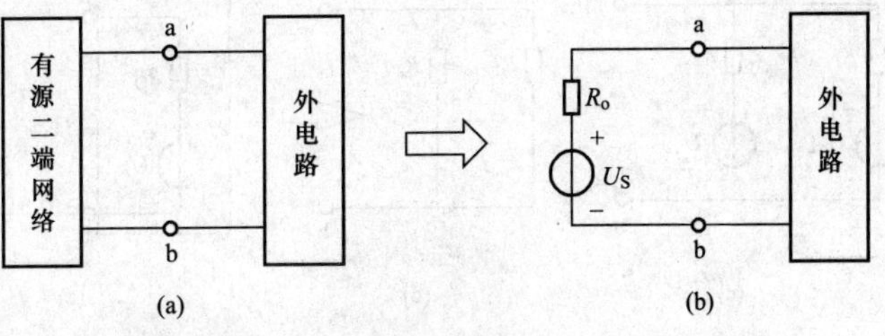

图 1-33 有源二端网络的戴维南等效电路

戴维南定理又称为等效电源定理，定理内容为：**任何线性有源二端网络可以用一个理想电压源（U_S）和内阻（R_o）相串联的支路**

来对外等效。等效电路中的 U_S 等于该网络的开路电压 U_{oc}，内阻 R_o 则等于网络中所有电源置零后所得的无源二端网络的等效电阻。电源置零指理想电压源用短路替代，理想电流源用开路替代。

本书主要学习戴维南定理的应用，读者可在相应电工实验中去证实该定理的正确性。应用戴维南定理，可将一个较复杂的电路简化为一个简单的电路，进而使计算得到简化。尤其是只需计算电路中一条支路的电流时，应用这个定理更为方便，此时只要保留待求的支路，而把电路的其余部分转化为等效电路。

【例 1-12】 图 1-34 中 $U_{S1}=3V$，$U_{S2}=5V$，$R_1=R_2=R_3=1\Omega$，应用戴维南定理求 R_3 支路的电流 I_3。

解：为方便起见可将被求支路在不改变原电路结构的情况下调到电路的一侧，见图 1-34（b）。为了计算时思路清晰，要求那条支路的未知电流、电压，先将那条支路移开（这里将 R_3 所在支路移开），得到如图 1-34（c）所示的端口开路的有源二端网络，对图 1-34（c）求出其开路电压 U_{oc}。求 U_{oc}有两种方法。

方法一：列写图 1-34（c）左网孔的 KVL 方程，求出此图中的 I_1，进而求出 U_{oc}：

$$(R_1+R_2)I_1+U_{S2}-U_{S1}=0$$

$$I_1=\frac{U_{S1}-U_{S2}}{R_1+R_2}=\frac{3-5}{1+1}=-1A$$

$$U_{oc}=U_S=R_2I_1+U_{S2}=4V$$

方法二：U_{oc}也可用弥尔曼方程求出，即

$$U_{oc}=U_S=\frac{\frac{U_{S1}}{R_1}+\frac{U_{S2}}{R_2}}{\frac{1}{R_1}+\frac{1}{R_2}}=\frac{\frac{3}{1}+\frac{5}{1}}{\frac{1}{1}+\frac{1}{1}}=4V$$

然后将图 1-34（c）中的理想电压源 U_{S1}、U_{S2}置零后用短路线替代，得到无源二端网络图 1-34（d），用于求等效电阻 R_o：

$$R_o=\frac{R_1R_2}{R_1+R_2}=\frac{1\times 1}{1+1}=0.5\Omega$$

戴维南等效电路如图 1-34（e）中的虚线所示。图 1-34（e）是个单网孔回路，计算 I_3 十分方便，即

$$I_3=\frac{U_S}{R_3+R_o}=\frac{4}{0.5+1}=2.67A$$

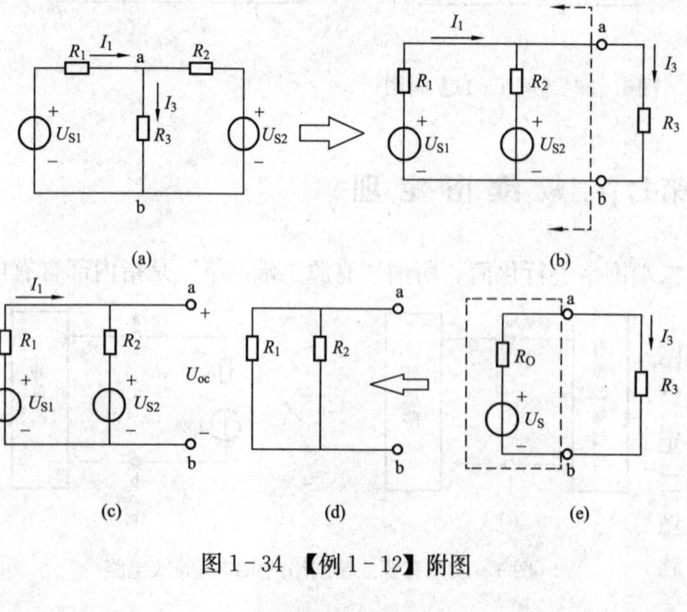

图 1-34 【例 1-12】附图

【例 1-13】 用戴维南定理求图 1-35（a）所示的电路中流过 R_3 的电流 I。

解：先将被求支路 R_3 移

开，得到图1-35（b）。图1-35（b）中I_S的50A电流逆时针流过左网孔，5Ω电阻上的电流为50A，4Ω电阻上的电流为零，沿着虚线所指方向从a点走到b点，可直接计算出开路电压U_{OC}：

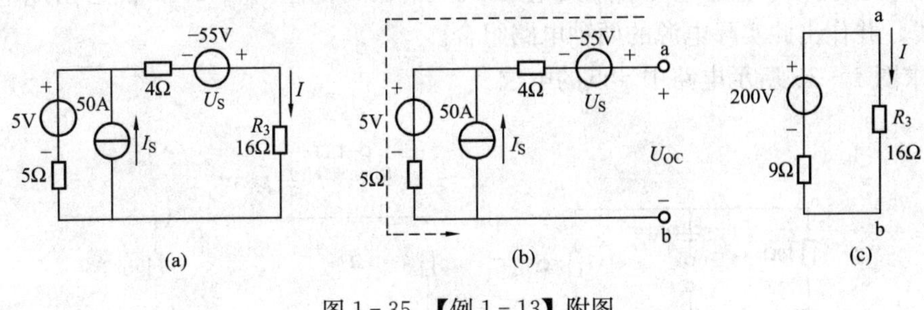

图1-35 【例1-13】附图

$$U_{oc} = (-55) + 5 + 5 \times 50 = 200\text{V}$$

等效电阻为

$$R_O = 4 + 5 = 9\Omega$$

所以

$$I = 200/25 = 8\text{A}$$

本 章 小 结

本章的直流电路计算方法，是全书的计算基础。要求掌握的重要内容有：电流、电压参考方向；基尔霍夫定律；电阻串、并联及分流、分压公式；理想电流源及理想电压源，实际电源的两种组合方式，实际电流源与实际电压源之间的等效互换；支路电流法等。

本章还介绍了一些电路的基本概念，如电路按功能可分为两类；电气设备的额定值、满载、轻载、超载；电路的开路、短路；什么是“负载大”；电路中的能量守恒定律；电路中电流、电压的分配原则等，这些是电路的一些常识，要求理解熟知。

最后介绍的叠加原理、戴维南定理是线性电路的重要定理，要求读者有较深刻的理解，以便后续章节进行应用。

习 题 与 思 考 题

1. 思考下列问题并回答：

(1) 处于负载地位的电源有什么特点？

(2) 分别按顺时针和逆时针方向绕行列出的KVL方程是否相同？

(3) 为什么说列写KCL、KVL方程，并进行计算时要与两套正负符号打交道？

(4) 一个平面电路能保证所有网孔的KVL方程均能独立吗？举例说明。

(5) 为什么具有n个节点的电路，只能列写出$n-1$个独立的节点方程？举例说明。

(6) 运用叠加原理进行计算时应注意什么？

(7) 实际电流源与实际电压源进行等效互换应注意些什么？

（8）有一台直流发电机，其铭牌上标有220V、53.8A。试问这台发电机的空载运行、轻载运行、满载运行和过载运行时的电流与电压各为多少？请用大于、等于、小于符号来回答。

（9）某直流电源的开路电压为100V，短路电流为5A，试用等效电压源来表示该电源。

（10）实验测得某直流电源的开路电压 $U_{oc}=16V$，内阻 $R_o=1\Omega$，试绘出此电源的伏安关系曲线，并作出此实际电源的两种电路组合。

2. 求图1-36所示电路中a点的电位。

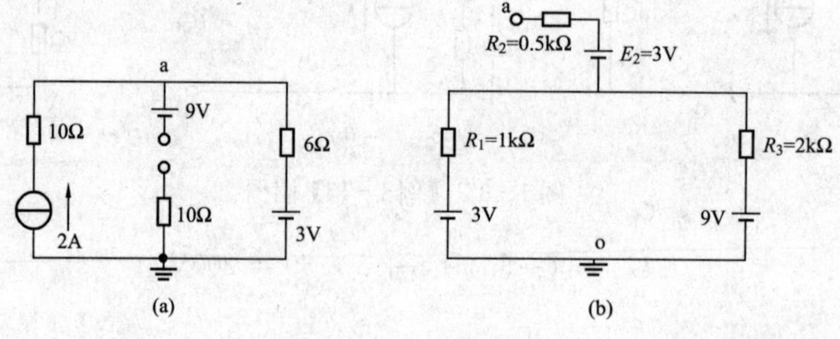

图1-36 习题2图

3. 用欧姆定律及分流、分压公式求图1-37所示电路中的电流或电压。

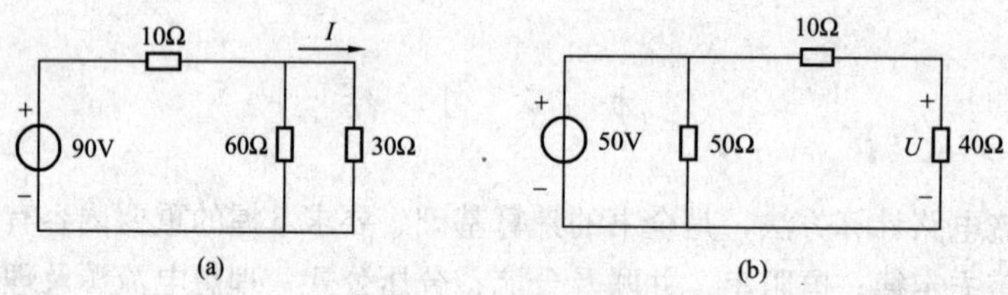

图1-37 习题3图

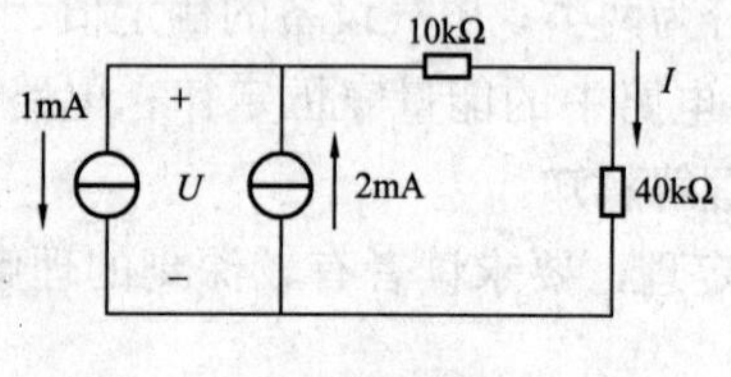

图1-38 习题4图

4. 用KCL、KVL求图1-38所示电路中的电流和电压。

5. 用弥尔曼方程计算图1-39两节点间的电压 U_{ao}。

6. 给图1-39（a）所示电路的三条支路设置电流的参考方向后，用支路电流法求解这三个电流。

7. 用电源等效互换的方法，求解图1-39（b）所示电路6kΩ电阻中流过的电流。

8. 用叠加原理求解图1-39（b）所示电路6kΩ电阻中流过的电流，要求画出两个电源单独作用时的分图。

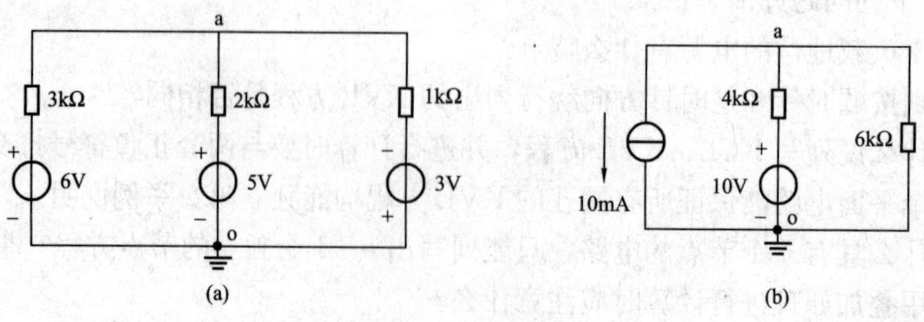

图1-39 习题5图

9. 画出图 1－40 所示电路的戴维南等效电路。

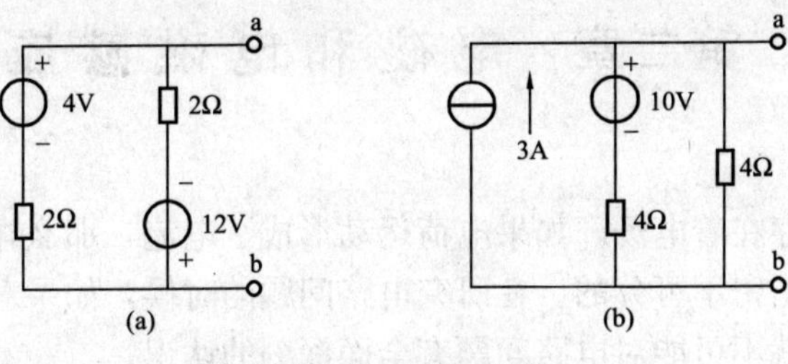

图 1－40 习题 9 图

10. 求解图 1－41 所示电路中的电流和电压。

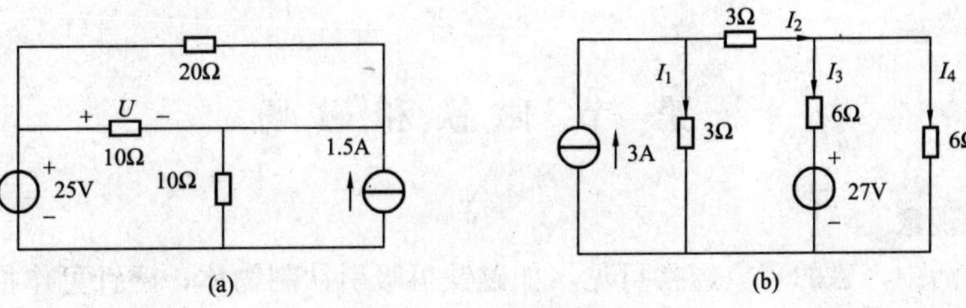

图 1－41 习题 10 图

第二章 电磁和电磁感应

静止电荷的周围存在着电场。如果电荷运动形成了电流，那么在电流的周围就会产生磁场。电现象和磁现象是密不可分的。在研究电路问题的时候，如果对于电流周围存在的磁现象没有基本的了解，就不可能对电路问题有全面深刻的认识。

在这一章，首先介绍磁场的一般特性及描述磁场的几个基本物理量，然后讨论电流所产生的磁场，最后讨论“动电生磁”（运动的电荷，即电流产生磁场）和“动磁生电”的有关问题。

第一节 磁铁和磁场

一、磁的现象

在日常生活中，磁的现象经常可见，如磁铁可吸引铁制物体，磁针可作指南针，磁化水能除垢并有治疗作用等。

磁铁能吸引铁类物体的性质称为磁性，具有磁性的物体称为磁体，又称为磁铁。磁体有天然磁铁和人造磁铁两种，前者如天然磁石，后者如永久磁铁。由于天然磁铁的磁性很弱，所以人们大部分使用的是人造磁铁。由于人造磁铁是用钢铁和铬、钨、钴等金属制成的，因此人造磁铁称为磁钢，例如常见的条形磁铁和马蹄形磁铁。

如果把一块条形磁铁移近一堆铁屑，它就会吸附上很多铁屑。这些被吸引的铁屑大部分集中在磁铁的两端，中间很少或者完全没有。这种现象说明，磁铁两端对铁屑吸力较大，将磁铁两端称为磁极。

如果用细线把条形磁铁悬挂起来，使它能在水平的位置自由转动，那么当它静止不动时，总是一个磁极指南，另一个磁极指北。人们把指南的一端称为南极，用S表示；指北的一端称为北极，用N表示。

如果用另一根磁铁的N极靠近上述悬空磁铁的N极，我们就会发现，两个磁铁的N极将会排斥。同样，两个S极也互相排斥。但是，一根磁铁的N极和另一根磁铁的S极则相互吸引。从这些现象我们可以知道，同性磁极互相排斥，异性磁极相互吸引。磁极之间的排斥力或吸引力称为磁力。相互作用的磁极并没有直接接触，它们之间的作用力是通过磁场来传递的。

因此，我们只要有一个小型的指南针，就可以辨别任何磁铁的南北极。当指南针移近磁铁的一端时，如果指南针的S极被吸引，那么磁铁的这一端就是N极，另一端就是S极。

地球是一个非常大的磁体，指南针所指的就是地球的南北极。不过由于地磁南极接近地球的北极；地磁的北极则接近地球的南极，所以我们可以认为指南针所指的大致上就是地球的南北方向。

二、磁场和磁力线

把小磁针放在磁场的某一位置，小磁针就会有一定的指向，并且小磁针外在磁场的不同位置，一般会有不同的指向，这说明磁场是有方向的。

规定：在磁场的某一点，小磁针N极所指的方向就是该点磁场的方向。

两个互相不接触的磁铁，为什么在它们的磁极之间会有作用力存在呢？这和电荷周围存在着电场的情况相似，在磁铁的周围也存在着磁场。与电场一样，磁场也是比较抽象的，通常用磁力线来描绘磁场，即用图形把抽象的磁场描绘出来。

磁力线和电力线一样，也是一些假想的线。我们通过下面的实验可以显示出磁力线。

在条形磁铁上放一块玻璃或纸板，再撒上一些铁屑，轻敲玻璃或纸板，就可看到铁屑按一定的形状排列起来，形成许多线条，这些线条就是条形磁铁的磁场在一个平面上的图形，也就是磁力线图形，如图2-1所示。

如果在磁场的某一区域内，磁力线是一些均匀的平行线，则该区域为均匀磁场。

图2-2所示的是一根条形磁铁的磁力线。

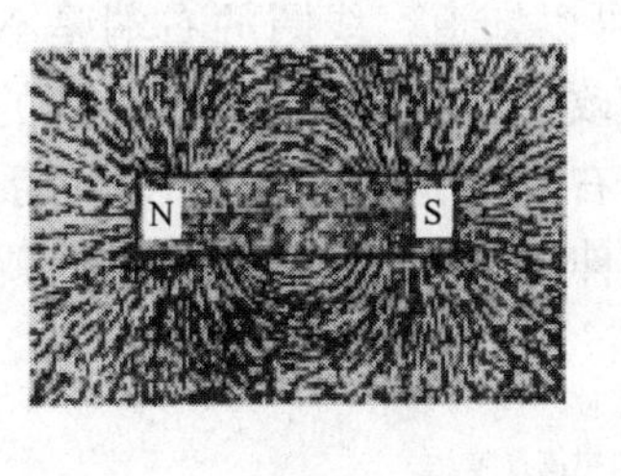

(a)

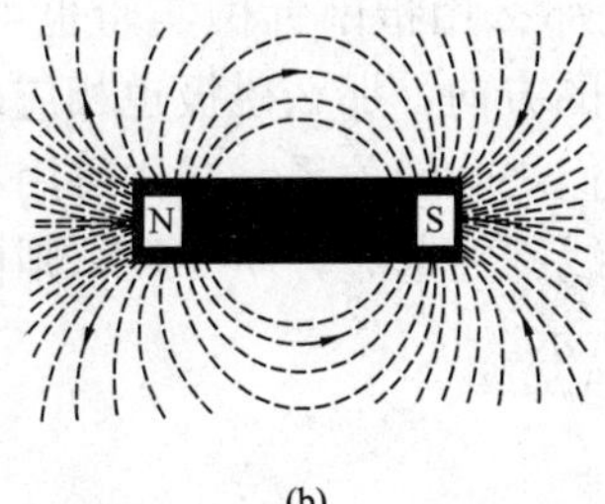

(b)

图2-1　条形磁铁的磁场和磁力线

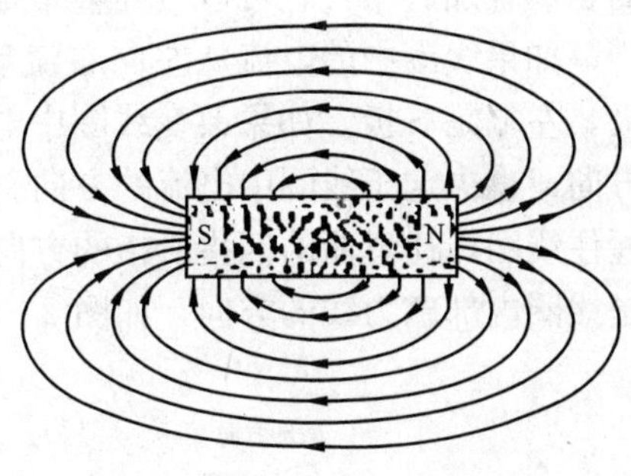

图2-2　条形磁铁的磁力线

根据以上观察到的现象，发现用磁力线描述磁场时，有以下的几个性质：

（1）磁力线上每一点的切线方向就是该点磁场的方向。磁力线彼此永不相交。

（2）磁力线的疏密表示磁场的强弱。磁力线密集的地方表示该处磁场强，磁力线稀疏的地方表示该处的磁场弱。

（3）磁体的磁力线在磁体的外部。磁力线从N极出发到S极，经磁体内部，由S极回到N极。每根磁力线都是闭合的回线。

三、电流的磁场

（一）载流导线的磁场

把一根有电流通过的导线（载流导线）垂直穿过一块纸板，并且在纸板上撒上许多铁屑，这时就可以看到，铁屑会有规律地团团围住导线，形成许多以导线为中心的同心圆环。如果上下平行移动纸板，铁屑的排列并不改变。这说明，沿整根导线周围都有磁场，而且沿导线长度分布相同，所以，我们只要用与导线垂直的任一平面上的磁力线分布图形，就可以表示载流导线周围的磁场。仔细观察这些排成圆环形状的铁屑，可以看出，它们好像是在静水中投入石块时所产生的波纹。同时发现靠近导线的地方，铁屑排列得越密，也就是磁场较强；离导线越远的地方，铁屑排列得越稀，磁场也越弱。

如果改变导线中电流的大小，那么就可以发现，通过导线的电流越大，在靠近导线的地方，铁屑排列得就越密，也就是磁场越强。

如果把指南针放入载流导线的磁场中，指南针N极在磁场中各点的指向就表示磁场的方向。同时发现，当电流自下而上流动时，磁场方向是逆时针方向；而当使电流自上而下流动时，指南针的指向就变成了顺时针方向。

上面的现象说明，载流导线周围的磁场是由导线中通过的电流产生的。所以，磁场的强弱决定于电流的大小，磁场的方向决定于电流的方向。和前面讨论磁铁磁场的情况一样，我们也可以用磁力线来描述载流导线周围的磁场。由于磁场方向和电流方向有关系，因此在用磁力线表示磁场时，还必须表示出电流的方向。

载流导线周围磁场与导线中电流的方向之间的关系，可以用右手螺旋定则确定。用右手握住导线，右手拇指指向电流的方向，则弯曲的四指所指的方向就是磁力线环绕的方向，如图 2-3 所示。

（二）载流线圈磁场

如果把载流导线绕成匝数很多的螺管线圈，由于线圈各匝之间挨得很紧，所以每匝线圈的磁场叠加起来，就可以得到整个螺管线圈的磁场。得到的磁场很像一个条形磁铁的磁场。

如果线圈中的电流从左向右流动，那么用指南针做实验也可以知道，线圈的右端是 N 极，左端是 S 极。如果改变线圈中电流的方向，那么磁极也相应改变。所以线圈周围磁场的方向，也决定于线圈中电流的方向。它们之间的关系，同样可用右手螺旋定则确定。用右手握住线圈，让弯曲的四指所指的方向和线圈的电流方向一致，则伸直的大拇指所指的方向就是线圈内部磁力线的方向，如图 2-4 所示。

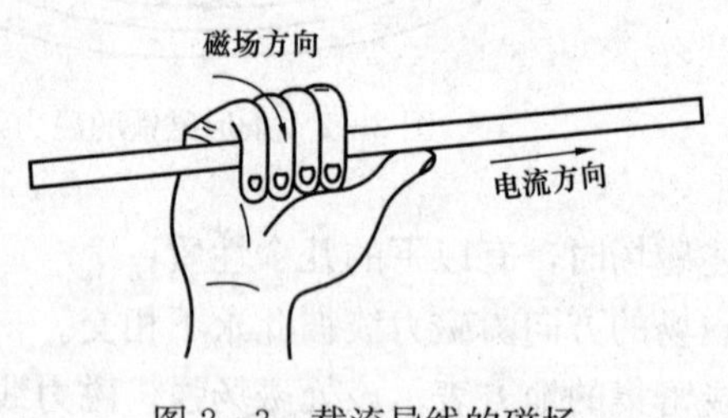

图 2-3 载流导线的磁场

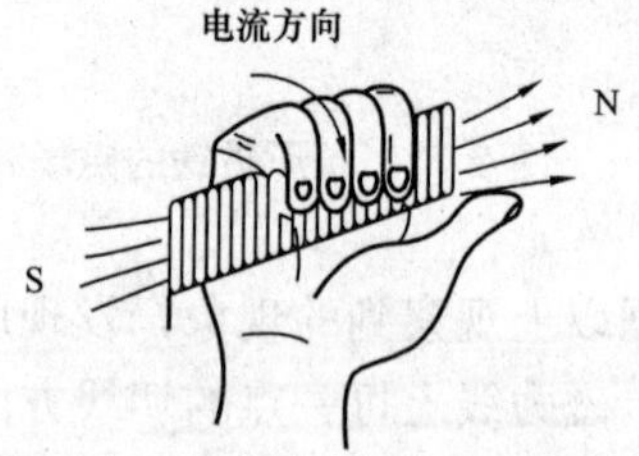

图 2-4 载流线圈的磁场

由以上可知，无论是一根直导线，还是一个线圈，它们周围的磁场都是由电流产生的。说明电流的周围存在着磁场，也即电流能产生磁场。这一发现的意义是重大的，它表明：动电生磁。电流产生磁场的效应称为磁效应。

第二节 磁场的基本物理量

一、磁感应强度

磁感应强度是表示磁场中某点磁场强弱和方向的物理量，是个矢量。

磁场有一个基本特性，就是它对处在磁场中的载流导体有作用力。如有一小段导体，长度为 Δl，通以电流 I，垂直于磁力线放在磁场中，导体便会受到磁场力 ΔF 的作用。精确的实验表明，磁场力 ΔF 与电流和导体长度的乘积 $I\Delta l$ 成正比，还与导体所处磁场的强弱有关。但比值$\frac{\Delta F}{I\Delta l}$与乘积 $I\Delta l$ 无关，而只决定于该处磁场的情况。在磁场的同一位置，比值$\frac{\Delta F}{I\Delta l}$总是一个恒量。在磁场的不同地方，这个比值可以有不同的数值。比值越大，表示该处的磁场越强；反之，表示该处的磁场越弱。因此，人们可以用这个比值来表示磁场的强弱。

定义：垂直于磁场方向的载流导体所受到的磁场力 ΔF，与电流和导体长度乘积 $I\Delta l$ 的比值，称为磁感应强度，用符号 B 表示，即

$$B=\frac{\Delta F}{I\Delta l} \tag{2-1}$$

式（2-1）是磁感应强度大小的定义式。

磁感应强度的单位由 F、I 和 l 的单位导出，称为特斯拉，用 T 表示。

工程上也曾用高斯（Gs）作为磁感应强度 $\boldsymbol{B}$ 的单位，它与特斯拉（T）之间的关系是

$$1\text{Gs}=10^{-4}\text{T}$$

为了使磁感应强度既表示磁场的强弱，又表示磁场的方向，我们用矢量表示磁感应强度，并记为 $\boldsymbol{B}$。磁感应强度矢量 $\boldsymbol{B}$ 的方向就是该处磁场的方向。

一般永久磁铁的磁感应强度 $\boldsymbol{B}$ 为 0.2～0.7T，电机和变压器铁心的磁感应强度 $\boldsymbol{B}$ 为 0.8～1.5T，地球磁场的磁感应强度 $\boldsymbol{B}$ 为仅约为 5×10^{-5}T。

二、磁通

磁通是表示磁场中一个面上磁场情况的物理量，它是个标量。

在均匀磁场中，磁感应强度 $\boldsymbol{B}$ 与垂直于磁场方向的面积 S 的乘积，称为通过该面积的磁通，记为 Φ。即

$$\Phi=\boldsymbol{B}\text{S} \tag{2-2}$$

磁通的 SI 单位是韦伯（Wb）。

工程上曾用麦克斯韦（Mx）作为磁通的单位，它们的换算关系是

$$1\text{Mx}=10^{-8}\text{Wb}$$

由式（2-2）可得

$$\boldsymbol{B}=\frac{\Phi}{S} \tag{2-3}$$

它表明：磁感应强度等于与磁力线垂直的单位面积上的磁通，所以磁感应强度又称磁通密度，简称磁密。

磁通也可以形象地用穿过某一面积的磁力线根数来表示。

【例 2-1】 已知一个线圈中的磁通为 3×10^{-3}Wb，线圈的面积为 25cm²，试求线圈中的磁感应强度。

解：

$$\boldsymbol{B}=\frac{\Phi}{S}=\frac{3\times10^{-3}}{25\times10^{-4}}=1.2\text{T}$$

三、磁导率

磁导率 μ 是用来表示物质导磁性能的物理量。

磁场的强弱除与产生它的电流、通电导体的几何尺寸有关外，还与磁场中介质的性质有关。不同的介质对磁场的影响是不同的。当一导体通以恒定电流，但周围的介质不同时，磁场中同一点的磁感应强度是不同的，现以长直载流导体为例来说明。

一根长直载流导体，其磁力线是一些以导体轴线为中心的同心圆。实验表明，磁场中某一点的磁感应强度 $\boldsymbol{B}$ 的大小与导体中通过的电流 I 成正比。与该点到导线轴线之间的距离 R 成反比，还与磁场中介质的性质有关。其表达式为

$$B = K\frac{I}{R}$$

式中 K——与介质性质有关的比例系数。

如果导体处在真空中，有 $K=\frac{\mu_0}{2\pi}$，得

$$B = B_0 = \frac{\mu_0 I}{2\pi R} \tag{2-4}$$

式中 μ_0——真空的磁导率，亨/米（H/m）。

由实验测得真空的磁导率 μ_0 为一常数，其值为

$$\mu_0 = 4\pi \times 10^{-7}\,\mathrm{H/m}$$

在介质中，有

$$B = \frac{\mu I}{2\pi R} \tag{2-5}$$

式中 μ——介质的磁导率，当 I 和 R 一定时，测取 $\boldsymbol{B}$，也就测得不同的介质的磁导率。

磁导率的大小反映了介质导磁能力的强弱。

为了便于比较各种介质的导磁能力，把某一种介质的磁导率 μ 与真空的磁导率 μ_0 相比较，两者的比值称为这种介质的相对磁导率，用 μ_r 表示，即

$$\mu_r = \frac{\mu}{\mu_0} \tag{2-6}$$

相对磁导率也可表示为

$$\mu_r = \frac{B}{B_0} \tag{2-7}$$

μ_r 也就是在同样电流值下，介质中某点的磁感应强度 B 与真空中该点的磁感应强度 B_0 之比。

自然界的物质按磁导率的大小，可分为三类。

第一类为顺磁性物质。如空气、铝、钨等，它们的磁导率 μ 比真空的磁导率 μ_0 稍大一点，相对磁导率 μ_r 约等于 1.000005。

第二类为逆磁性物质。如氢、铜、银、金等，它们的磁导率 μ 比真空的磁导率 μ_0 稍小一点，相对磁导率 μ_r 约等于 0.999995。

以上两类物质的相对磁导率 μ_r 都接近于 1，而且是恒量。通常把它们称为非铁磁物质或非磁性物质。在计算中，它们的相对磁导率 μ_r 近似取为 1。

第三类物质为铁磁物质或磁性物质。如铁、钴、镍等，它们的磁导率 μ 远大于真空的磁导率，相对磁导率 μ_r 远远大于 1，而且相对磁导率 μ_r 随磁场的强弱而变化。

铁磁材料的这种高导磁性能被广泛用于电气设备中，例如变压器、电机等线圈的铁心。在这种带有铁心的线圈中通入很小的励磁电流就能产生很强的磁场；另一方面，因为铁磁材料的磁导率大，磁力线容易通过铁磁材料，具有使磁力线集中通过的性能。

四、磁场强度

上面说明了磁感应强度与介质的性质有关，而介质对磁场的影响使磁场的分析变得复杂起来。为了便于磁场的计算，引入一个计算的辅助量——磁场强度。

由于长直载流导体周围的磁感应强度 $\boldsymbol{B}$ 与磁导率 μ 成正比，因而比值 B/μ 与磁导率 μ

无关，由此来定义磁场强度：

磁场中某点的磁场强度的大小，等于同一点的磁感应强度的量值与磁导率之比值，用符号 $\boldsymbol{H}$ 表示。

即
$$\boldsymbol{H}=\frac{\boldsymbol{B}}{\mu} \tag{2-8}$$

磁场强度也有方向，通常与磁感应强度矢量 $\boldsymbol{B}$ 的方向相同，磁场强度矢量用 $\boldsymbol{H}$ 表示。

磁场强度的 SI 单位是安/米（A/m）。

引入磁场强度后，能较简单地建立磁场与产生它的电流之间的关系。如长直载流导体的磁场中某点的磁场强度，可由 $B=\frac{\mu I}{2\pi R}$ 求得，为

$$\boldsymbol{H}=\frac{\boldsymbol{B}}{\mu}=\frac{I}{2\pi R} \tag{2-9}$$

式（2-9）表明，不论介质为何种材料，都不影响 H 值，只要电流 I 的量值一定，磁场强度便为定值。不仅长直载流导体如此，其他载流环形线圈、载流长螺线管的磁场也如此，只要知道产生磁场的电流，都可方便地计算出磁场强度。在这个计算过程中，与介质的磁导率 μ 无关。

第三节 电 磁 感 应

从前面的内容我们知道，电流能够产生磁场。下面我们讨论变动的磁场能够产生电动势和电流，也就是“动磁生电”的问题。

变动的磁场能在导体回路中产生电流，这种现象称为电磁感应。由电磁感应产生的电流称为感应电流。回路中有电流说明电动势也存在，这种电动势称为感应电动势。

在电力系统中，发电机、变压器、互感器、电抗器以及一些电工仪表都是根据电磁感应的原理制造出来的。在这些设备中，产生感应电动势的方法有以下几种：

(1) 改变导线附近的磁场。应用在大部分交流发电机中。

(2) 使导线在固定的磁场中运动。应用在所有的直流发电机和部分交流发电机中。

(3) 变动穿过线圈的磁通。应用在变压器、互感器等静止的电气设备中。

一、直导体中的感应电动势

将一根导线放在均匀磁场中，导线和一个检流计 G 接成闭合回路。当导线在磁场中沿着与磁力线垂直的方向向下移动时，如图 2-5 所示。我们就可以看到检流计的指针向左偏转，这说明导线中产生了的电流，或者说，导线中产生了感应电动势。如果让导线自下而上移动，那么就可以看到检流计的指针向右偏转，同样说明了导线中产生了感应电动势，只不过和向下移动时的方向相反。如果导线不动而使磁场上下移动，我们发现，磁场向下移动时和导线向上移动的结果相同（即检流计指针向右偏转），而磁场向上移动和导线向下移动的结果相同（检流计的指针向左偏转）。这个现象说明，只要导线和磁场发生了相对运动，或者说导线切割了磁力线，在导线中就会产生感应电动势。所以，这种感应电动势又称为动生电动势。

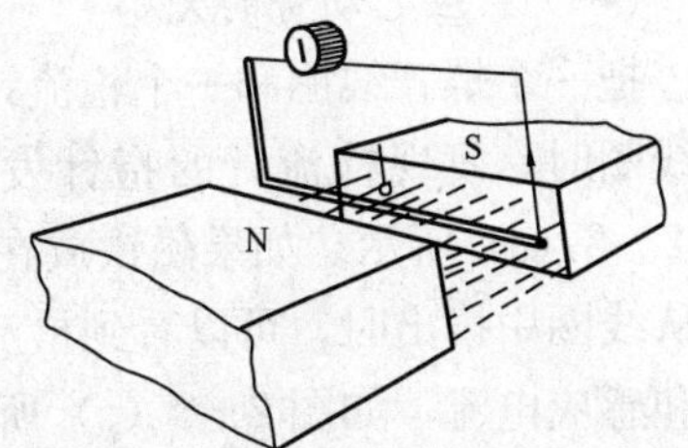

图 2-5 相对运动产生电动势

实验表明，直导体中的感应电动势与以下几个因素有关：

（1）磁场的强弱。磁感应强度 $\boldsymbol{B}$ 越强，感应电动势越大。

（2）导体运动的速度。速度 v 越快，感应电动势越大。

（3）导体在磁场中的有效长度。有效长度 l 越长，感应电动势越大。

（4）导体的运动方向与磁力线方向垂直时，感应电动势最大。

上述结果可归纳为：当导体在均匀磁场中沿着与磁力线垂直的方向运动时，所产生的感应电动势的大小与磁感应强度 B、导体的有效长度 l 及相对运动速度 v 成正比。写成关系式为

$$E = Blv \tag{2-10}$$

式中，B 的 SI 单位为 T，l 的 SI 单位为 m，v 的 SI 单位为 m/s，E 的 SI 单位为 V。

直导体的感应电动势的方向由右手定则确定：将右手伸直，使掌心迎着磁力线，大拇指指向导体的运动方向，与大拇指垂直的四指的指向就是感应电动势的方向，如图 2-6 所示。感应电动势是电动势中的一种，它的方向也是由低电位指向高电位。

应用右手定则，可以很方便地确定发电机绕组中感应电动势的方向，图 2-7 中画出了直流发电机绕组中的一匝线圈。磁场固定不动，线圈在磁场中按顺时针方向旋转。线圈中的 AB 边在 N 极下方从左向右运动时，用右手定则可以确定，所产生的感应电动势的方向由 A 指向 B。线圈的 CD 边此时在 S 极附近从右向左运动，所产生的感应电动势的方向是由 C 指向 D。如果每边的感应电动势的大小是 e，在 A、D 两点间所得的感应电动势就是 $2e$。D 点是高电位端（正极），A 点是低电位端（负极）。如果在 A、D 间接入负载电阻，那么在负载中就有电流通过。电流的方向是从 D 指向 A。

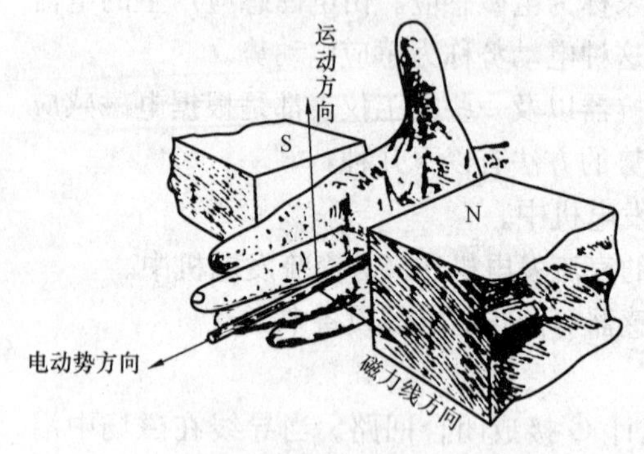

图 2-6 右手定则

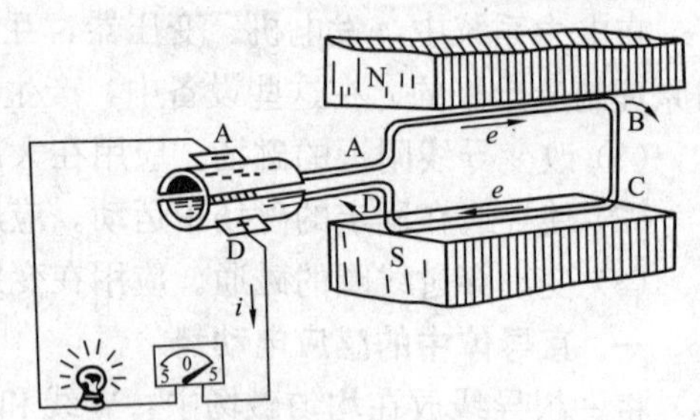

图 2-7 发电机绕组中的感应电动势

二、线圈中的感应电动势

（一）感应电动势的大小

把一个螺管线圈和一个检流计接成闭合回路，然后把一根条形磁铁插入线圈。当磁铁插入线圈时，发现检流计的指针发生偏转，说明线圈中产生了感应电动势和感应电流，如图 2-8（a）所示。如果磁铁放在线圈中静止不动，检流计指示为零，如图 2-8（b）所示。当从线圈中拔出时，可以看到检流计的指针反向偏转，说明线圈中产生了反方向的感应电动势和感应电流，如图 2-8（c）所示。

通过实验还进一步发现，线圈中的感应电动势（感应电流）的大小，与插入或拔出的速

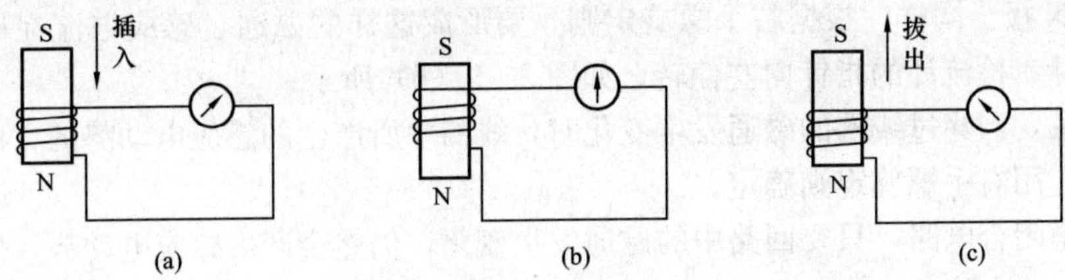

图 2-8　条形磁铁在线圈中运动和静止

度有关，速度越快，感应电动势（感应电流）越大；速度越慢，感应电动势（感应电流）越小。插入或拔出，实质是穿过线圈的磁通增加或减少。因而，表明线圈中感应电动势的大小，与线圈中磁通随时间的变化率成正比。

对于单匝线圈，感应电动势大小的计算式为

$$e=\left|\frac{\mathrm{d}\Phi}{\mathrm{d}t}\right| \tag{2-11}$$

式中，当磁通 Φ 的单位为 Wb，时间 t 的单位为 s，感应电动势 e 的单位为 V。

对于匝数为 N 的线圈，当穿过线圈各匝的磁通相等时，感应电动势大小的计算式为

$$e=\left|N\frac{\mathrm{d}\Phi}{\mathrm{d}t}\right| \tag{2-12}$$

N 与 Φ 的乘积称为磁链，它是各匝磁通的总和，也称全磁通，以 Ψ 表示，即

$$\Psi=N\Phi \tag{2-13}$$

所以

$$e=\left|\frac{\mathrm{d}\Psi}{\mathrm{d}t}\right| \tag{2-14}$$

（二）感应电动势的方向

感应电动势的方向由楞次定律确定。其内容是：闭合回路中感应电动势的方向，总是试图使它产生的磁场阻碍（或反对）原来磁场的变化。

下面我们用楞次定律来确定回路中感应电动势的方向。如图 2-9 所示，当把磁铁插入线圈时，线圈中的磁通增加。根据楞次定律，感应电流所产生的磁通要阻止原来磁通的增加，也就是说，线圈中感应电流产生的磁通和磁铁所形成的磁通方向相反。所以，线圈中感应电流所产生的磁通上边是 N 极，下边是 S 极。根据右手螺旋定则，要形成这样的磁通，感应电流在回路中的方向应为顺时针，检流计的指针向右偏转，如图 2-9（a）所示。

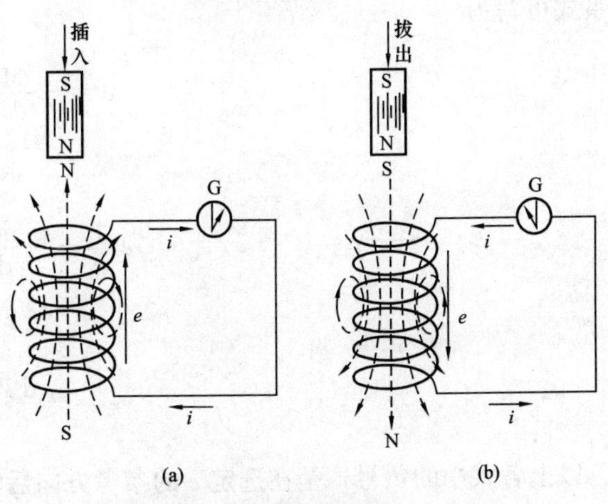

图 2-9　感应电动势的方向

当把磁铁拔出线圈时，线圈中的磁通减少。根据楞次定律，感应电流所产生的磁通要阻止原来磁通的减少，也就是线圈中感应电流所产生的磁通要和磁铁所形成的磁通方向相同，即上边是 S

极，下边是N极。同样，根据右手螺旋定则，要形成这样的磁通，感应电流在回路中的方向应为逆时针，检流计的指针向左偏转，如图2-9（b）所示。

由此可见，当穿过线圈的磁通发生变化时，线圈中所产生的感应电动势的方向，可以根据楞次定律应用右手螺旋定则确定。

如果不是闭合电路，只要回路中的磁通发生变化，仍然会产生感应电动势，但只是产生电流，不能形成电流。

（三）法拉第电磁感应定律

式（2-11）和式（2-12）只表示了感应电动势的大小，为了能用一个式子同时表示感应电动势的大小和方向，可在线圈中选取感应电动势的参考方向。

规定：感应电动势的参考方向与产生它的磁通的参考方向符合右手螺旋定则。

如图2-10（a）所示的单匝线圈，以右手的大拇指指向磁通的方向，弯曲的四指所指的就是感应电动势的参考方向。

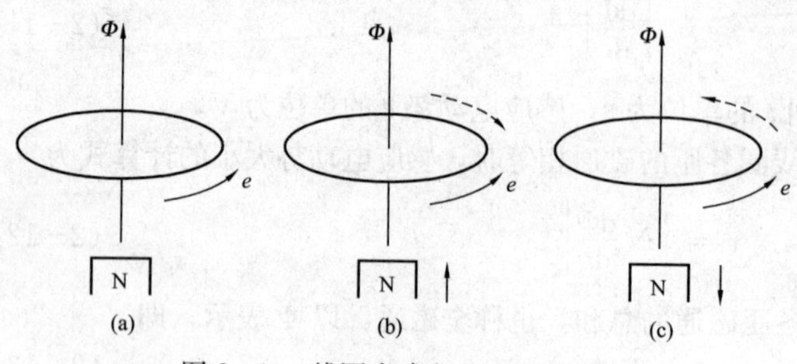

图2-10　线圈中感应电动势的方向

当将磁铁插入（或靠近）线圈时，如图2-10（b）所示，根据楞次定律，感应电动势的实际方向如虚线箭头所示，它与感应电动势 e 的参考方向相反，所以 e 是负值。而此时，线圈中的磁通增加，即 $\left|\frac{\mathrm{d}\Phi}{\mathrm{d}t}\right|$ 是正值。

当将磁铁从线圈中拔出（离开）时，如图2-10（c）所示，根据楞次定律，感应电动势的实际方向如虚线箭头所示，它与感应电动势 e 的参考方向相同，所以 e 是正值。而此时，线圈中的磁通减少，即 $\left|\frac{\mathrm{d}\Phi}{\mathrm{d}t}\right|$ 是负值。

从以上分析可以看出，在按规定选取的感应电动势 e 的参考方向下，感应电动势 e 总与磁通的变化率 $\left|\frac{\mathrm{d}\Phi}{\mathrm{d}t}\right|$ 差一个负号，因此，既可以表示感应电动势的大小，又可以表示方向的关系式可写为

$$e=-\frac{\mathrm{d}\Phi}{\mathrm{d}t} \qquad (2-15)$$

或

$$e=-N\frac{\mathrm{d}\Phi}{\mathrm{d}t} \qquad (2-16)$$

或

$$e=-\frac{\mathrm{d}\Psi}{\mathrm{d}t} \qquad (2-17)$$

以上各式中的负号，是在选定 e 的参考方向后法拉第电磁感应定律在数学上的表达。式（2-15）～式（2-17）统称为法拉第电磁感应定律。

第四节 自感、互感和涡流

一、电感

电感线圈是实际电感器的理想化模型，可用来表征电感器的主要物理性能。

由绝缘导线（电阻可忽略）绕成 N 匝的螺管线圈是一个典型的电感线圈，如图 2-11 所示。电感线圈习惯上称为电感。

当给一个匝数为 N 的线圈通入电流 i 时，就会在线圈中建立磁场形成磁通 Φ，亦称自感磁通。磁通与线圈的各匝相交链形成磁链，称为自感磁链 Ψ，$\Psi=N\Phi$。

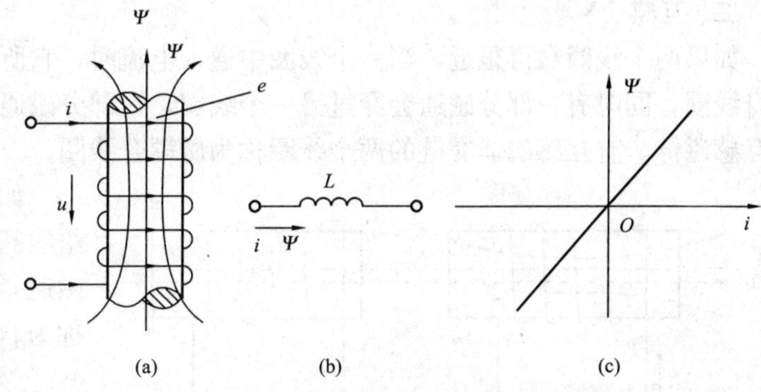

图 2-11 线性电感元件及其韦安特性曲线

线圈能够储存能量，当电流 i 增大时，磁通 Φ 增大，磁链 Ψ 也增大，储存的磁场能量就增加；当电流 i 减小时，磁通 Φ 减小，磁链 Ψ 也减小，储存的磁场能量也就减少，把一部分能量释放给电路。其电流减小为零时，磁通和磁链也相应地为零，这时线圈原先储存的磁场能量便全部释放出来。所以电感线圈是一种可以储能的电路元件。

一个实际的电感线圈，除了具有储存磁场能量这一主要物理性能外，其导线的电阻要消耗能量，线圈匝间存在电容，其能储存电场能量。但是通常线圈的导线电阻和匝间电容都很小，消耗的能量和储存的电场能量可以忽略不计。因此，可以用一种理想电路元件——电感元件作为电感器的电路模型。电感元件是一个线性二端元件。

磁链与电流的大小成正比关系的电感元件称为线性电感元件。

如果规定电流 i 的参考方向与磁链 Ψ 的参考方向之间符合右手螺旋定则，如图 2-11（a）所示，通常称为关联参考方向，则线性电感元件的磁链 Ψ 与元件中电流 i 有以下关系：

$$\Psi = Li \tag{2-18}$$

式中，L 为电感元件的电感，亦称自感，即

$$L = \frac{\Psi}{i} \tag{2-19}$$

磁通和磁链的 SI 单位是韦伯（Wb）。电感的 SI 单位称为亨利，用符号 H 表示，常用的还有毫亨（mH）及微亨（μH）。

电感元件的图形符号，如图 2-11（b）所示。

当电流 i 与磁链 Ψ 的参考方向符合右手螺旋定则时，可用一个箭头同时标注 i 和 Ψ 以表示它们的参考方向，如图 2-11（b）所示。

如果把电感元件的磁链取为纵坐标，电流取为横坐标，则线性电感元件的磁链和电流关系曲线（称为电感元件的韦安特性曲线）是通过原点的一条直线，电感 L 即与直线的斜率成比例，如图 2-11（c）所示。所以线性电感元件的电感 L 是一个与 Ψ、i 无关的常量。

电感元件也简称为电感，所以电感这一术语及其符号 L，一方面表示电感元件，另一方面表示电感元件的参数——电感量。

实际的电感线圈均标定电感量和额定工作电流两个参数。使用时应注意通过电感器的电流不应超过其额定值，否则会使线圈过热甚至烧毁，或者使线圈因承受过大的电磁力而发生机械变形或损伤。

二、互感

如果两个线圈靠得很近，当一个线圈中通入电流时，它所产生的磁通，一部分磁通穿过自身线圈，同时有一部分磁通会穿过另一个线圈，这部分磁通称为互感磁通，相应的磁链称为互感磁链。有互感磁通交链的两个线圈称为磁耦合线圈。

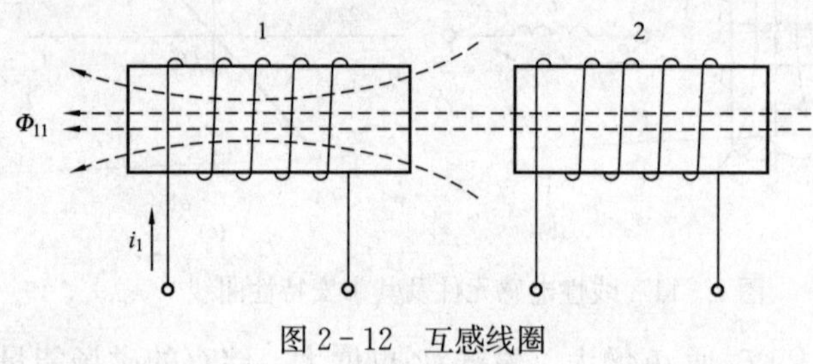

图 2-12 互感线圈

如图 2-12 所示的两个线圈，当给线圈 1 通入电流 i_1时，它所产生的磁通 Φ_{11}一部分穿过自身线圈 1，Φ_{11}称为自感磁通；同时有一部分磁通 Φ_{21}会穿过线圈 2，Φ_{21}称为互感磁通。如果 Φ_{21}穿过线圈 2 的所有匝数，则 $\Psi_{21}=N\Phi_{21}$，Ψ_{21}称为互感磁链。

互感磁链 Ψ_{21}与产生它的电流 i_1的比值为

$$M_{21}=\frac{\Psi_{21}}{i_1} \tag{2-20}$$

式中，M_{21}定义为两耦合线圈的互感系数。

同样，线圈 2 中的电流 i_2要在线圈 1 中产生互感磁链 Ψ_{12}，比值为

$$M_{12}=\frac{\Psi_{12}}{i_2} \tag{2-21}$$

式中，M_{12}也称为互感系数。

可以证明，$M_{12}=M_{21}$，统一用 M 表示，并简称为互感。

由于一般总是选定互感磁通的参考方向与产生它的电流的参考方向符合右手螺旋定则，所以互感 M 总是正值。

互感的 SI 单位与自感的 SI 单位一样，也是亨利，用字母 H 表示。

互感的大小可以反映一个线圈在另一个线圈中产生磁链的能力。磁耦合线圈的互感只与这两个线圈的结构、介质的磁导率和相互位置有关，而与两线圈中的电流无关；但介质是铁磁物质时，互感就与电流有关。

自感分别为 L_1和 L_2的两个线圈，常用耦合系数 K 来表示它们的耦合程度。K 的定义式为

$$K=\frac{M}{\sqrt{L_1L_2}} \tag{2-22}$$

K 值在 0 与 1 之间。当 $M=0$ 时，$K=0$，即两个线圈的磁通互不交链；当 $M=\sqrt{L_1L_2}$ 时，$K=1$，即一个线圈产生的磁通全部与另一个线圈交链，这种情况称为全耦合。

三、涡流

如图 2-13 所示，当铁心线圈通以变化的电流 i 时，在铁心内要产生变化的磁通 Φ，这

个变化的磁通 Φ 在铁内心会产生感应电动势。由于铁心是导电材料，所以在感应电动势的作用下，线圈铁心中会产生感应电流，这个感应电流围绕着磁力线是自成闭合回路的旋涡状环流，因此铁心产生的这种感应电流称为涡流。

涡流在铁心中流动，会使铁心发热引起能量损耗。在变压器、电机等电气设备的铁心中产生的涡流是有害的，因为它不但消耗电能，使变压器、电机等电气设备的效率降低，而且铁心由于发热使温度升高，严重时将影响设备的正常运行。因此，必须减小涡流损失。

为了减小涡流，多数电气设备的铁心通常采用涂绝缘漆膜的硅钢片叠成铁心，如图 2-14 所示。用硅钢片叠起来制成的铁心，每一薄硅钢片上穿过的磁通减小，这样感应电动势减小，涡流也就减小了。另外，硅钢的电阻率较大，这样每一硅钢片的电阻增大，也可使涡流减小。

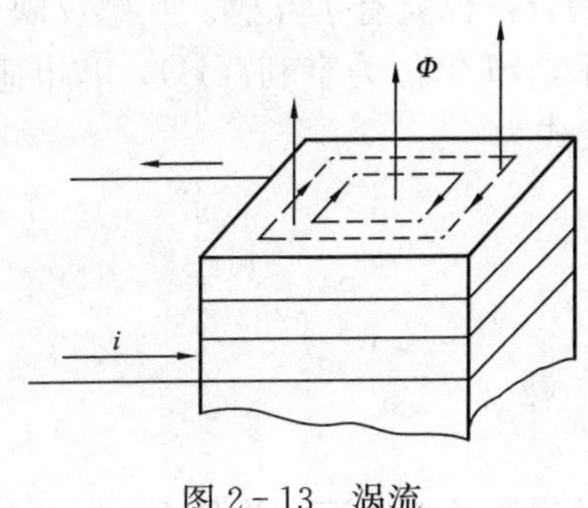

图 2-13 涡流

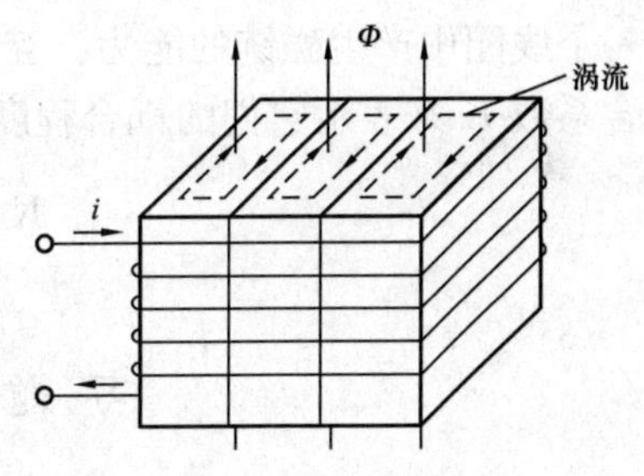

图 2-14 减小涡流的方法

因为有涡流的存在，大容量的变压器和交流电机都有相应的冷却措施。

涡流有其有害的一面，但也有可利用的一面。例如，电度表的转盘转动，电工仪表中的阻尼器，冶炼金属的高频电炉（又称感应电炉）等，都是利用涡流的原理工作的。

本 章 小 结

(1) 磁场是电流（或永久磁铁）周围的一种特殊物质。它和电场相似，也具有力和能的特性。

(2) 磁力线可以用来描绘磁场的强弱和方向。它从磁体 N 极出发到 S 极，然后经过磁体内部，从 S 极回到 N 极，并形成闭合的曲线。磁力线上每一点的切线方向就是该点磁场的方向，线的密疏程度反映磁场的强弱。

(3) 磁场中某点的小磁针 N 极的指向为该点磁场的方向。电流产生的磁场的方向用右手螺旋定则确定。

(4) 磁感应强度矢量 $\boldsymbol{B}$ 是表明某点磁场强弱和方向的物理量，SI 单位是特斯拉（T）。磁感应强度又称为磁密。

(5) 磁通 Φ 为磁感应强度 $\boldsymbol{B}$ 与垂直于磁场方向的面积 S 的乘积。SI 单位是韦伯（Wb）。

(6) 磁导率 μ 是表示磁介质导磁能力的物理量，SI 单位是 H/m。它与真空磁导率 μ_0 的比值称为相对磁导率 μ_r，即

$$\mu_r = \frac{\mu}{\mu_0}$$

（7）导体切割磁力线时，导体中就会产生感应电动势。感应电动势的大小为

$$e = \left|\frac{d\Psi}{dt}\right| = \left|N\frac{d\Phi}{dt}\right|$$

（8）楞次定律的内容是指感应电流产生的磁场，总是阻碍原来磁场的变化。

（9）线圈中感应电动势的参考方向与线圈中磁通的参考方向符合右手螺旋定则时，有

$$e = -\frac{d\Psi}{dt} = e = -N\frac{d\Phi}{dt}$$

这就是法拉第电磁感应定律在数学上的表达式。

（10）电感 L 等于线圈通过单位电流 i 所产生的磁链，即 $L=\frac{\Psi}{i}$，L 的单位是亨利（H）。

（11）当两个线圈靠得很近时，它们就有了磁的耦合，也就有了互感。互感反映了一个线圈在另一个线圈中产生磁链的能力。互感用 M 表示，SI 单位为亨利（H），和电感相同。通常用耦合系数 K 来表示它们的耦合程度，K 的定义式为

$$K = \frac{M}{\sqrt{L_1 L_2}}$$

习 题 与 思 考 题

1. 有人说："磁力线始于 N 极，止于 S 极"，这种说法是否全面？为什么？

2. 什么是磁通密度？它的单位是什么？

3. 试说明磁感应强度、磁通、磁导率和磁场强度的相互关系及它们的单位。

4. 试说明电感元件的电压 u 和电流 i 的关系。如果感应电动势 e 的参考方向与电流 i 的参考方向一致，为什么 e 与 $\frac{di}{dt}$ 总是异号，而 u 与 $\frac{di}{dt}$ 总是同号？

5. 一个 200 匝的线圈，在 0.1s 的时间内，线圈中的磁通由零增加到 10^{-3} Wb，求线圈中的感应电动势？

6. 说明电感的定义。一个线性电感，通以 2mA 的电流时产生 6Wb 的磁链，其电感为多少？若通以 5A 的电流，能产生多少磁链？

第三章　恒稳单相正弦交流电路

大小和方向都随时间作周期性变化的电压和电流，称为交流电，其中应用最广泛的是正弦交流电。在工农业生产和日常生活中，人们所用的电一般都是正弦交流电。正弦交流电得到如此广泛的应用是因为它具有一系列的优点。首先，便于输送和分配；其次，交流电机结构简单，运行可靠，价格便宜，便于使用；再者，利用电子整流设备可很方便地将交流电转换成直流电；最后，从分析计算的角度考虑，正弦周期函数是最简单的周期函数，计算比较容易，是分析一切非正弦周期函数的基础。

本章介绍正弦交流电的基本概念和表示方法，从单一参数电路出发，讨论交流电路中电压和电流的关系和功率问题，从而得出分析一般正弦交流电路的方法。

第一节　正弦交流电的基本概念

一、正弦量及其三要素

随时间按正弦规律变化的电压或电流，统称为正弦量。正弦量乘以常数，正弦量的微分、积分，同频正弦量的代数和等运算，其结果仍为一个同频率的正弦量。正弦量的这个性质十分重要。

正弦量在任一瞬间的值，称为瞬时值，用小写字母表示。对于正弦量，应先选定其参考方向，并用有正负的瞬时值来表示它各瞬间的大小和方向。

表示正弦量随时间变化规律的数学表达式称为正弦量的解析式或瞬时值表达式，用 $u(t)$、$i(t)$ 表示，或简写为 u、i 等。表示正弦量随时间变化规律的图形称为波形图，它是一个正弦波。

图 3-1（a）表示一段电路中有正弦电流 i，在图示参考方向下，其解析式为

$$i = I_m \sin(\omega t + \psi) \qquad (3-1)$$

式（3-1）中的三个常数 I_m、ω 和 ψ，称为正弦量的三要素，是正弦量之间进行比较和区分的依据。

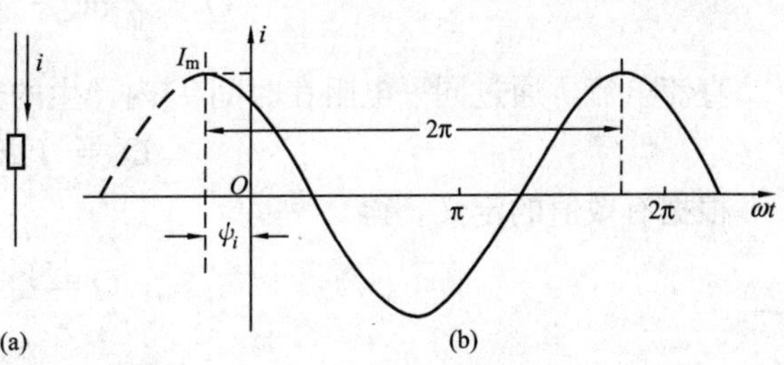

图 3-1　正弦量的波形图

1. 最大值（或振幅）

I_m称为正弦量的最大值或振幅，是正弦量瞬时值中的最大值，用带有下标 m 的大写字母表示。最大值是用来表示正弦量大小的参数。

2. 周期、频率、角频率

ω 称为正弦量的角频率，它是正弦量的随时间变化的角速度，即正弦量每秒完成的弧度数，单位为弧度每秒（rad/s）。角频率是用来表示正弦量变化快慢的参数。表示正弦量变化

快慢的参数还有周期和频率。把正弦量完成一个循环所需的时间，称为周期，用 T 表示，单位为秒（s）。正弦量每秒完成的循环数，称为频率，用 f 表示，单位为赫［兹］(Hz)。三者的关系为

$$\omega = 2\pi f = \frac{2\pi}{T} \tag{3-2}$$

各种技术领域使用不同频率的交流电。我国电力工业标准频率（简称工频）为 50Hz，日本和美国的工频为 60Hz，无线电的频率则高达 500kHz～3×10^5MHz。

3. 初相角

式（3-1）中随时间变化的角度（$\omega t+\psi$）称为正弦量的相位，或称相角，单位用弧度（rad）或度（°）表示。相位反映正弦量变化的进程，是决定正弦量瞬时值的角度。

ψ 是正弦量在 $t=0$ 时刻的相位，称为正弦量的初相角（位），简称初相，单位也是用弧度或度表示。初相反映了正弦量起始值的大小，决定曲线的起点。初相与计时零点的确定有关，通常在主值范围内取值，即 $|\psi|\leqslant 180°$。图 3-1（b）是 $\psi>0$ 的一个正弦电流的波形图。

对任一正弦量，初相是允许任意指定的，但对于一个电路中的许多相关的正弦量，它们只能相对于一个共同的计时零点确定各自的相位。

二、正弦量的有效值

工程中常将周期电流或电压在一个周期内产生的平均效应换算为在效应上与之相等的直流量，这一直流量就称为周期量的有效值，用相对应的大写字母表示。周期量的有效值的定义是：让一个周期量和一个直流量分别作用于同一个电阻，如果在相同的时间内它们所产生的热量相等，则称该直流量的值为周期量的有效值。

下面以周期电流为例计算它的有效值。

周期电流 i 通过电阻 R 在极短的时间 dt 内产生的热量为

$$\mathrm{d}Q = i^2 R\mathrm{d}t$$

从而在一个周期内产生的热量为

$$Q = \int_0^T \mathrm{d}Q = \int_0^T i^2 R\mathrm{d}t$$

直流电流 I 通过同一电阻在时间 T 内产生的热量为

$$Q' = I^2 RT$$

根据有效值的定义，得

$$Q = Q'$$

即

$$I^2 RT = \int_0^T i^2 R\mathrm{d}t$$

因此周期电流的有效值为

$$I = \sqrt{\frac{1}{T}\int_0^T i^2\mathrm{d}t} \tag{3-3}$$

式（3-3）表示：周期量的有效值等于其瞬时值的平方在一个周期内的平均值再取平方根，因此有效值又称为均方根值。式（3-3）的定义是周期量有效值普遍适用的公式。

当电流 i 是正弦量时，可以推出正弦量的有效值与正弦量的最大值之间的特殊关系。设

$i=I_m\sin(\omega t+\psi)$，代入式（3-3）后得

$$I=\frac{I_m}{\sqrt{2}}=0.707I_m \tag{3-4}$$

所以正弦量的有效值与其最大值之间有$\sqrt{2}$关系，但是，正弦量的有效值与正弦量的频率和初相无关。根据这一关系常将正弦量i改写成如下的形式：

$$i=\sqrt{2}I\sin(\omega t+\psi) \tag{3-5}$$

I、ω、ψ也可用来表示正弦量的三要素。

今后，若无特别说明，一般所说的正弦量的值都指它们的有效值。工程中使用的交流电气设备铭牌上标出的额定电流、电压的数值，交流电压表、电流表表面上标出的数字都是有效值。

【例3-1】 已知$u=220\sin(314t-60°)$V，求该电流的周期、频率、角频率、最大值、有效值及初相。

解：

$$\omega=314\text{rad/s}\quad f=50\text{Hz}\quad T=0.02\text{s}$$

$$U_m=220\text{V}\quad U=U_m/\sqrt{2}=155.6\text{V}$$

$$\psi_u=-60°$$

三、相位差

电路中常引用“相位差”的概念描述两个同频正弦量之间的相位关系。例如，设两个同频正弦电流i、电压u分别为

$$i=\sqrt{2}I\sin(\omega t+\psi_i)$$

$$u=\sqrt{2}U\sin(\omega t+\psi_u)$$

它们之间的相位之差就称为相位差。如设φ_{12}表示电流i与电压u之间的相位差，则有

$$\varphi_{12}=(\omega t+\psi_i)-(\omega t+\psi_u)=\psi_i-\psi_u \tag{3-6}$$

可见，同频正弦量的相位差等于它们的初相之差，是一个与时间无关的常数。相位差也是在主值范围内取值。相位差与计时零点的选取、变动无关。

当$\varphi_{12}>0$时，称为i超前u；当$\varphi_{12}<0$时，称i滞后u，当$\varphi_{12}=0$时，称i和u同相；当$|\varphi_{12}|=\pi/2$时，称i与u正交；当$|\varphi_{12}|=\pi$时，称i与u彼此反相，如图3-2所示。

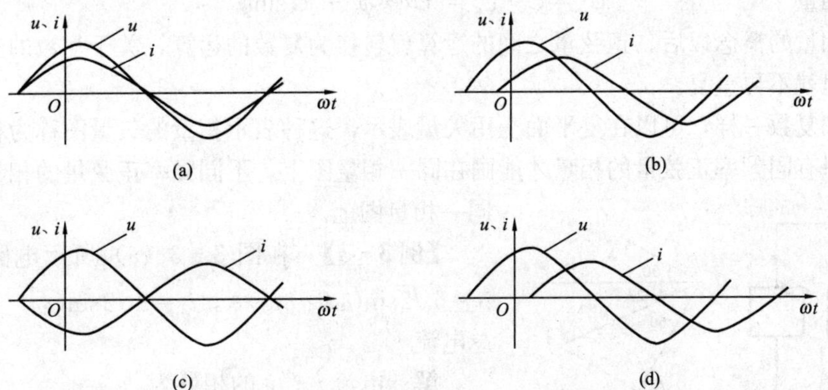

图3-2　两个同频正弦量之间的相位关系

(a) u与i同相；(b) u超前i；(c) u与i反相；(d) u与i正交

【例 3-2】 已知 $u_1=U_{1m}\sin(314t-60°)$ V，$u_2=U_{2m}\sin(314t-135°)$ V，求两者的相位差，并说明哪个超前。

解：

$$\varphi=\psi_1-\psi_2=-60°-(-135°)=75°$$

说明 u_1 比 u_2 超前 75°。

四、正弦量的相量表示法

虽然正弦电压和电流的解析式和波形图能清楚地表示出正弦量的三要素，但直接用它们进行电路的分析计算是很烦琐的，这就需要通过数学变换寻求正弦交流电路分析计算的简便方法。由前面的讨论可知，正弦交流电的三要素是最大值、角频率和初相。只要找到一种数学形式能确切地表达这三个要素，那么，它就能与一个正弦量相对应。

由欧拉公式可得

$$A=\alpha e^{j\varphi}=\alpha\angle\varphi=\alpha\cos\varphi+j\alpha\sin\varphi \tag{3-7}$$

可知：

$$I_m e^{j(\omega t+\psi_i)}=I_m\angle(\omega t+\psi_i)=I_m\cos(\omega t+\psi_i)+jI_m\sin(\omega t+\psi_i)$$

式中，$j=\sqrt{-1}$为虚数单位。电工中已用 i 表示电流，故这里用 j 代表虚数单位。

可见，一个复指数函数的虚部就是正弦交流电流的瞬时值表达式，即

$$i=I_m[I_m e^{j(\omega t+\psi_i)}]=I_m[I_m e^{j\psi_i}e^{j\omega t}]=I_m[I_m\angle\psi_i e^{j\omega t}]=I_m\sin(\omega t+\psi_i) \tag{3-8}$$

式中，$I_m[\ ]$ 是“取复数虚部”的意思。因为复数能与正弦量相对应，所以复数就可以用来表示正弦量。

可以证明，在同一个正弦交流电路中，只要电源的频率是单一的，电路中所有电压和电流的频率必定都与电源的频率相同。这样，在分析电路中的电压电流关系时，就可将频率这一要素暂时略去，只要求解它们的最大值和初相就可以了。而复数 $I_m\angle\psi_i$ 能表示正弦电流的最大值 I_m 和它的初相 ψ_i，这样我们就把表示正弦量的复指数函数中 $t=0$ 时的初始变量 $I_m\angle\psi_i$ 定义为正弦电流的最大值相量，写作

$$\dot{I}_m=I_m\angle\psi_i \tag{3-9}$$

由于正弦量的有效值用得比较多，故常采用有效值相量，简称相量，记为

电流相量
$$\dot{I}=I\angle\psi_i=I\cos\psi_i+jI\sin\psi_i \tag{3-10}$$

电压相量
$$\dot{U}=U\angle\psi_u=U\cos\psi_u+jU\sin\psi_u \tag{3-11}$$

引入相量的概念以后，正弦量之间的运算就转换为复数的运算，关于复数的知识和相关运算，这里就不再重复。

相量和复数一样，可以在复平面上用矢量表示，这种表示相量的矢量图称为相量图。必须注意，只有同频率正弦量的相量才能画在同一相量图上，不同频率正弦量的相量不能画在同一相量图上。

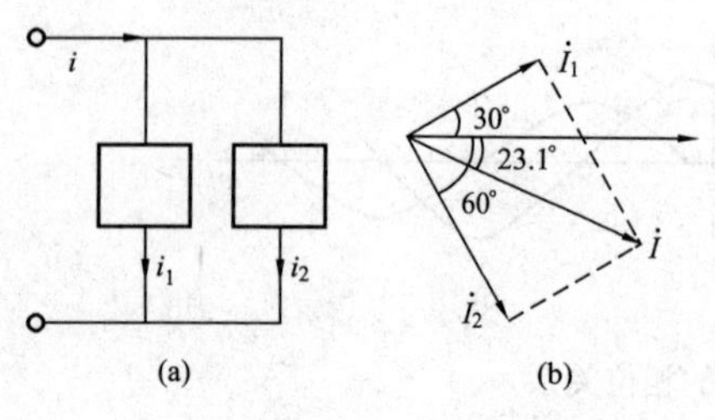

图 3-3　同频正弦量的代数和

【例 3-3】 在图 3-3（a）所示电路中，已知 $i_1=6\sqrt{2}\sin(\omega t+30°)$ A，$i_2=8\sqrt{2}\sin(\omega t-60°)$ A，求总电流 i。

解： 电流 i_1、i_2 的相量为

$$\dot{I}_1=6\angle30°=(5.196+j3)\text{A}$$

$$\dot{I}_2=8\angle-60°=(4-j6.928)\text{A}$$

因为 $i=i_1+i_2$，所以有

$$\dot{I}=\dot{I}_1+\dot{I}_2=(5.196+\mathrm{j}3)+(4-\mathrm{j}6.928)$$
$$=9.296-\mathrm{j}3.928=10\angle-23.1°\mathrm{A}$$

$\dot{I}$ 对应的解析式为

$$i=10\sqrt{2}\sin(\omega t-23.1°)\mathrm{A}$$

相量 $\dot{I}$ 也可用作图法求出，如图 3-3（b）所示。

第二节　单一元件的交流电路

一、正弦交流电路中电阻元件的电压电流关系

图 3-4（a）中，设流过电阻元件的正弦交流电流为

$$i=\sqrt{2}I\sin(\omega t+\psi_i) \tag{3-12}$$

则根据欧姆定律，有

$$u=Ri=\sqrt{2}RI\sin(\omega t+\psi_i)=\sqrt{2}U\sin(\omega t+\psi_u) \tag{3-13}$$

可见，电阻元件的电压、电流关系为：

（1）电压、电流为同频率的正弦量。

（2）电压与电流的最大值和有效值均服从欧姆定律，即

$$U_\mathrm{m}=RI_\mathrm{m}\quad 或\quad U=RI \tag{3-14}$$

（3）相位上二者同相，即

$$\psi_u=\psi_i \tag{3-15}$$

电阻元件上的电压电流波形图如图 3-4（b）所示。

综上所述，可得电阻元件电压和电流之间的相量关系如下：

设 $\dot{I}=I\angle\psi_i$，则

$$\dot{U}=U\angle\psi_u=RI\angle\psi_i=R\dot{I} \tag{3-16}$$

电阻元件的相量模型和电压、电流相量图分别如图 3-4（c）、（d）所示。

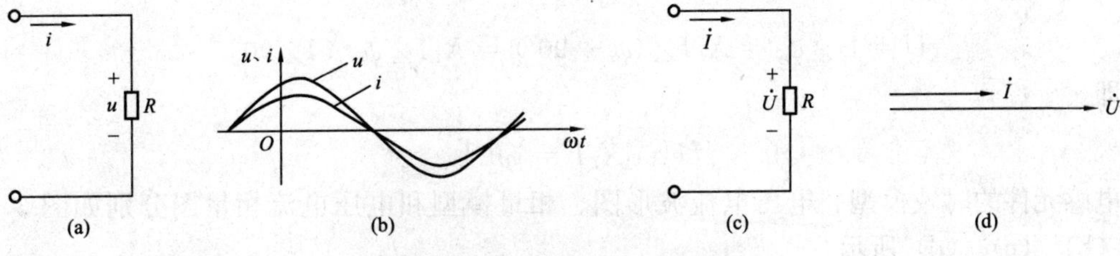

图 3-4　正弦交流电路中的电阻元件

【例 3-4】 220V，500W 的电炉接至电源 $u=220\sqrt{2}\sin(314t-30°)\mathrm{V}$，求流过电炉的电流 i。

解：

$$I=P/U=500/220=2.27\mathrm{A}$$
$$i=\sqrt{2}\times2.27\sin(314t-30°)\mathrm{A}$$

二、正弦交流电路中电感元件的电压电流关系

由前面的知识可知，在电压和电流的关联参考方向下，电感元件的电压电流关系可以表示为

$$u_L = L\frac{\mathrm{d}i}{\mathrm{d}t} \tag{3-17}$$

设通过电感元件的正弦交流电流为

$$i = \sqrt{2}I\sin(\omega t + \psi_i)$$

则电感元件的端电压为

$$\begin{aligned} u &= L\frac{\mathrm{d}i}{\mathrm{d}t} = L\frac{\mathrm{d}}{\mathrm{d}t}\left[\sqrt{2}I\sin(\omega t + \psi_i)\right] \\ &= \sqrt{2}\omega LI\cos(\omega t + \psi_i) \\ &= \sqrt{2}\omega LI\sin(\omega t + \psi_i + 90°) \\ &= \sqrt{2}U\sin(\omega t + \psi_u) \end{aligned} \tag{3-18}$$

比较上面两式，可得电感元件的电压、电流关系为

（1）电压、电流为同频率的正弦量。

（2）电压与电流的最大值（或有效值）之间的关系为

$$U_{\mathrm{m}} = \omega LI_{\mathrm{m}} = X_L I_{\mathrm{m}} \quad \text{或} \quad U = \omega LI = X_L I \tag{3-19}$$

其中

$$X_L = U/I = \omega L = 2\pi fL \tag{3-20}$$

式中，X_L 称为电感的电抗，简称感抗，单位为欧姆（Ω）。感抗反映了电感元件对正弦电流的阻碍作用。由式（3-20）可以看出，感抗与频率 f 和电感 L 成正比，因此很容易得出电感元件具有“通直流，阻交流”或“通低频，阻高频”的作用。应当注意，感抗等于电感电压有效值与电流有效值之比，而不等于电压瞬时值与电流瞬时值之比。

（3）相位上，电压超前电流 90°，即

$$\psi_u = \psi_i + 90° \tag{3-21}$$

综上所述，可得电感元件电压和电流之间的相量关系：

设 $\dot{I} = I\angle\psi_i$，则

$$\dot{U} = U\angle\psi_u = X_L I\angle(\psi_i + 90°) = X_L I\angle\psi_i \times 1\angle 90°$$

即

$$\dot{U} = \mathrm{j}X_L\dot{I} = \mathrm{j}\omega L\dot{I} \tag{3-22}$$

电感元件的时域模型、电压电流波形图、相量模型和电压电流相量图分别如图 3-5（a）、（b）、（c）、（d）所示。

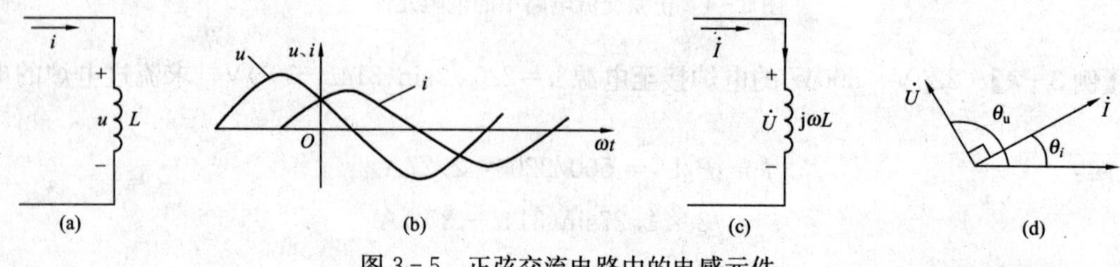

图 3-5 正弦交流电路中的电感元件

【例 3-5】 把一个自感 $L=20\text{mH}$ 的电感元件接到 $u=\sqrt{2}220\sin(314t-30°)\text{V}$ 的电源上，求（1）电流解析式；（2）$f=500\text{Hz}$ 而其他条件不变时的电流解析式。

解：（1）$\omega=314\text{rad/s}$，即 $f=50\text{Hz}$ 时有

$$X_L=\omega L=314\times20\times10^{-3}=6.28\ (\Omega)$$

$$\dot{U}=220\angle-30°\text{V}$$

$$\dot{I}=\frac{\dot{U}}{\text{j}X_L}=\frac{220\angle-30°}{\text{j}6.28}=35.03\angle-120°\text{A}$$

所以
$$i=\sqrt{2}\times35.03\sin(314t-120°)\text{A}$$

（2）$f=500\text{Hz}$ 时，$\omega=3140\text{rad/s}$

$$X_L=\omega L=3140\times20\times10^{-3}=62.8\Omega$$

$$\dot{U}=220\angle-30°\text{V}$$

$$\dot{I}=\frac{\dot{U}}{\text{j}X_L}=\frac{220\angle-30°}{\text{j}62.8}=3.5\angle-120°\text{A}$$

所以
$$i=\sqrt{2}\times3.5\sin(314t-120°)\text{A}$$

三、正弦交流电路中电容元件的电压电流关系

有电压就有电场，电路工作时，在电路中及其周围存在着电场，并存储着电场能量。在实际电路中，以存储电场能量而实现一定功能为主要目的的元件是电容器。两块金属板中间用绝缘材料隔开就构成一个电容器。两块金属板称为极板，中间的绝缘材料称为介质。

将电容器的两个极板接到直流电源上，两个极板上就分别聚集等量异号的电荷，介质中就建立起电场，并存储着电场能量。当电压 u 变化时，电容器极板上聚集的电荷跟着变化，从而产生电流。这就是电容器的基本特性。

理想的电容元件的图形符号如图 3-6 所示。

C

图 3-6　电容元件的图形符号

图中 C 称为电容，是电容元件的参数，单位为法［拉］（F）。常用的单位有：微法（μF）、皮法（pF）。电容 C 的定义为

$$C=q/u \tag{3-23}$$

在电压和电流的关联参考方向下，可导出电容元件的电压电流关系为

$$i=C\frac{\text{d}u_C}{\text{d}t} \tag{3-24}$$

现设电容元件两端的电压为

$$u=\sqrt{2}U\sin(\omega t+\psi_u)$$

则

$$i=C\frac{\text{d}u}{\text{d}t}=C\frac{\text{d}}{\text{d}t}\left[\sqrt{2}U\sin(\omega t+\psi_u)\right]=\sqrt{2}CU\cos(\omega t+\psi_u)\omega$$

即

$$i=\sqrt{2}\omega CU\sin(\omega t+\psi_u+90°)=\sqrt{2}I\sin(\omega t+\psi_i) \tag{3-25}$$

可见正弦交流电路中电容元件的电压电流关系为：

（1）电压、电流为同频率的正弦量。

（2）电压与电流的最大值（或有效值）之间的关系为

$$U_{\mathrm{m}} = \frac{I_{\mathrm{m}}}{\omega C} = X_C I_{\mathrm{m}} \quad 或 \quad U = \frac{I}{\omega C} = X_C I \tag{3-26}$$

式中

$$X_C = \frac{U}{I} = \frac{1}{\omega C} = \frac{1}{2\pi f C} \tag{3-27}$$

式中，X_C 称为电容的电抗，简称容抗，单位为欧［姆］（Ω）。容抗反映了电容元件对正弦电流的阻碍作用。由式（3-27）可以看出，容抗与频率 f 和电容 C 成反比，因此很容易得出电容元件具有“通高频，阻低频”或“通交流、隔直流”的作用。应当注意，容抗等于电容电压有效值与电流有效值之比，而不等于电压瞬时值与电流瞬时值之比。

（3）相位上，电流超前电压 90°，即

$$\psi_i = \psi_u + 90° \tag{3-28}$$

综上所述，可得电容元件电压和电流之间的相量关系：

设 $\dot{U}=U\angle\psi_u$，则

$$\dot{I} = I\angle\psi_i = \frac{U}{X_C}\angle(\psi_u + 90°) = \frac{U\angle\psi_u}{X_C} \times 1\angle 90° = \mathrm{j}\omega C\dot{U} = \frac{\dot{U}}{-\mathrm{j}X_C} \tag{3-29}$$

电容元件的时域模型、电压电流波形图、相量模型和电压、电流相量图分别如图 3-7(a)、(b)、(c)、(d) 所示。

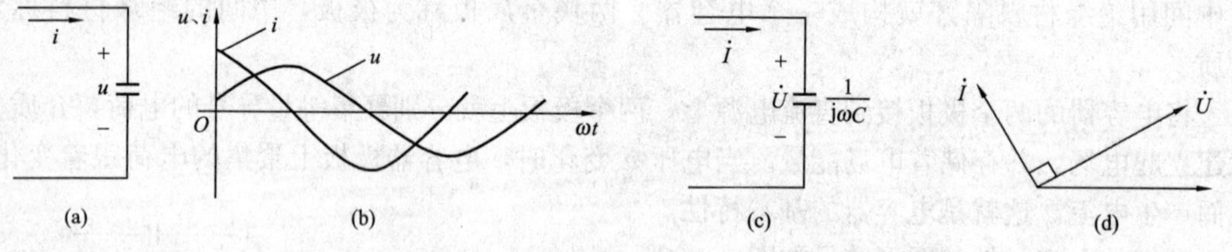

图 3-7 正弦交流电路中的电容元件

【例 3-6】 把 $C=200\mu$F 的电容器接到 $u=\sqrt{2}\times 220\sin(314t+30°)$V 的电源上，求电流解析式。

解：

$$X_C = \frac{1}{\omega C} = \frac{1}{314 \times 200 \times 10^{-6}} = 15.9\ (\Omega)$$

$$\dot{U} = 220\angle 30°\mathrm{V}$$

$$\dot{I} = \frac{\dot{U}}{-\mathrm{j}X_L} = \frac{220\angle 30°}{-\mathrm{j}15.9} = 13.8\angle 120°\mathrm{A}$$

$$i = \sqrt{2}13.8\sin(314t + 120°)\mathrm{A}$$

第三节 正弦交流电路的一般分析方法

分析正弦稳态交流电路的方法，类同于直流稳态电路的分析方法，即基本依据仍然是元件的伏安关系和基尔霍夫定律。但如果直接利用正弦量的瞬时值表达式进行各种分析计算，

将很不方便。当正弦量用相量表示后，直流电路中的结论、定理和分析方法即可直接应用于正弦交流电路中。

一、基尔霍夫定律的相量形式

前面曾指出，基尔霍夫定律与元件的性质无关，而且对于任意瞬间都是成立的。KCL 和 KVL 的形式是

$$\sum i=0$$

$$\sum u=0$$

由于在正弦电路中，各支路电压和支路电流都是同频率的正弦量，把这些正弦量用相量形式表示便可导出 KCL 和 KVL 的相量形式：

$$\sum \dot{I}=0 \tag{3-30}$$

$$\sum \dot{U}=0 \tag{3-31}$$

二、阻抗的串联与并联

1. 阻抗的定义

图 3-8（a）是正弦交流电路中的一个不含独立源的二端网络，定义网络端口电压相量和端口电流相量的比值为该无源二端网络的阻抗，并用符号 Z 表示，即

$$Z=\frac{\dot{U}}{\dot{I}} \tag{3-32}$$

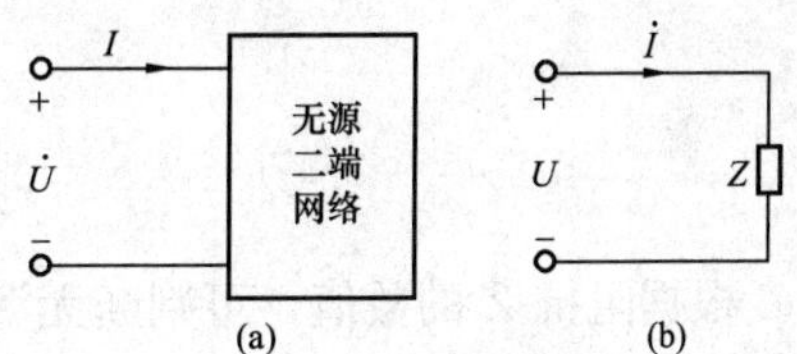

图 3-8　无源二端网络的阻抗
（a）无源二端网络；（b）等效电路

从而该无源二端网络对应的等效电路如图 3-8（b）所示。

由式（3-32）可得

$$\dot{U}=Z\dot{I} \quad 或 \quad \dot{I}=\frac{\dot{U}}{Z} \tag{3-33}$$

式（3-33）称为相量形式的欧姆定律。

根据阻抗的定义，可得电阻、电感、电容的阻抗分别为

$$Z_R=R \tag{3-34}$$

$$Z_L=\mathrm{j}X_L=\mathrm{j}\omega L \tag{3-35}$$

$$Z_C=-\mathrm{j}X_C=-\mathrm{j}\frac{1}{\omega C} \tag{3-36}$$

2. 阻抗的性质

由阻抗的定义可知，阻抗也是一个复数，为了与相量相区别，Z 的上面不加圆点。

阻抗用代数形式表示为

$$Z=\frac{\dot{U}}{\dot{I}}=R+\mathrm{j}X \tag{3-37}$$

式中，R 是阻抗的实部，是二端网络的等效电阻，X 是阻抗的虚部，是二端网络的等效电抗。Z、R、X 的单位是欧［姆］（Ω）。

阻抗用指数形式表示为

$$Z = \frac{\dot{U}}{\dot{I}} = \frac{U\angle\psi_u}{I\angle\psi_i} = \frac{U}{I}\angle\psi_u - \psi_i = |Z|\angle\varphi \tag{3-38}$$

式中

$$\left.\begin{aligned} |Z| &= \frac{U}{I} = \frac{U_{\mathrm{m}}}{I_{\mathrm{m}}} \\ \varphi &= \psi_u - \psi_i \end{aligned}\right\} \tag{3-39}$$

式中，$|Z|$ 是阻抗的模，称为阻抗模，它等于端口电压有效值与端口电流有效值之比，单位是欧［姆］；φ 是阻抗的辐角，称为阻抗角，它等于端口电压相量超前端口电流相量的相位角。

阻抗的代数形式和指数形式之间的关系为

$$Z = |Z|\angle\varphi = |Z|\cos\varphi + \mathrm{j}|Z|\sin\varphi = R + \mathrm{j}X \tag{3-40}$$

可见

$$\left.\begin{aligned} R &= |Z|\cos\varphi \\ X &= |Z|\sin\varphi \end{aligned}\right\} \tag{3-41}$$

$$\left.\begin{aligned} |Z| &= \sqrt{R^2 + X^2} \\ \varphi &= \arctan\frac{X}{R} \end{aligned}\right\} \tag{3-42}$$

根据阻抗 Z 的数值，可判断无源二端网络的性质：

（1）当 $X>0$，即 $\varphi>0$ 时，端口电压超前端口电流，称无源二端网络呈感性，网络的电压电流相量图如图 3-9（a）所示。

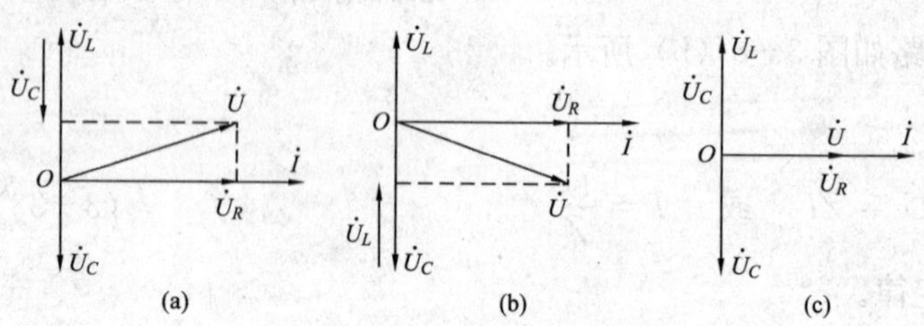

图 3-9 电路的三种性质

（a）$X>0$；（b）$X<0$；（c）$X=0$

（2）当 $X<0$，即 $\varphi<0$ 时，端口电压滞后端口电流，称无源二端网络呈容性，网络的电压电流相量图如图 3-9（b）所示。

（3）当 $X=0$，即 $\varphi=0$ 时，端口电压与端口电流同相，称无源二端网络呈阻性，网络的电压电流相量图如图 3-9（c）所示。

3. 阻抗的串联与并联

阻抗的串并联计算方法与电阻的串并联计算方法相同。

对于由 n 个阻抗串联而成的电路，其等效阻抗为

$$Z = Z_1 + Z_2 + \cdots + Z_n \tag{3-43}$$

如图 3-10（a）所示，当两个阻抗串联时，其电压分配公式为

$$\left.\begin{aligned} \dot{U}_1 &= \frac{Z_1}{Z_1 + Z_2}\dot{U} \\ \dot{U}_2 &= \frac{Z_2}{Z_1 + Z_2}\dot{U} \end{aligned}\right\} \tag{3-44}$$

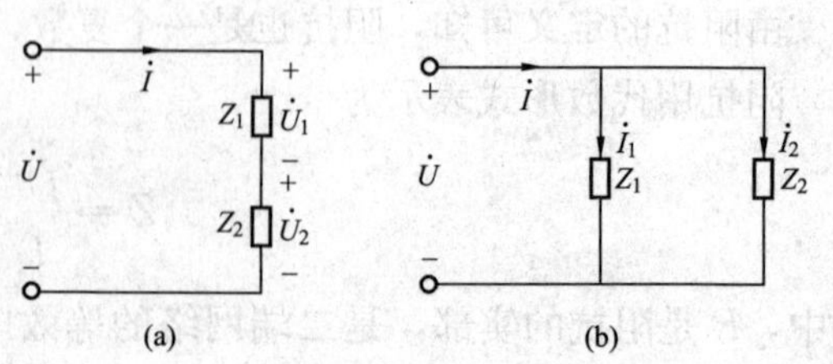

图 3-10 阻抗的串联与并联

（a）两个阻抗串联；（b）两个阻抗并联

式中，$\dot{U}$ 为端口电压，$\dot{U}_1$ 和 $\dot{U}_2$ 分别为 Z_1 和 Z_2

上的电压。

对于由 n 个阻抗并联而成的电路，其等效阻抗为

$$\frac{1}{Z}=\frac{1}{Z_1}+\frac{1}{Z_2}+\cdots+\frac{1}{Z_n} \tag{3-45}$$

如图 3-10（b）所示，当两个阻抗并联时，其等效阻抗为

$$Z=\frac{Z_1Z_2}{Z_1+Z_2} \tag{3-46}$$

其电流分配公式为

$$\left.\begin{aligned}\dot{I}_1&=\frac{Z_2}{Z_1+Z_2}\dot{I}\\ \dot{I}_2&=\frac{Z_1}{Z_1+Z_2}\dot{I}\end{aligned}\right\} \tag{3-47}$$

式中，$\dot{I}$ 为端口电流，$\dot{I}_1$和 $\dot{I}_2$分别为 Z_1和 Z_2上的电流。

三、*RLC* 串联电路

图 3-11（a）为 *RLC* 串联电路，选择端口电压和端口电流为关联参考方向，并设

$$i=\sqrt{2}I\sin(\omega t+\psi_i)$$

则各元件的电压及端口电压都是与电流同频率的正弦量，根据 KVL，端口电压的解析式为

$$u=u_R+u_L+u_C=\sqrt{2}U\sin(\omega t+\psi_u) \tag{3-48}$$

先用相量法求解该电路，为此可先作出原电路的相量模型（即将所有元件的参数用其阻抗表示，电压和电流用相量表示的电路图），如图 3-11（b）所示。

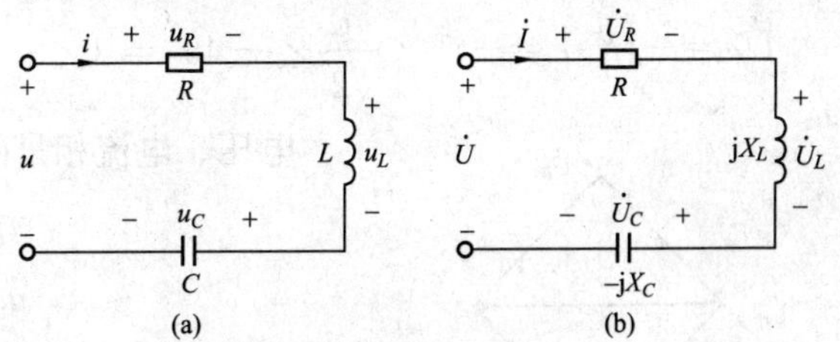

图 3-11　*RLC* 串联电路

（a）*RLC* 串联电路；（b）相量模型

可知电流相量为

$$\dot{I}=I\angle\psi_i$$

电路的阻抗为

$$Z=Z_R+Z_L+Z_C=R+\mathrm{j}(X_L-X_C)=R+\mathrm{j}X \tag{3-49}$$

由相量形式的欧姆定律及 KVL 得

$$\left.\begin{aligned}\dot{U}_R&=R\dot{I}\\ \dot{U}_L&=\mathrm{j}X_L\dot{I}\\ \dot{U}_C&=-\mathrm{j}X_C\dot{I}\end{aligned}\right. \tag{3-50}$$

$$\dot{U}=\dot{U}_R+\dot{U}_L+\dot{U}_C=Z\dot{I}=U\angle\psi_u \tag{3-51}$$

可以求得

$$U=\sqrt{U_R^2+(U_L-U_C)^2}=I\sqrt{R^2+(X_L-X_C)^2} \tag{3-52}$$

$$\psi_u=\psi_i+\varphi=\psi_i+\arctan\frac{X}{R}=\psi_i+\arctan\frac{X_L-X_C}{R} \tag{3-53}$$

【例 3-7】 RLC 串联电路。已知 $R=5\text{k}\Omega$，$L=6\text{mH}$，$C=0.001\mu\text{F}$，$u=5\sqrt{2}\sin10^6t\text{V}$。求：(1) 电流 i 和各元件上的电压，画出相量图；(2) 当角频率变为 $2\times10^5\text{rad/s}$ 时，电路的性质有无改变。

解：(1) 先求阻抗：

$$X_L=\omega L=10^6\times6\times10^{-3}=6\text{k}\Omega$$

$$X_C=\frac{1}{\omega C}=\frac{1}{10^6\times0.001\times10^{-6}}=1\text{k}\Omega$$

$$Z=R+\text{j}(X_L-X_C)=5+\text{j}(6-1)=5\sqrt{2}\angle45^\circ\text{k}\Omega$$

因为 $\varphi>0$，所以电路呈感性。

电压量为

$$\dot{U}=5\angle0^\circ\text{V}$$

则

$$\dot{I}=\frac{\dot{U}}{Z}=\frac{5\angle0^\circ}{5\sqrt{2}\angle45^\circ}=\frac{1}{\sqrt{2}}\angle-45^\circ\text{mA}$$

$$\dot{U}_R=R\dot{I}=5\times\frac{1}{\sqrt{2}}\angle-45^\circ=\frac{5}{\sqrt{2}}\angle-45^\circ\text{V}$$

$$\dot{U}_L=\text{j}X_L\dot{I}=\text{j}6\times\frac{1}{\sqrt{2}}\angle-45^\circ=6\angle90^\circ\times\frac{1}{\sqrt{2}}\angle-45^\circ=\frac{6}{\sqrt{2}}\angle45^\circ\text{V}$$

$$\dot{U}_C=-\text{j}X_C\dot{I}=-\text{j}1\times\frac{1}{\sqrt{2}}\angle-45^\circ=1\angle-90^\circ\times\frac{1}{\sqrt{2}}\angle-45^\circ=\frac{1}{\sqrt{2}}\angle-135^\circ\text{V}$$

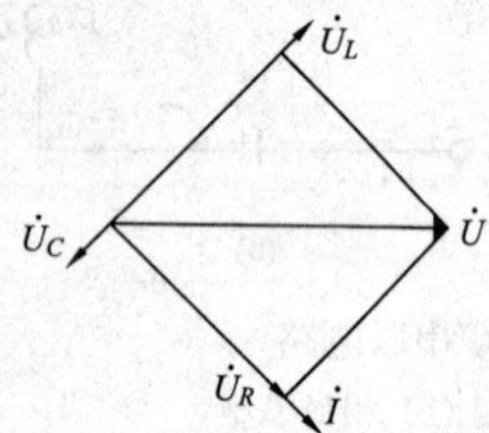

图 3-12 【例 3-7】相量图

电压、电流相量图如图 3-12 所示。从而各量的解析式为

$$i=\sin(10^6t-45^\circ)\text{mA}$$

$$u_R=5\sin(10^6t-45^\circ)\text{V}$$

$$u_L=6\sin(10^6t+45^\circ)\text{V}$$

$$u_C=\sin(10^6t-135^\circ)\text{V}$$

(2) 当角频率变为 $2\times10^5\text{rad/s}$ 时，电路阻抗为

$$\begin{aligned}Z&=R+\text{j}(X_L-X_C)\\&=5+\text{j}\left(2\times10^5\times6\times10^{-3}-\frac{1}{2\times10^5\times0.001\times10^{-6}}\right)\\&=5-\text{j}8.8=10.12\angle-60.4^\circ\text{k}\Omega\end{aligned}$$

$\varphi<0$，电路呈容性。

四、*RLC* 并联电路

图 3-13 (a) 为 RLC 并联电路，图 3-13 (b) 是其相量模型。选择端口电压和端口电流取关联参考方向，并设

$$u=\sqrt{2}U\sin(\omega t+\psi_u)$$

则各支路的电流都是与端口电压

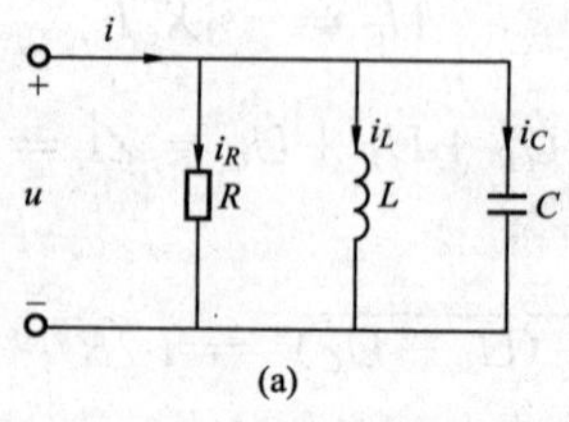

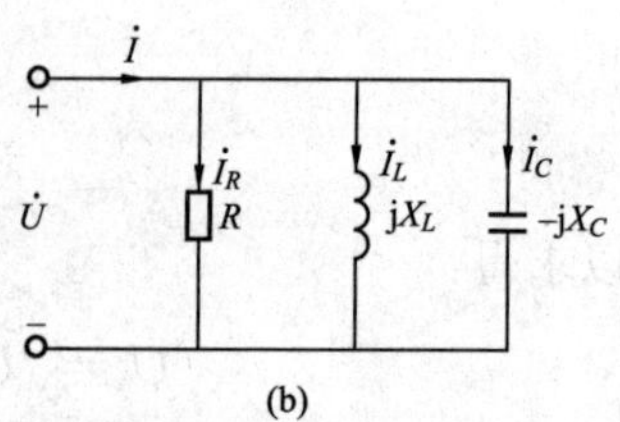

图 3-13 *RLC* 并联电路
(a) *RLC* 并联电路；(b) 相量模型

同频率的正弦量，根据 KCL，端口电流的解析式为

$$i = i_R + i_L + i_C = \sqrt{2}I\sin(\omega t + \psi_i) \tag{3-54}$$

对应的端口电压、电流相量为

$$\dot{U}=U\angle\psi_u$$

$$\dot{I}=I\angle\psi_i$$

根据图 3-13（b），由相量形式的欧姆定律及 KCL 得

$$\left.\begin{aligned}\dot{I}_R&=\frac{\dot{U}}{R}\\ \dot{I}_L&=\frac{\dot{U}}{\mathrm{j}X_L}\\ \dot{I}_C&=\frac{\dot{U}}{-\mathrm{j}X_C}\end{aligned}\right\} \tag{3-55}$$

$$\dot{I} = \dot{I}_R + \dot{I}_L + \dot{I}_C = \dot{U}\left[\frac{1}{R} + \mathrm{j}\left(\frac{1}{X_L} - \frac{1}{X_C}\right)\right] \tag{3-56}$$

在已知 $\dot{U}=U\angle\psi_u$ 的条件下，便可求出各个电流相量。

【例 3-8】 RLC 并联电路中。已知 $R=5\Omega$，$L=5\mu\mathrm{H}$，$C=0.4\mu\mathrm{F}$，电压有效值 $U=10\mathrm{V}$，$\omega=10^6\mathrm{rad/s}$，求总电流 i，并说明电路的性质。

解：

$$X_L=\omega L=10^6\times5\times10^{-6}=5\Omega$$

$$X_C = \frac{1}{\omega C} = \frac{1}{10^6 \times 0.4 \times 10^{-6}} = 2.5\Omega$$

设 $\dot{U}=10\angle0°\mathrm{V}$，则

$$\dot{I}_R = \frac{\dot{U}}{R} = \frac{10\angle0°}{5} = 2\mathrm{A}$$

$$\dot{I}_L = \frac{\dot{U}}{\mathrm{j}X_L} = \frac{10\angle0°}{\mathrm{j}5} = -\mathrm{j}2\mathrm{A}$$

$$\dot{I}_C = \frac{\dot{U}}{-\mathrm{j}X_C} = \frac{10\angle0°}{-\mathrm{j}2.5} = \mathrm{j}4\mathrm{A}$$

$$\dot{I} = \dot{I}_R + \dot{I}_L + \dot{I}_C = 2 - \mathrm{j}2 + \mathrm{j}4 = 2 + \mathrm{j}2 = 2\sqrt{2}\angle45°\mathrm{A}$$

电流的解析式为

$$i = 4\sin(10^6 t + 45°)\mathrm{A}$$

因为电流的相位超前电压，所以电路呈容性。

五、一般正弦交流电路的求解

由前面的讨论可以看出，若用相量表示正弦量，用阻抗代替直流电路中的电阻，则正弦交流电路中的欧姆定律和基尔霍夫定律的相量形式与直流电路中同一定律的表达式相似。因此分析计算直流电路的各种定理和计算方法都可直接应用于正弦交流电路中。

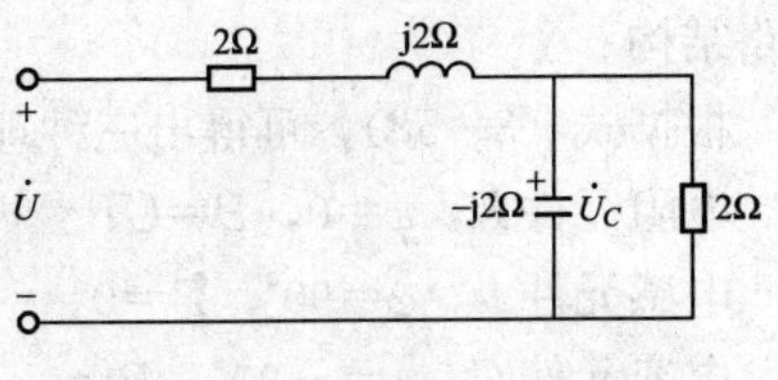

图 3-14　【例 3-9】附图

【例 3-9】 图示电路中$\dot{U}_C=1\angle 0°A$，试求端口电压$\dot{U}$。

解：与电容并联的 2Ω 电阻支路的电流为

$$\dot{I}_1=\frac{\dot{U}_C}{2}=\frac{1\angle 0°}{2}A=0.5\angle 0°A$$

电容支路的电流为

$$\dot{I}_2=\frac{\dot{U}}{-j2}=\frac{1\angle 0°}{-j2}A=0.5\angle 90°A$$

从而端口电流为

$$\dot{I}=\dot{I}_1+\dot{I}_2=0.5\angle 0°A+0.5\angle 90°A=0.707\angle 45°A$$

则端口电压为

$$\dot{U}=\dot{U}_C+Z\dot{I}=1\angle 0°V+(2+j2)\times 0.707\angle 45°V=2.24\angle 63.7°V$$

第四节 正弦电路的功率

一、瞬时功率

设无源二端网络的端口电压和端口电流取关联参考方向，如图 3-15，其解析式分别为

$$i=\sqrt{2}I\sin\omega t$$

$$u=\sqrt{2}U\sin(\omega t+\varphi)$$

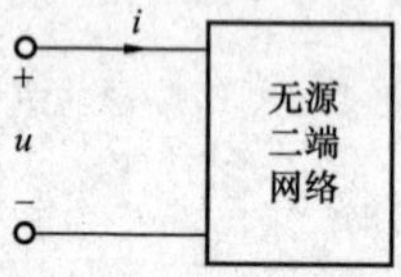

图 3-15 无源二端网络

则该网络每一瞬间吸收或发出的功率即瞬时功率为

$$\begin{aligned}p&=ui=\sqrt{2}I\sin\omega t\times\sqrt{2}U\sin(\omega t+\varphi)\\&=UI[\cos\varphi-\cos(2\omega t-\varphi)]\end{aligned}\tag{3-57}$$

当 $p>0$ 时，表示网络吸收功率；当 $p<0$ 时，表示网络输出功率。

二、平均功率

由于瞬时功率总是随时间交变，在工程中使用价值不大，因此，通常所指电路中的功率是指二端网络吸收的瞬时功率在一个周期内的平均值，称为平均功率，也称为有功功率。平均功率的单位为瓦（W）。通常交流用电设备的铭牌上标的功率值为平均功率值。

无源二端网络的平均功率为

$$P=\frac{1}{T}\int_0^T p\mathrm{d}t=\frac{1}{T}\int_0^T UI[\cos\varphi-\cos(2\omega t-\varphi)]\mathrm{d}t=UI\cos\varphi$$

即

$$P=UI\cos\varphi\tag{3-58}$$

式中，$\cos\varphi$ 称为功率因数，φ 为功率因数角。$\cos\varphi$ 的大小取决于电路元件的参数、频率和电路结构。

根据式（3-58），可得出三种理想电路元件的有功功率分别为

电阻元件 R，$\varphi=0$，$P=UI$。

电感元件 L，$\varphi=90°$，$P=0$。

电容元件 C，$\varphi=-90°$，$P=0$。

可见电阻总是消耗能量的，而电感和电容是不消耗能量的，其平均功率都为0。平均功率就是反映电路实际消耗的功率。无源二端网络各电阻所消耗的平均功率之和，就是该电路所消耗的平均功率。

三、无功功率

虽然电感元件和电容元件不消耗能量，但是它们的存在将引起网络与外部往返交换能量。为定量衡量网络与外部交换能量的多少，引入无功功率概念。

无源二端网络的无功功率定义为

$$Q = UI\sin\varphi \tag{3-59}$$

它的量纲与平均功率相同，为区别起见，它的单位为乏（var）。

根据式（3-59），可得出三种理想电路元件的无功功率分别为

对电阻元件R，$\varphi=0$，$Q=0$。

对电感元件L，$\varphi=90°$，$Q=UI$。

对电容元件C，$\varphi=-90°$，$Q=-UI$。

可以证明，无源二端网络的无功功率等于各储能元件无功功率的代数和。

四、视在功率

在正弦交流电路中，把电压有效值和电流有效值的乘积称为视在功率，即

$$S = UI \tag{3-60}$$

式中，S的单位为伏安（V·A），可表示用电设备的容量。

这样，对于同一网络，其平均功率P、无功功率Q和视在功率S之间的关系为

$$S = \sqrt{P^2 + Q^2} \tag{3-61}$$

$$P = S\cos\varphi \tag{3-62}$$

$$Q = S\sin\varphi = P\tan\varphi \tag{3-63}$$

【例3-10】 一台异步电动机的功率因数为0.6（感性），接至220V、50Hz的正弦电源时，功率为2kW，求其电流及无功功率。

解：由$P=UI\cos\varphi$得，电流为

$$I = \frac{P}{U\cos\varphi} = \frac{2\times 10^3}{220\times 0.6} = 15.2\text{A}$$

由$\cos\varphi=0.6$得$\sin\varphi=0.8$，从而无功功率为

$$Q = UI\sin\varphi = 220\times 15.2\times 0.8 = 2667\text{var}$$

【例3-11】 图3-16电路中，$\dot{U}=100\angle 0°\text{V}$，$R=\omega L=\frac{1}{\omega C}=2\Omega$。试求：各支路的有功功率、无功功率、视在功率及整个电路的有功功率、无功功率、视在功率及功率因数。

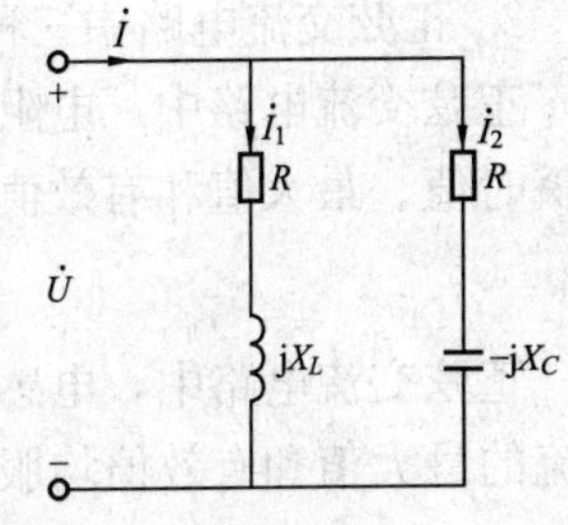

图3-16 【例3-11】附图

解：第一条支路

$$\dot{I}_1 = \frac{\dot{U}}{R+\text{j}X_L} = \frac{100\angle 0°}{2+\text{j}2} = \frac{100\angle 0°}{2\sqrt{2}\angle 45°}$$

$$=25\sqrt{2}\angle -45°\text{A} = 35.4\angle -45°\text{A}$$

$$\varphi_1 = 45°$$

$$P_1=UI_1\cos\varphi_1=100\times 35.4\times\cos 45^\circ=2500\text{W}$$

$$Q_1=UI_1\sin\varphi_1=100\times 35.4\times\sin 45^\circ=2500\text{var}$$

$$S_1=UI_1=100\times 35.4=3540\text{V}\cdot\text{A}$$

第二条支路

$$\dot{I}_2=\frac{\dot{U}}{R-\text{j}X_C}=\frac{100\angle 0^\circ}{2-\text{j}2}=\frac{100\angle 0^\circ}{2\sqrt{2}\angle-45^\circ}=25\sqrt{2}\angle 45^\circ\text{A}=35.4\angle 45^\circ\text{A}$$

$$\varphi_2=-45^\circ$$

$$P_2=UI_2\cos\varphi_2=100\times 35.4\times\cos(-45^\circ)=2500\text{W}$$

$$Q_2=UI_2\sin\varphi_2=100\times 35.4\times\sin(-45^\circ)=-2500\text{var}$$

$$S_2=UI_2=100\times 35.4=3540\text{V}\cdot\text{A}$$

整个电路

$$\dot{I}=\dot{I}_1+\dot{I}_2=35.4\angle-45^\circ+35.4\angle 45^\circ=50\angle 0^\circ\text{A}$$

$$P=P_1+P_2=5000\text{W}$$

$$Q=Q_1+Q_2=0\text{var}$$

$$S=\sqrt{P^2+Q^2}=5000\text{V}\cdot\text{A}\neq S_1+S_2$$

$$\cos\varphi=\frac{P}{S}=1$$

本 章 小 结

1. 正弦量及其三要素

随时间按正弦规律变化的电压或电流，统称为正弦量。正弦量的三要素为：最大值（或有效值）、角频率（或周期、频率）和初相角。正弦量的有效值与其最大值的关系为

$$I=\frac{I_\text{m}}{\sqrt{2}}=0.707I_\text{m}$$

正弦量可用解析式、波形图、相量及相量图四种方式表示。正弦量的解析式是一个三角函数式，波形图为正弦波，相量是能够表示正弦量的有效值和初相角的复数，相量图则是在复平面上用矢量表示相量的一种方法。

2. 正弦交流电路中三种理想元件 R、L、C 的电压电流关系

正弦交流电路中，电阻元件的电压、电流为同频率的正弦量，二者同相位，电压、电流的瞬时值、最大值和有效值均服从欧姆定律。其电压、电流的相量关系为

$$\dot{U}=R\dot{I}$$

正弦交流电路中，电感元件的电压、电流为同频率的正弦量，电压超前电流 90°，电压、电流的最大值和有效值均服从欧姆定律。其电压、电流的相量关系为

$$\dot{U}=\text{j}X_L\dot{I}$$

正弦交流电路中，电容元件的电压、电流为同频率的正弦量，电压滞后电流 90°，二者的最大值和有效值均服从欧姆定律。其电压、电流的相量关系为

$$\dot{U}=-\mathrm{j}X_C\dot{I}$$

3. 基尔霍夫定律的相量形式

KCL 的相量形式是$\sum\dot{I}=0$，KVL 的相量形式是$\sum\dot{U}=0$。

4. 阻抗的串并联

对于无源二端网络，定义网络端口电压相量和端口电流相量的比值为该无源二端网络的阻抗，并用符号 Z 表示，即

$$Z=\frac{\dot{U}}{\dot{I}}=\frac{U\angle\psi_u}{I\angle\psi_i}=\frac{U}{I}\angle(\psi_u-\psi_i)=|Z|\angle\varphi=R+\mathrm{j}X$$

阻抗的串并联计算方法与电阻的串并联计算方法相同。阻抗串联时其等效阻抗为 $Z=Z_1+Z_2+\cdots+Z_n$，阻抗并联时其等效阻抗为$\frac{1}{Z}=\frac{1}{Z_1}+\frac{1}{Z_2}+\cdots+\frac{1}{Z_n}$。

5. 欧姆定律的相量形式

$$\dot{U}=Z\dot{I}\quad 或\quad \dot{I}=\frac{\dot{U}}{Z}$$

6. 正弦电路的分析计算

正弦交流电路普遍采用相量法进行分析计算，即将电压、电流用相量表示，将电阻、电感、电容用阻抗表示，然后应用分析计算直流电路的各种定理和计算方法来分析正弦交流电路。相量法分析的对象是相量模型电路，采用的是复数运算。

7. 正弦电路的功率

正弦电路的有功功率为 $P=UI\cos\varphi$，它表示电路吸收或消耗功率的大小，单位为瓦（W）。

正弦电路的无功功率为 $Q=UI\sin\varphi$，它表示的是电抗元件与电源交换能量的最大速率，单位为乏（var）。对感性电路，$Q>0$；对容性电路，$Q<0$。

正弦电路的视在功率为 $S=UI$，单位为伏安（V·A）。

对于同一网络，P、Q 和 S 之间的关系为

$$S=\sqrt{P^2+Q^2},\ P=S\cos\varphi,\ Q=S\sin\varphi=P\tan\varphi$$

式中，$\cos\varphi$ 称为功率因数，φ 为功率因数角。$\cos\varphi$ 的大小取决于电路元件的参数、频率和电路结构。

习题与思考题

1. 已知正弦电压 $u=220\sqrt{2}\sin\left(628t-\frac{\pi}{4}\right)$V，求其振幅、有效值、初相角、角频率、频率及周期。

2. 设两电流分别为 $i_1=5\sin\left(\pi t+\frac{3\pi}{4}\right)$A，$i_2=4\sin\left(\pi t-\frac{\pi}{2}\right)$A，求 i_1 与 i_2之间的相位差。

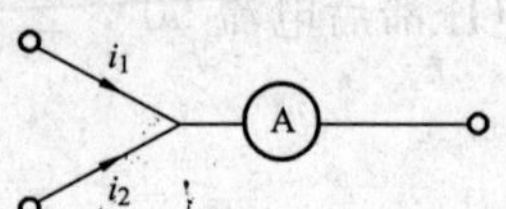

图 3-17 习题 3 图

3. 图 3-17 所示电路中若 $i_1=3\sqrt{2}\sin\omega t$ A，$i_2=4\sqrt{2}\sin(\omega t+90°)$A，求电磁系电流表读数。

4. 一个 $R=0$，$L=5$mH 的电感线圈，接到 $u=20\sqrt{2}\sin\omega t$、$\omega=10^6$ rad/s 的电源上，求电流的有效值和瞬时值表达式。

5. 已知一电容元件的电容 $C=0.05\mu$F，接至有效值为 10V、初相角为 30°、角频率为 $\omega=10^6$ rad/s 的正弦电压，试求电容元件的电流瞬时表达式，并画出相量图。

6. 已知 RLC 串联电路中 $R=10\Omega$，$L=0.05$H，$C=100\mu$F。求 $f=50$Hz 时电路的复阻抗，电路是感性还是容性？若 $f=150$Hz，电路呈现什么性质？

7. $R=5\Omega$，$L=0.05$H，$C=1000\mu$F 的串联电路接至 $U=100$V、$\omega=200$rad/s 的正弦电源上，试求电流及各元件电压，并画出电路的相量图。

8. 图 3-18 所示正弦电流电路中，已知 $I_R=8$A、$I_L=4$A、$I_S=10$A、$X_C=10\Omega$。试求 I_C。

9. 图 3-19 所示网络中，端口正弦电压 $\dot{U}=200\angle 0°$V，$R_1=30\Omega$，$R_2=20\Omega$，$X_L=X_C=40\Omega$，求：(1) $\dot{I}_1$、$\dot{I}_2$、$\dot{I}_3$、$\dot{I}$；(2) 网络的有功功率 P 和无功功率 Q；(3) 画出各电压、电流相量图。

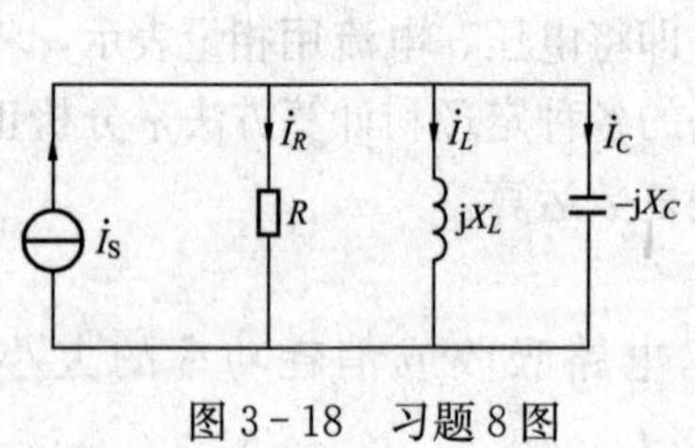

图 3-18 习题 8 图

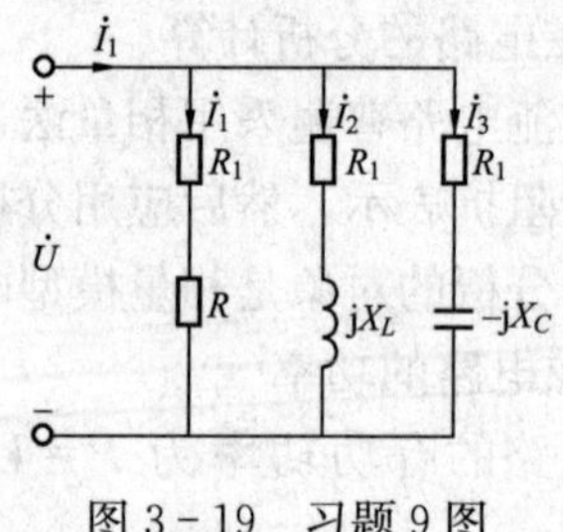

图 3-19 习题 9 图

第四章　恒稳三相正弦交流电路

目前，世界各国发电、输电和用电几乎采用三相模式。这是因为三相交流电在电能的产生、输送和应用上与单相交流电相比有以下显著优点：①三相交流发电机和变压器比同容量的单相交流发电机和变压器体积小、省材料；②在输电电压、输送功率和线路损耗等相同的条件下，三相输电线路比单相输电线路节省金属材料；③三相电流能产生旋转磁场，从而能制造出结构简单、性能良好、运行可靠的三相异步电动机。

三相交流电路是一种特殊形式的正弦电路，一般正弦电流电路的分析方法对三相电路是完全适用的。但是，认识和明确三相电路的特点，可以简化三相电路的分析计算。

本章将介绍三相电源的连接、负载星形连接和三角形连接的三相电路的分析计算，以及三相电路中功率的计算。

第一节　三　相　电　源

一、对称三相电源的特点

电力系统中的三相交流发电机是产生三相电能的发电设备，其结构示意图如图 4-1 所示。三相交流发电机主要由定子和转子组成。转子上绕有直流励磁绕组，通入直流电可以产生固定极性的磁场，同时选择合适的结构，可使定子和转子气隙中的磁场按正弦规律分布。定子铁心圆周内表面的线槽里安装有三组完全相同的线圈 AX、BY 和 CZ，每组线圈称为一相，分别称为 A 相、B 相、C 相。把 A、B、C 称为线圈的首端，X、Y、Z 称为线圈的末端。三组线圈在空间位置上彼此相隔 120°。当转子以角速度 ω 匀速旋转时，定子的每相绕组就切割磁力线，从而在三相绕组中产生按正弦规律变化的感应电动势。这三个电动势频率相同、最大值（或有效值）相等、相位互差 120°，称为对称三相电动势（把满足这三个条件的三相电动势、电压、电流通称为对称三相正弦量）。这样的三个电动势按一定的方式组合起来，就是所谓三相电源。

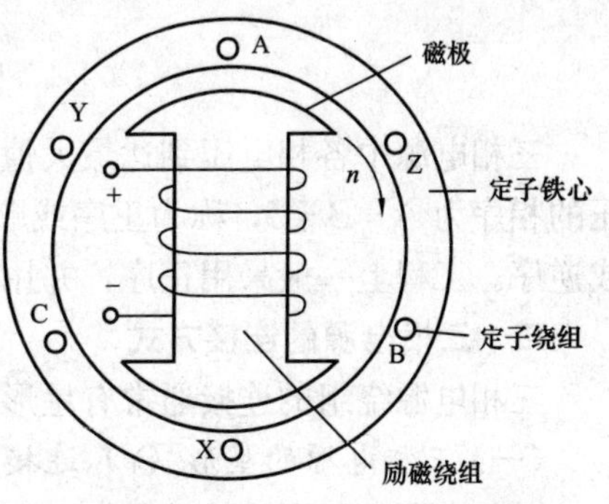

图 4-1　交流发电机结构示意图

选择各相感应电动势的参考方向为由绕组的末端指向首端，并以 A 相为参考正弦量，则对称三相电动势的瞬时值表达式为

$$\left.\begin{aligned} e_A &= E_m \sin\omega t \\ e_B &= E_m \sin(\omega t - 120°) \\ e_C &= E_m \sin(\omega t - 240°) = E_m \sin(\omega t + 120°) \end{aligned}\right\} \qquad (4-1)$$

如果不考虑输电线上的压降和三相绕组的内阻抗，三相电源中每相绕组的端电压的大小与其电动势基本上相等，从而三相电源的三相电压也是对称的。选择各相电压的参考方向为

由绕组的首端指向末端，同样以 A 相为参考正弦量，则对称三相电压的瞬时值表达式为

$$\left.\begin{aligned} u_A &= U_m \sin\omega t \\ u_B &= U_m \sin(\omega t - 120^\circ) \\ u_C &= U_m \sin(\omega t - 240^\circ) = U_m \sin(\omega t + 120^\circ) \end{aligned}\right\} \quad (4-2)$$

对应的相量表达式为

$$\left.\begin{aligned} \dot{U}_A &= U\angle 0^\circ \\ \dot{U}_B &= U\angle -120^\circ \\ \dot{U}_C &= U\angle 120^\circ \end{aligned}\right\} \quad (4-3)$$

对称三相电源的电压波形图和相量图如图 4-2（a）、（b）所示。作三相电路的相量图时，习惯上把参考相量画在垂直的方向上，如图 4-2（c）所示。

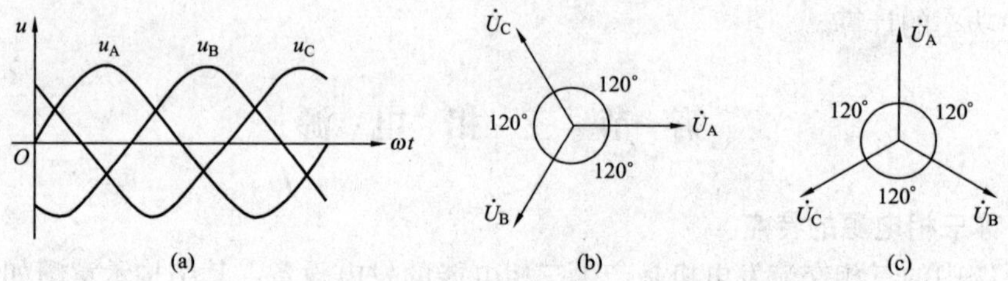

图 4-2 对称三相电压

很明显，根据 KVL，对称三相电压的瞬时值之和与相量之和都为零，即

$$u_A + u_B + u_C = 0 \quad (4-4)$$

$$\dot{U}_A + \dot{U}_B + \dot{U}_C = 0 \quad (4-5)$$

三相电源中各相电压到达最大值（或零值）的先后次序称为相序。式（4-2）中三个电压的相序为 A-B-C，称为正序或顺序。如果 B 相超前 A 相，C 相超前 B 相，则称为负序或逆序。工程上一般采用正序，并用黄、绿、红三色区分 A、B、C 三相。

二、三相电源的连接方式

三相电源绕组的连接通常有星形（Y）连接和三角形（△）连接两种方式。

（一）三相电源的星形（Y）连接

三相电源的星形连接就是把三相绕组的三个末端 X、Y、Z 连接在一起成为一个公共点，称为电源的中性点或零点，用 N 表示，并可由此引出一根输电线，称为中线或零线。如果中点接地，则中线也称地线。再由三相绕组的三个首端 A、B、C 分别引出三根输电线，称为端线或相线，俗称火线，如图 4-3 所示。

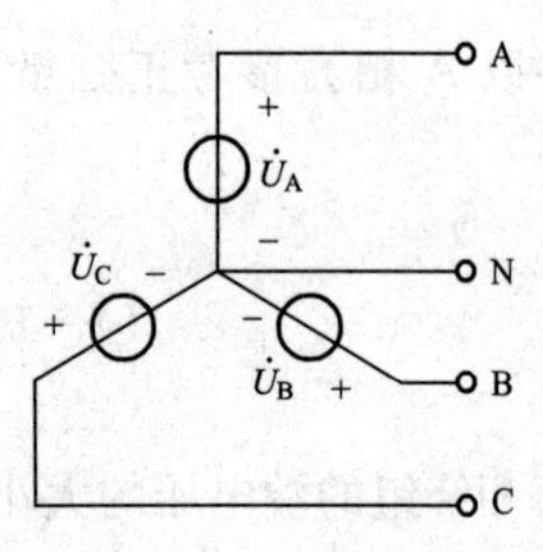

图 4-3 三相电源的星形连接

每相电源的端电压，即端线与中线之间的电压，称为相电压。规定相电压的参考方向为从电源的首端指向末端，即从端线指向中线，记为 u_A、u_B、u_C，其有效值用 U_P 表示。

端线与端线之间的电压，称为线电压，其参考方向规定为

按字母的顺序由 A 到 B，B 到 C，C 到 A，记为 u_{AB}、u_{BC}、u_{CA}，其有效值用 U_l 表示。

根据 KVL，三个线电压与三个相电压之间的瞬时值关系为

$$\left.\begin{aligned} u_{AB} &= u_A - u_B \\ u_{BC} &= u_B - u_C \\ u_{CA} &= u_C - u_A \end{aligned}\right\} \tag{4-6}$$

在正弦电流电路中，线电压与相电压的相量关系为

$$\left.\begin{aligned} \dot{U}_{AB} &= \dot{U}_A - \dot{U}_B \\ \dot{U}_{BC} &= \dot{U}_B - \dot{U}_C \\ \dot{U}_{CA} &= \dot{U}_C - \dot{U}_A \end{aligned}\right\} \tag{4-7}$$

对于对称三相电源，如设 $\dot{U}_A = U_P\angle 0°$，则 $\dot{U}_B = U_P\angle -120°$，$\dot{U}_C = U_P\angle 120°$，代入式（4-7）后，可得

$$\left.\begin{aligned} \dot{U}_{AB} &= U_P\angle 0° - U_P\angle -120° = \sqrt{3}U_P\angle 30° \\ \dot{U}_{BC} &= U_P\angle -120° - U_P\angle 120° = \sqrt{3}U_P\angle -90° \\ \dot{U}_{CA} &= U_P\angle 120° - U_P\angle 0° = \sqrt{3}U_P\angle 150° \end{aligned}\right\}$$

或写成：

$$\left.\begin{aligned} \dot{U}_{AB} &= \sqrt{3}\dot{U}_A\angle 30° \\ \dot{U}_{BC} &= \sqrt{3}\dot{U}_B\angle 30° \\ \dot{U}_{CA} &= \sqrt{3}\dot{U}_C\angle 30° \end{aligned}\right\} \tag{4-8}$$

从上述结果可以看出，对称三相电源作星形连接时，若相电压对称，则线电压也是对称的，且线电压的有效值是相电压有效值的 $\sqrt{3}$ 倍，即 $U_l = \sqrt{3}U_P$，相位上线电压超前于对应的相电压 30°。

也可作出线电压和相电压的相量图，借助相量图得出线电压和相电压的关系，如图 4-4 所示。

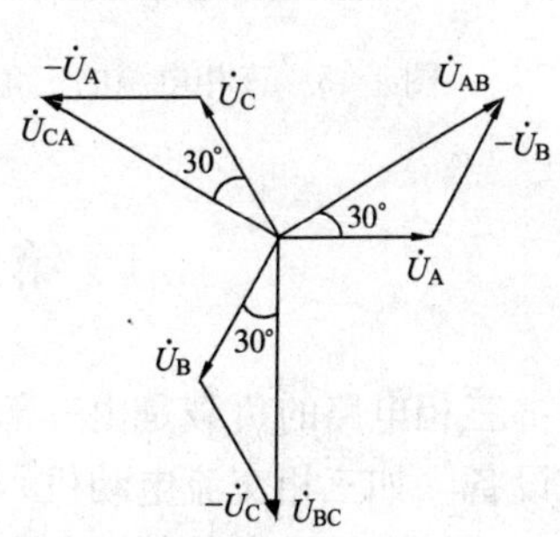

图 4-4　对称三相电源线电压和相电压的关系

星形连接的三相电源可向用户提供线电压和相电压两种电压，负载可根据额定电压的大小作适当的连接。

在三相电路中，若不加说明，所说的电压都是指线电压，如三相电气设备铭牌上所标的电压，各种输电线路的电压等。

根据 KLV 可得

$$\left.\begin{aligned} u_{AB} + u_{BC} + u_{CA} &= 0 \\ \dot{U}_{AB} + \dot{U}_{BC} + \dot{U}_{CA} &= 0 \end{aligned}\right\} \tag{4-9}$$

即三个线电压的瞬时值之和（或相量之和）恒等于零。不论三相电源怎样连接，不论线电压对称与否，线电压的这一特点总是存在的。

（二）三相电源的三角形（△）连接

三相电源的三角形连接就是把三相绕组的首、末端依次相连，构成一个闭合回路，再从三个连接点引出三根端线与负载相连，（见图 4-5），这种接线只有三线制。

三相电源作三角形连接时，线电压就是相应的相电压，只能提供一种电压。

$$\left.\begin{aligned}\dot{U}_{AB}&=\dot{U}_A\\\dot{U}_{BC}&=\dot{U}_B\\\dot{U}_{CA}&=\dot{U}_C\end{aligned}\right\}\tag{4-10}$$

应当指出，对称三相电源作三角形连接要注意接线的正确性。若接线正确，电源回路中的总电压为零，即$\dot{U}_A+\dot{U}_B+\dot{U}_C=0$，相量图如图 4-6（a）所示，因此不会在电源回路中产生环流。但如果将一相电源（如 A 相）接反，则作用在电源回路中的总电压为

$$-\dot{U}_A+\dot{U}_B+\dot{U}_C=\dot{U}_A+\dot{U}_B+\dot{U}_C-2\dot{U}_A=-2\dot{U}_A$$

可见电源回路中的总电压是一相电源电压的 2 倍，相量图如图 4-6（b）所示。由于实际电源的内阻抗很小，因此在回路中将产生很大的环流而烧坏电源。为了防止接线错误，可在三角形闭合前，在开口处接上一只交流电压表，若电压表读数为零，说明接线正确，可撤去电压表将回路闭合。通常三相发电机的三相绕组大多作星形连接，很少作三角形连接，而三相变压器则两种接法都有使用。

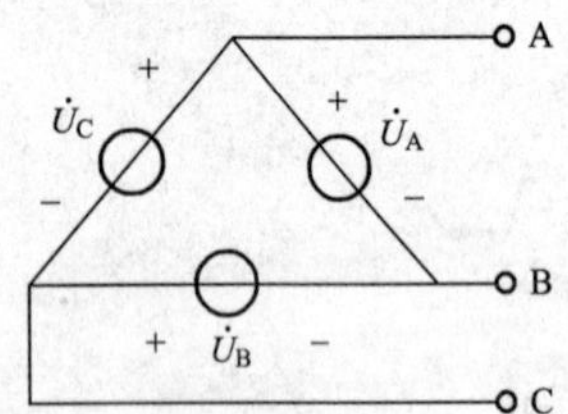

图 4-5 三相电源的三角形连接

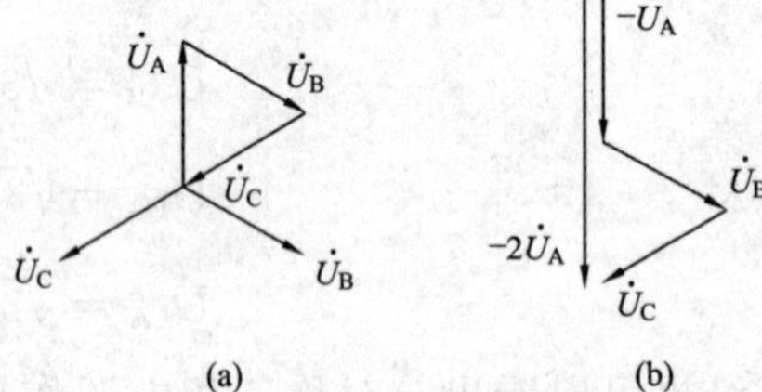

图 4-6 三相电源三角形连接时的电压相量图

第二节 星形连接的三相负载电路

三相电路的负载是由三部分组成的，每一部分称为一相负载。有的三相负载是一台完整的设备（如三相交流电动机），有的则可能是单相负载的组合（如电灯）。三相负载和三相电源相连接，组成完整的三相电路。

三相负载有对称和不对称之分，各相阻抗相等的三相负载称为对称三相负载（如三相电动机），即满足：

$$Z_A=Z_B=Z_C=Z=|Z|\angle\varphi$$

或

$$\left.\begin{aligned}|Z_A|=|Z_B|=|Z_C|=|Z|\\\varphi_A=\varphi_B=\varphi_C=\varphi\end{aligned}\right\}\tag{4-11}$$

否则，称为不对称三相负载。

三相负载也有星形连接和三角形连接两种接法。

三相负载的星形连接与三相电源的星形连接类同，是把三相负载的一端分别接电源的三

根端线，另三个端点连接成一点，称为负载中性点，用N′表示。若将负载中性点与电源中性点用中线连接起来，则为三相四线制电路，如图4-7（a）所示。没有中线则为三相三线制电路，如图4-7（b）所示。当负载的额定电压等于电源的相电压时，负载应作星形连接。

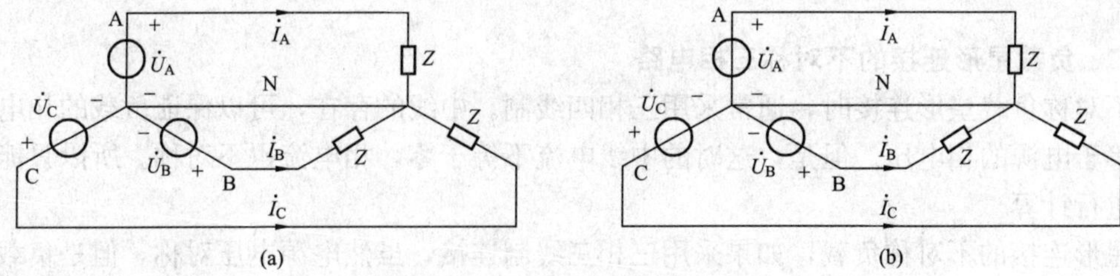

图4-7　负载星形连接三相电路

三相电路中，流过各端线的电流称为线电流，其参考方向习惯上规定为由电源流向负载，线电流有效值用I_l表示。流过每相负载的电流称为相电流，其参考方向与负载电压参考方向关联，相电流有效值用I_P表示。流过中线的电流称为中线电流，其参考方向习惯上规定为由负载流向电源，中线电流有效值用I_N表示。

由图4-7可以看出，当负载连接成星形时，线电流等于相电流，用i_A、i_B、i_C表示。

根据KCL，中线电流为

$$\dot{I}_N = \dot{I}_A + \dot{I}_B + \dot{I}_C \tag{4-12}$$

一、负载星形连接的对称三相电路

负载和电源都对称的三相电路称为对称三相电路。

图4-7（a）所示的负载星形连接的三相四线制电路中，由于连接导线的阻抗很小，可以略去不计，从而三相负载的相电压就是相应的电源电压$\dot{U}_A$、$\dot{U}_B$、$\dot{U}_C$。设$\dot{U}_A$为参考相量，则

$$\left.\begin{aligned}\dot{I}_A &= \frac{\dot{U}_A}{Z_A} = \frac{U_P}{|Z_A|}\angle -\varphi_A \\ \dot{I}_B &= \frac{\dot{U}_B}{Z_B} = \frac{U_P}{|Z_B|}\angle -120^\circ -\varphi_B \\ \dot{I}_C &= \frac{\dot{U}_C}{Z_C} = \frac{U_P}{|Z_C|}\angle 120^\circ -\varphi_C\end{aligned}\right\} \tag{4-13}$$

对于对称三相电路，有

$$\left.\begin{aligned}I_A = I_B = I_C = \frac{U_P}{|Z|} \\ \varphi_A = \varphi_B = \varphi_C = \varphi\end{aligned}\right\} \tag{4-14}$$

由此可见，各相电流也是对称的，其相量图如图4-8所示。由上述分析可知，对于对称三相电路，只需求得一相电流，其余量可由对称性规律直接写出。

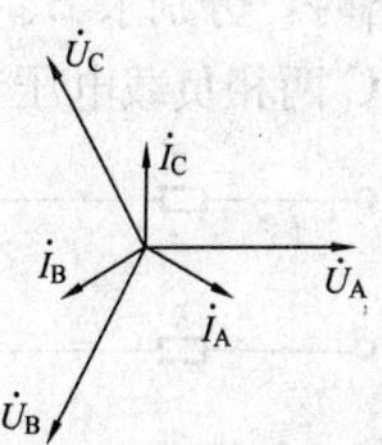

图4-8　负载星形连接对称三相电路的电压、电流相量图

对称三相电路中，中线电流为

$$\dot{I}_N = \dot{I}_A + \dot{I}_B + \dot{I}_C = 0 \quad (4-15)$$

可见，对称三相四线制电路中，中线电流为零，中线不起作用。这样中线就完全可以省去，而成为三相三线制电路。去掉中线后，对称负载的中性点N′和电源的中性点N仍然等电位。各相负载的电压仍然为电源的相电压。所以同样只对一相电路进行计算，便可确定三相电流。

二、负载星形连接的不对称三相电路

不对称负载星形连接时，通常采用三相四线制。中线的存在，可以保证负载的相电压基本上等于电源的相电压。但是，这时的中线电流不等于零，相电流也不对称。所以只能分别逐相进行计算。

星形连接的不对称负载，如果采用三相三线制连接，虽然电源电压对称，但是负载的相电压 $\dot{U}_{AN'}$、$\dot{U}_{BN'}$、$\dot{U}_{CN'}$ 不对称。电源和负载的中点之间将出现电位差，即 $\dot{U}_{N'N} \neq 0$。为计算各相电流，需要先用弥尔曼方程求出电源中性点和负载的中性点之间的电压 $\dot{U}_{N'N}$，然后分别计算各相负载相电压 $\dot{U}_{AN'}$、$\dot{U}_{BN'}$、$\dot{U}_{CN'}$，进而计算各相电流。中点电压 $\dot{U}_{N'N}$ 的存在，将造成负载两端电压或大于其额定值，或小于其额定值，用电设备可能因此而受到损害，或者不能正常工作。所以星形连接的不对称三相负载，必须采用三相四线制电路，且中线不可省去。为了防止中线突然断开，在中线里不许安装熔断器和开关。

【例 4-1】 对称三相三线制的线电压 $U_l = 100\sqrt{3}$ V，每相负载阻抗为 $Z = 10\angle 60°\Omega$，求负载为星形时的电流。

解： 负载星形连接时，相电压的有效值为

$$U_P = \frac{U_l}{\sqrt{3}} = 100\text{V}$$

设 $\dot{U}_A = 100\angle 0°$V。线电流等于相电流，为

$$\dot{I}_A = \frac{\dot{U}_A}{Z} = \frac{100\angle 0°}{10\angle 60°} = 10\angle -60°\text{A}$$

$$\dot{I}_B = \frac{\dot{U}_B}{Z} = \frac{100\angle -120°}{10\angle 60°} = 10\angle -180°\text{A}$$

$$\dot{I}_C = \frac{\dot{U}_C}{Z} = \frac{100\angle 120°}{10\angle 60°} = 10\angle 60°\text{A}$$

【例 4-2】 图示对称三相电路，电源线电压为 380V，$R = 500\Omega$。（1）A 相负载短路、开路时，分别求 B、C 两相负载电压和电流。（2）接上阻抗为零的中线后，A 相开路，求 B、C 两相负载电压和电流。

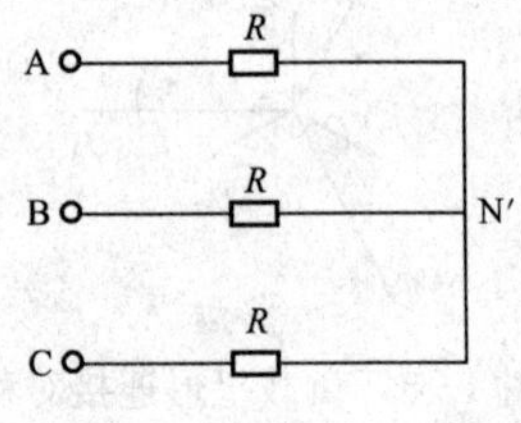

图 4-9 【例 4-2】附图

解：（1）无中线时，若 A 相短路，则 B 相阻抗和 C 相阻抗分别接于线电压 U_{BA} 和 U_{CA} 间，所以

$$U_{BN'} = U_{CN'} = U_l = 380\text{V}$$

若 A 相开路，B 相和 C 相阻抗串联后接于线电压 U_{BC}，所以

$$U_{BN'} = U_{CN'} = U_l/2 = 190\text{V}$$

（2）加中线后，A 相开路，由于中线的存在，B、C 两相不受

影响，所以

$$U_{BN'}=U_{CN'}=U_P=220V$$

第三节　三角形连接的三相负载电路

负载的三角形连接是把将三相负载连接成一个三角形。三个连接点分别接电源的三根端线。如图 4-10 所示，每相负载的阻抗分别用 Z_{AB}、Z_{BC} 和 Z_{CA} 表示。当负载的额定电压等于电源的线电压时，负载应作三角形连接。

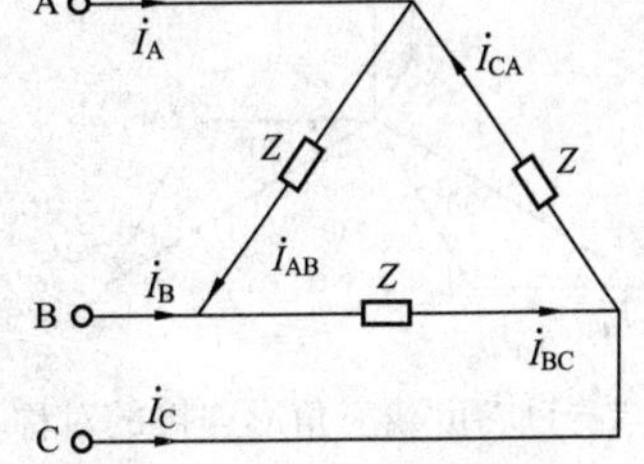

图 4-10　负载的三角形连接

由图 4-10 可知，如果忽略端线的阻抗，则不论三相负载是否对称，每相负载承受的电压（负载的相电压）等于对应电源的线电压，即

$$U_{A'B'}=U_{AB}\quad U_{B'C'}=U_{BC}\quad U_{C'A'}=U_{CA}\qquad(4-16)$$

所以负载的相电压是对称的。

负载三角形连接时，负载的相电流同线电流并不相同。线电流仍用下标 A、B、C 标示，如 $\dot{I}_A$、$\dot{I}_B$、$\dot{I}_C$；相电流则以下标 $A'B'$、$B'C'$、$C'A'$标示，如 $\dot{I}_{A'B'}$、$\dot{I}_{B'C'}$、$\dot{I}_{C'A'}$。根据各相电流、线电流的参考方向，由 KCL 可得二者的关系为

$$\left.\begin{aligned}i_A&=i_{A'B'}-i_{C'A'}\\i_B&=i_{B'C'}-i_{A'B'}\\i_C&=i_{C'A'}-i_{B'C'}\end{aligned}\right\}\qquad(4-17)$$

在正弦电流电路中，线电流与相电流的相量关系为

$$\left.\begin{aligned}\dot{I}_A&=\dot{I}_{A'B'}-\dot{I}_{C'A'}\\\dot{I}_B&=\dot{I}_{B'C'}-\dot{I}_{A'B'}\\\dot{I}_C&=\dot{I}_{C'A'}-\dot{I}_{B'C'}\end{aligned}\right\}\qquad(4-18)$$

一、负载三角形连接的对称三相电路

当三相负载对称时，即 $Z_{AB}=Z_{BC}=Z_{CA}=Z$，各相电流为

$$\left.\begin{aligned}\dot{I}_{A'B'}&=\frac{\dot{U}_{AB}}{Z}\\\dot{I}_{B'C'}&=\frac{\dot{U}_{BC}}{Z}\\\dot{I}_{C'A'}&=\frac{\dot{U}_{CA}}{Z}\end{aligned}\right\}\qquad(4-19)$$

因为 $\dot{U}_{AB}$、$\dot{U}_{BC}$、$\dot{U}_{CA}$ 为对称三相电压，所以 $\dot{I}_{A'B'}$、$\dot{I}_{B'C'}$、$\dot{I}_{C'A'}$ 必定是对称三相电流。

设 $\dot{I}_{A'B'}=I_P\angle 0°$，则 $\dot{I}_{B'C'}=I_P\angle -120°$，$\dot{I}_{C'A'}=I_P\angle 120°$，则

$$\left.\begin{aligned}\dot{I}_A&=I_P\angle 0°-I_P\angle 120°=\sqrt{3}I_P\angle -30°\\\dot{I}_B&=I_P\angle -120°-I_P\angle 0°=\sqrt{3}I_P\angle -150°\\\dot{I}_C&=I_P\angle 120°-I_P\angle -120°=\sqrt{3}I_P\angle 90°\end{aligned}\right\}$$

或写成：

$$\left.\begin{aligned}\dot{I}_A &= \sqrt{3}\dot{I}_{A'B'}\angle -30^\circ \\ \dot{I}_B &= \sqrt{3}\dot{I}_{B'C'}\angle -30^\circ \\ \dot{I}_C &= \sqrt{3}\dot{I}_{C'A'}\angle -30^\circ\end{aligned}\right\} \quad (4-20)$$

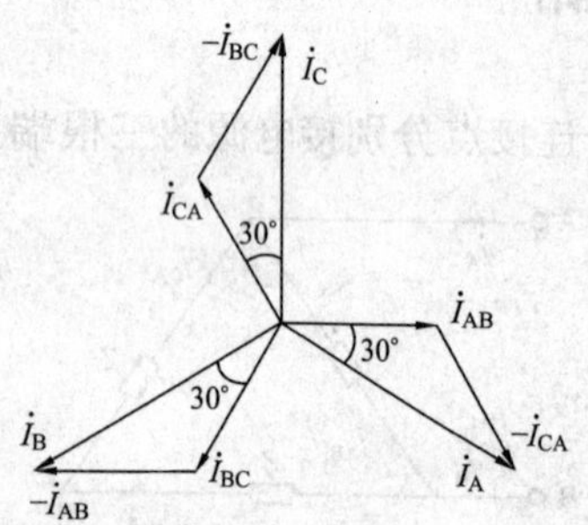

图 4-11　负载三角形连接的对称三相电路的电流相量图

可见，这时的线电流也是对称的，且线电流的有效值是相电流有效值的$\sqrt{3}$倍，即 $I_l=\sqrt{3}I_P$，相位上线电流滞后于对应的相电流 30°。

也可作出相电流和线电流的相量图，借助相量图得出线电流和相电流的关系，如图 4-11 所示。

这种对称三相电路同样可以只计算其中的一相，求得该相电流后，其余两相的相电流和各线电流即可由上述关系直接求出。

二、负载三角形连接的不对称三相电路

对于不对称三相负载，虽然各相负载的电压仍然是三相电源的对称线电压，但是由于各相负载的阻抗不相等，三相负载的相电流只能逐相分别进行计算，即

$$\left.\begin{aligned}\dot{I}_{A'B'} &= \frac{\dot{U}_{AB}}{Z_{AB}} \\ \dot{I}_{B'C'} &= \frac{\dot{U}_{BC}}{Z_{BC}} \\ \dot{I}_{C'A'} &= \frac{\dot{U}_{CA}}{Z_{CA}}\end{aligned}\right\} \quad (4-21)$$

负载不对称时的各线电流，也只能按式（4-18）分别计算。

【例 4-3】 对称三相三线制的线电压 $U_l=100\sqrt{3}$V，每相负载阻抗为 $Z=10\angle 60^\circ\Omega$，求负载为三角形连接时的电流。

解： 当负载为三角形连接时，相电压等于线电压，设 $\dot{U}_{AB}=100\sqrt{3}\angle 0^\circ$V。

相电流为

$$\dot{I}_{A'B'} = \frac{\dot{U}_{A'B'}}{Z} = \frac{100\sqrt{3}\angle 0^\circ}{10\angle 60^\circ} = 10\sqrt{3}\angle -60^\circ \text{A}$$

$$\dot{I}_{B'C'} = \frac{\dot{U}_{B'C'}}{Z} = \frac{100\sqrt{3}\angle -120^\circ}{10\angle 60^\circ} = 10\sqrt{3}\angle -180^\circ \text{A}$$

$$\dot{I}_{C'A'} = \frac{\dot{U}_{C'A'}}{Z} = \frac{100\sqrt{3}\angle 120^\circ}{10\angle 60^\circ} = 10\sqrt{3}\angle 60^\circ \text{A}$$

线电流为

$$\dot{I}_A = \sqrt{3}\dot{I}_{AB}\angle -30^\circ = 30\angle -90^\circ$$

$$\dot{I}_B = \sqrt{3}\dot{I}_{BC}\angle -30^\circ = 30\angle -210^\circ = 30\angle 150^\circ$$

$$\dot{I}_C = \sqrt{3}\dot{I}_{CA}\angle -30^\circ = 30\angle 30^\circ$$

由此可知，负载由星形连接改为三角形连接后，相电流增加到原来的$\sqrt{3}$倍，线电流增加到原来的 3 倍。

第四节　三相电路的功率

一、三相电路的有功功率

根据前面的讨论我们已知交流电路的总有功功率等于各部分有功功率之和，因此不论三相负载是否对称，三相电路的有功功率等于各相有功功率之和，即

$$P = P_A + P_B + P_C = U_A I_A \cos\varphi_A + U_B I_B \cos\varphi_B + U_C I_C \cos\varphi_C \tag{4-22}$$

当三相电路对称时，各相负载有功功率相等，所以总的有功功率是一相有功功率的 3 倍，即

$$P = 3U_P I_P \cos\varphi \tag{4-23}$$

因为三相电路的线电压和线电流比相电压和相电流便于测量，所以三相电路的有功功率常用线电压和线电流来表示。当负载星形连接时，$U_P = U_l/\sqrt{3}$，$I_P = I_l$；当负载三角形连接时，$U_P = U_l$，$I_P = I_l/\sqrt{3}$，所以无论负载是星形连接还是三角形连接，都有

$$P = 3U_P I_P \cos\varphi = \sqrt{3} U_l I_l \cos\varphi \tag{4-24}$$

式中，φ 角是一相负载的阻抗角，也就是负载相电压与相电流的相位差。

二、三相电路的无功功率

同理，三相电路的无功功率等于各相无功功率的代数和，即

$$Q = Q_A + Q_B + Q_C = U_A I_A \sin\varphi_A + U_B I_B \sin\varphi_B + U_C I_C \sin\varphi_C \tag{4-25}$$

感性无功功率取正号，容性无功功率取负号。

对于对称三相电路，有

$$Q = 3U_P I_P \sin\varphi = \sqrt{3} U_l I_l \sin\varphi \tag{4-26}$$

三、三相电路的视在功率

三相电路的视在功率为

$$S = \sqrt{P^2 + Q^2} \tag{4-27}$$

若三相电路对称，则

$$S = 3U_P I_P = \sqrt{3} U_l I_l \tag{4-28}$$

应注意，若三相电路不对称，则

$$S \neq S_A + S_B + S_C$$

四、对称三相电路的瞬时功率

对称三相电路的瞬时功率等于各相瞬时功率之和，即

$$p = p_A + p_B + p_C = u_A i_A + u_B i_B + u_C i_C$$

将 u_A、i_A、u_B、i_B、u_C、i_C的表达式代入上式，并利用对称三相正弦量的特点，可得对称三相电路的瞬时功率为

$$p = p_A + p_B + p_C = 3U_P I_P \cos\varphi = P \tag{4-29}$$

式（4-29）说明，对称三相电路的瞬时功率是个不随时间变化的常量，其值恰好等于对称三相电路的有功功率。从而对于三相电机，由于其瞬时功率为常量，其机械转矩就恒定

不变，运行时就比单相电机平稳得多。这是对称三相电路的优点。

【例 4-4】 一台三相同步发电机的额定功率 $P_N=6000kW$，额定电压 $U_N=6.3kV$，额定功率因数 $\cos\varphi=0.8$。求该发电机的额定电流、额定视在功率和额定无功功率。

解：额定电流为

$$I_N=\frac{P_N}{\sqrt{3}U_N\cos\varphi}=\frac{6000}{\sqrt{3}\times 6.3\times 0.8}=687A$$

额定视在功率为

$$S_N=\frac{P_N}{\cos\varphi}=\frac{6000}{0.8}=7500kV\cdot A$$

额定无功功率为

$$Q_N=P_N\tan\varphi=6000\times 0.75=4500kvar$$

本 章 小 结

1. 对称三相正弦量

(1) 正序对称：$\dot{U}_A=U\angle 0°$，$\dot{U}_B=U\angle -120°$，$\dot{U}_C=U\angle 120°$

(2) 特点：$\dot{U}_A+\dot{U}_B+\dot{U}_C=0$

2. 三相电路中的线电压与相电压、线电流与相电流关系及中线电流

(1) Y连接：

$$I_l=I_P$$
$$\dot{U}_{AB}=\dot{U}_A-\dot{U}_B$$
$$\dot{U}_{BC}=\dot{U}_B-\dot{U}_C$$
$$\dot{U}_{CA}=\dot{U}_C-\dot{U}_A$$

三相电路对称时，有

$$\dot{U}_{AB}=\sqrt{3}\dot{U}_A\angle 30°$$
$$\dot{U}_{BC}=\sqrt{3}\dot{U}_B\angle 30°$$
$$\dot{U}_{CA}=\sqrt{3}\dot{U}_C\angle 30°$$

(2) △连接：

$$U_L=U_P$$
$$\dot{I}_A=\dot{I}_{AB}-\dot{I}_{CA}$$
$$\dot{I}_B=\dot{I}_{BC}-\dot{I}_{AB}$$
$$\dot{I}_C=\dot{I}_{CA}-\dot{I}_{BC}$$

三相电路对称时，有

$$\dot{I}_A=\sqrt{3}\dot{I}_{AB}\angle -30°$$
$$\dot{I}_B=\sqrt{3}\dot{I}_{BC}\angle -30°$$
$$\dot{I}_C=\sqrt{3}\dot{I}_{CA}\angle -30°$$

(3) 三相四线制电路中，中线电流为

$$\dot{I}_N = \dot{I}_A + \dot{I}_B + \dot{I}_C$$

3. 负载星形连接三相电路的计算

(1) 三相负载对称时，不管有无中线，都可只计算其中的一相的相电流（即线电流），其余两相的相电流可由对称关系直接求出。

(2) 三相负载不对称时且有中线（中线阻抗忽略不计）时，相电流逐相分别进行计算，然后计算中线电流。

(3) 三相负载不对称时且无中线或有中线并考虑中线阻抗时，应先计算中点电压 $\dot{U}_{N'N}$，再求负载相电压和相电流。

(4) 中线的作用：不对称星形连接负载必须有中线，其作用是迫使中点电压近似为零，以保持负载相电压近似对称，近似等于电源相电压。

4. 负载三角形连接三相电路的计算

(1) 三相负载对称时，可只计算其中的一相的相电流，其余两相的相电流可由对称关系直接求出，再根据相电流和线电流关系直接求各线电流。

(2) 三相负载不对称时，负载的相电流只能逐相分别进行计算，然后按式（4-18）分别计算各线电流。

5. 三相电路的功率

(1) 一般关系：

$$P = U_A I_A \cos\varphi_A + U_B I_B \cos\varphi_B + U_C I_C \cos\varphi_C$$

$$Q = U_A I_A \sin\varphi_A + U_B I_B \sin\varphi_B + U_C I_C \sin\varphi_C$$

$$S = \sqrt{P^2 + Q^2}$$

(2) 对称条件下：

$$P = 3U_P I_P \cos\varphi = \sqrt{3} U_l I_l \cos\varphi$$

$$Q = 3U_P I_P \sin\varphi = \sqrt{3} U_l I_l \sin\varphi$$

$$S = 3U_P I_P = \sqrt{3} U_l I_l$$

$$p = p_A + p_B + p_C = P \quad \text{（常量）}$$

习 题 与 思 考 题

1. 三相对称电源作星形连接，相电压 $u_A = \sqrt{2}U\sin\omega t$ V，求电压 u_B、u_C、u_{AB}、u_{BC}及 u_{CA}的解析式。

2. 图 4-12 所示对称三相电路中，负载阻抗 $Z = 6 + j8\Omega$，电源线电压为 380V，$f=$50Hz。(1) 求负载相电流有效值；(2) 写出相电流 i_A、线电压 u_{AB}的瞬时值表达式。

3. 图 4-13 所示三相电路接至线电压为 380V 的对称三相电压源，求各线电流及中线电流相量。

4. 图 4-14 所示对称三相电路中，负载阻抗 $Z = 6 + j8\Omega$，电源线电压有效值为 220V，$f=50$Hz。(1) 求负载相电流、线电流有效值；(2) 写出线电流 i_A的瞬时值表达式。

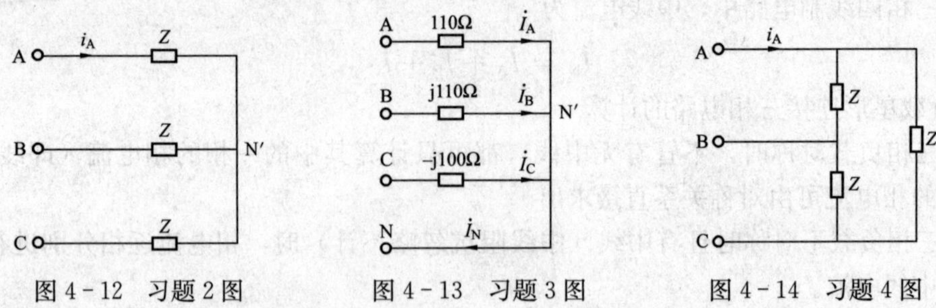

图 4-12 习题 2 图　　图 4-13 习题 3 图　　图 4-14 习题 4 图

5. 一台三相电动机绕组作星形连接，接入线电压为 380V 的三相电源，总功率为 3.3kW，线电流为 6.1A。求电动机每相绕组参数。

6. 对称三相电路中，电源线电压有效值为 450V，对称三相负载的总视在功率为 100kV·A，功率因数为 0.65（感性）。(1) 求负载总有功功率、总无功功率；(2) 若负载为三角形连接，求每相阻抗。

第五章 动 态 电 路

在含有电容、电感的电路中，电容和电感储存有能量。当电路从一种稳态转变到另一种稳态时，电路中所储存的能量会发生变化，而能量是不能突变的，能量的积累或衰减需要一定的时间，经历一个过程，这个过程就称为过渡过程。电路的过渡过程往往为时短暂，称为暂态过程（简称暂态），它对电路的影响有利也有弊，所以，研究电路的暂态过程的意义重大。它可以提高生产率、改善波形等等，还可以防止电路在暂态过程中产生过大的电压或电流，保护电气设备不受损坏。

本章研究一阶线性电路在激励源的作用下，电路中各部分电压和电流随时间变化的规律。激励源可以是外部的输入电源，也可以是电路内部储能元件（电容或电感）所储存的初始能量。这里各部分电压和电流随时间变化的规律称为电路的响应，故暂态分析也是电路的时域分析。电路的激励和响应关系如图 5-1 所示。

图 5-1 电路的激励和响应关系

不含电容、电感元件的纯电阻电路只消耗能量。描述这种电路的方程不是微分方程，而是代数方程。当电路从一种稳态转变到另一种稳态时，电压、电流均可突变，无过渡过程（暂态过程）。

在这一章的学习过程中，应重点掌握一阶电路的三要素求解法，充分理解暂态过程中电压和电流随时间变化的规律，以及电路的时间常数对暂态过程的影响。

第一节 换路定则及暂态过程初始值的确定

电路结构的变化及电路参数的改变等，如电源接通、切断，电源电压改变，电阻、电容、电感值的改变，会使电路从一种稳态转换到另一种稳态，这种变化称为换路。

对于含有储能元件电容 C 或电感 L 的电路，换路时，电路所储存的能量有可能发生变化，但能量的积累或衰减需要一定的时间，不能发生跃变。具体地说，电路中的电容元件 C，储有电场能量$\frac{1}{2}Cu_C^2$，在换路瞬间，能量不能跃变，即要求 u_C 不能跃变；电路中的电感元件 L，储有磁场能量$\frac{1}{2}Li_L^2$，在换路瞬间，能量不能跃变，即要求 i_L 不能跃变。这就是换路定则的内容。

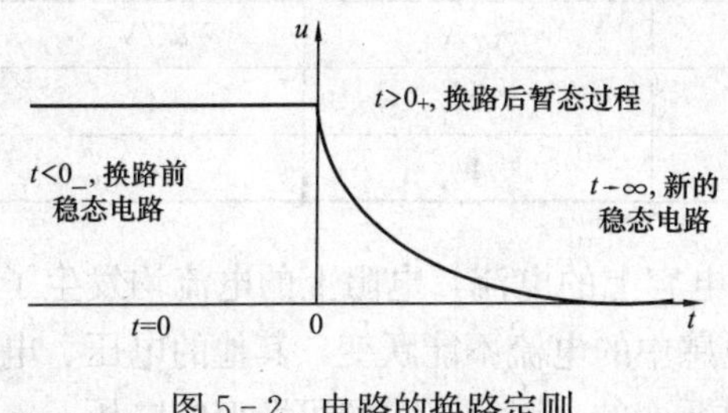

图 5-2 电路的换路定则

电路的过渡过程可由图 5-2 说明，设时间$t=0$为换路瞬间，$t=0_-$为换路前的终了瞬间，$t=0_+$为换路后的初始瞬间。电路的响应由换路前的稳态通过换路进入暂态过程，最终进入新的稳态。

0_-和0_+在数值上都等于零。在换路瞬间，u_C与i_L值都不能跃变，用数学式表示如下：

$$u_C(0_+) = u_C(0_-) \tag{5-1}$$

$$i_L(0_+) = i_L(0_-) \tag{5-2}$$

换路定则仅适用于换路瞬间，根据式（5-1）、式（5-2），可由换路前的稳态值 $u_C(0_-)$ 和 $i_L(0_-)$，确定当 $t=0_+$ 时电路中 $u_C(0_+)$ 及 $i_L(0_+)$ 之值，即 u_C与 i_L的初始值，进而求得其他各量的初始值。

【例 5-1】 电路如图 5-3（a）所示，在开关 S 闭合前，电路已处于稳态。求 S 闭合后的初始瞬间 i_1、i_3、i_C及 u_C的值。已知 $R_1=R_2=R_3=4\Omega$，$E=8\text{V}$，$C=50\mu\text{F}$。

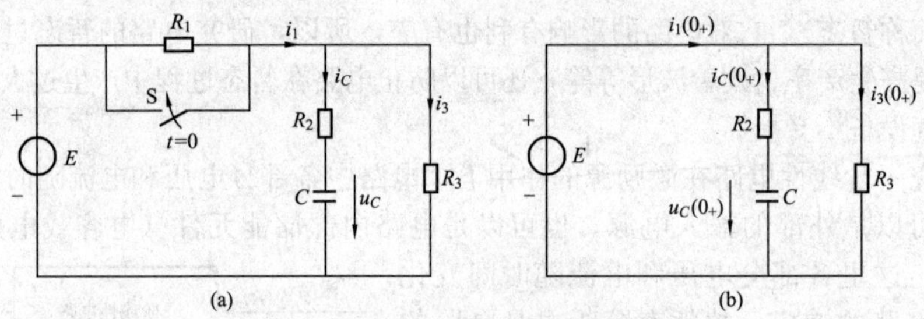

图 5-3 【例 5-1】附图

解： 由于 S 闭合前，电路已处于稳态，电容 C 相当于开路，故

$$i_1(0_-) = i_3(0_-) = \frac{E}{R_1+R_3} = \frac{8}{4+4} = 1\text{A}$$

$$i_C(0_-) = 0$$

$$u_C(0_-) = u_{R3}(0_-) = i_3(0_-)\times R_3 = 1\times 4 = 4\text{V}$$

换路后的 $t=0_+$ 瞬间，根据换路定则 $u_C(0_+)=u_C(0_-)=4\text{V}$，即在 0_+ 瞬间，电容 C 上电压值相当于一个值为 4V 的恒压源。$t=0_+$ 时的等效电路如图 5-3（b）所示。求解此电路有

$$i_3(0_+) = \frac{E}{R_3} = \frac{8}{4} = 2\text{A}$$

$$i_C(0_+) = \frac{E-u_C(0_+)}{R_2} = \frac{8-4}{4} = 1\text{A}$$

$$i_1(0_+) = i_C(0_+) + i_3(0_+) = 2+1 = 3\text{A}$$

其数值如表 5-1 所示。

表 5-1　（0_-）（0_+）数值表

	i_1/A	i_3/A	i_C/A	u_C/V
$t=0_-$	1	1	0	4
$t=0_+$	3	2	1	4

从表 5-1 可见，除 u_C在换路瞬间没有跃变外，电容上的电流，电阻上的电流均发生了跃变。事实上，换路定则只表明电容两端的电压及电感中的电流不能跃变，其他的电压、电流（包括电容上的电流，电感两端的电压）均是可以跃变的。因此，求解可跃变的电压、电

流在 0_- 时的值，对暂态过程初始值的求解没有任何帮助，故可不用计算。

另外，从【例 5-1】$i_C(0_+)$ 等电流的求解过程中还可看到，我们实际上是在 $t=0_+$ 瞬间的电路中，将电容 C 等效为电压值等于 $u_C(0_+)$ 的恒压源来处理的。事实上，由于在换路瞬间 u_C 及 i_L 的值保持不变，因此，在 $t=0_+$ 瞬间的电路中，电容元件可等效为电压等于 $u_C(0_+)$ 的恒压源，电感元件可等效为电流等于 $i_L(0_+)$ 的恒流源。综合以上分析得出求解暂态过程的初始值（即 $t=0_+$ 时各值）的步骤如下：

(1) 计算 $t=0_-$ 时 u_C 和 i_L 的值，即 $u_C(0_-)$ 和 $i_L(0_-)$；

(2) 由式（5-1）、式（5-2）得出 $u_C(0_+)$ 和 $i_L(0_+)$ 的值；

(3) 画出 0_+ 的等效电路，并将电容等效为电压为 $u_S=u_C(0_+)$ 的恒压源，或将电感等效为 $i_S=i_L(0_+)$ 的电流源，再列式求解出其他电压、电流的初始值。

【例 5-2】 电路如图 5-4 所示。设换路前电路已处于稳态，试求开关 S 从位置 1 合到位置 2 后，电流 i_L 及 i 的初始值。

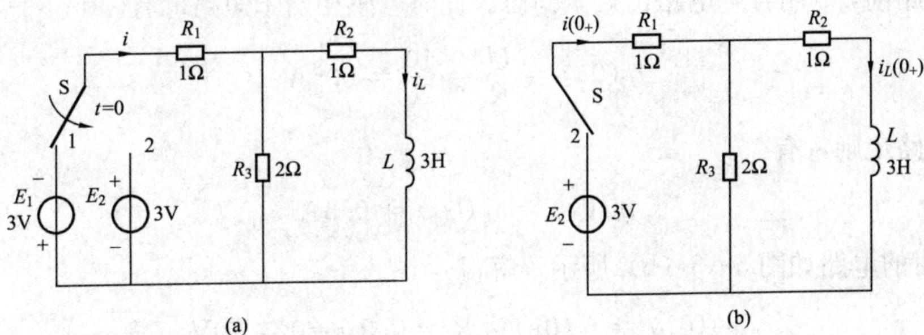

图 5-4 【例 5-2】附图

解：(1) $t=0_-$ 时，S 合在 1，电路处于稳态，此时电感相当于短路，故有

$$i_L(0_-)=\frac{-E_1}{R_1+R_2R_3/(R_2+R_3)}\times\frac{R_3}{R_2+R_3}$$

$$=\frac{-3}{1+\frac{1\times 2}{1+2}}\times\frac{2}{1+2}=-\frac{6}{5}\text{A}$$

(2) 由换路定则可得

$$i_L(0_+)=i_L(0_-)=-\frac{6}{5}\text{A}$$

(3) $t=0_+$ 时的电路如图 5-4（b）所示。在 0_+ 瞬间电感等效为电流值等于 $i_L(0_+)=-\frac{6}{5}\text{A}$ 的恒流源，故 $i(0_+)$ 应为 E_2 和 $i_L(0_+)$ 共同作用于电路所产生的电流，所以，可利用叠加原理，有

$$i_1(0_+)=\frac{E_2}{R_1+R_3}+\frac{i_L(0_+)\times R_3}{R_1+R_3}=\frac{3}{1+2}-\frac{6}{5}\times\frac{2}{1+2}=\frac{1}{5}\text{A}$$

需要强调的是，将电容元件等效为电压是 $u_C(0_+)$ 的恒压源，电感元件等效为电流是 $i_L(0_+)$ 的恒流源仅仅在 0_+ 瞬间成立。$t>0$ 后 u_C 及 i_L 将发生变化，等效不成立。

【例 5-3】 如图 5-5（a）所示电路原已稳定，在 $t=0$ 时，开关 S 断开，试求换路以后的 $u_L(0_+)$、$u_R(0_+)$、$u(0_+)$。

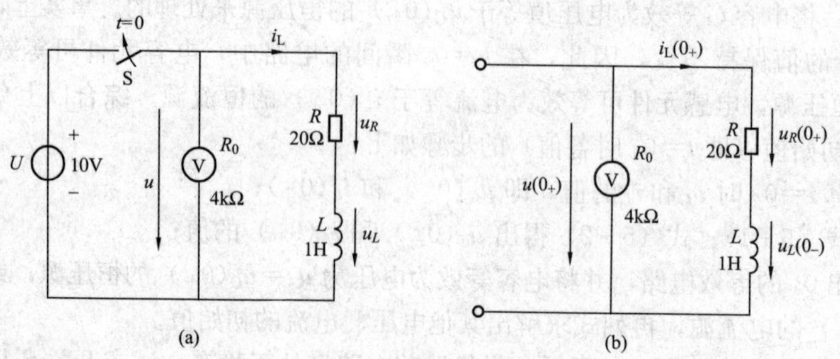

图 5-5 【例 5-3】附图

解： 换路前，S 闭合，电路已处于稳态，此时电感相当于短路，有

$$i_L(0_-)=\frac{U}{R}=\frac{10}{20}=0.5\text{A}$$

根据换路定则，有

$$i_L(0_+)=i_L(0_-)=0.5\text{A}$$

$t=0_+$ 时的电路如图 5-5（b）所示，解得

$$u_R(0_+)=i_L(0_+)\times R=0.5\times 20=10\text{V}$$

$$u(0_+)=-i_L(0_+)\times R_0=-0.5\times 4\times 10^3=-2000\text{V}$$

$$u_L(0_+)=u(0_+)-u_R(0_+)=-2000\_10=-2010\text{V}$$

由此可见，换路的瞬间，电压表两端出现了 2000V 以上的过电压。在切断电路瞬间电压表将会损坏。故在切断 RL 电路时，要采取保护措施，如在线圈两端并联一只阻值较小的电阻或一只二极管，提供一个放电回路，避免过电压的出现。

第二节　一阶电路的暂态响应

一阶电路是指能用一阶微分方程描述的电路。对于仅含 RC 或仅含 RL 元件的电路通常可用一阶微分方程描述，因此是一阶电路。一阶电路在不同激励源的作用下，电路的响应可分为零输入响应、零状态响应和全响应等。

零输入响应是指电路在无外加电源作用的条件下，仅由电容或电感原先所储存的能量，即初始条件 $u_C(0_+)$ 或 $i_L(0_+)$ 引起的电路响应，即 $u_C(0_+)=U_0\neq 0$ 或 $i_L(0_+)=I_0\neq 0$，$I_S=0$，$U_S=0$；零状态响应是指电路中所有初始条件为零，电路无初始能量，仅由外加电源激励引起的响应，即 $u_C(0_+)=0$，或 $i_L(0_+)=0$，$U_S\neq 0$ 或 $I_S\neq 0$。全响应则是由外加输入电源和初始条件 $u_C(0_+)$ 或 $i_L(0_+)$ 共同作用所引起的响应，即 $u_C(0_+)=U_0\neq 0$ 或 $i_L(0_+)=I_0\neq 0$，$U_S\neq 0$，$I_S\neq 0$。由线性电路的叠加性可知，电路的全响应应等于零输入响应和零状态响应的叠加。下面介绍这三种响应。

一、零输入响应

以 RC 串联电路为例如图 5-6 所示，换路前，电路已处于稳态，电容相当于开路，$u_C(0_+)=U_0$，电容器储存有初始能量。在 $t=0$ 瞬时，开关 S 从位置"1"合到位置"2"，电路脱离电源（即零输入）。此时，电容器 C 开始经电阻 R 放电，u_C 从 U_0 值开始逐渐下降到零，电路进入新的稳态。由于该电路的输入为零 $U_S=0$，电路中的电压和电流的变化（即响应）是由电容中的初始能量 $[u_C(0_+)=U_0\neq 0]$，引起的，故属零输入响应。

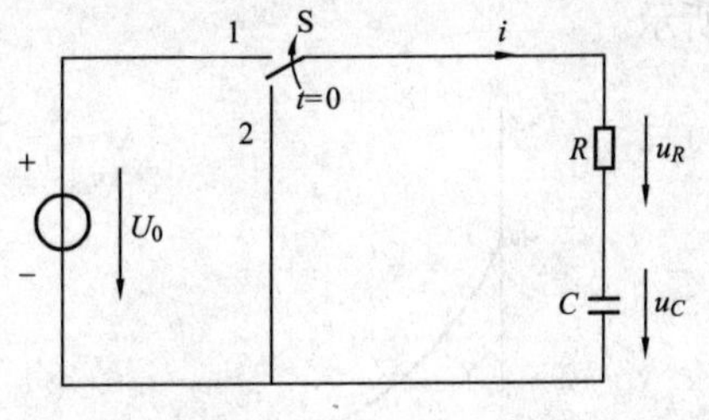

图 5-6　零输入响应

在图 5-6 所示电路的参考方向下，当开关 S 合到位置"2"以后（$t\geqslant 0$），根据 KVL 有 $i_R+u_C=0$，将 $i_C=C\dfrac{du_C}{dt}$ 代入可得

$$RC\frac{du_C}{dt}+u_C=0$$

且初始条件为

$$u_C(0_+)=u_C(0_-)=U_0\neq 0$$

即描述这个电路的方程是一阶常系数线性齐次微分方程，其通解为

$$u_C=Ae^{-\frac{t}{RC}} \tag{5-3}$$

式中：A 是积分常数，由初始条件 $u_C(0_+)=U_0$ 决定，代入式（5-3）可得 $A=U_0$，所以

$$u_C=U_0e^{-\frac{t}{RC}}=u_C(0_+)e^{-\frac{t}{\tau}}\quad(t\geqslant 0) \tag{5-4}$$

式中，$\tau=RC$，单位为 s。

$$\Omega\cdot F=\Omega\cdot\frac{C}{V}=\frac{\Omega\cdot A\cdot S}{V}=S \tag{5-5}$$

可见，$\tau=RC$ 具有时间的量纲，故称之为时间常数，其值由电路参数 RC 确定。

还可求出：

$$i_C=C\frac{du_C}{dt}=-\frac{U_0}{R}e^{-\frac{t}{\tau}}\quad(t>0) \tag{5-6}$$

$$u_R=iR=-U_0e^{-\frac{t}{\tau}}\quad(t>0) \tag{5-7}$$

由式（5-4）、式（5-6）、式（5-7）可作出 u_C、i_C 及 u_R 随时间变化的曲线，如图 5-7 所示。

由以上结果可知，u_C、i_C 及 u_R 都按同样的指数规律从其初始值开始逐渐衰减到零，这是一阶电路零输入响应所具有的特点。而 u_C、i_C 及 u_R 衰减的快慢取决于电路的时间常数 τ 的大小，当 $t=\tau$ 时，由式（5-3）可得

$$u_C(\tau)=U_0e^{-1}=0.368U_0 \tag{5-8}$$

这就是说，时间常数 τ 是电容电压 u_C 衰减到初始值的 36.8%所需的时间，如图 5-8 所示。因此，τ 大则 u_C 放电速度慢，曲线较平缓；τ 小则 u_C 放电速度快，曲线较陡峭。这点不难理解，当 τ 大（R 大或 C 大）时，R 大则对电荷的流动和能量的释放限制大，要放掉同样多的电荷所需时间就越长；C 大则存储的电场能量多，放电所需时间也越长。反之，当 τ 小

（R 小或 C 小）时，放电所需时间就越短。实际电路中，改变 R 或 C 均可改变时间常数即改变动态电路的放电速度。在图形上，τ 可通过求初始点切线与横轴的相交点得到，如图 5－8 所示。

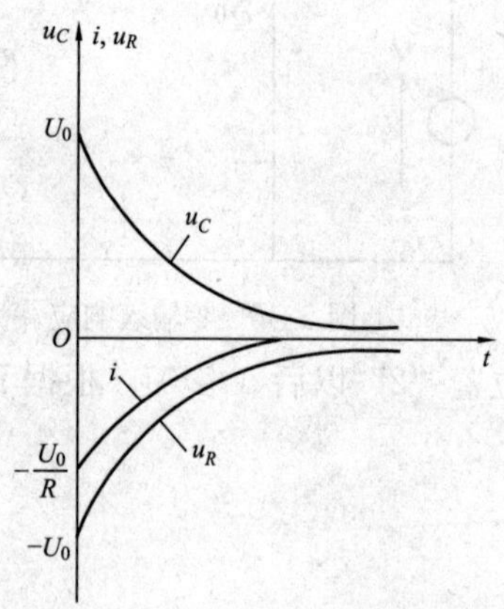

图 5－7　u_C、i_C 及 u_R 的曲线

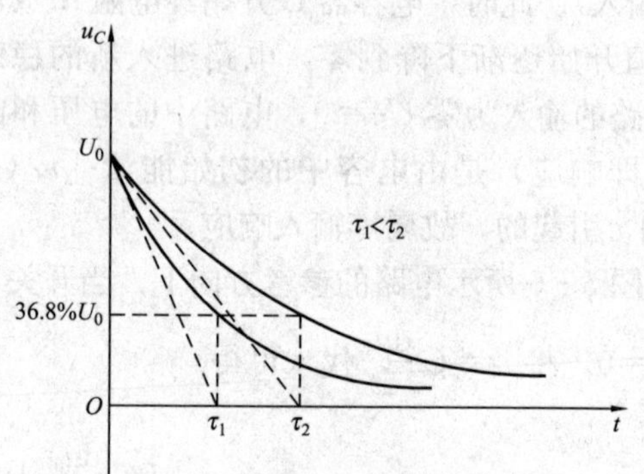

图 5－8　时间常数 τ 的影响

电容电压 u_C 随时间衰减的值如表 5－2 所示。

表 5－2　u_C 随时间的衰减值表

t/s	0	τ	2τ	3τ	4τ	5τ	∞
$u_C=U_0 e^{-\frac{t}{\tau}}$	U_0	$0.368U_0$	$0.135U_0$	$0.05U_0$	$0.018U_0$	$0.007U_0$	0

从理论上讲，当 $t\to\infty$ 时，电容电压 u_C 才能衰减到零，电路到达新的稳定状态。但实际上，$t=5\tau$ 时，$u_C(5\tau)=U_0 e^{-5}=0.007U_0=0.7\%U_0$，$u_C$ 已衰减到初始值的 0.7%，可以认为电路已到达新的稳态，过渡过程已基本结束。

放电过程中能量的转换关系为，电容不断地输出能量，电阻则不断地消耗能量，最后电容原来存储的电场能量全部为电阻吸收转换为热量消耗。

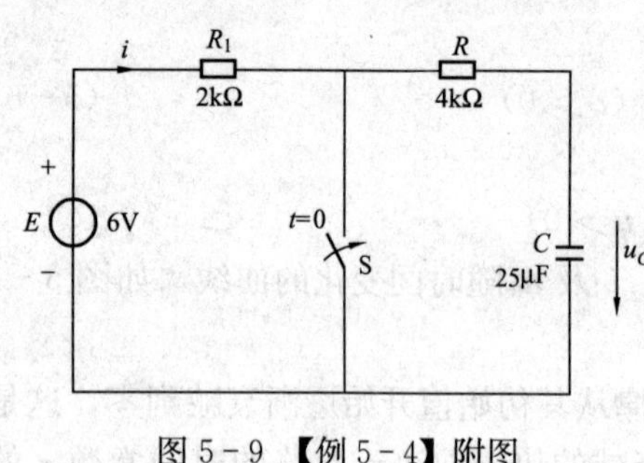

图 5－9　【例 5－4】附图

【例 5－4】　图 5－9 所示电路中，设开关 S 闭合前电路已达稳态，t=0 时，开关 S 闭合，求 $t\geqslant 0$ 的 u_C、i。

解： $t=0_-$ 时，开关 S 断开，电路已达稳态，C 相当于开路，有

$$u_C(0_-)=E=6\text{V}$$

$t=0$ 时，开关 S 闭合，电路左右回路独立，右边 RC 为零输入响应，此时，有

$$u_C(0_+)=u_C(0_-)=6\text{V}$$

$$\tau=RC=4\times10^3\times25\times10^{-6}=10^{-1}\text{s}$$

可得

$$u_C=u_C(0_+)e^{-\frac{t}{\tau}}=6e^{-\frac{t}{10}}\quad t\geqslant 0$$

而电路的左边为纯电阻电路，不存在过渡过程，可用稳态计算得

$$i=\frac{E}{R}=\frac{6}{2\times10^{3}}=3\text{mA}$$

二、零状态响应

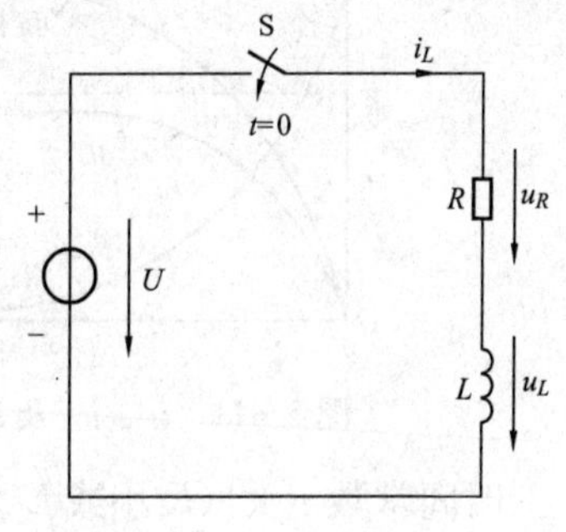

图 5-10 零状态响应

RL 串联电路为例如图 5-10 所示，设开关 S 闭合前 $i_L(0_-)=0$（即零状态），$t=0$ 时开关 S 闭合，电源向 RL 电路供电，流经电感的电流 i_L 从 0 开始逐渐上升，最后达到新的稳态值 $i_L(\infty)=U/R$。此时，电路的响应是在零状态的条件下，仅由外加输入电源引起的，即 $u_C(0_+)=0$，$i_L(0_+)=0$，$U_S\neq0$，属零状态响应。

下面讨论其暂态过程。开关 S 闭合后，由 KVL 可知 $i_LR+u_L=U$，将 $u_L=L\dfrac{di_L}{dt}$ 代入整理可得

$$\frac{L}{R}\frac{di_L}{dt}+i_L=\frac{U}{R} \tag{5-9}$$

因此，描述这个电路的方程是一阶常系数线性微分方程，且初始条件为

$$i_L(0_+)=i_L(0_-)=0$$

其通解为

$$i_L=Ae^{-\frac{R}{L}t}+\frac{U}{R} \tag{5-10}$$

由初始条件可知 $A=-\dfrac{U}{R}$，这样，RL 电路的零状态响应为

$$i_L=\frac{U}{R}(1-e^{-\frac{R}{L}t})=i_L(\infty)(1-e^{-\frac{R}{L}t})=i_L(\infty)(1-e^{-\frac{t}{\tau}})\quad t\geqslant0 \tag{5-11}$$

式中，$\tau=\dfrac{L}{R}$，具有时间的量纲，是 RL 电路的时间常数。

根据图 5-10 可得

$$u_L=L\frac{di_L}{dt}=Ue^{-\frac{t}{\tau}}\quad(t>0) \tag{5-12}$$

$$u_R=Ri_L=U(1-e^{-\frac{R}{L}t})\quad(t>0) \tag{5-13}$$

由式（5-11）～式（5-13）可作出 i_L、u_L 及 u_R 随时间变化的曲线，如图 5-11 所示。

由图 5-11 可知 i_L、u_L 及都按相同的指数规律从初始值开始逐渐向新的稳态值过渡，且它们变化的快慢取决于电路的时间常数 τ 的大小。当 $t=\tau$ 时，由式（5-11）可得

$$i_L(\tau)=\frac{U}{R}(1-e^{-1})=0.632\frac{U}{R} \tag{5-14}$$

所以，τ 就是 i_L 上升到新的稳态值 U/R 的 63.2%所需的时间，如图 5-12 所示。

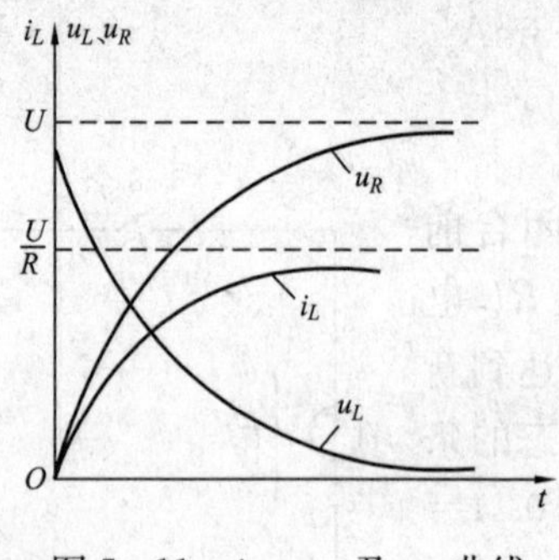

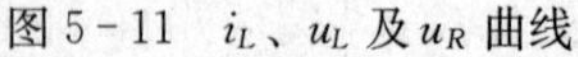

图 5-11 i_L、u_L 及 u_R 曲线

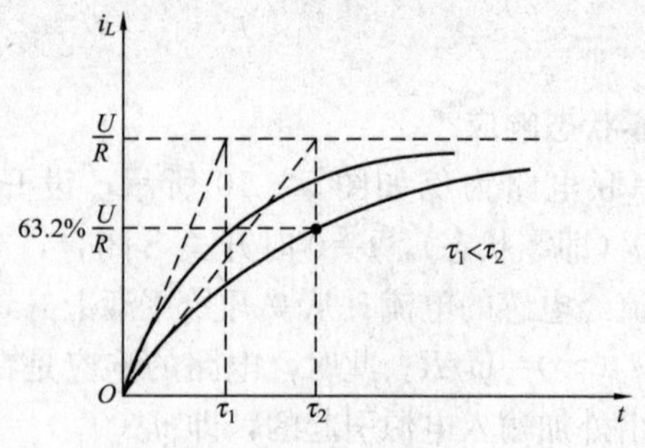

图 5-12 τ 的影响

时间常数 τ 大（R 小或 L 大）时，电感存储磁场能量的能力大，则 i_L 上升的速度慢，曲线较平缓；τ 小（R 大或 L 小）时，电感存储磁场能量的能力小，则 i_L 上升速度快，曲线较陡峭。改变 L 或 R 均可改变充放电速度。

从理论上讲，当 $t\to\infty$ 时，i_L 才能达到 U/R，暂态过程才结束。实际上，当 $t=5\tau$ 时，

$$i_L(5\tau)=\frac{U}{R}(1-e^{-5})=0.993\frac{U}{R}=99.3\%\frac{U}{R} \tag{5-15}$$

i_L 已达稳态值的 99.3%，可以认为暂态过程已结束，电路进入新的稳态。

充电过程中能量的转换关系为，电源不断地输出能量，电阻则不断地消耗能量，电感存储一定的能量，最后达到新的稳态，电路中的电流不变，电阻仍然不断地吸收能量转换为热量消耗，电感存储能量为 $\frac{1}{2}L\left(\frac{U}{R}\right)^2$。

【例 5-5】 图 5-13（a）所示电路的开关 S 断开时，电路已处于稳态。$t=0$ 时，开关 S 合上，试求 S 闭合后的 i_L（t）。

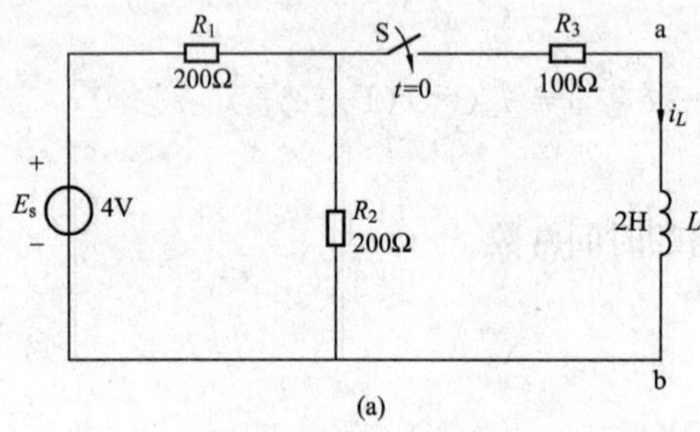

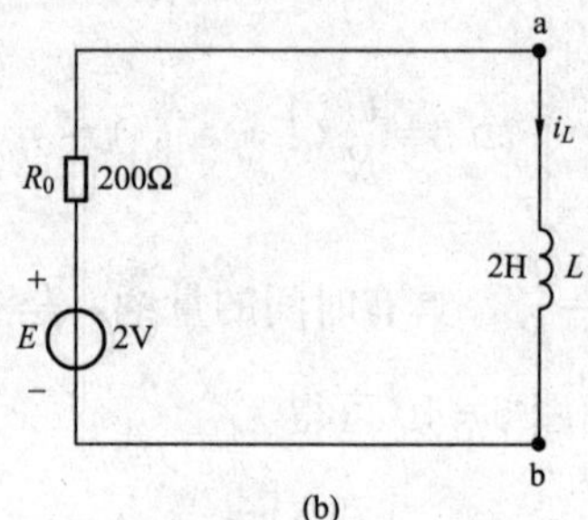

图 5-13 【例 5-5】附图

解： $t=0$ 时开关 S 断开，电路处于稳态。

$$i_L(0_-)=0$$

$t=0$ 时开关 S 闭合，由换路定则可得

$$i_L(0_+)=i_L(0_-)=0$$

即零状态。利用戴维南定理将 ab 支路左侧的有源二端网络等效为电压源形式，如图 5-13（b）所示，其中电动势为

$$E=\frac{E_S}{R_1+R_2}\times R_2=\frac{1}{2}E_S=2\text{V}$$

内阻为

$$R_0 = R_3 + \frac{R_1 R_2}{R_1 + R_2} = 100 + \frac{200 \times 200}{200 + 200} = 200\Omega$$

可求出电路的时间常数为

$$\tau = \frac{L}{R_0} = \frac{2}{200} = 10^{-2}\,\text{s}$$

电路再次稳定下来后，电感 L 相当于短路，则新的稳态值为

$$i_L(\infty) = \frac{E}{R_0} = \frac{2}{200} = 10^{-2}\,\text{A} = 10\text{mA}$$

由式（5-11）可得

$$i_L(t) = i_l(\infty)(1 - e^{-\frac{t}{\tau}}) = 10(1 - e^{-100t})\text{mA} \quad t \geqslant 0$$

从【例 5-5】的求解可知：由于电路可以划分为储能元件加有源二端网络，故电路的时间常数（即 RC 或 L/R）中的电阻 R 就是从储能元件 C 或 L 两端看过去的无源二端网络的等效电阻，或者说，是有源二端网络的等效电压源的内阻 R。

三、全响应

RC 串联电路如图 5-14 所示。换路前，S 合在位置“1”，电路已处于稳态，电容相当于开路，$u_C(0_-)=U_0$。在 $t=0$ 瞬间，开关 S 从位置“1”合到位置“2”，电路接另一电源 U，电容器两端的电压 u_C 从 U_0 开始向新的稳态值 U 过渡，即 $u_C(\infty)=U$。显然，电路的响应是由电容的初始储能和新接电源 U 共同作用引起的，属全响应。

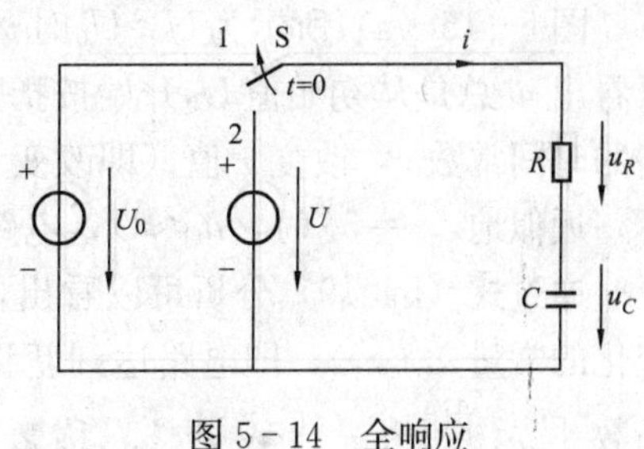

图 5-14　全响应

由 KVL 可知，$iR+u_C=U$，将 $i_C=C\frac{du_C}{dt}$ 代入整理可得

$$RC\frac{du_C}{dt} + u_C = U \tag{5-16}$$

且初始条件为

$$u_C(0_+) = u_C(0_-) = U_0$$

式（5-16）为一阶常系数微分方程。对比前面微分方程可知：零输入响应和零状态响应是全响应的特例。式（5-16）中当 $U=0$ 时，电路为零输入响应；而当 $u_C(0_-)=U_0=0$ 时，电路为零状态响应。式（5-16）的通解为

$$u_C = Ae^{-\frac{t}{RC}} + U \tag{5-17}$$

将 $u_C(0_-)=U_0$ 代入可得 $A=U_0-U$。

所以

$$u_C = U + (U_0 - U)e^{-\frac{t}{RC}} = U + (U_0 - U)e^{-\frac{t}{\tau}} \tag{5-18}$$

写成一般形式：

$$u_C = u_C(\infty) + [u_C(0_+) - u_C(\infty)]e^{-\frac{t}{RC}} = U + (U_0 - U)e^{-\frac{t}{\tau}} \quad t \geqslant 0 \tag{5-19}$$

或

$$u_C = U_0 e^{-\frac{t}{\tau}} + U(1 - e^{-\frac{t}{\tau}})$$

$$u_C = u_C(0_+)e^{-\frac{t}{\tau}} + u_C(\infty)(1 - e^{-\frac{t}{\tau}}) \quad t \geqslant 0 \tag{5-20}$$

式中，$\tau = RC$ 是 RC 电路的时间常数。u_C 随时间变化的曲线如图 5-15（a）、（b）所示。

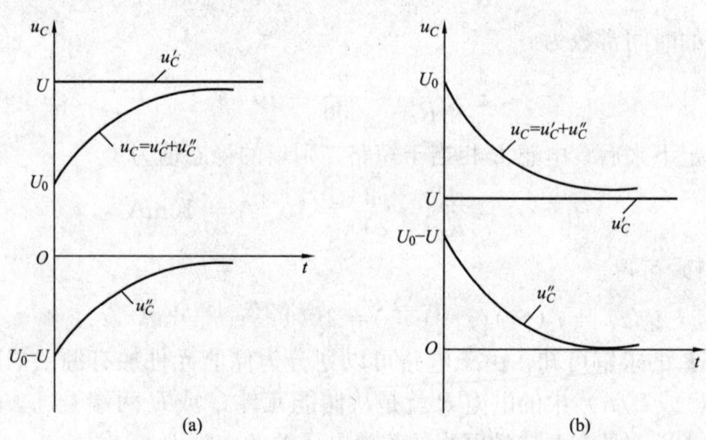

图 5-15　u_C 变化的曲线

图 5-15（a）所示为 $U>U_0$ 时 u_C 的波形，图 5-15（b）所示为 $U_0>U$ 时 u_C 的波形。可以看出 u_C 总是从初始值 U_0 开始按指数规律向新的稳态值 U 趋近，并且变化的快慢取决于电路的时间常数 τ，改变 τ 值（即改变 R 或 C），即可改变 u_C 变化的速度。其具体分析同前面。

近似地，$\tau=5\tau$ 时，$u_C \approx U$，电路进入新稳态。

通过式（5-19）分析可以看出，暂态过程中 u_C 由两个分量叠加而成：一是不随时间 t 变化的常量 $u_C(\infty)$，即电路达到新稳态时 u_C 的值，称稳态分量；另一部分是时间 t 的指数函数 $[u_C(0_+)-u_C(\infty)]e^{-\frac{t}{\tau}}$，称暂态分量，当 $t \to \infty$ 时，其取值为 0。其曲线如图 5-15（a）、（b）所示中的 u_C' 和 u_C''。分析式（5-20）后可以看出，u_C 也可看成由这样两部分组成：第一项 $u_C(0_+)e^{-\frac{t}{\tau}}$，是电路的零输入响应，第二项 $u_C(\infty)(1-e^{-\frac{t}{\tau}})$ 是电路的零状态响应，它们叠加起来构成电路的全响应。

第三节　一阶电路暂态分析的三要素法

从前面对一阶电路全响应的分析结果可引出一种不用求解微分方程的暂态分析方法：一阶动态电路三要素法。

三要素法源于线性电路的叠加性。在一阶电路的暂态过程中，电路中各部分的电压或电流［用 $f(t)$ 表示］均可由稳态分量和暂态分量两部分叠加而成。若用 $f(\infty)$ 即 $t \to \infty$ 时的 $f(t)$ 取值表示稳态分量，用 $Ae^{-\frac{t}{\tau}}$ 表示暂态分量，并设初始值为 $f(0_+)$，则用式（5-21）表示为

$$f(t) = f(\infty) + Ae^{-\frac{t}{\tau}} \tag{5-21}$$

将 $t=0_+$ 时，$f(t)=f(0_+)$ 代入得 $A=f(0_+)-f(\infty)$，所以

$$f(t) = f(\infty) + [f(0_+) - f(\infty)]e^{-\frac{t}{\tau}} \quad t \geqslant 0 \tag{5-22}$$

式（5-22）中，τ 为开关动作后 $t=0_+$ 时电路的时间常数，该公式适应于动态电路中的所有元件的动态响应。

从一阶电路的三要素法进一步理解暂态过程：

(1) 电路产生暂态过程，电路中一定存在动态元件（储能元件）电容 C 或电感 L。

(2) 电路在某一时刻发生换路，电路有可能产生暂态过程。

(3) 换路后电路中元件的响应存在 $f(0_+)-f(\infty)\neq 0$，即元件响应的初始 0_+ 响应与最终∞响应存在差异，元件响应逐渐由 0_+ 响应以 e 的指数函数向∞响应逼近，产生暂态过程；当 $f(0_+)-f(\infty)=0$ 时，电路换路后，从一种稳态响应直接进入另一种稳态响应，不产生暂态过程。

(4) 电路暂态过程存在的时间长短由换路后的时间常数 τ（即 RC 或 L/R）决定。

(5) 将式（5-22）变形可以看出：

$$f(t)=f(\infty)+[f(0_+)-f(\infty)]e^{-\frac{t}{\tau}}$$

全响应＝稳态响应＋暂态响应

$$=f(0_+)e^{-\frac{t}{\tau}}+f(\infty)(1-e^{-\frac{t}{\tau}})$$

全响应＝零输入响应＋零状态响应

稳态响应换路后一直存在，也是元件的最终响应，暂态响应最终趋于 0 值，逐渐消失。

(6) 电路的响应过程为换路前的稳态分析→换路定则→暂态过程→新的稳态分析。暂态过程的分析方法为三要素法［$f(0_+)$、$f(\infty)$ 及 τ 为待求解的三要素］，实质为 $f(0_-)$、$f(\infty)$ 的稳态电路求解，以及换路后时间常数 τ 的计算。

【例 5-6】 图 5-16 中，已知 $R_1=3\text{k}\Omega$，$R_2=6\text{k}\Omega$，$R_3=8\text{k}\Omega$，$C=1\mu\text{F}$。开关 S 合于 a 点时，电路已达稳态，$t=0$ 时开关由 a 点换到 b 点，求 u_C。

解：

因为
$$u_C(0_+)=u_C(0_-)=\frac{6}{R_1+R_2}R_2=\frac{6}{3+6}\times 6=4\text{V}$$

$$u_C(\infty)=0$$

$$\tau=(R_1\ /\!/\ R_2+R_3)C=\left(\frac{3\times 6}{3+6}+8\right)\times 10^3\times 10^{-6}=10^{-2}\text{s}$$

所以
$$u_C=u_C(\infty)+[u_C(0_+)-u_C(\infty)]e^{-\frac{t}{\tau}}$$
$$=0+(4-0)e^{-\frac{t}{10^{-2}}}=4e^{-100t}\text{V}\quad t\geqslant 0$$

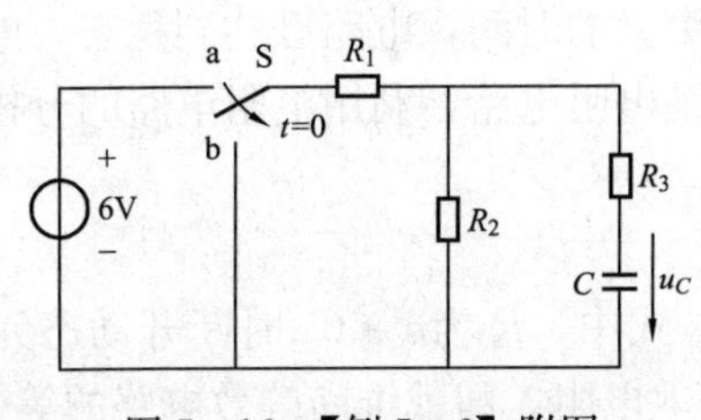

图 5-16 【例 5-6】附图

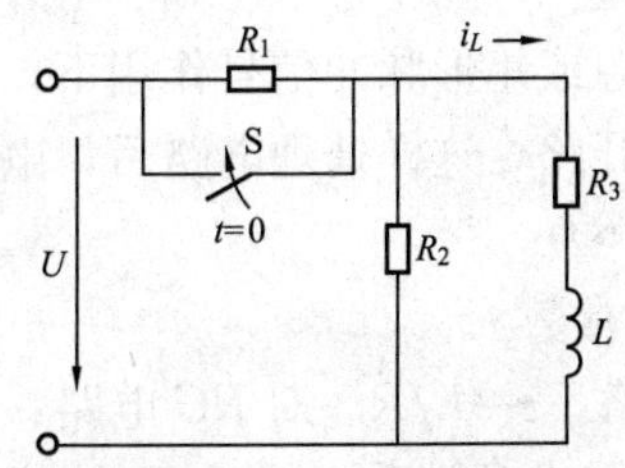

图 5-17 【例 5-7】附图

【例 5-7】 在图 5-17 中，开关 S 闭合前电路已处于稳态，在 $t=0$ 的瞬间将 S 闭合，$R_1=11\Omega$，$R_2=22\Omega$，$R_3=22\Omega$，$L=1.1\text{H}$，$U=220\text{V}$。求 S 闭合后的电流 i_L。

解：
$$i(0_+)=i(0_-)=\frac{U}{R_1+R_2\ /\!/\ R_3}\times\frac{R_2}{R_2+R_3}$$

$$=\frac{220}{11+\frac{22\times22}{22+22}}\times\frac{22}{22+22}=5\text{A}$$

$$i(\infty)=\frac{U}{R_3}=\frac{220}{22}=10\text{A}$$

$$\tau=\frac{L}{R_3}=\frac{1.1}{22}=5\times10^{-2}\text{s}$$

$$\begin{aligned}i_L&=i(\infty)+[i(0_+)-i(\infty)]e^{-\frac{t}{\tau}}\\&=10+(5-10)e^{-\frac{t}{5\times10^{-2}}}\\&=10-5e^{-20t}\text{A}\quad t\geqslant0\end{aligned}$$

本 章 小 结

本章重点要求掌握利用三要素法来对仅含 L 或仅含 C 的一阶电路的暂态过程进行求解。三要素公式为

$$f(t)=f(\infty)+[f(0_+)-f(\infty)]e^{-\frac{t}{\tau}}\quad t\geqslant0$$

式中，$f(0_+)$、$f(\infty)$ 及 τ 为待求解的三要素。

1. 求初始值 $f(0_+)$

(1) 求 $u_C(0_+)$ 或 $i_L(0_+)$ 初始值：利用换路定则直接求解。

$$u_C(0_+)=u_C(0_-)$$
$$i_L(0_+)=i_L(0_-)$$

通常换路前（$t=0_-$ 时）电路已稳定，而在直流稳态电路中 L 可看成短路，C 可看成开路，化简后的电路是纯电阻电路，可很快求得 $u_C(0_-)$ 或 $i_L(0_-)$。

(2) 求 $u_C(0_+)$ 或 $i_L(0_+)$ 以外的初始值，例如求 $u_L(0_+)$、$i_C(0_+)$、$u_R(0_+)$ 等。利用 $u_C(0_+)$ 或 $i_L(0_+)$ 值以及 0_+ 等效电路求解。

首先求出 $u_C(0_+)$ 或 $i_L(0_+)$，其求解步骤同步骤（1）；然后将电感 L 等效为电流为 $i_L(0_+)$ 的恒流源，将电容 C 等效为电压为 $u_C(0_+)$ 的恒压源，画 $t=0_+$ 时的等效电路。此等效电路也是纯电阻电路，列方程可求出 $u_L(0_+)$、$i_C(0_+)$、$u_R(0_+)$ 等的初始值。

2. 求稳态量 $f(\infty)$

在直流电源或矩形脉冲信号作用下，经过无穷大的时间，电路已达到稳态，电感看作短路，电容看作开路，这样处理电路后，电路成为纯电阻电路，利用电阻电路的分析方法，可求得稳态量 $f(\infty)$。

3. 求时间常数 τ。

对 RL 电路：$\tau=L/R$。对 RC 电路：$\tau=RC$。式中，R 为 $t=0_+$ 时断开动态元件 L 或 C 后，从断开的 L 或 C 端看入的无源二端网络的等效电阻，即戴维南等效电路的等效电阻。

另外，时间常数 τ 决定了暂态过程的快慢，τ 大，则过渡过程就慢；τ 小，则过渡过程就快；$t=5\tau$ 时，过渡过程基本结束，电路进入新的稳态。

换路过程中，电感的电流 i_L 或电容的电压 u_C 不能突变，是由电感或电容所储存的能量 $\frac{1}{2}Li_L^2$ 或 $\frac{1}{2}Cu_C^2$ 不能突变造成的。

习 题 与 思 考 题

1. 图 5-18 中，S 打开后，求电路的时间常数 τ。

2. 在图 5-19 中 $E=100\text{V}$、$R_1=R_2=20\Omega$、$C=10\mu\text{F}$，开关 S 闭合前电路已处于稳态，求开关 S 闭合后的 u_C。

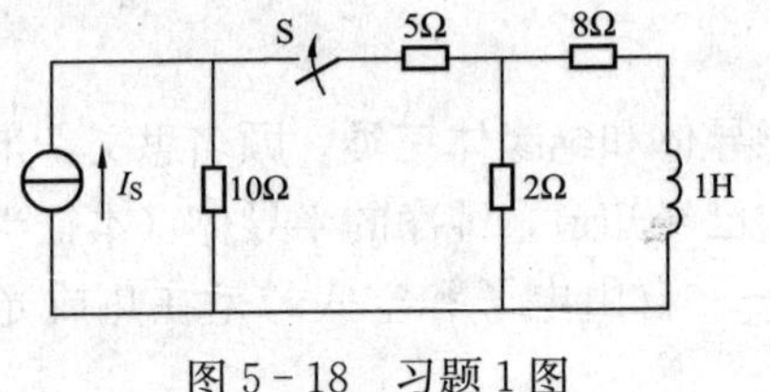

图 5-18 习题 1 图

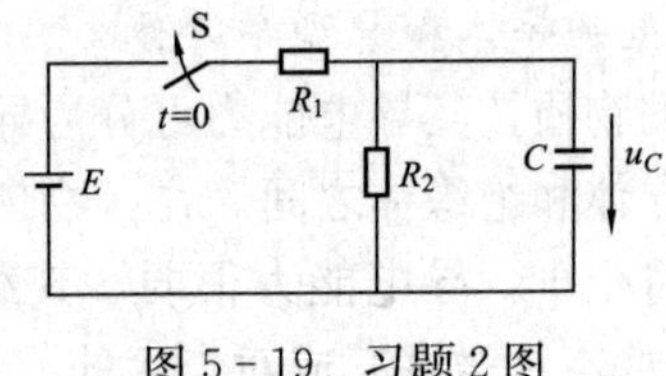

图 5-19 习题 2 图

3. 在图 5-20 中，开关 S 闭合前电路已处于稳态，在 $t=0$ 时将 S 闭合，求 S 闭合后的 u_C。

4. 图 5-21 中，$I=10\text{mA}$。$R_1=R_2=1\text{k}\Omega$，$L=20\text{mH}$，当开关 S 闭合后（$t\geqslant 0$），求电流 i。

5. 图 5-22 中，$E=12\text{V}$，$R_1=R_2=1\text{k}\Omega$，$L=2\text{mH}$，当开关 S 闭合后（$t\geqslant 0$），求电流 i。

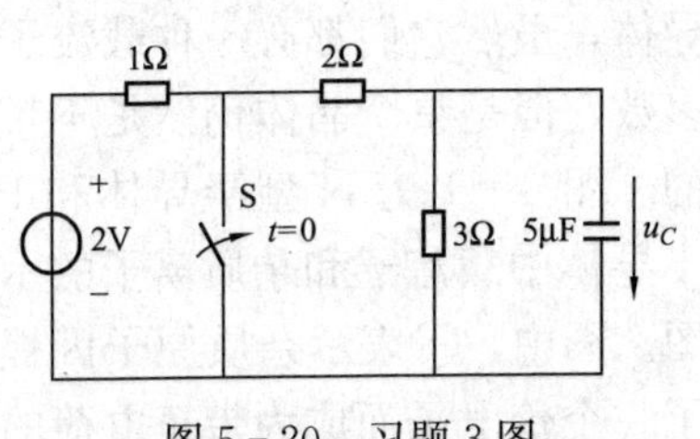

图 5-20 习题 3 图

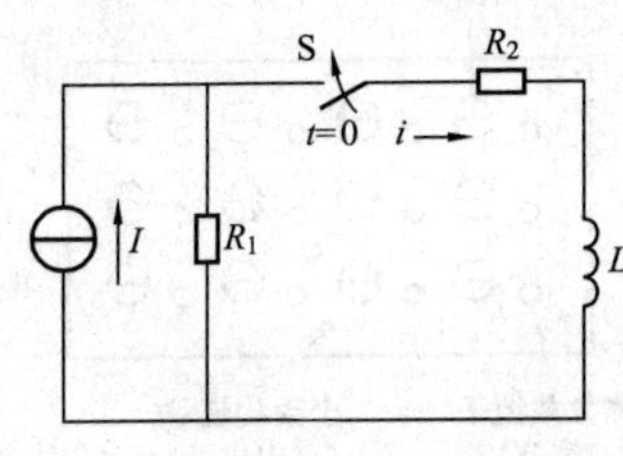

图 5-21 习题 4 图

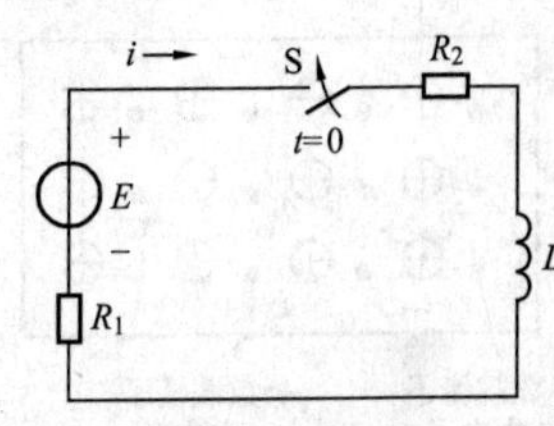

图 5-22 习题 5 图

第六章　半导体整流、滤波稳压电路

第一节　半导体二极管

一、PN结

（一）N型半导体和P型半导体

自然界的物质按其导电能力可分为导体、半导体和绝缘体三类。顾名思义，半导体的导电能力介于导体和绝缘体之间。在《物理学》中已经知道，纯净的半导体（本征半导体）中的载流子数目很少，导电能力很弱，其载流子——自由电子和空穴，是在热或光照作用下（称为热激发或本征激发）成对产生的。

在本征半导体硅或锗中掺入微量五价杂质元素，如磷或砷等，可使自由电子的浓度大大增加，自由电子成为多数载流子（简称多子），空穴成为少数载流子（简称少子）。这种以自由电子导电为主的半导体称为**N型半导体**。

在本征半导体硅或锗中掺入微量三价杂质元素，如硼或铟等，则空穴的浓度大大增加，空穴成为多子，自由电子成为少子。这种以空穴导电为主的半导体称为**P型半导体**。

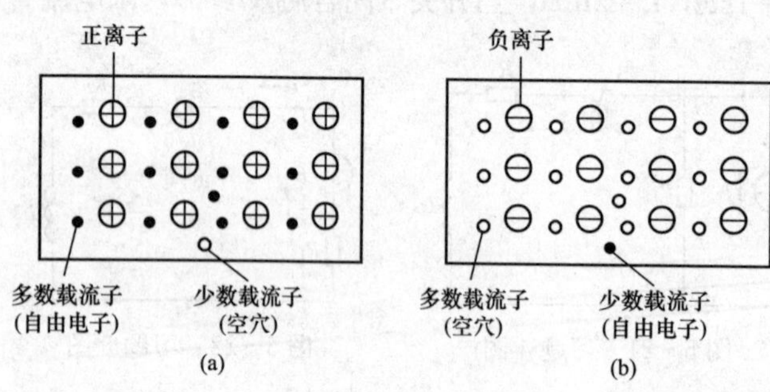

图6-1　N型半导体和P型半导体中载流子和杂质离子的示意图
(a) N型半导体；(b) P型半导体

不论是N型半导体还是P型半导体，虽然它们都有一种载流子占多数，但是整个晶体仍然是不带电的。图6-1为N型半导体和P型半导体中载流子和杂质离子的示意图。图中，⊕表示杂质原子因提供了一个价电子而成为带正电荷的离子（正离子），⊖表示杂质原子因提供了一个空穴而成为带负电荷的离子（负离子）。这些离子不能移动，不能参与导电。

N型半导体和P型半导体统称为杂质半导体。掺杂后的半导体导电能力将显著增加。例如在纯硅中掺入百万分之一的硼后，硅的电阻率就从大约$2\times10^{3}\Omega\cdot m$减小到$4\times10^{-3}\Omega\cdot m$左右。利用这一特性，可以制造出各种不同用途的半导体器件，如半导体二极管、三极管、场效应管及晶闸管等。

在杂质半导体中，多子浓度主要取决于杂质的含量；少子的浓度主要与本征激发有关。它对温度的变化非常敏感，其大小随温度的升高基本上按指数规律增大。因此，温度是影响半导体器件的一个重要因素。

（二）PN结的形成

PN结是构成各种半导体器件的基础。下面我们讨论一下PN结的形成过程。

在一块本征半导体上，用掺杂工艺的方法使其一边形成P型半导体，另一边形成N型半导体，则在它们的交界处就出现了自由电子和空穴的浓度差，自由电子和空穴都要从浓度高的地方向浓度低的地方扩散，即P区的一些空穴要向N区扩散，N区的一些自由电子要向P区扩散，如图6-2（a）所示。

由于载流子的扩散运动，破坏了P区和N区原有的电中性。P区一边失去空穴而留下了负离子，N区一边失去自由电子而留下正离子，如图6-2（b）所示。通常称这些不能运动的正、负离子为空间电荷，它们集中在P区和N区交界面附近，形成了一个空间电荷区，称为PN结。

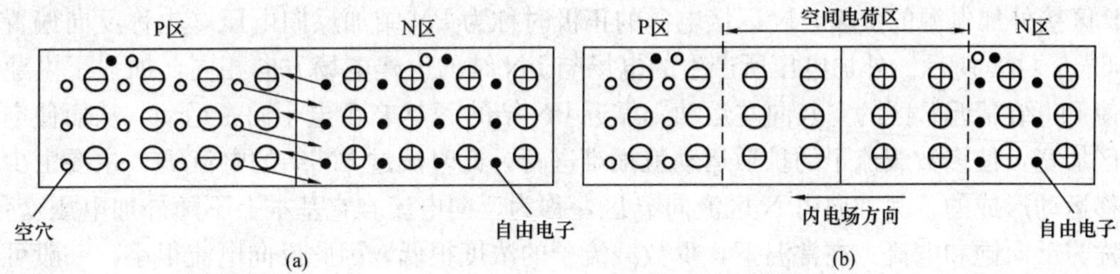

图6-2　PN结的形成

（a）载流子的扩散运动；（b）PN结和它的内电场

由于空间电荷区中存在正、负离子，则空间电荷区中存在电场，称为内建电场。电场方向是由N区指向P区，N区的电位要比P区高。需要指出的是内建电场将阻止P区的多数载流子空穴向N区继续扩散和N区的多数载流子自由电子向P区继续扩散。同时，内建电场将使P区的少数载流子自由电子向N区漂移，N区的少数载流子空穴向P区漂移。

可见，载流子存在两种运动方式——扩散运动和漂移运动，它们是互相联系又互相矛盾的。当漂移运动和扩散运动相等时，便处于动态平衡，形成稳定的空间电荷区，即PN结。这时多数载流子扩散运动所形成的扩散电流和少数载流子漂移运动所形成的漂移电流，两者大小相等、方向相反。因此，在无外加电场或其他激发因素作用时，PN结没有电流通过。

空间电荷区又称耗尽层，这是因为在空间电荷区可以运动的载流子已经耗尽。空间电荷区也称势垒区。

（三）PN结的单向导电性

1. PN结加正向电压

P区接外加电源的正极，N区接电源的负极时称为PN结加正向电压（也称正向偏置），如图6-3（a）所示。由于外加电压与PN结的内建电场方向相反，从而使内建电场削弱，这样就打破了原有的平衡状态，使P区中的多数载流子空穴和N区中的多数载流子自由电

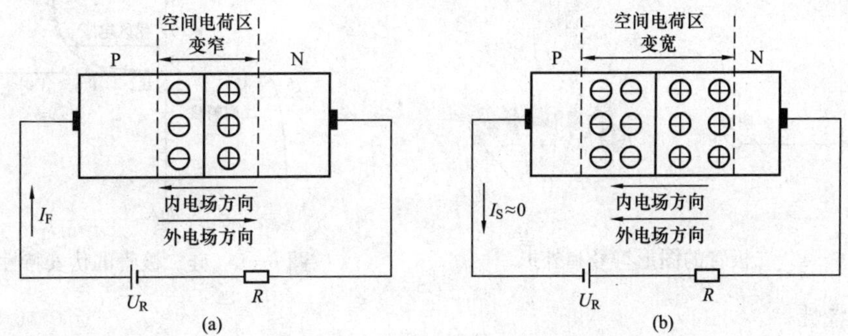

图6-3　PN结的单向导电性

（a）正向偏置；（b）反向偏置

子都要向空间电荷区运动。当P区的空穴和N区的自由电子进入空间电荷区后，就要分别中和一部分负离子和正离子，从而造成空间电荷量减少，空间电荷区宽度变窄，这就使得P区和N区能越过这个势垒区的多数载流子数量大大增加，形成较大的扩散电流 I_F，其方向由P区流向N区。在一定范围内，外加电压越大，正向电流越大，PN结呈低阻导通状态，相当于开关闭合。

2. PN结加反向电压

P区接外加电源的负极，N区接电源的正极时称为PN结加反向电压（也称反向偏置），如图6-3（b）所示。外加电压所产生的电场与PN结的内建电场方向相同，加强了内建电场，使PN结靠近P区的空穴向左运动，靠近PN结的N区自由电子向右运动，从而使空间电荷区加宽，使多数载流子的扩散运动就很难进行，此时流过PN结的电流 I_S，主要由少子的漂移运动形成的，其方向由N区流向P区，称为反向电流。它基本上不随外加电压变化，故又称为反向饱和电流。在常温下，少数载流子的浓度很低，因此反向电流很小，一般可以忽略，PN结呈现高阻截止状态，相当于开关断开。

由以上分析可知，PN结具有单向导电性，即在PN结上加正向电压时，PN结电阻很低，正向电流较大，PN结处于导通状态；加反向电压时，PN结电阻很高，反向电流很小，PN结处于截止状态。

二、半导体二极管

（一）结构与图形符号

在一个PN结的两端，各引一根电极引线，并用外壳封装起来，就构成了半导体二极管，简称二极管。由P区引出的电极称为阳极或正极，由N区引出的电极称为阴极或负极。二极管具有单向导电性。二极管的图形符号和外形如图6-4所示。

二极管种类很多。按材料分为锗二极管、硅二极管等。按结构不同可分为点接触型二极管和面接触型二极管。点接触型二极管用于小电流的整流、检波、限幅、开关等电路中；面接触型二极管主要用作整流。按用途不同分为整流二极管、检波二极管、变容二极管、稳压二极管、开关二极管、发光二极管等。

（二）伏安特性

二极管的伏安特性曲线是在外加电压的作用下，二极管电流变化规律的曲线。图6-5画出了较为典型的硅二极管的伏安特性曲线。

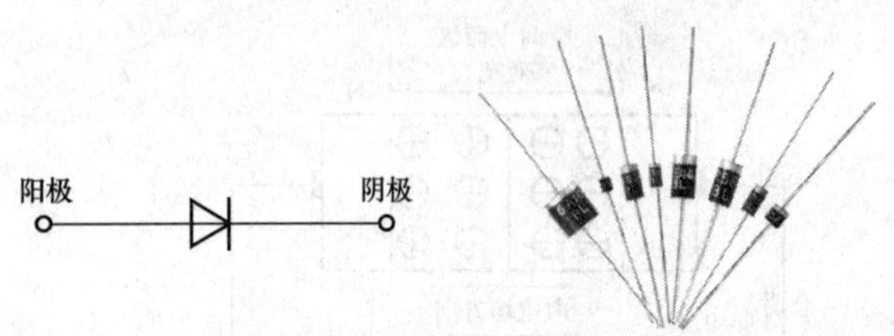

图6-4　二极管的图形符号和外形

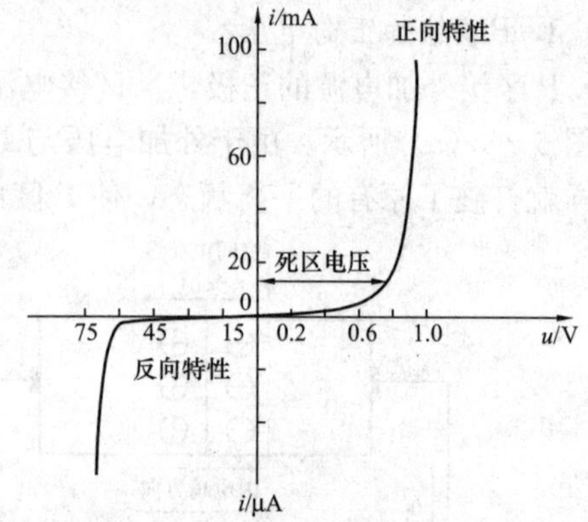

图6-5　硅二极管的伏安特性曲线

1. 正向特性

二极管的阳极接高电位，阴极接低电位，称为二极管的正向偏置。

二极管加正向电压时，有一死区电压，或称开启电压，其大小与材料及环境温度有关。一般来说，硅二极管的死区电压约为0.5V，锗二极管的死区电压约为0.1V。当二极管正向电压超过死区电压后，正向电流变化很大，而电压的变化极小，曲线几乎接近于直线。为了讨论计算的方便，通常认为硅二极管的导通电压为0.6～0.7V，锗二极管的导通电压为0.2～0.3V。

2. 反向特性

二极管接反向电压时，由图6－5可见，反向电流很小，且与反向电压无关，称为反向饱和电流 I_S。小功率硅二极管的反向饱和电流 I_S 小于0.1μA，锗二极管约为几十微安。由于半导体的热敏特性，反向饱和电流将随温度的升高而增大。

3. 击穿特性

当反向电压超过一定限度时，反向电流将急剧增加，二极管失去了单向导电性，这种现象称为反向击穿，此时的反向电压称为反向击穿电压。PN结击穿后结电流急剧变化而PN结两端的电压却基本保持不变。利用这一特性可以做成稳压二极管。

需要指出的是，击穿并不意味着PN结的损坏，只要击穿后流过PN结的电流不超过某一限度（如在PN结外电路接限流电阻来达到限制电流的目的），PN结可保持完整无损且允许击穿现象重复发生。

（三）主要参数

1. 最大整流电流 I_F

I_F 是二极管长期运行允许通过的最大正向平均电流，由PN结的面积和散热条件所决定，使用时不能超过此值，否则可能烧坏二极管。

2. 反向饱和电流 I_S

I_S 是二极管加反向电压时流过它的电流。I_S 与半导体材料和温度有关。常温下硅二极管的 I_S 为纳安级，锗二极管的 I_S 为微安级。

3. 最高反向工作电压 U_{RM}

U_{RM} 是指为了避免击穿所能加在二极管的最大反向电压。为安全起见，手册中的 U_{RM} 值是反向击穿电压 U_{BR} 值的一半。

4. 最高工作频率

由于PN结具有电容效应，当工作频率超过某一限度时，其单向导电性将变差。点接触型二极管的工作频率较高，达100MHz以上，面接触型二极管的工作频率则较低，为几千赫。

三、特殊二极管

（一）稳压二极管

稳压管二极是一种特殊的面接触型硅二极管，简称为稳压管。稳压管的图形符号及伏安特性曲线如图6－6所示。

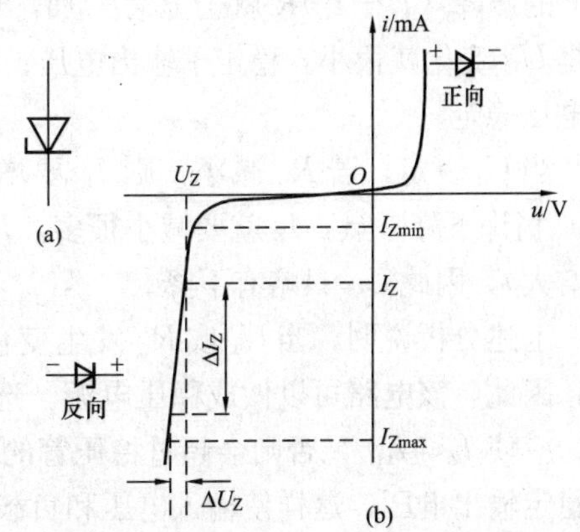

图6－6　稳压管的伏安特性曲线及符号
(a) 图形符号；(b) 伏安特性曲线

稳压管的正向特性曲线与普通二极管相似，但反向击穿特性曲线很陡，正常情况下稳压管工作在反向击穿区。由于曲线很陡，反向电流在很大范围内变化时，稳压管两端的电压却变化很小，稳压管就是利用这一特性在电路中起稳压作用的。只要反向电流不超过其最大稳定电流，就不会引起破坏性的击穿，因此，在电路中常与稳压管串联一个适当阻值的限流电阻。

稳压管的主要参数如下：

(1) 稳定电压 U_Z：稳定电压是指稳压管在正常工作时，稳压管两端的电压。由于制造工艺的原因，同一型号稳压管的稳定电压有一定的离散性。

(2) 稳定电流 I_Z：稳压管工作时的参考电流值。它通常有一定的范围，即 $I_{Zmin}\sim I_{Zmax}$。

(3) 动态电阻 r_Z：稳压管两端电压变化与电流变化的比值，即

$$r_Z=\frac{\Delta U_Z}{\Delta I_Z} \tag{6-1}$$

r_Z 值很小，为几欧到几十欧，且随工作电流的不同而改变。通常工作电流越大，动态电阻越小，稳压性能越好。

(4) 电压温度系数 C_{TV}：温度每增加 1℃，稳定电压的相对变化量，即

$$C_{TV}=\frac{\Delta U_Z/U_Z}{\Delta T}\times 100\% \tag{6-2}$$

C_{TV}用来说明稳压值受温度变化影响的系数。

(5) 额定功耗 P_Z：前面已指出，工作电流越大，动态电阻越小，稳压性能越好，但是最大工作电流受到额定功耗 P_Z 的限制，超过 P_Z 值将会使稳压管损坏。最大额定功率为：$P_{ZM}=I_{Zmax}U_Z$。

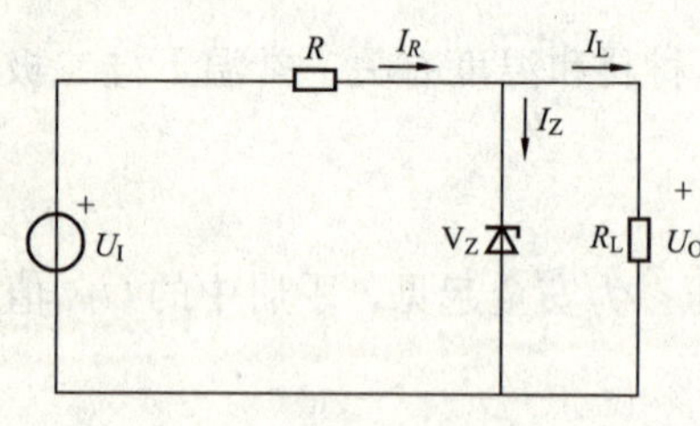

图 6-7 稳压管稳压电路

【例 6-1】 利用稳压管组成的简单并联型稳压电路如图 6-7 所示，图中稳压管 V_Z 并接在负载 R_L 两端，R 为限流电阻。试分析输出电压的稳定原理。

解： 由图 6-7 可知：

$$U_O=U_Z=U_I-(I_Z+I_L)R$$

$$I_R=I_Z+I_L$$

当 R_L 一定，若 U_I 增大，则 U_Z 和 U_O 都要增大。但由于稳压管的 U_Z 稍许增大，就会造成 I_Z 急剧地增加，这样 U_Z 只要增加一点，限流电阻 R 上的压降 $(I_Z+I_L)R$ 就会显著增加，从而使输入电压增量的绝大部分降落在电阻 R 上，于是 U_O 变化就很小，稳定了输出电压；同样地，若 U_I 减小，可以看出 U_O 变化也很小，输出电压稳定。

当 U_I 一定，若 R_L 减小，则 I_L 要增大，R 上的压降将增大，使 U_O 下降，但 U_O（或 U_Z）稍许下降一点，I_Z 就要减小很多，I_L 增大而 I_Z 减小使流过 R 的电流近似保持不变（略有增大），因此 U_O 只略有下降。

上述分析说明，当 U_I 或 R_L 发生变化时，通过稳压管的调节作用，使输出电压几乎不变。因此，该电路可以做成稳压电源。选择稳压管时应注意：流过稳压管的电流 I_Z 不能过大，应使 $I_Z\leqslant I_{max}$，否则会超过稳压管的允许功耗；I_Z 也不能太小，应使 $I_Z\geqslant I_{Zmin}$，否则不能稳定输出电压，这样使输入电压和负载电流的变化范围都受到一定限制。

(二) 发光二极管

发光二极管简称 LED，是一种把电能直接转换成光能的固体发光器件。通常用化学元

素周期表中Ⅲ、Ⅴ族元素的化合物如砷化镓（GaAs）、磷化镓（GaP）等制成，内部仍是一个PN结。发光二极管的波长由所使用的基本材料而定。发光二极管的图形符号及实物如图6-8所示。

发光二极管的正向工作电压一般在1.5～3V之间，允许通过的电流为2～20mA，电流的大小决定发光的亮度。发光二极管主要用来作为显示器件。

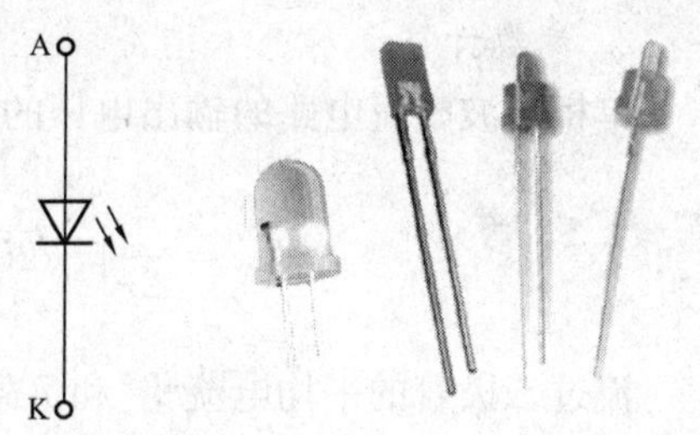

图6-8　发光二极管图形符号及实物图

第二节　单相整流滤波电路

利用二极管的单向导电性，将交流电转换为单向脉动直流电的电路，称为整流电路。在小功率直流稳压电路（由电源变压器、整流电路、滤波电路和稳压电路等四部分组成）中，通常采用单相整流，常见的有单相半波、全波和桥式整流电路。这里主要讨论单相半波整流电路和单相桥式整流电路。

一、单相整流电路

（一）单相半波整流电路

图6-9（a）是单相半波整流电路，它由电源变压器Tr、整流二极管V及负载电阻R_L组成。

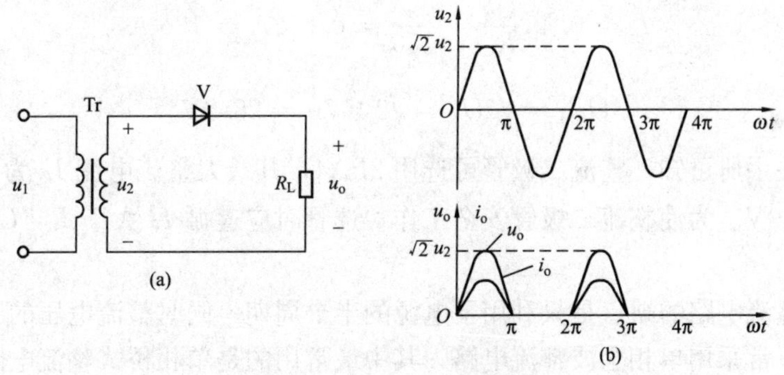

图6-9　单相半波整流电路

（a）原理电路；（b）工作波形

1. 工作原理

设电源变压器二次绕组的电压为$u_2=\sqrt{2}U_2\sin\omega t$，其波形如图6-9（b）所示。由于二极管VD具有单向导电性，在u_2的正半周时，二极管两端加正向电压，处于正偏而导通，若忽略二极管的正向压降，$u_o=u_2$，故u_o的波形按正弦规律变化；在u_2的负半周时，二极管两端加反向电压，处于反偏而截止，二极管和负载电阻R_L中没有电流，因此，$u_o=0$V。输出电压u_o和输出电流i_o波形如图6-9（b）所示。可以看到，负载上得到的整流电压是单方向（极性一定），但大小是变化的，故称为单向脉动电压。

在输入电压的一个周期内，负载R_L只得到了半个周期的电压和电流，所以称这种电路为单相半波整流电路。

2. 参数计算

单相半波整流电路的输出电压的平均值U_o为

$$U_o=\frac{1}{2\pi}\int_0^{\pi}\sqrt{2}U_2\sin\omega t\,d(\omega t)=\frac{\sqrt{2}}{\pi}U_2\approx 0.45U_2 \tag{6-3}$$

流过二极管的平均电流I_D和负载电阻中的平均电流I_o相等，即为

$$I_D=I_o=\frac{U_o}{R_L}=0.45\frac{U_2}{R_L} \tag{6-4}$$

从图6－9（a）可以看出。二极管所承受的最高反向工作电压就是电源电压的最大值，即

$$U_{RM}=\sqrt{2}U_2 \tag{6-5}$$

通常根据U_o、I_o和U_{RM}来选择合适的整流器件。

【例6－2】 有一单相半波整流电路，如图6－9（a）所示。已知负载电阻$R_L=750\Omega$，变压器二次绕组电压$U_2=20V$，试求U_o、I_o及U_{RM}，并选用合适的二极管。

解： 由题意可知：

$$U_o=0.45U_2=0.45\times20=9V$$

$$I_o=0.45\frac{U_2}{R_L}=\frac{9}{750}=0.012A=12mA$$

$$U_{RM}=\sqrt{2}U_2=\sqrt{2}\times20=28.2V$$

通过查有关手册可知，整流二极管可选用2PA4，其最大整流电流I_F为16mA，最高反向工作电压为50V。为使整流二极管安全工作，选管时应遵循I_F大于I_o，U_{BR}要比U_{RM}大1倍左右。

单相半波整流电路的缺点是只利用了电源的半个周期，同时整流电压的脉动较大。为了克服这些缺点，常采用单相全波整流电路，其中最常用的是单相桥式整流电路。

（二）单相桥式整流电路

单相桥式整流电路如图6－10（a）所示，Tr是电源变压器，$V_1\sim V_4$四只整流二极管接成电桥的形式，R_L为等效负载电阻。图6－10（b）是桥式整流电路的简易画法。

1. 工作原理

设电源变压器二次绕组的电压为$u_2=\sqrt{2}U_2\sin\omega t$，波形如图6－11（a）所示。在$u_2$的正半周时，即a点为正，b点为负时，二极管V1、V3处于正偏而导通，V2、V4因反偏而截止，电流通路为a→V1→R_L→V3→b。这时，负载电阻R_L上得到一个半波的电压，如图6－11（b）中的0～π段所示。若忽略二极管的正向压降，$u_o=u_2$。

在u_2的负半周时，即a点为负，b点为正。则V1、V3截止，V2、V4导通，电流通路为b→V2→R_L→V4→a。同样，在负载电阻上得到一个半波电压，如图6－11（b）中的π～2π段所示。若忽略二极管的正向压降，$u_o=-u_2$。

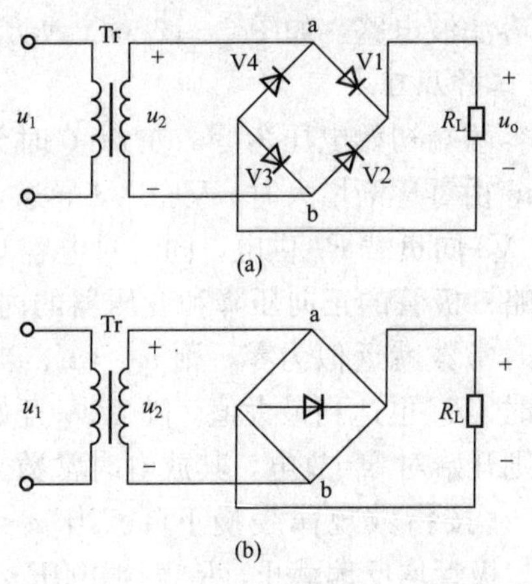

图 6-10　单相桥式整流电路

（a）原理电路；（b）简化画法

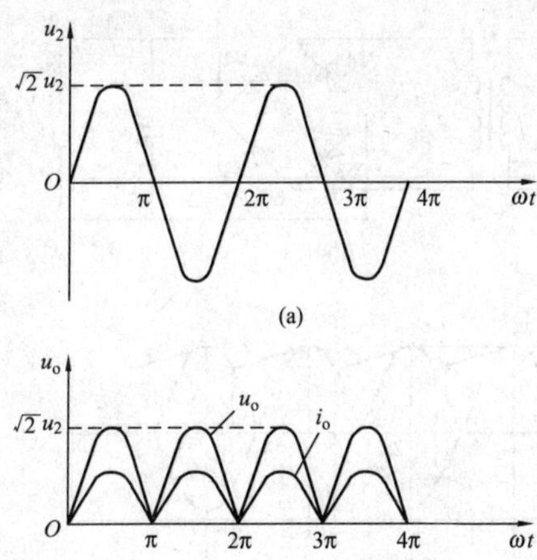

图 6-11　工作波形

（a）二次绕组电压波形；（b）负载电压、电流波形

这样，在交流电压 u_2 变化一周时，在负载 R_L 上得到一个单向全波脉动电压 u_o 和电流 i_o。

2. 参数计算

单相桥式整流电路的输出电压的平均值 U_o 为

$$U_o = \frac{1}{\pi}\int_0^{\pi}\sqrt{2}U_2\sin\omega t\,d(\omega t) = \frac{2\sqrt{2}}{\pi}U_2 \approx 0.9U_2 \tag{6-6}$$

负载电阻中的平均电流 I_o 为

$$I_o = \frac{U_o}{R_L} = 0.9\frac{U_2}{R_L} \tag{6-7}$$

由于每两只二极管只导通半周，故流过每只二极管的平均电流为负载电流的一半，即

$$I_D = \frac{1}{2}I_o = \frac{1}{2}\frac{U_o}{R_L} = 0.45\frac{U_2}{R_L} \tag{6-8}$$

从图 6-10（a）可以看出。二极管所承受的最高反向工作电压就是电源电压的最大值，即

$$U_{RM} = \sqrt{2}U_2 \tag{6-9}$$

单相桥式整流电路的输出电压较高，脉动较小，而且电源变压器在正负半周都有电流供给负载，利用率较高，因此得到广泛应用。

二、电容滤波电路

由于整流电路的输出电压是单向脉动电压，含有较大的交流成分（称为纹波电压），应在整流电路后加接滤波电路，以滤除输出电压的交流成分，获得平滑的直流电压。电容滤波电路是小功率整流电路中的主要滤波形式。

电容滤波电路利用电容两端电压不能跃变的特性，使输出电压得到平滑。在单相桥式整

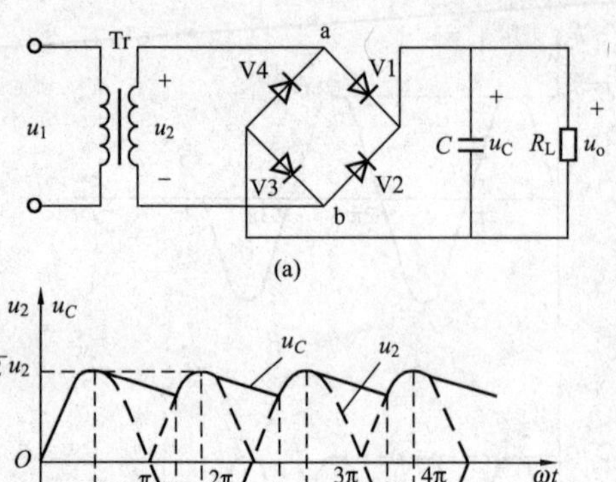

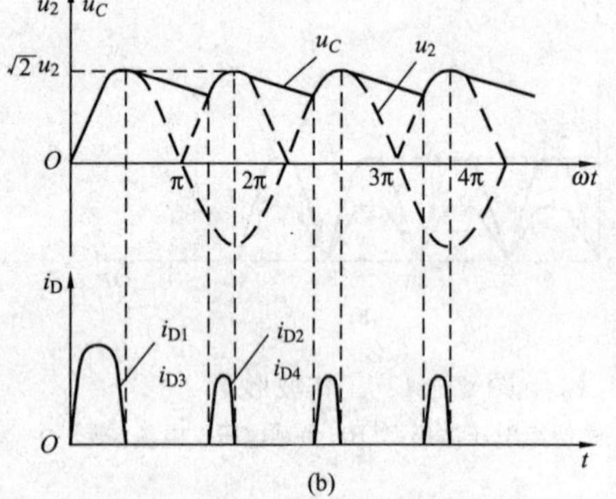

图 6-12 单相桥式整流电容滤波电路

（a）原理电路；（b）电压、电流波形

流电路中，与负载并联一个大容量的电容，就构成了电容滤波电路，如图 6-12（a）所示。

（一）工作原理

设电容两端初始电压为零，在 $t=0$ 时刻接通电源，u_2 由零逐渐增大时，V1、V3 导通，电流经 V1、V3 向负载 R_L 供电，同时对电容 C 充电。若忽略二极管的正向压降和变压器的内阻，电容充电时常数就近似为零，则 $u_C \approx u_2$，当 u_2 到最大值时，u_C 也达到最大值。随后 u_2 开始下降，电容则开始对 R_L 放电，其放电时常数 R_LC 较大，故 u_C 按指数规律缓慢下降。当 $u_2 < u_C$ 时，四只二极管均反偏截止，R_L 两端电压 u_o 依靠 C 放电维持。在 u_2 的负半周，当 $|u_2| > u_C$ 时，V2、V4 导通，电容再被充电，重复上述过程。

电容两端电压 u_C 即为输出电压 u_o，其波形如图 6-12 所示。可见输出电压变得平滑、纹波大为减小，并且输出电压 U_o 较高。

输出电压 U_o 的大小与放电时间常数 R_LC 有关。在空载（$R_L=\infty$）时，$U_o=\sqrt{2}U_2$。随着负载的增加（R_L 减小，I_o 增大），放电时间常数 R_LC 减小，放电加快，使 U_o 下降。整流滤波电路的输出电压 U_o 与输出电流 I_o 的变化关系曲线称为输出特性曲线或外特性曲线，如图 6-13 所示。由图可见，与无电容滤波时比较，输出电压随负载电阻的变化有较大的变化，即带负载能力较差。

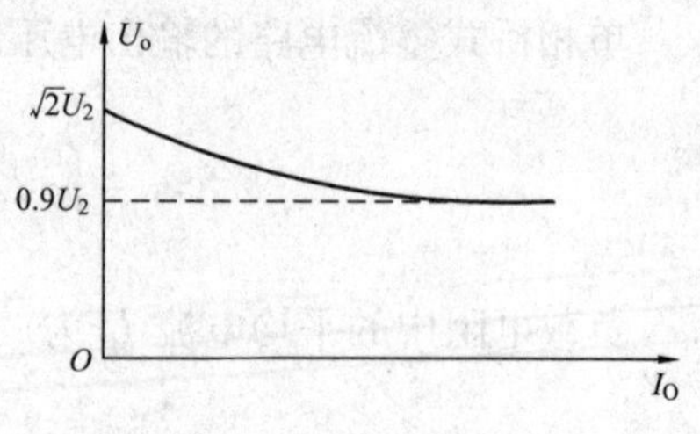

图 6-13 输出特性曲线

（二）参数计算

在工程上，为了得到比较平滑的输出电压，一般取

$$R_LC \geqslant (3 \sim 5)\frac{T}{2} \tag{6-10}$$

式中，T 是电源交流电压的周期。滤波电容的数值一般在几十微法到几千微法，视负载电流的大小而定，其耐压值应大于输出电压的最大值，通常都采用极性电容器。

满足式（6-10）时，全波整流滤波电路的输出电压的平均值可近似为

$$U_o \approx 1.2U_2 \tag{6-11}$$

流过二极管的平均电流是负载电流的一半，即

$$I_D = \frac{1}{2}I_o = \frac{1}{2}\frac{U_o}{R_L} \approx 1.2\frac{U_2}{2R_L} \tag{6-12}$$

由于二极管的导通时间短，导通角 $\theta < \pi$，只有当 $|u_2| > u_C$ 时才导通，那么在二极管导通期间将流过一个较大的冲击电流，即浪涌电流，容易使二极管损坏，因而在选择二极管的最大整流电流时要留有足够的裕量，一般可按 $(2\sim3)I_o$ 来选择。

二极管截止时所承受的最高反向工作电压 $U_{RM}=\sqrt{2}U_2$。

在单相桥式整流滤波电路中，流过变压器二次绕组的电流是非正弦波，其有效值可近似为

$$I_2=(1.5\sim 2)I_o \tag{6-13}$$

【例 6-3】 有一单相桥式电容滤波整流电路［见图 6-12 (a)］，已知交流电源频率 $f=50\text{Hz}$，负载电阻 $R_L=50\Omega$，交流电源电压为 220V。要求直流输出电压 $U_o=30\text{V}$，选择整流二极管及滤波电容器，确定整流变压器的变比及容量。

解：(1) 选择整流二极管。流过二极管的平均电流 I_D 为

$$I_D=\frac{1}{2}I_o=\frac{1}{2}\frac{U_o}{R_L}=\frac{1}{2}\times\frac{30}{50}=0.3\text{A}$$

根据式 (6-6)，变压器二次电压的有效值为

$$U_2=\frac{U_o}{1.2}=\frac{30\text{V}}{1.2}=25\text{V}$$

二极管所承受的最高反向工作电压为

$$U_{RM}=\sqrt{2}U_2=\sqrt{2}\times 25=35\text{V}$$

因此应选用 $I_F\geqslant(2\sim 3)I_D=(0.6\sim 0.9)\text{A}$，$U_{RM}>35\text{V}$ 的二极管，查手册可选四只 2CZ55C 型硅整流二极管，其 $I_F=1\text{A}$，$U_{RM}=100\text{V}$。

(2) 选择滤波电容器。根据式 (6-12)，取 $R_LC=4\times\frac{T}{2}$，而 $T=\frac{1}{f}=\frac{1}{50}=0.02\text{s}$，则

$$C=\frac{4\times\frac{T}{2}}{R_L}=\frac{4\times 0.02}{2\times 50}=800\mu\text{F}$$

可选取 $1000\mu\text{F}$，耐压为 50V 的电解电容器。

(3) 变压器的变比为

$$K=\frac{220}{25}=8.8$$

由式 (6-13) 取 $I_2=2I_o$，变压器二次绕组电流的有效值为

$$I_2=2\times\frac{U_o}{R_L}=2\times\frac{30}{50}=1.2\text{A}$$

变压器的容量为

$$S=U_2I_2=25\times 1.2=30\text{V}\cdot\text{A}$$

可选用容量为 30V·A，220V/25V 的变压器。

电容滤波具有电路简单，输出电压较高，脉动较小等优点；但其外特性较差，且电流冲击大，一般用于要求输出电压较高，负载电流较小并且变化也较小的场合。除电容滤波之外还有电感滤波、LC 滤波、π 形滤波等电路。表 6-1 中比较了各种滤波电路的性能。

表 6-1　各种滤波电路的性能比较

类　型	电容滤波	电感滤波	LC 滤波	CLCπ 形滤波	CRCπ 形滤波
电路形式	C　R_L　u_o	L　R_L　u_o	L　C　R_L　u_o	L　C_1　C_2　R_L　u_o	R　C_1　C_2　R_L　u_o
输出电压	$\approx 1.2U_2$	$\approx 0.9U_2$	$\approx 0.9U_2$	$\approx 1.2U_2$	$\approx 1.2U_2$
二极管冲击电流	大	小	小	大	大
带负载能力	差	强	强	较　差	很　差
特　　点	电路简单，适合小电流场合	电感较笨重，成本高，适应低电压、大电流场合	脉动成分小，适应性较强	脉动成分小，但电感较笨重，成本高，适合小电流场合	脉动成分小，但电阻上有直流压降，适合小电流场合

第三节　晶闸管及单相可控整流电路

晶闸管（全称为晶体闸流管）也称可控硅，它是一种大功率、可控制其导通与截止的半导体器件，具有用弱电控制强电的特点，因此晶闸管在可控整流、可控逆变、可控开关、交直流电机的调速系统、随动系统等电路中得到了广泛应用。

晶闸管具有体积小、质量小、耐高压、容量大、响应速度快、控制灵活、寿命长及使用维护方便等优点。但由于晶闸管大多工作于断续的非线性周期工作状态，产生的大量谐波会对电网产生不良影响，造成干扰源；具有过载能力和抗干扰性能较差、控制电路复杂等缺点。随着近几年技术的进步，其缺点大为改进。

一、晶闸管

（一）结构与符号

晶闸管是用硅材料制成的半导体器件，它由四层半导体构成，中间形成三个 PN 结：J_1、J_2 和 J_3。由 P_1 引出阳极 A，N_2 引出阴极 K，中间的 P_2 引出控制极 G，如图 6-14（a）所示，图 6-14（b）为晶闸管的符号，图 6-14（c）为晶闸管外形，有螺栓式和平板式。螺栓式用于安装散热器、有自然风冷或强迫风冷；电流在 500～2000A 以上的晶闸管为平板

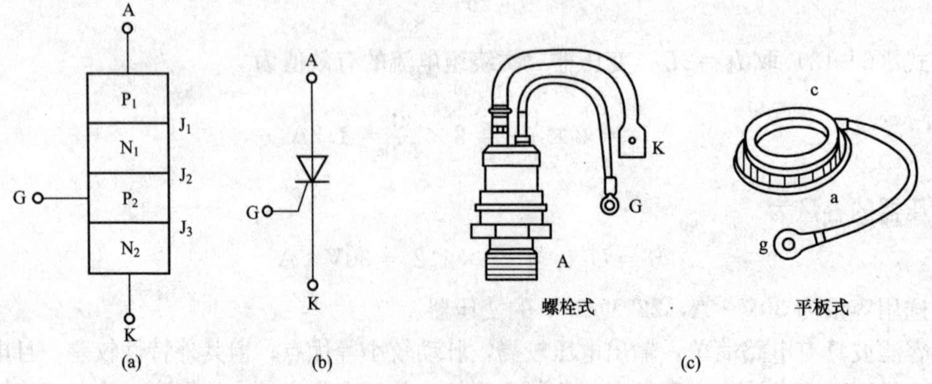

图 6-14　晶闸管结构、图形符号和实物图

（a）结构图；（b）图形符号；（c）实物图

式，采用强迫风冷或水冷。

（二）晶闸管工作特点

晶闸管阳极 A 经负载 R_A 接电源 V_{AA} 的正极，阴极 K 接电源负极，如图 6－15 所示，此时晶闸管承受正向电压，控制极电路中开关 S 断开，晶闸管不导通，即处于正向阻断状态。

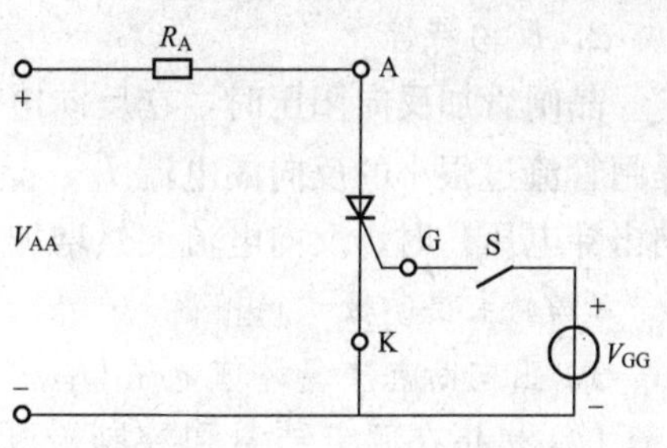

图 6－15 晶闸管的工作特点

晶闸管的阳极和阴极间加正向电压，控制极 G 相对于阴极 K 加正向控制电压 V_{GG}，此时晶闸管导通。如果控制极加反向电压，晶闸管阳极回路无论加正向电压还是反向电压，晶闸管都不导通。晶闸管导通后，如果去掉控制极上的电压，晶闸管仍继续导通，即晶闸管一旦导通后，控制极就失去了作用。在晶闸管导通的情况下，当阳、阴极间的电压（或电流）减小到一定程度时，晶闸管才能从导通变为阻断状态。晶闸管的阳极 A 和阴极 K 间加反向电压，即阳极接电源 V_{AA} 的负极，阴极 K 接电源正极，无论控制极是否加电压，晶闸管都截止，即晶闸管处于反向阻断状态。

综上所述，晶闸管的工作特点是：

(1) 晶闸管是一个可控的单向导电开关。它与二极管相比，都具有单向导电性，但晶闸管的正向导通受控制极电流的控制。

(2) 晶闸管导通必须同时具备两个条件：

1) 晶闸管阳极电路加正向电压。

2) 控制极电路加适当的正向电压（实际工作中，控制极加正触发脉冲信号）。

(3) 晶闸管导通后，控制电压就失去作用。要使其关断，必须使阳极电流减小到一定值。也可将阳极电源断开或在晶闸管的阳极和阴极间加一个反向电压。

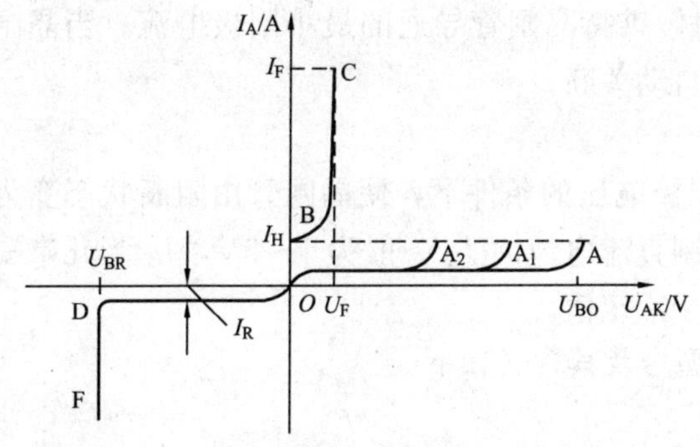

图 6－16 晶闸管的伏安特性

（三）伏安特性

晶闸管的伏安特性是指阳极、阴极间的电压 U_{AK} 与阳极电流 I_A 的关系，如图 6－16 所示。它分为正向特性和反向特性，下面分别来讨论。

1. 正向特性

当晶闸管 U_{AK} 加正向电压，而触发信号电流 $I_G=0$ 时，则 J_2 结反偏而截止，若 U_{AK} 增大较小时，流过晶闸管的电流很小，晶闸管处于正向阻断状态，如曲线中 OA 段所示。当 U_{AK} 增加到 U_{BO}（称为正向转折电压）时，J_2 结被反向击穿，正向电流突然增大（这是不允许的破坏性击穿），晶闸管由阻断状态转为导通状态，出现转折，此时管压降迅速减小为 U_F，如图 AB 段所示。导通后的正向特性如曲线中的 BC 段所示，若 U_{AK} 减小，I_A 相应沿 BC 段减小。当 I_A 减小到 B 点时，为最小维持电流 I_H，此时如果达到 $I_A<I_H$，晶闸管则由通态转为断态，恢复到原点。

当 U_{AK} 加正向电压，且 $I_G\neq0$ 时，I_G 越大，晶闸管由断态转为通态所需的正向转折电压越小，如图中 A_1、A_2 点所示，而以后的工作情况与上述相同。

2. 反向特性

晶闸管加反向阳压时，在反向电压较小的情况下，PN 结 J_1、J_3 处于反偏，J_2 为正偏，晶闸管流过很小的反向漏电流 I_R，晶闸管为反向阻断状态。当反向电压增加到 U_{BR}（称为反向击穿电压）时，反向电流突然增加，使晶闸管击穿损坏，如图中 DF 段。

（四）主要参数

1. 正向断态重复峰值电压 U_{FM}

U_{FM}是指在额定结温和控制极断路的条件下，允许每秒 50 次，每次持续时间不大于 10ms，可以重复加在晶闸管两端的正向峰值电压。普通晶闸管的 U_{FM}值为 100～3000V。

2. 反向断态重复峰值电压 U_{RM}

U_{RM}是指在额定结温和控制极断路的条件下，允许每秒 50 次，每次持续时间不大于 10ms，重复施加在晶闸管两端的反向峰值电压。普通晶闸管 U_{RM}值为 100～3000V。

3. 额定电压 U_D

标注在晶闸管上的额定电压值是取 U_{FM}和 U_{RM}中数值最小的值，为了安全，使用中常取额定电压为正常工作电压时峰值电压的 2～3 倍。

4. 正向平均电压 U_F

在规定环境温度和标准散热条件下，当通过正向正弦半波额定电流时，在一个周期内晶闸管两端的通态平均电压。一般为 0.6～1.2V。

5. 额定通态平均电流 I_F

I_F 是指在环境温度不大于 40℃和标准散热及全导通的条件下，允许通过电阻性负载单相工频正弦半波电流的平均值。其值一般为 1～1000A。为了在使用中晶闸管不致过热，一般取 I_F 是正常工作平均电流的 1.5～2 倍。

6. 维持电流 I_H

I_H 是指在规定的环境温度和控制极断路时，维持晶闸管导通的最小阳极电流。当晶闸管的正向平均电流小于这个电流时，晶闸管将自动关断。

7. 控制极触发电压 U_G 和触发电流 I_G

U_G 是指在规定的环境温度和一定的正向阳极电压的条件下，使晶闸管由阻断状态变为导通状态所需的最小控制极直流电压、最小控制直流电流。U_G 一般为 1～5V，I_G 为几毫安至几百毫安，为了保证可靠触发，实际值应大于额定值。

目前我国生产的 KP 型普通系列晶闸管的型号及其含义如下：

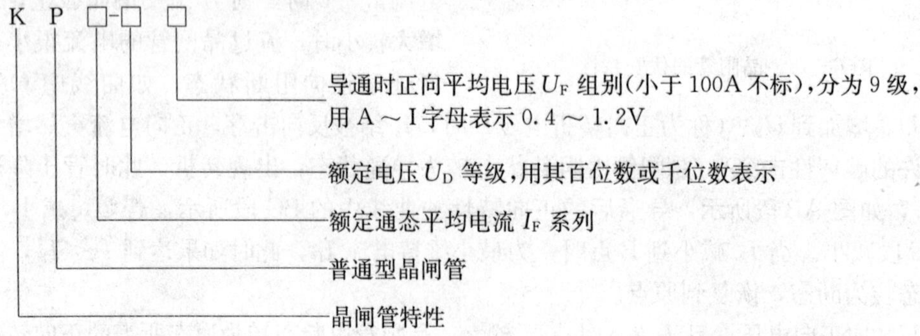

例如 KP100 - 12G，表示 I_F＝100A，U_D＝1200V，U_F＝1V 的普通型晶闸管。

二、可控整流电路

晶闸管既具有单向导电性，又具有导通时间可控的开关特性，因此在强电控制电源中常用作整流器件，构成可控整流电路。这里主要讨论单相可控整流电路。

(一) 单相半波可控整流电路

电阻负载单相半波可控整流电路如图 6－17 (a) 所示，R_L 为电阻性负载，如电焊、电炉、电热和电镀等。由电源变压器、晶闸管的阳极、阴极和负载组成的回路成为主回路，由控制极、阴极及其控制电路组成的回路称为控制回路（或触发电路），图中未画出。图 6－17 (b) 为其工作波形。

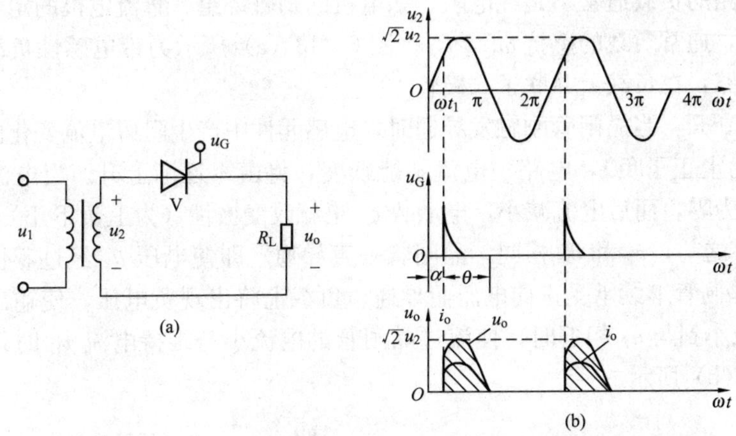

图 6－17　电阻性负载时的单相半波可控整流电路

(a) 原理电路；(b) 工作波形

1. 工作原理

设电源变压器二次绕组的电压为 $u_2=\sqrt{2}U_2\sin\omega t$。在 u_2 的正半周时，晶闸管 V 承受正向电压。在 $0\sim\alpha$ 之间，由于控制极未加入触发电压，所以晶闸管处于正向阻断状态。若忽略晶闸管的正向漏电流，流过 R_L 的电流 i_o 就等于零，负载电压 u_o 也为零。当 $\omega t_1=\alpha$ 时，控制极有正向触发电压，此时晶闸管导通。若忽略晶闸管的管压降，$u_o=u_2$。当 $\omega t_2=\pi$ 时，u_2 下降到零，i_o 也下降到零。晶闸管因流过它的电流为零而关断。

在 u_2 的负半周时，晶闸管承受反向电压而阻断，负载电阻 R_L 上的 u_o 为零。一直到 u_2 的下一个周期的正半周并且触发脉冲加到控制极时，晶闸管才重新导通。输出波形如图 6－17 (b) 所示。

从晶闸管开始承受正向电压，到晶闸管开始导通的电角度称为控制角，如图 6－17 (b) 中 $0\sim\omega t_1$。控制角 α 的变化范围称为触发脉冲的移相范围，为 $0\sim\pi$。晶闸管导通的角度 $\theta=\pi-\alpha$ 称为导通角。可见改变触发脉冲的 α 角，可以控制晶闸管的导通角 θ，从而达到改变输出电压平均值的目的，实现可控调压。

2. 参数计算

由图 6－17 (b) 波形可知，输出电压的平均值 U_o 为

$$U_o=\frac{1}{2\pi}\int_{\alpha}^{\pi}\sqrt{2}U_2\sin\omega t\,d(\omega t)\approx 0.45U_2\frac{1+\cos\alpha}{2} \tag{6-14}$$

式 (6－14) 表明，改变控制角 α 的大小，就可以连续改变输出电压平均值的大小。当

$\alpha=0$ 时，$\theta=\pi$，输出电压平均值最大，称为全导通。

负载电阻中的平均电流 I_o 为

$$I_o=\frac{U_o}{R_L}\approx 0.45\frac{U_2}{R_L}\frac{1+\cos\alpha}{2} \tag{6-15}$$

流过晶闸管的平均电流负载电流与相同。

晶闸管承受的最大反向电压为

$$U_{RM}=\sqrt{2}U_2 \tag{6-16}$$

3. 电感性负载

可控整流电路的负载通常不是纯电阻，如电机的励磁绕组、直流电机的定子绕组等，这都是电感性负载，通常负载的感抗 $\omega L \gg R_L$。图 6－18（a）所示为带电感性负载的单相半波可控桥式整流电路，在负载上并联了二极管 V_1。

若将开关 S 断开，当晶闸管刚触发导通时，电感元件中产生阻碍电流变化的感应电动势（其极性在图中为上正下负），电路中电流不能跃变，将由零逐渐上升。当电流到达最大值时，感应电动势为零，而后电流减小，电动势 e_L 也就改变极性（为上负下正）。此后，在交流电压 u_2 到达零之前，u_2 和 e_L 相同，晶闸管一直导通。即使电压 u_2 经过零值变负后，只要 e_L 大于 u_2，晶闸管继续承受正向电压而导通，负载上将出现负电压，使输出电压的平均值减小。当 e_L 减小到与 u_2 相近时，使流过晶闸管的电流小与维持电流 I_H 时，晶闸管才关断，如图 6－18（b）所示。

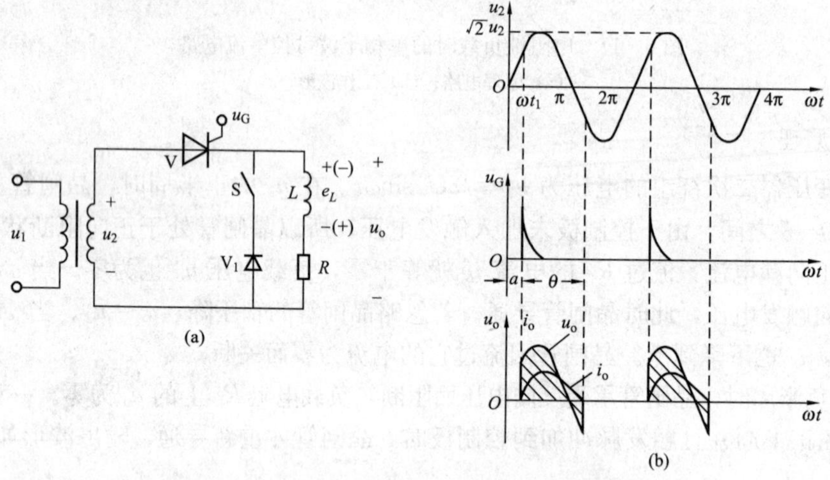

图 6－18 感性负载时的单相半波可控整流电路
（a）原理电路；（b）工作波形

为了使晶闸管在电源电压 u_2 降到零时能及时关断，需在输出端并联一只二极管（即将开关 S 闭合）。这样，当 u_2 过零值变负后，二极管因承受正向电压而导通，于是负载上由感应电动势产生的电流流过二极管形成回路。因此这只二极管称为续流二极管。这时负载两端电压近似为零，晶闸管因承受反向电压而关断。负载电阻上消耗的能量是电感元件释放的能量。

（二）单相桥式半控整流电路

单相桥式半控整流电路如图 6－19（a）所示，它是将二极管组成的桥式整流电路中的两只二极管用两只晶闸管取代，故称为单相桥式半控整流电路。若整流电路全用四只晶闸管，就成为全控桥式整流。R_L 为纯阻性负载。

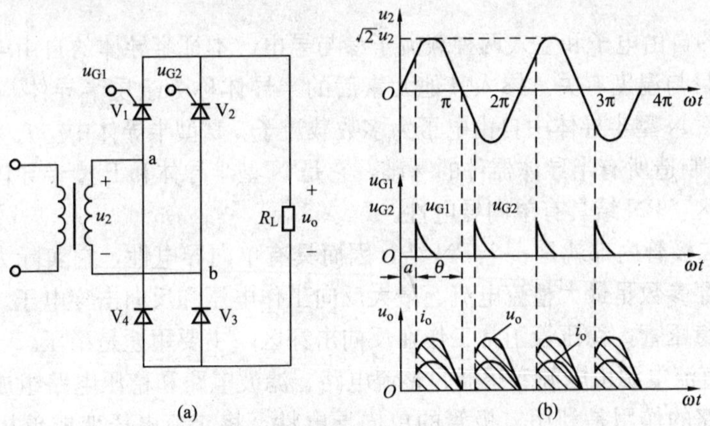

图 6-19　电阻性负载时的单相桥式半控整流电路

(a) 原理电路；(b) 工作波形

1. 工作原理

电路工作波形如图 6-19（b）所示。设电源变压器二次绕组的电压为 $u_2=\sqrt{2}U_2\sin\omega t$。在 u_2 的正半周时，即 a 点为正，b 点为负，V_1、V_3 承受正向电压。当 $\omega t_1=\alpha$ 时，V_1 控制极有正向触发电压，V_1 导通，V_2、V_4 因承受反向电压而阻断和截止。若忽略 V_1 和 V_3 的管压降，$u_o=u_2$。输出 u_o 和 i_o 的波形如图 6-19（b）所示。当 u_2 由正值过零点时，V_1 阻断。

在 u_2 的负半周时，即 a 点为负，b 点为正，则 V_2、V_4 承受正向电压。当 V_2 控制极有正向触发电压时，V_2 导通，V_1、V_3 因承受反向电压而阻断和截止。在负载电阻 R_L 上的 u_o 和 i_o 与 u_2 的正半周相同。在 u_2 由负值过零点时，V_2 阻断。

2. 参数计算

由图 6-19（b）波形可知，输出电压的平均值 U_o 为

$$U_o=\frac{1}{\pi}\int_{\alpha}^{\pi}\sqrt{2}U_2\sin\omega t\,\mathrm{d}(\omega t)=0.9U_2\,\frac{1+\cos\alpha}{2} \tag{6-17}$$

式（6-17）表明，改变控制角 α 的大小，就可以连续改变输出电压平均值的大小。当 $\alpha=0$ 时，$\theta=\pi$，输出电压值最大。

负载电阻中的平均电流 I_o 为

$$I_o=\frac{U_o}{R_L}=0.9\,\frac{U_2}{R_L}\,\frac{1+\cos\alpha}{2} \tag{6-18}$$

流过每只晶闸管和二极管的平均电流为负载电流的一半，即

$$I_T=I_D=\frac{1}{2}I_o=\frac{1}{2}\,\frac{U_o}{R_L} \tag{6-19}$$

晶闸管承受的最大正、反向电压和二极管承受的最大反向工作电压均为 $\sqrt{2}U_2$。

本 章 小 结

（1）半导体的自由电子和空穴两种载流子参与导电。本征半导体的自由电子和空穴成对出现，载流子数目与温度有关。掺入其他元素后的半导体称为杂质半导体，分为N型半导体和P型半导体。N型半导体中自由电子为多数载流子，P型半导体中空穴为多数载流子。

（2）PN结是制造所有半导体器件的基础，它是N型半导体和P型半导体在交界处形成的一个空间电荷区。PN结具有单向导电性。

（3）半导体二极管内部就是一个PN结，因而具有单向导电性，它实际为一个非线性器件。二极管的主要参数是最大整流电流、最大反向工作电压和反向击穿电压。利用二极管的特殊性可以制成稳压管，稳压管正常工作在反向击穿区，主要用途是稳压。

（4）小功率直流电源由电源变压器、整流电路、滤波电路和稳压电路组成。在整流滤波电路中，整流电路的作用是利用二极管的单向导电性，将交流电压变成单相的脉动直流电压，目前广泛采用整流桥构成的桥式整流电路。为了消除脉动电压中的纹波电压需采用滤波电路，单相小功率电源常采用电容滤波。

（5）晶闸管是一种大功率半导体器件，具有弱电控制强电输出的特点。普通晶闸管的导通条件是晶闸管阳极电路加正向电压，控制极电路加适当的正向电压。晶闸管导通后，控制电压就失去作用。要使其关断，必须使阳极电流减小到一定值，也可将阳极电源断开或在晶闸管的阳极和阴极间加一个反向电压。晶闸管组成的可控整流电路，具有输出电流大、反向耐压高、输出电压可调等优点。通过触发脉冲的移相，可以调节输出电压的大小。

习 题 与 思 考 题

1. 用万用表如何判别半导体二极管的阳极、阴极？

2. 二极管电路如图6－20所示，试判断图中的二极管是导通还是截止，并求出AO两端电压U_{AO}（设二极管是理想的）。

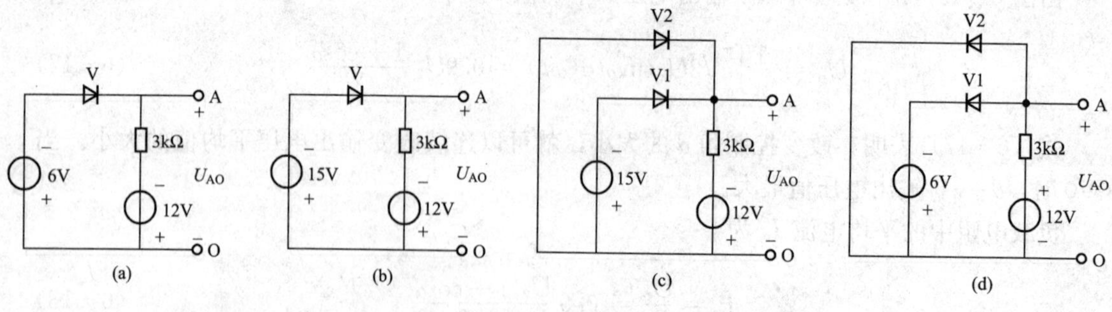

图6－20　习题2图

3. 利用稳压管或普通二极管的正向压降，是否也可以稳压？

4. 在桥式整流电路中，若有一只二极管出现以下情况：（1）短路；（2）开路；（3）反接，试分析电路会出现什么现象？

5. 在图6－10（a）所示桥式整流滤波电路中，已知$R_L=50\Omega$，$C=1000\mu F$。用交流电

压表测得U_2＝20V，用直流表测得R_L两端的电压U_o为：（1）U_o＝28V；（2）U_o＝24V；（3）U_o＝18V；（4）U_o＝9V。试分析电路是否正常工作？为什么？

6. 已知一桥式整流电容滤波电路的交流电源电压U_i＝220V，f＝50Hz，负载电阻R_L＝40Ω，要求输出直流电压为24V，纹波较小。（1）求选择整流管的参数要求；（2）选择滤波电容（容量和耐压值）；（3）确定电源变压器二次绕组的电压和电流。

7. 为什么接电感性负载的可控整流电路的负载上会出现负电压？应如何解决？

8. 在电阻性负载单相桥式半控整流电路中，由220V电网供电，已知负载R_L＝10Ω，试求：

（1）当导通角θ＝90°时输出电压和电流的平均值；

（2）当导通角θ＝135°时重复（1）的计算。

第七章　半导体放大电路

第一节　半导体三极管

采用半导体可以制成半导体三极管，根据其结构及工作原理不同可分为双极型三极管和单极型三极管。半导体三极管是具有放大作用的器件，因此使用很广泛。

双极型三极管（BJT）又称双极型晶体三极管，简称半导体三极管、三极管、晶体管等。由于它有自由电子和空穴两种载流子参与导电，因此称为双极型管。

单极型三极管又称场效应管（FET），是一种利用电场效应控制输出电流的半导体三极管。它工作时只有一种载流子（多数载流子）参与导电，故称为单极型管。其主要优点是：输入电阻高，可达 $10^8 \sim 10^{15}\,\Omega$；制造工艺简单便于大规模集成，因此已被广泛应用于集成电路中。

这里我们主要介绍双极型三极管的工作特性及其构成的放大电路的工作原理和分析方法。

一、三极管的结构与图形符号

三极管的种类很多，按频率分有高频管、低频管；按功率分有小、中、大功率管；按结构分有 NPN 型和 PNP 型。

三极管有三个区：发射区、基区、集电区。两个结：发射结和集电结；三个电极：发射极（emitter)、基极（base）和集电极（collector)。三极管的结构与图形符号如图 7-1 所示，实物图如图 7-2 所示。

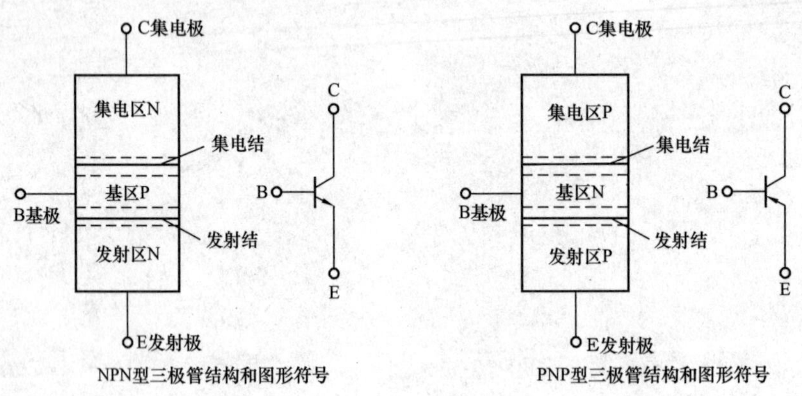

图 7-1　三极管的结构与图形符号

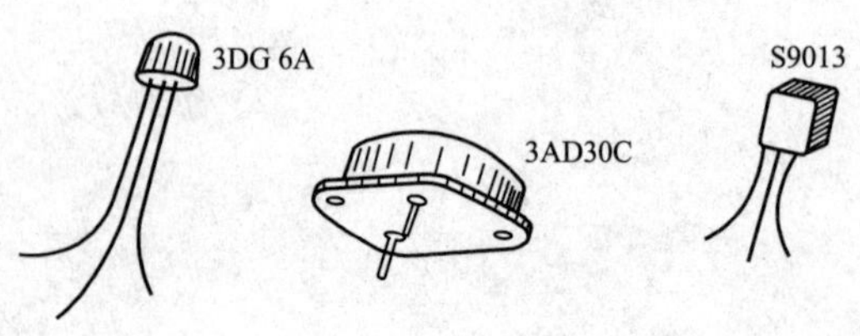

图 7-2　三极管实物图

三极管在结构上的特点是：发射区掺杂浓度高，多数载流子浓度高；基区很薄，掺杂浓度很低；集电极面积大，有利于收集载流子。虽然三极管的发射区和集电区都是相同类型的半导体，但是它们并不对称，因此不能混淆使用发射极和集电极。

二、三极管的电流分配关系

三极管具有放大作用的外部条件是：发射结加正向偏置电压，集电结加反向偏置电压。

以 NPN 型三极管为例，可以通过实验了解三极管的电流分配关系。图 7-3 所示电路中，V_{CC}为集电极电源，发射极 E 是三极管输入回路和输出回路的公共端，这种连接方式的电路称为共发射极放大电路。

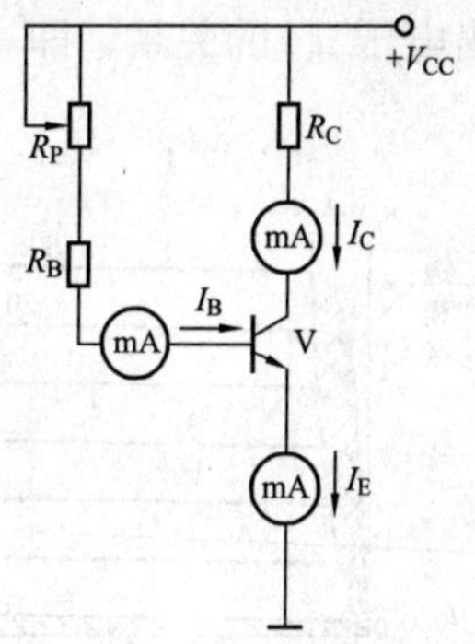

图 7-3 电流放大实验电路

改变基极电位器 R_P，则基极电流 I_B、集电极电流 I_C 和发射极电流 I_E 都发生变化，电流方向如图 7-3 所示。

(1) 三个电流符合基尔霍夫定律，即

$$I_E = I_B + I_C \tag{7-1}$$

且基极电流 I_B 很小，忽略 I_B 不计，则有 $I_E \approx I_C$。

(2) 三极管具有电流放大作用，I_C 与 I_B 的比值近似为一个常数，即

$$\bar{\beta} \approx \frac{I_C}{I_B} \tag{7-2}$$

式中 $\bar{\beta}$——三极管的直流电流放大系数。

三、三极管的特性曲线

三极管的特性曲线是指三极管各极电压与电流之间的关系曲线，工程上最常用的是三极管的输入特性曲线和输出特性曲线。这里主要讨论 NPN 型三极管共发射极接法［见图 7-4 (a)］时的特性曲线。

1. 输入特性曲线

共发射极输入特性曲线是指以集电极与发射极输出电压U_{CE}为参变量，输入电流 i_B 与输入电压 u_{BE}之间的关系曲线，即

$$i_B = f(u_{BE})\big|_{U_{CE}=\text{常量}}$$

$$i_C = f(u_{CE})\big|_{I_B=\text{常量}}$$

典型的输入特性如图 7-4 (b) 所示，它有以下特点：

(1) $U_{CE}=0$ 时，$i_B - u_{BE}$曲线和普通二极管的特性相似。

(2) $U_{CE} \geqslant 1V$ 时，$i_B - u_{BE}$曲线与 $u_{CE}=0$ 时的曲线相比，特性右移，且不同 u_{CE}的曲线基本重合。

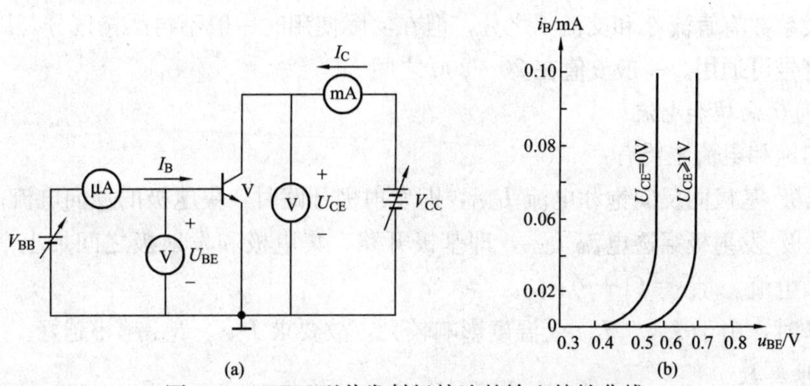

图 7-4 NPN 型共发射极接法的输入特性曲线

(a) 测试原理图；(b) 输入特性曲线

2. 输出特性曲线

输出特性是指以输入基极电流 I_B 为参变量，输出集电极电流 i_C 和集电极与发射极之间输出电压 u_{CE}的关系，即

$$i_C = f(u_{CE})\big|_{I_B=\text{常数}}$$

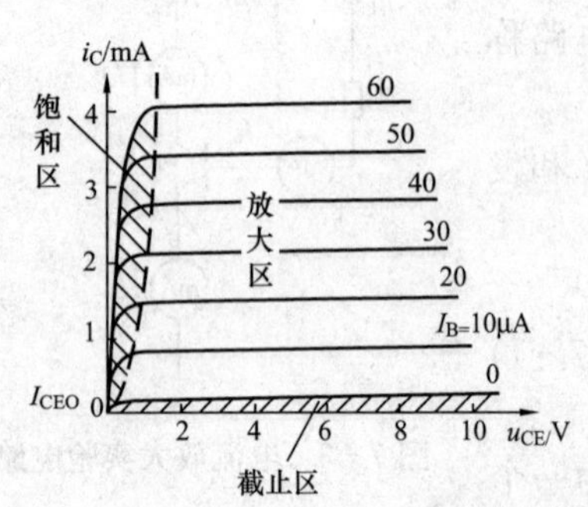

图 7-5　NPN 型共发射极输出特性曲线

其输出特性曲线如图 7-5 所示。按照晶体管的工作情况，可把输出特性曲线分为三个区域，即截止区、放大区、饱和区。

（1）截止区。$I_B=0$ 曲线与横轴之间的区域是截止区。此时发射结、集电结均反偏，$I_B=0$，$i_C=I_{CEO}\approx 0$（I_{CEO}为穿透电流），$U_{CE}\approx V_{CC}$。三极管三个电极 C、B、E 间相当于开路。

（2）放大区。输出特性曲线接近于水平的区域是放大区，也称线性区。此时发射结正偏，集电结反偏。

在此区域，三极管具有恒流特性：$I_C=\bar{\beta}I_B$，可见 I_B 不变时，I_C 基本不变，I_C 受 I_B 的控制，与 U_{CE}基本无关。

在 u_{CE}维持一定的条件下，基极电流变化一很小的数值 Δi_B，集电极电流将变化一很大的数值 Δi_C，即

$$\beta = \frac{\Delta i_C}{\Delta i_B}\bigg|_{U_{CE}=\text{常数}} \tag{7-3}$$

式中　β——共发射极交流电流放大系数。

（3）饱和区。饱和区是指输出特性曲线的上升部分。此时发射结、集电结均正偏，管压降 $u_{CE}=U_{CE(sat)}$ [$U_{CE(sat)}$称为三极管的饱和压降]，小功率硅管的 $U_{CE(sat)}$ 为 0.3V 左右，小功率锗管的 $U_{CE(sat)}$ 为 0.1V 左右。因 $U_{CE(sat)}\approx 0$，C、E 极近似于短路，$U_{BE}\approx 0.7$V，B、E 极也近似于短路。

可见，三极管具有开关作用，它相当于一个由基极电流控制的无触点开关，截止时相当于开关断开，饱和时相当于开关闭合。

四、三极管的主要参数

（一）电流放大系数

电流放大系数有直流 $\bar{\beta}$ 和交流 β 之分，但在实际使用时一般不再严格区分。以后不特别声明，两个符号可通用。一般 β 值在 20～200 之间。

（二）极间反向饱和电流

极间反向饱和电流主要有：

（1）集电极-基极间反向饱和电流 I_{CBO}，即发射极开路时，集电极的反向电流。

（2）集电极-发射极穿透电流 I_{CEO}，即基极开路，集电极和发射极之间加上一定反向电压时的集电极电流。$I_{CEO}=(1+\beta)I_{CBO}$。

实际工作时，由于 I_{CBO}、I_{CEO}受温度影响较大，故要求 I_{CBO}、I_{CEO}越小越好。

（三）极限参数

这是表征使用时不宜超过的限度，但在某些情况下，超过后也不一定造成永久性损坏。

1. 集电极最大允许电流 I_{CM}

三极管 I_C 过大，使得β值下降。通常把β值下降到小电流时β值的 2/3，有的厂家规定为 1/2 的 I_C 值为 I_{CM}。当电流超过 I_{CM}时，三极管的性能将显著下降，甚至有烧坏三极管的可能。

2. 反向击穿电压

常用的反向击穿电压有：

$U_{(BR)CBO}$——发射极开路时，集电结的反向击穿电压。

$U_{(BR)CEO}$——基极开路时，集电极与发射极间反向击穿电压。

3. 集电极最大允许功耗 P_{CM}

三极管工作时，集电结上加有较高的电压并有电流通过，因此集电结上要消耗一定的功率，称为集电极功耗，用 P_C 表示，即

$$P_C = I_C U_{CE} \tag{7-4}$$

集电极功耗将使集电结温度升高而使三极管发热。P_{CM}就是由允许的最高结温决定的最大集电极功耗。三极管安全工作时的 P_C 必须小于 P_{CM}。

（四）温度对三极管参数的影响

三极管参数与温度密切有关，了解参数随温度变化的规律，估计参数变化对三体管电路的影响是很重要的。

(1) T 对 I_{CBO}的影响：温度升高，I_{CBO}急剧增大，T 每升高 10℃，I_{CBO}约增大 1 倍。

(2) T 对 U_{BE}的影响：温度升高，使共发射极接法输入特性曲线向左平移，U_{BE}的温度系数为－2.5～－2.0mV/℃。

(3) T 对β 的影响：温度升高，使β增大。通常有

$$\frac{\Delta\beta}{\beta}\frac{1}{\Delta T} = (0.5 \sim 1.0)\%/℃$$

第二节　基本放大电路

放大电路的组成框图如图 7－6 所示。图中信号源是所需放大的电信号，负载是接受放大电路输出信号的元件（或电路）。信号源和负载不是放大电路的本体，但由于实际电路中信号源内阻 R_S 及负载电阻 R_L 不是定值，因此它们都会对放大电路的工作产生一定的影响，特别是它们与放大电路之间的连接方式（耦合方式），将会直接影响到放大电路的正常工作。

直流电源用来供给放大电路工作时所需要的能量，其中一部分能量转变为输出信号输出，还有一部分能量消耗在放大电路中的电阻、器件等耗能元器件中。

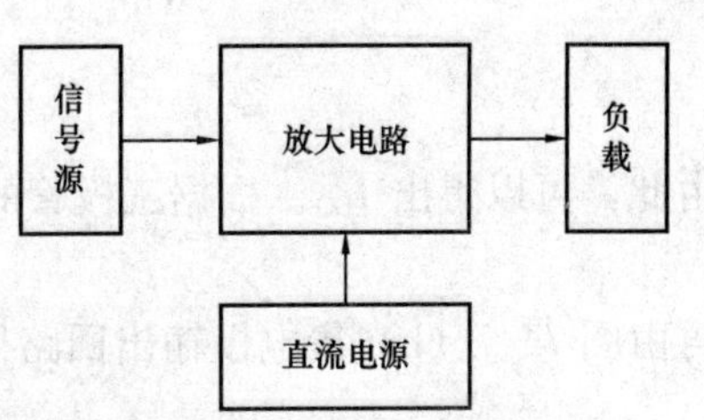

图 7－6　放大电路的组成框图

基本单元放大电路由三极管构成，但由于单元放大电路性能往往达不到实际要求，所以实际使用的放大电路是由基本单元放大电路组成的多级放大电路，或是集成放大器件，这样才有可能将微弱的输入信号不失真地放大到所需大小。

一、基本放大电路的组成和分析方法

（一）共发射极放大电路组成

图7-7（a）所示为共发射极放大电路，输入端接交流信号源 u_S，其内阻为 R_S，u_i 是放大电路的输入电压，u_o 为输出电压。

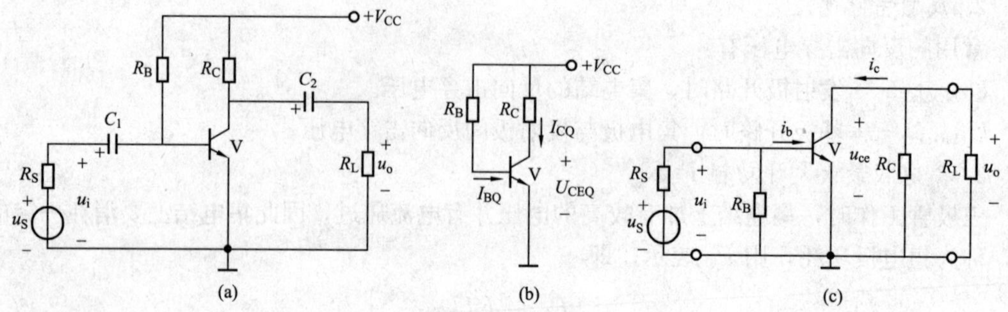

图7-7　共发射极放大电路
（a）电路；（b）直流通路；（c）交流通路

电路各部分作用如下：

（1）三极管V和集电极电阻 R_C：三极管是放大电路的核心，起电流放大作用。R_C 称为集电极负载电阻，利用 R_C 的降压作用，将三极管集电极电流的变化转换成集电极电压的变化，从而实现信号的电压放大。

（2）偏置电路：V_{CC}是放大电路的直流电源，它一方面为输出信号提供能量，另一方面与偏流电阻 R_B、集电极电阻 R_C 使三极管的发射结正偏、集电结反偏，并通过偏流电阻 R_B 使三极管有一个合适的基极直流电流。V_{CC}的数值一般为几伏至十几伏。

（3）输入耦合电容 C_1 和输出耦合电容 C_2：其作用是隔断信号源与三极管之间、三极管与负载 R_L 的直流联系。对于交流信号，其容抗足够小，可视为短路，因而信号可顺利地通过，起到耦合信号（传送交流）的作用。

（二）静态分析

静态是放大电路的输入端未加输入信号即 $u_i=0$ 时的工作状态。静态时，电路中的电压、电流都是直流量，三极管的 I_B、I_C 和 U_{CE}为静态工作点Q（I_{BQ}、I_{CQ}、U_{CEQ}）。已知三极管的参数 β，根据直流通路，可以估算出放大电路的工作点。由图7-7（b）基极输入回路可知

$$I_{BQ}=\frac{V_{CC}-U_{BEQ}}{R_B} \tag{7-5}$$

由于三极管导通时，U_{BE}变化很小，可以近似认为是常数，一般有

$$U_{BEQ}(\text{硅管})=0.7\text{V}$$

$$U_{BEQ}(\text{锗管})=0.2\text{V}$$

由此，可以得出 I_{BQ}。根据三极管的电流关系有

$$I_{CQ}=\beta I_{BQ} \tag{7-6}$$

再由图7-7（b）集电极输出回路得

$$U_{CEQ}=V_{CC}-I_{CQ}R_C \tag{7-7}$$

【例7-1】 在图7-7（a）所示的共发射极放大电路中，已知$+V_{CC}=+12\text{V}$，$R_B=300\text{k}\Omega$，

$R_C=3.9\text{k}\Omega$，$R_L=3.9\text{k}\Omega$，$R_S=0.6\text{k}\Omega$，$\beta=40$，电容 C_1、C_2 足够大，试估算放大电路的静态工作点。

解：由上面分析可知：

$$I_{BQ}=\frac{V_{CC}-U_{BEQ}}{R_B}=\frac{12-0.7}{300}\approx 0.038\text{mA}=38\mu\text{A}$$

$$I_{CQ}=\beta I_{BQ}=40\times 0.038=1.52\text{mA}$$

$$U_{CEQ}=V_{CC}-I_{CQ}R_C=12-1.52\times 3.9=6\text{V}$$

（三）动态分析

放大电路的输入端加输入信号即 $u_i\neq 0$ 时的工作状态称为动态。这时电路中的各电量将在静态直流分量的基础上叠加一个交流分量。放大电路的动态分析主要有图解法和小信号等效电路法。

1. 图解法

设输入到放大器的交流信号电压 $u_i=U_{im}\sin\omega t$，此时 u_i 叠加在输入回路中，发射结上的瞬时电压为

$$u_{BE}=U_{BEQ}+u_i=U_{BEQ}+U_{im}\sin\omega t \tag{7-8}$$

假设输入信号幅度 U_{im} 变化较小，u_{BE} 变化时工作于输入特性曲线线性区，u_{BE} 的变化使基极电流和集电极电流产生相应的变化，瞬时值为

$$i_B=I_{BQ}+i_b=I_{BQ}+I_{bm}\sin\omega t \tag{7-9}$$

$$i_C=I_{CQ}+i_c=I_{CQ}+I_{cm}\sin\omega t \tag{7-10}$$

i_b 正比于 u_i，$i_C=\beta i_B$，i_C 的变化经集电极电阻 R_C 转化为电压的变化，三极管 C、E 之间的瞬时电压为

$$u_{CE}=V_{CC}-i_C R_C=V_{CC}-(I_{CQ}+i_c)R_C=U_{CEQ}+u_{ce} \tag{7-11}$$

式（7-11）中，$u_{ce}=-i_c R_C$，由 C_2 隔除直流 U_{CEQ} 后，放大电路输出的交流电压 u_o 为

$$u_o=u_{ce}=-i_c R_C=U_{om}\sin(\omega t-180^\circ) \tag{7-12}$$

式中，$U_{om}=I_{cm}R_C$。如果电路元件参数选择合适，就可以使输出电压振幅 U_{om} 大于输入电压振幅 U_{im}，实现电压放大。波形如图 7-8 所示，在图 7-8（b）中 MN 为直流负载线，其斜率为 $-1/R_C$，AB 为交流负载线，其斜率为 $-1/R_L'$（$R_L'=R_C /\!/ R_L$）。

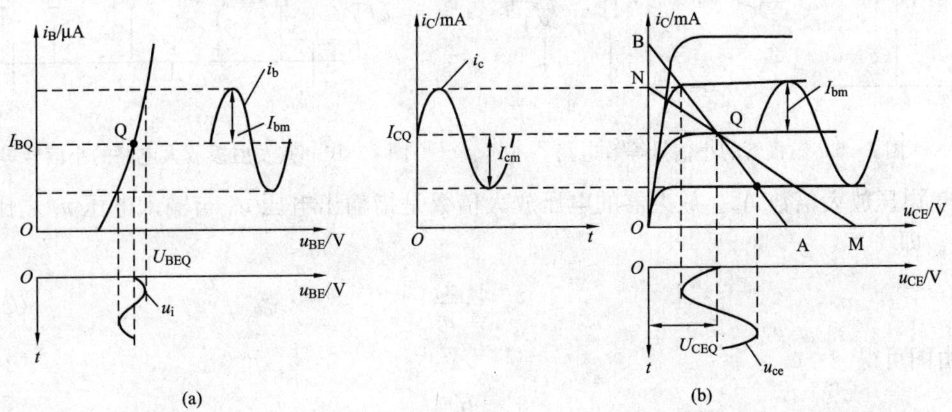

图 7-8　放大电路交流图解分析

由图 7－8 可知，共发射极放大电路输出电压与输入电压相位相反。

必须强调指出，为了保证放大过程中三极管始终工作在放大区，静态工作点及信号电压值必须合适，必须使 $U_{CEQ}>U_{im}$，$I_{BQ}>I_{bm}$，$I_{CQ}>I_{cm}$，以保证电流、电压瞬变时，三极管发射结始终正偏，集电结始终反偏，否则输出波形将产生失真。

2. 小信号等效电路分析法

在小信号输入时，只要 Q 点位置选得合适，信号在静态工作点附近的小范围变动，这时三极管的特性曲线可以近似地视为线性关系，因而可以用线性等效电路取代三极管。

（1）三极管小信号等效电路模型。

三极管的输入特性曲线是非线性的，当输入信号很小时，可以把静态工作点 Q 附近的一段曲线视作直线，三极管 B、E 间就相当于一个线性电阻 r_{be}，即三极管的输入电阻 $r_{be}=u_{be}/i_b$，由它来确定三极管输入回路 u_{be} 和 i_b 之间的关系。因此三极管的输入回路可用线性电阻 r_{be} 来等效。

工程上常用式（7－13）来估算：

$$r_{be}=r_{bb'}+(1+\beta)\frac{26(\text{mV})}{I_{EQ}(\text{mA})} \tag{7-13}$$

式中，$r_{bb'}$ 为三极管基区体电阻。一般低频小功率管在小信号工作情况下，$r_{bb'}$ 约为 300Ω。

三极管的输出回路电压和电流的关系由输出特性曲线决定。在小信号工作情况下，三极管的输出特性曲线在静态工作点 Q 附近可近似看作是一组与横轴平行的直线，当 u_{ce} 在较大范围内变化时，i_c 几乎不变，具有恒流特性。这样三极管 C、E 间可等效为一个受控电流源，其输出电流为 $i_c=\beta i_b$，由于三极管的输出电阻 r_{ce} 极大（输出恒流特性），所以可看作理想电流源。

综上所述，在小信号工作条件下，可画出三极管的小信号等效电路模型如图 7－9 所示。

（2）放大电路的小信号等效电路分析法。

根据图 7－7（a）所示共发射极放大电路画出其小信号等效电路，如图 7－10 所示，应用分析线性电路的方法求解放大电路的主要性能指标。

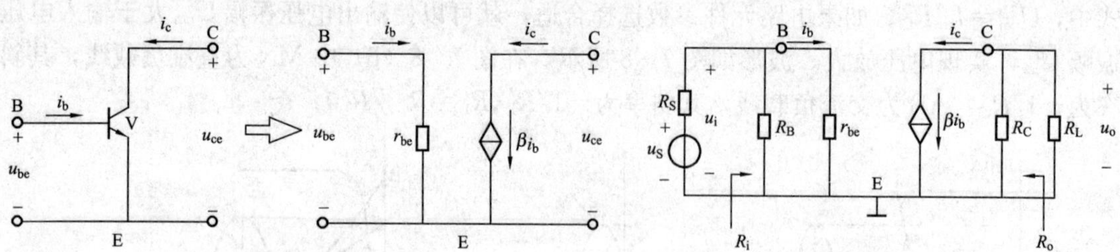

图 7－9　三极管的小信号等效电路　　图 7－10　共发射极放大电路的小信号等效电路

1）电压放大倍数 A_u。放大器的电压放大倍数是指输出电压 u_o 与输入电压 u_i 之比，记为 A_u，即

$$A_u=\frac{u_o}{u_i} \tag{7-14}$$

由图可得

$$u_i=i_b r_{be} \tag{7-15}$$

$$u_o=-i_c(R_C /\!/ R_L)=-i_b R'_L \tag{7-16}$$

式中，$R'_L = R_C // R_L$，为放大电路的交流负载电阻。

由此，放大电路的电压放大倍数 A_u 为

$$A_u = \frac{u_o}{u_i} = -\beta \frac{R'_L}{r_{be}} \tag{7-17}$$

2）放大电路的输入电阻 R_i。输入电阻 R_i 是指输入电压与输入电流之比，即

$$R_i = \frac{u_i}{i_i} = R_B // r_{be} \tag{7-18}$$

3）放大电路的输出电阻 R_o。对负载而言，放大电路的输出端可等效为一个具有内阻 R_o 的信号源，等效信号源的内阻 R_o 是放大电路的输出电阻，等于从输出端向放大器内看入的等效电阻。

通常在计算 R_o 时，将信号源 u_S 短路，负载 R_L 开路，在输出端加一交流电压 u_o，以产生一个电流 i_o，则放大电路的输出电阻为

$$R_o = \frac{u_o}{i_o}\bigg|_{\substack{u_s=0 \\ R_L=\infty}} \tag{7-19}$$

根据式（7－19），将图 7－10 的 u_S 短路，R_L 开路，此时 $\beta i_b = 0$，即受控电流源开路，从输出端看进去，输出电阻为

$$R_o \approx R_C \tag{7-20}$$

输出电阻 R_o 的大小，反映了放大器带负载能力的强弱，输出电阻越小，带负载能力越强。

【例 7－2】 试用小信号等效电路法计算【例 7－1】中放大电路的 A_u、R_i 和 R_o。

解： 由【例 7－1】结果可知 $I_{EQ} \approx I_{CQ} = 1.52\text{mA}$，则

$$r_{be} = r_{bb'} + (1+\beta)\frac{26(\text{mV})}{I_{EQ}(\text{mA})} = 300\Omega + (1+40)\frac{26\text{mV}}{1.52\text{mA}} = 1\text{k}\Omega$$

根据式（7－17）可得电压放大倍数

$$A_u = \frac{u_o}{u_i} = -\beta\frac{R'_L}{r_{be}} = -40 \times \frac{3.9 // 3.9}{1} = -78$$

根据式（7－18）可得输入电阻为

$$R_i = \frac{u_i}{i_i} = R_B // r_{be} = 300 // 1 \approx 1\text{k}\Omega$$

根据式（7－20）可得电压放大倍数

$$R_o \approx R_C = 3.9\text{k}\Omega$$

二、三种基本组态放大电路性能分析

由三极管可以构成共射、共集、共基三种基本组态的放大电路，下面分别对这三种组态放大电路的性能进行分析。

（一）分压式偏置的共发射极电路

1. 电路组成和静态工作点

图 7－11（a）所示为由 NPN 型三极管构成的典型共发射极放大电路，图 7－11（b）为其直流通路。电路采用分压式偏置电路，可以稳定静态工作点。

由图 7－11（b）放大电路的直流通路可知 $I_1 = I_2 + I_{BQ}$，当电路中电流满足 $I_1 \gg I_{BQ}$ 时，通常要求满足 $I_1 \geqslant (5 \sim 10) I_{BQ}$，则 $I_1 \approx I_2$。三极管的基极电位 U_{BQ} 由 V_{CC} 经 R_{B1}、R_{B2} 分压决

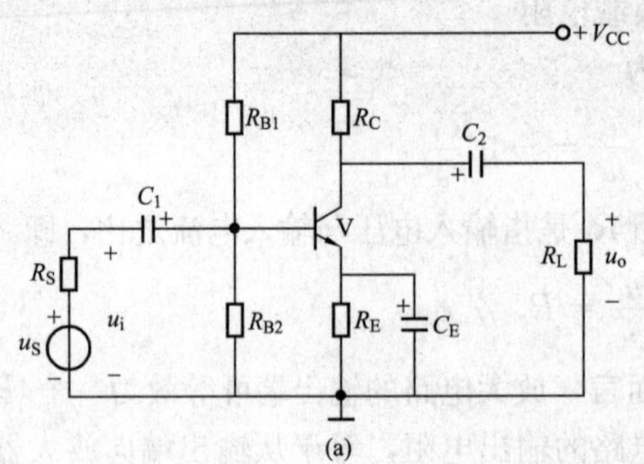

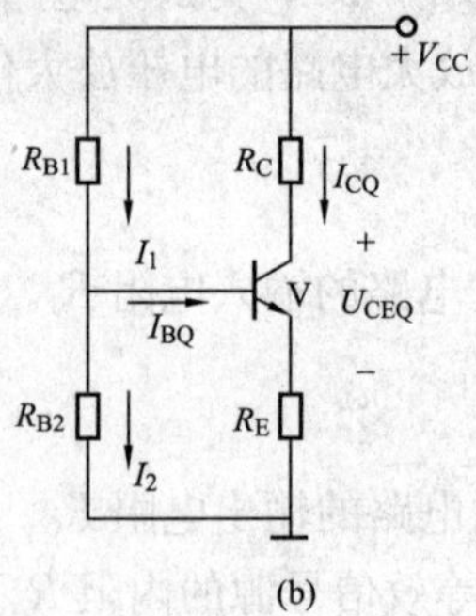

图 7-11　典型共发射极放大电路

定，而与三极管的参数无关，且不随温度变化。由此可得

$$U_{BQ}=\frac{R_{B2}}{R_{B1}+R_{B2}}V_{CC} \tag{7-21}$$

由于$U_{EQ}=U_{BQ}-U_{BEQ}$，当电路满足$U_{BQ}\geqslant(5\sim10)U_{BEQ}$时，三极管的集电极电流为

$$I_{CQ}\approx I_{EQ}=\frac{U_{BQ}-U_{BEQ}}{R_E}\approx\frac{U_{BQ}}{R_E} \tag{7-22}$$

由以上分析可知，基极电位U_{BQ}由R_{B1}、R_{B2}分压而保持恒定，与温度无关。当温度上升时，由于I_{CQ}（I_{EQ}）的增大，在R_E上产生的压降U_{EQ}也随之增大；因$U_{BEQ}=U_{BQ}-U_{EQ}$，故U_{EQ}增大使U_{BE}减小，引起I_{BQ}减小，使I_{CQ}相应减小，基本维持I_{CQ}恒定，稳定了静态工作点。

三极管 C、E 之间的直流管压降为

$$U_{CEQ}\approx V_{CC}-I_{CQ}(R_C+R_E) \tag{7-23}$$

在分压式偏置电路中，更换不同参数的三极管时，其静态工作点电流I_{CQ}可基本维持恒定。

2. 主要性能指标

在图 7-11（a）中，由于C_1、C_2、C_E的容量较大，对交流信号可视为短路，直流电源V_{CC}的内阻很小，对交流信号也可视为短路，由此可得到放大电路的小信号等效电路，如图 7-12 所示，可分别求得放大电路的下列性能指标关系。

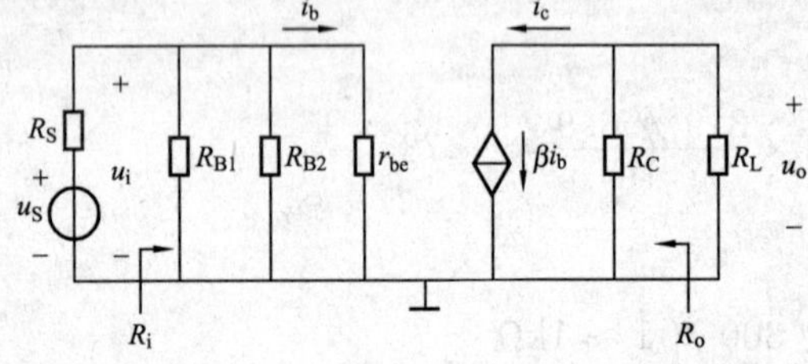

图 7-12　典型共发射极放大电路的小信号等效电路

（1）电压放大倍数A_u为

$$A_u=\frac{u_o}{u_i}=\frac{-\beta i_b(R_C\,//\,R_L)}{i_b r_{be}}=-\beta\frac{R'_L}{r_{be}},\ R'_L=R_C\,//\,R_L \tag{7-24}$$

（2）输入电阻R_i为

$$R_i=\frac{u_i}{i_i}=R_{B1}\,//\,R_{B2}\,//\,r_{be} \tag{7-25}$$

（3）输出电阻R_o为

$$R_o\approx R_C \tag{7-26}$$

【例 7-3】　在图 7-11（a）所示的共发射极放大电路中，已知$+V_{CC}=+12V$，$R_{B1}=15k\Omega$，$R_{B2}=6.2k\Omega$，$R_C=3k\Omega$，$R_E=3k\Omega$，$R_L=1k\Omega$，$\beta=50$，电容C_1、C_2、C_E足够大，试求：

(1) 放大电路的静态工作点；

(2) 放大电路的电压放大倍数、输入电阻和输出电阻。

解：(1) 求静态工作点：

$$U_{BQ}=\frac{R_{B2}}{R_{B1}+R_{B2}}V_{CC}=\frac{6.2}{15+6.2}\times 12=3.5\text{V}$$

$$I_{CQ}\approx I_{EQ}=\frac{U_{BQ}-U_{BEQ}}{R_E}=\frac{3.5-0.7}{2}\text{mA}=1.4\text{mA}$$

$$I_{BQ}=\frac{I_{CQ}}{\beta}=\frac{1.4}{50}\text{mA}=0.028\text{mA}=28\mu\text{A}$$

$$U_{CEQ}=V_{CC}-I_{CQ}(R_C+R_E)=12-[1.4\times(3+2)]=5\text{V}$$

(2) 求 A_u、R_i 和 R_o：

$$r_{be}=r_{bb'}+(1+\beta)\frac{26(\text{mV})}{I_{EQ}(\text{mA})}=300\Omega+(1+50)\frac{26\text{mV}}{1.4\text{mA}}\approx 1.25\text{k}\Omega$$

$$A_u=\frac{u_o}{u_i}=-\beta\frac{R'_L}{r_{be}}=-50\times\frac{3/\!/1}{1}=-30$$

$$R_i=R_{B1}/\!/R_{B2}/\!/r_{be}=\frac{1}{\frac{1}{15}+\frac{1}{6.2}+\frac{1}{1.25}}=0.97\text{k}\Omega$$

$$R_o=R_C=3\text{k}\Omega$$

(二) 共集电极放大电路

1. 电路组成和静态工作点

共集电极放大电路图 7-13 (a) 所示，图 7-13 (b)、(c) 分别是其直流通路和交流通路。由图 7-13 (c) 所示的交流通路可见，三极管的集电极是输入和输出回路的公共端，故称共集电极放大电路。由于它是由基极输入信号，输出信号取自发射极的，因此又称为射极输出器。

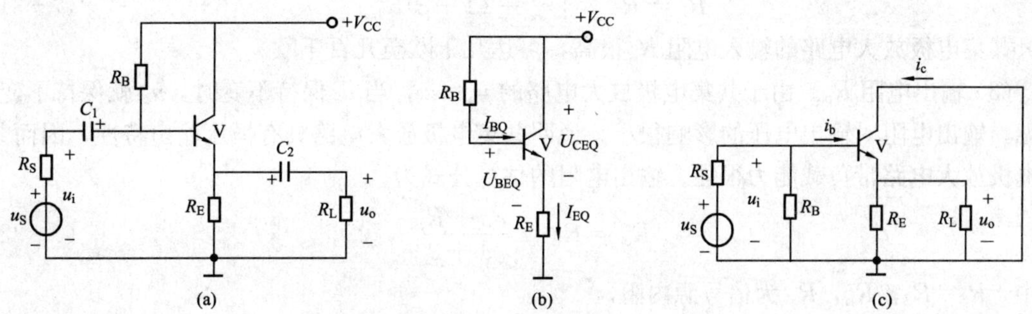

图 7-13 共集电极放大电路

(a) 电路；(b) 直流通路；(c) 交流通路

由图 7-13 (b) 所示的直流通路可列出输入回路的直流方程为

$$\begin{aligned}V_{CC}&=I_{BQ}R_B+U_{BEQ}+I_{EQ}R_E\\&=I_{BQ}R_B+U_{BEQ}+(1+\beta)I_{BQ}R_E\end{aligned}\tag{7-27}$$

由此可求得共集电极放大电路的静态工作点为

$$\left.\begin{aligned} I_{BQ}&=\frac{V_{CC}-U_{BEQ}}{R_B+(1+\beta)R_E}\\ I_{CQ}&=\beta I_{BQ}\approx I_{EQ}\\ U_{CEQ}&=V_{CC}-I_{EQ}R_E \end{aligned}\right\} \tag{7-28}$$

共集电极放大电路中的电阻 R_E 具有稳定静态工作点的作用，稳定过程如下：

当温度升高 T（℃）$\uparrow\rightarrow I_{CQ}\uparrow\rightarrow U_{EQ}\uparrow\rightarrow U_{BEQ}\downarrow\rightarrow I_{BQ}\downarrow\rightarrow I_{CQ}\downarrow$

2. 主要性能指标

根据交流通路画出放大电路的小信号等效电路如图 7-14 所示。

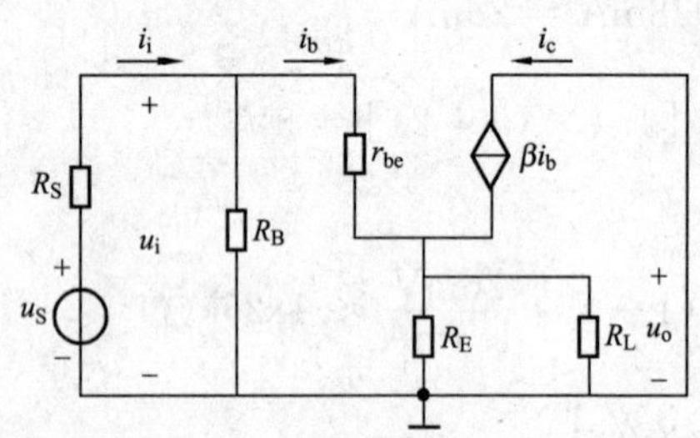

图 7-14 共集电极放大电路的小信号等效电路

(1) 电压放大倍数 A_u 为

$$A_u=\frac{u_o}{u_i}=\frac{i_eR'_L}{i_br_{be}+i_eR'_L}=\frac{(1+\beta)R'_L}{r_{be}+(1+\beta)R'_L} \tag{7-29}$$

式中，$R'_L=R_C/\!/R_L$。

通常 $r_{be}\ll(1+\beta)R'_L$，因此 $A_u\approx1$。

共集电极放大电路的电压放大倍数小于 1，且近似等于 1，并为正值，可见输出电压 u_o 随着输入电压 u_i 的变化而变化，大小近似相等、相位相同。所以，射极输出器又称为射极跟随器。

在图 7-14 中，若忽略 R_B 的分流影响，则 $i_i\approx i_b$、$i_o\approx i_e$，可得电流放大倍数为

$$A_i=\frac{i_o}{i_i}=\frac{i_e}{i_b}=1+\beta \tag{7-30}$$

所以，共集电极放大电路虽然没有电压放大，但仍具有电流放大和功率放大的作用。

(2) 输入电阻 R_i 为

$$R_i=R_B/\!/[r_{be}+(1+\beta)R'_L] \tag{7-31}$$

共集电极放大电路的输入电阻 R_i 很高，可达几十欧至几百千欧。

(3) 输出电阻 R_o。由于共集电极放大电路的 $u_o\approx u_i$，当 u_i 保持不变时，u_o 就保持不变。可见，输出电阻对输出电压的影响很小，说明共集电极放大电路具有恒压输出特性，因而共集电极放大电路带负载能力很强。输出电阻的估算公式为

$$R_o=R_B/\!/\frac{r_{be}+R'_S}{1+\beta} \tag{7-32}$$

式中，$R'_S=R_S/\!/R_B$，R_S 为信号源内阻。

共集电极放大电路的输出电阻 R_o 很低，一般只有几十欧。

3. 共集电极放大电路的应用

(1) 用作输入级。在要求输入电阻较高的放大电路中，常用共集电极放大电路作输入级。利用其输入电阻很高的特点，可减少对信号源的衰减，有利于信号的传输。

(2) 用作输出级。由于共集电极放大电路的输出电阻很低，常用作输出级。可使输出级在接入负载或负载变化时，对放大电路的影响小，使输出电压更加稳定。

(3) 用作中间隔离级。将共集电极放大电路接在两级共发射极放大电路之间，利用其输入电阻高的特点，可提高前级的电压放大倍数；利用其输出电阻低的特点，可减小后级信号源内阻，提高后级的源电压放大倍数。由于其隔离了前后两级之间的相互影响，也称为缓冲级。

(三) * 共基极放大电路

1. 电路组成和静态工作点

共基极放大电路如图 7-15 所示，它由发射极输入信号，集电极输出信号，基极交流接地，是输入回路与输出回路的公共端，故称为共基极放大电路。

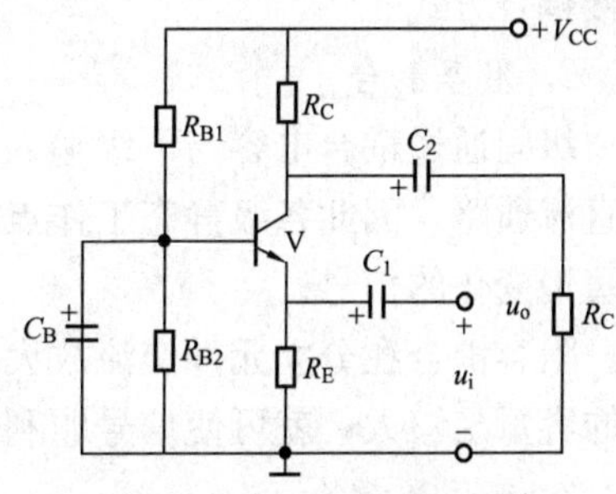

图 7-15　共基极放大电路

共基极放大电路的直流通路与共发射极放大电路相同，构成分压式偏置电路，因而与共发射极放大电路静态工作点的计算也一样。

2. 主要性能指标

(1) 电压放大倍数 A_u。共基极放大电路的电压放大倍数公式与共发射极放大电路的一样，但输出电压与输入电压同相。

$$A_u = \frac{u_o}{u_i} = \beta\frac{R'_L}{r_{be}},\ R'_L = R_C \,//\, R_L \tag{7-33}$$

(2) 输入电阻为

$$R_i = R_E \,//\, \frac{r_{be}}{1+\beta} \tag{7-34}$$

共基极放大电路与共发射极放大电路和共集电极放大电路相比，输入电阻小。

(3) 输出电阻为

$$R_o = R_C \tag{7-35}$$

共基极放大电路的特点是通频带宽、稳定性好，输出电流恒定，多用于高频和宽频带电路中，在声像及通信技术中应用较广。

三、多级放大电路

(一) 多级放大电路的组成

单级放大电路的性能通常很难满足电路或系统的要求，因此，实用上常需将两级或两级以上的基本单元电路连接起来，组成多级放大电路。通常把与信号源相连接的第一级放大电路称为输入级，与负载相连接的末级放大电路称为输出级，输出级与输入级之间的放大电路称为中间级。输入级与中间级的位置处于多级放大电路的前几级，称为前置级。前置级一般都属于小信号工作状态，主要进行电压放大；输出级是大信号放大，以提供负载足够大的信号，常采用功率放大电路。图 7-16 所示为多级放大电路的组成框图。

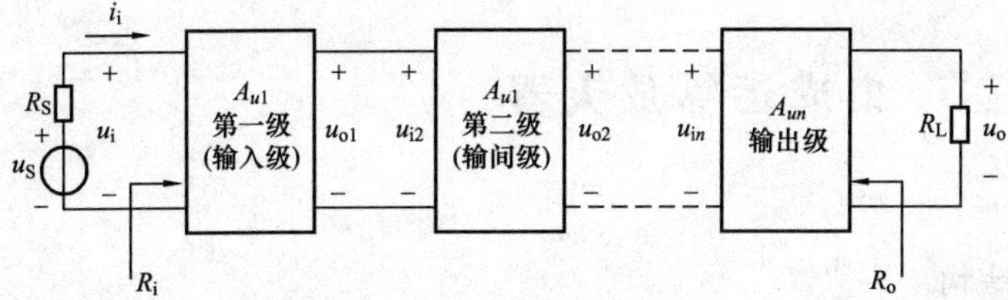

图 7-16　多级放大电路的组成框图

（二）级间耦合方式

多级放大电路中级与级之间的连接称为耦合。常用的耦合方式有：直接耦合、阻容耦合和变压器耦合。

1. 直接耦合

级间采用直接连接的方式称为直接耦合。采用直接耦合方式，信号传输的损耗很小，它不仅能放大交流信号，而且还能放大变化十分缓慢的信号，但由于级间直接连接使前后级之间的直流电位相互影响，使得多级放大电路的各级静态工作点不能独立。集成电路中多采用直接耦合方式。

2. 阻容耦合

级间通过耦合电容与下级输入电阻连接的方式称为阻容耦合。由于耦合电容隔断了级间的直流通路，因此各级静态工作点彼此独立，互不影响；但阻容耦合放大电路不能放大直流与缓慢变化的信号。

阻容耦合在分立元件交流放大电路中得到广泛的应用，只要信号频率不是太低，耦合电容的容量足够大，就可使信号顺利通过。

3. 变压器耦合

级间通过变压器连接的方式称为变压器耦合。变压器能隔断直流、传输交流，可使各级静态工作点独立。此外，变压器耦合还具有阻抗变换作用，可用于功率输出电路，获得最大功率增益。但由于变压器频率特性差、体积大、成本高，因此变压器耦合电路只在一些特殊场合应用。

（三）主要性能指标

1. 电压放大倍数

由图 7－16 可知，多级放大电路把第一级输出信号电压作为第二级输入信号电压进行再次放大，依次逐级放大。多级放大电路总的电压放大倍数为各级电压放大倍数的乘积，即

$$A_u = \frac{u_o}{u_i} = \frac{u_{o1}}{u_i} \times \frac{u_{o2}}{u_{o1}} \times \frac{u_o}{u_{on-1}} = A_{u1} A_{u2} \cdots A_{un} \tag{7-36}$$

应当指出，在计算各级电压放大倍数时，要注意级与级之间的相互影响，即计算每级的放大倍数时，下一级的输入电阻应作为上一级的负载来考虑。

2. 输入电阻和输出电阻

多级放大器的输入电阻为第一级的输入电阻，即

$$R_i = \frac{u_i}{i_i} = R_{i1} \tag{7-37}$$

多级放大器的输出电阻为末级的输出电阻，即

$$R_o = R_{on} \tag{7-38}$$

第三节　集成运算放大器

一、集成运算放大器简介

（一）集成运算放大器的基本结构

集成运算放大器（简称集成运放）是利用半导体的制造工艺，将一个完整的直流放大单

元电路制作在一块基片上的集成器件。它具有体积小、质量小、功耗小、性能好、可靠性高、电路稳定等优点，被广泛用于电子产品中。

集成运放实质是用集成电路工艺制成的高增益直接耦合的多级放大器，它由输入级、中间电压放大级、输出级和偏置电路等组成，如图7-17所示。输入级均采用差分放大电路，以获得尽可能低的零点漂移和尽可能高的共模抑制比；中间电压放大级大多采用有源负载的共发射极电路，其主要作用是提高电压增益；输出级一般采用互补推挽电路，用以提高放大器输出端的负载能力，并加有保护电路；偏置电路由各种电流源组成，用以供给各级直流偏置电流。

集成运放符号如图7-18所示，图中“▷”表示信号的传输方向，“∞”表示理想条件。它有两个输入端和一个输出端。反相输入端用“－”表示，说明如果输入信号由此加入，由它产生的输出信号与输入信号反相；同相输入端用“＋”表示，说明如果输入信号由此加入，由它产生的输出信号与输入信号同相。

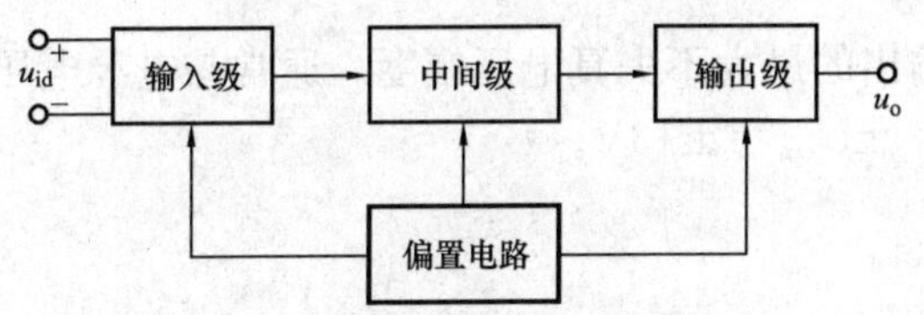

图7-17　集成运放内部电路框图

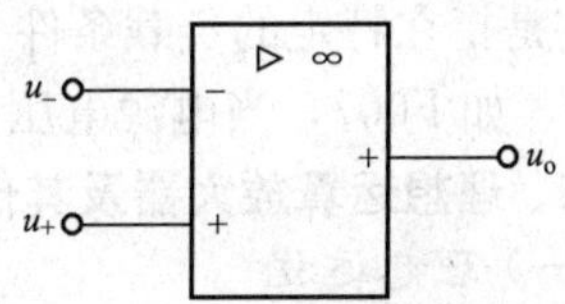

图7-18　集成运放电路符号

集成运放的封装形式主要有金属圆形封装和双列直插式塑料封装两种，实物如图7-19所示。引脚排列如图7-20所示。

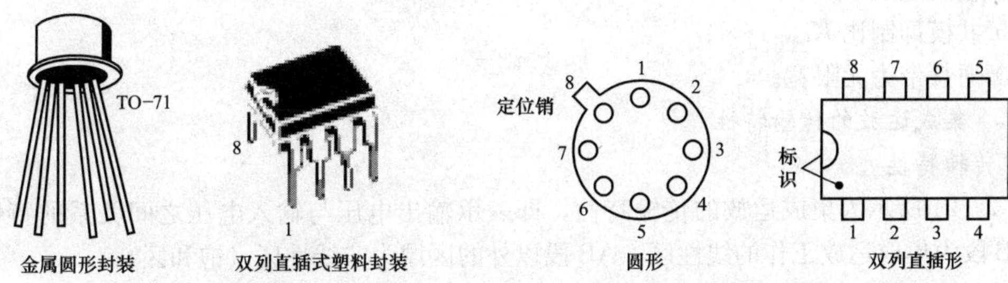

图7-19　集成运放的封装形式　　图7-20　集成运放的引脚排列

(二) 通用型集成运算放大器的主要性能指标

评价实际运算放大器的性能参数很多，现将主要性能指标介绍如下。

1. 开环差模电压增益 A_{ud}

是指集成运放在无外加反馈情况下，并工作在线性区时的差模电压增益，其值可达100～140dB。

2. 输入失调电压 U_{IO}

为使集成运放的输入电压为零时输出电压为零，需在输入端施加的补偿电压称为输入失调电压 U_{IO}，其值一般为1～10mV。

3. 输入失调电流 I_{IO}

输入信号为零时，运放两个输入端的静态基极电流之差，称为输入失调电流 I_{IO}。若 I_{B-} 为反相端偏流，I_{B+} 为同相端偏流，则 $I_{IO}=|I_{B+}-I_{B-}|$，其值一般在1nA～0.1μA之间。

4. 输入偏置电流 I_{IB}

输入信号为零时，运放两个输入端的静态基极电流的平均值称为输入偏置电流 I_{IB}，即

$I_{IB}=(I_{B+}+I_{B-})/2$。一般运放的 $I_{IB}<1\mu A$。

5. 差模输入电阻 R_{id} 和输出电阻 R_o

R_{id} 是集成运放两个输入端间对差模信号的动态电阻，其值为几十千欧到几兆欧。R_o 是集成运放开环时，输出端对低的动态电阻，其值为几十欧到几百欧。

6. 共模抑制比 K_{CMR}

K_{CMR} 是集成运放的开环电压放大倍数 A_{ud} 与共模电压放大倍数 A_{uc} 之比，用 dB 表示，即为 $20\lg\left|\frac{A_{ud}}{A_{uc}}\right|$，其值一般大于 80dB。

7. 最大共模输入电压 U_{ICM}

U_{ICM} 是集成运放在线性区内能承受的最大共模输入电压。如果共模输入电压超过这一限度，运算放大器的共模抑制特性将显著变坏。

8. 额定输出电压 U_{om}

它是指在特定的负载条件下，运放能输出的最大不失真电压幅度。通常与电源电压相差 1～2V。如 F007，当电源电压为 ±15V 时，$\pm U_{om}=\pm 13V$。

二、理想运算放大器及其传输特性

（一）理想运放

把具有理想参数的集成运算放大器称为理想运放。它的主要特点是：

（1）开环电压放大倍数 $A_{ud}\to\infty$；

（2）差模输入电阻 $R_{id}\to\infty$；

（3）输出电阻 $R_o\to 0$；

（4）共模抑制比 $K_{CMR}\to\infty$；

（5）通频带为无限宽。

（二）集成运放的传输特性

1. 传输特性

图 7-21 所示为集成运放的传输特性，即表示输出电压与输入电压之间关系的特性曲线。AB 段为集成运放工作的线性区，AB 段以外的区域为非线性区（饱和区）。

2. 集成运放工作在线性区的特点

由于集成运放的开环电压增益 A_{ud} 很高，很小的输入电压或运放本身的失调都可使它超出线性范围，因此，要使集成运放工作在线性区，通常要引入负反馈，即在集成运放电路的反相输入端和输出端有通路，如图 7-22 所示。

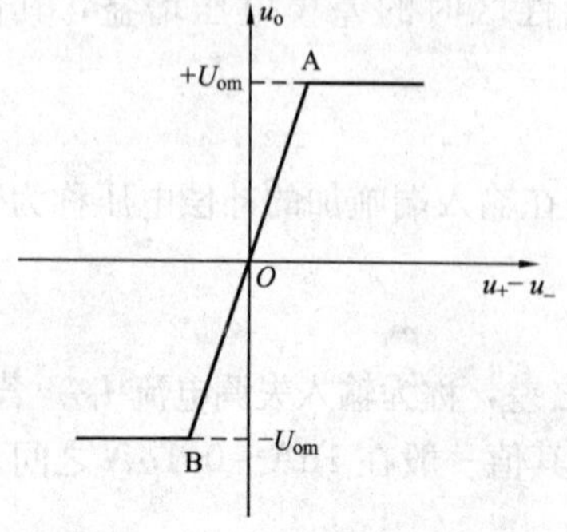

图 7-21 集成运放的传输特性

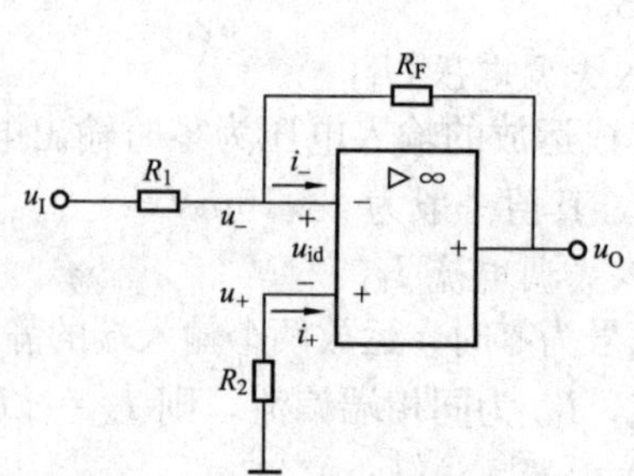

图 7-22 带有负反馈的集成运放电路

理想运放工作在线性区时，具有两个重要特点：

(1) **虚短**。在线性区，输出电压与输入电压成线性关系，即 $u_o = A_{ud}(u_+ - u_-)$。因为理想运放的 $A_{ud} \to \infty$，而 u_o 为有限值（其绝对值小于电源电压值），所以 $u_+ - u_- = u_o / A_{ud} \approx 0$。即

$$u_+ \approx u_- \tag{7-39}$$

由于两个输入端间的电压为零，但实际上并不是真正的短路，故称为“虚短”。

(2) **虚断**。由于理想运放的 $R_{id} \to \infty$，故可以认为两个输入端不取电流，即

$$i_+ = i_- \approx 0 \tag{7-40}$$

这样，输入端相当于断路，而实际又没有断开，称为“虚断”。

虚短和虚断是分析工作在线性区的集成运放电路的基本依据。另外，由于理想集成运放输出电阻 R_o 趋近于 0，一般可认为集成运放的输出电压与负载电阻的大小没有关系。

3. 集成运放工作在非线性区的特点

集成运放处于开环状态或运放的同相输入端和输出端有通路时（称为正反馈），集成运放工作在非线性区，如图 7-23 所示。其工作特点如下。

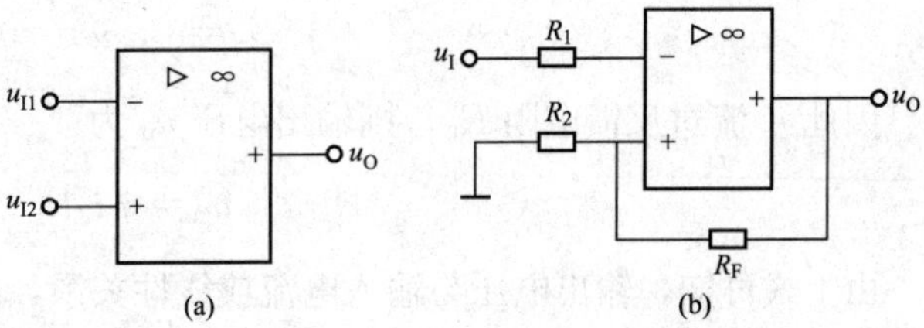

(1) 理想运放两个输入端的输入电流仍为零；

(2) 输出电压 u_o 有两种取值：

当 $u_+ > u_-$ 时，$u_o = +U_{om}$；

当 $u_+ < u_-$ 时，$u_o = -U_{om}$。

式中，U_{om} 是集成运放输出电压的最大值。

图 7-23　工作在非线性区的集成运放
(a) 运放开环状态；(b) 带有正反馈的运放电路

三、基本运算电路

由集成运放和外接电阻、电容构成的比例、加减、积分和微分运算电路称为基本运算电路。这时集成运放工作在线性区。在分析这些电路的输入与输出的运算关系或电压放大倍数时，将集成运放看成理想运放，可根据“虚短”和“虚断”的特点进行分析。

（一）比例运算电路

1. 反相比例运算电路

图 7-24 是反相比例运算电路。输入信号 u_I 从反相输入端输入，同相输入端通过电阻 R_2 接“地”。平衡电阻 $R_2 = R_1 // R_F$ 用于提高输入级差分放大电路的对称性，消除放大器的偏置电流及其漂移的影响。反馈电阻 R_F 跨接在输出端和反相输入端之间。

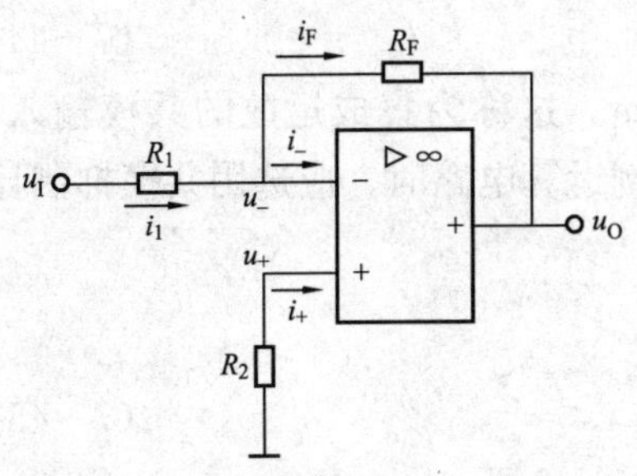

图 7-24　反相比例运算电路

根据“虚短”$u_+ = u_-$ 和“虚断”$i_+ = i_- = 0$，可得 $i_1 = i_F$，$u_- = 0$。此时反相输入端相当于接地，称为“虚地”。因此

$$i_1 = \frac{u_I}{R_1},\ i_F = \frac{u_- - u_O}{R_F} = -\frac{u_O}{R_F}$$

由 $i_1 = i_F$ 可得输入、输出电压关系为

$$u_O = -\frac{R_F}{R_1}u_I \tag{7-41}$$

式（7-41）表明输出电压与输入电压成比例运算关系，式中的负号表示 u_O 与 u_I 反相，该电路也称为反相放大器。电路的电压放大倍数 A_{uf} 为

$$A_{uf} = \frac{u_O}{u_I} = -\frac{R_F}{R_1} \tag{7-42}$$

其值只取决于 R_F 与 R_1 的比值，而与运放本身的参数无关。

若令 $R_F = R_1$ 时，由式（7-42）可得

$$u_O = -u_I \tag{7-43}$$

可见此电路的功能是把输入电压反相，但幅值保持不变，称为反相器。

【例 7-4】 电流-电压转换器如图 7-25 所示，试分析输入电流和输出电压的关系。

解： 根据"虚短" $u_+ = u_-$ 和"虚断" $i_+ = i_- = 0$，可得

$$i_S = i_F,\ u_- = 0$$

因此 i_S 流过反馈电阻 R_F，则输出电压 u_o 为

$$u_O = -i_S R_F$$

由上式可知，输出电压与输入电流成线性关系，即将电流转换成了电压。

2. 同相比例运算电路

如果输入信号从同相输入端输入，而反相输入端通过电阻接地，并引入负反馈，如图 7-26 所示，称为同相比例运算电路。

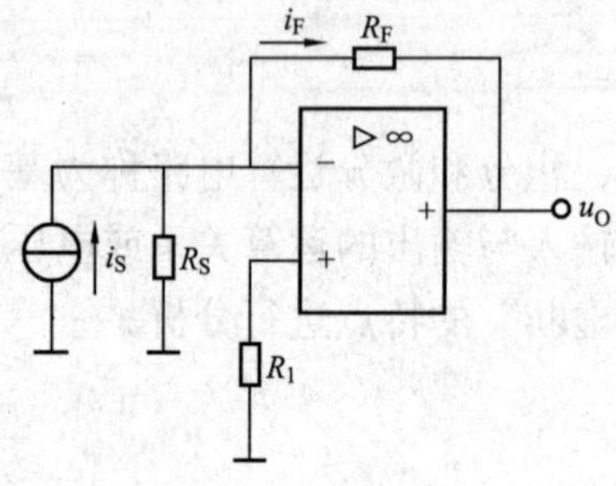

图 7-25 电流-电压转换器

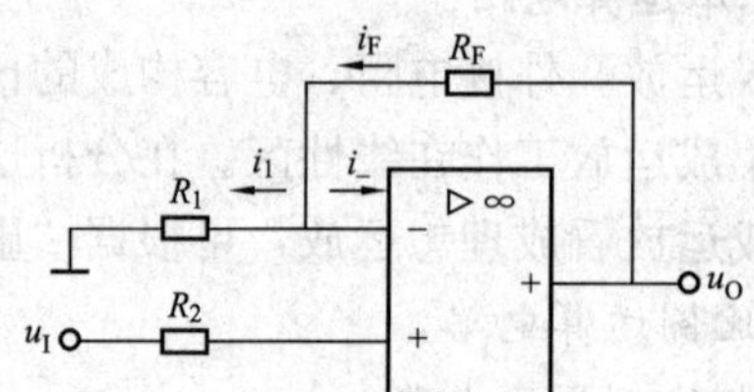

图 7-26 同相比例运算电路

根据"虚短" $u_+ = u_-$ 和"虚断" $i_+ = i_- = 0$，可得

$$u_+ = u_- = u_I \tag{7-44}$$

由式（7-44）输入端 u_+ 和 u_- 都有相同的电压输入 u_I，这称为集成运放的共模输入，它是同相比例运算电路的主要特征。故要求在组成同相比例运算电路时，应选用共模抑制比高、共模输入电压大的集成运放。

因为 $i_- = 0$，所以 $i_1 = i_F$，得

$$u_I = u_- = \frac{R_1}{R_1 + R_F}u_O \tag{7-45}$$

将式（7-44）代入式（7-45），整理后可得

$$u_O=\left(1+\frac{R_F}{R_1}\right)u_+=\left(1+\frac{R_F}{R_1}\right)u_I \tag{7-46}$$

由此可得同相比例运算电路的电压放大倍数为

$$A_{uf}=\frac{u_O}{u_I}=1+\frac{R_F}{R_1} \tag{7-47}$$

式（7-47）表明同相比例运算电路的输出电压与输入电压成正比，并且相位相同，其电压放大倍数总是大于或等于1。

将图7-26电路中的R_F短路，R_1开路，就构成图7-27所示的电压跟随器。

由图可知，$u_o=u_-$，而$u_o=u_-=u_+=u_i$，因此

$$u_O=u_I \tag{7-48}$$

因为理想运放的开环差模增益为无穷大，所以电压跟随器的跟随特性比射极输出器好。

【例7-5】 电压-电流转换器如图7-28所示，试分析输入电压和输出电流的关系。

解： 根据“虚短”$u_+=u_-$和“虚断”$i_+=i_-=0$，有

$$i_F=0,\ u_S=u_+=u_-=u_R,\ i_L=i_R$$

可知负载中电流为

$$i_L=-u_S/R$$

由上式可知，电压-电流转换器的输出电流与负载电阻R_L大小无关。这种电路输入电阻、输出电阻高，接近于理想的电流源。

（二）加法运算电路

如果在反相输入端增加若干输入电路，则构成反相加法运算电路。图7-29所示为两输入反相加法运算电路，实际应用中可根据输入信号的数目增加输入端的数目。平衡电阻$R_3=R_1/\!/R_2/\!/R_F$。

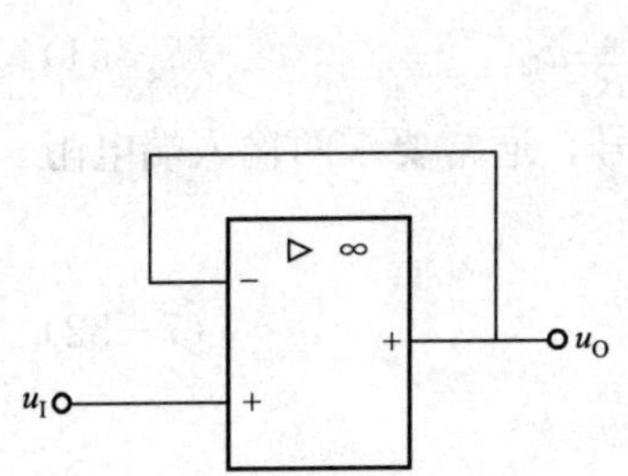

图7-27　电压跟随器

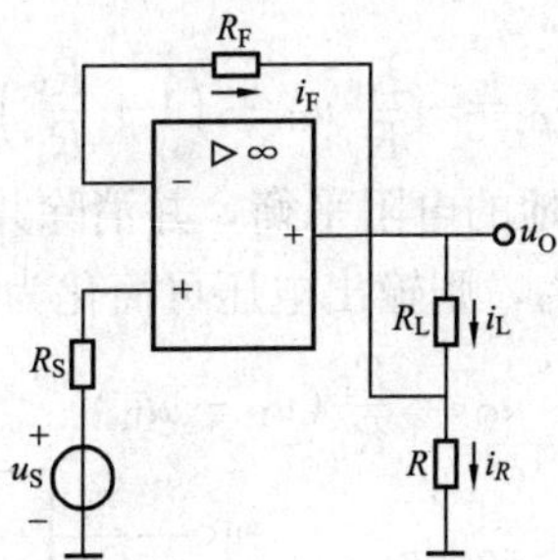

图7-28　电压-电流转换器

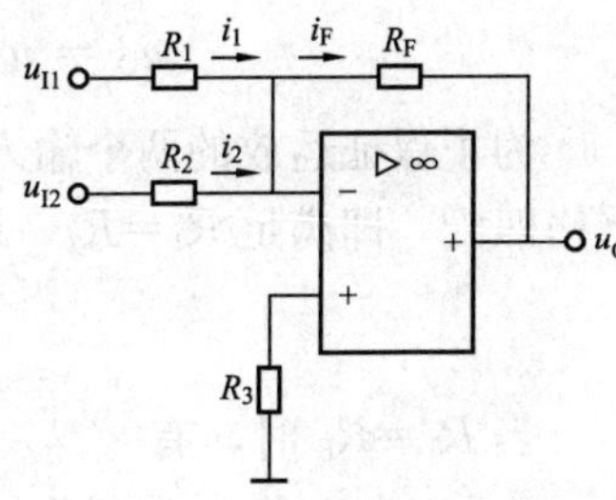

图7-29　反相加法运算电路

根据“虚地”$u_+=u_-=0$和“虚断”$i_+=i_-=0$的概念，由图可得

$$i_1+i_2=i_F$$

即

$$\frac{u_{I1}}{R_1}+\frac{u_{I2}}{R_2}=\frac{0-u_O}{R_F}$$

所以

$$u_O=-R_F\left(\frac{u_{I1}}{R_1}+\frac{u_{I2}}{R_2}\right) \tag{7-49}$$

当$R_1=R_2=R$时，则

$$u_O = -\frac{R_F}{R_1}(u_{I1} + u_{I2}) \tag{7-50}$$

可见，输出电压 u_o 正比于两个输入电压 u_{i1}、u_{i2} 之和。反相加法运算电路可以十分方便地调整 R_1、R_2 而改变各支路的比例系数，而对其他输入端不产生影响，因此，反相加法运算电路应用比较广泛。

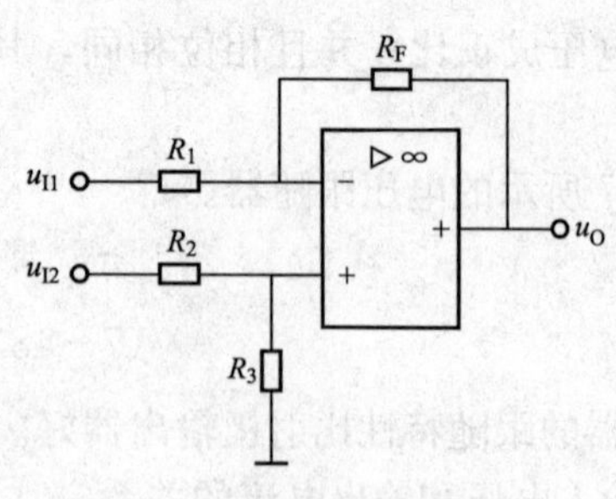

图 7－30　减法运算电路

【例 7－6】 试用集成运放设计一个函数电路，实现 $u_O = -(2u_{I1} + 5u_{I2})$。

解： 根据函数关系式可以选择图 7－30 所示反相加法运算电路来实现此功能。

若取 $R_F = 100\text{k}\Omega$，则只要选取

$R_F/R_1 = 2$　　$R_1 = R_F/2 = 50\text{k}\Omega$

$R_F/R_2 = 5$　　$R_1 = R_F/5 = 20\text{k}\Omega$

$R_3 = R_1 /\!/ R_2 /\!/ R_F = 50\text{k}\Omega /\!/ 20\text{k}\Omega /\!/ 100\text{k}\Omega = 12.5\text{k}\Omega$

（三）减法运算电路

图 7－30 所示为减法运算电路，图中，输入信号 u_{I1} 和 u_{I2} 分别加至反相输入端和同相输入端，这种形式的电路也称为差分运算电路。

利用叠加定理，先设反相端输入信号 u_{I1} 单独作用时，令 $u_{I2}=0$，此时电路为反相比例运算电路，输出电压 u_{O1} 为

$$u_{O1} = -\frac{R_F}{R_1}u_{I1}$$

再设同相端输入信号 u_{I2} 单独作用时，令 $u_{I1}=0$，此时电路为同相比例运算电路，由图可得输出电压 u_{O2} 为

$$u_{O2} = \left(1+\frac{R_F}{R_1}\right)u_+ = \left(1+\frac{R_F}{R_1}\right)\frac{R_3}{R_2+R_3}u_{I2}$$

由此可得输出电压 u_O 为

$$u_O = u_{O1} + u_{O2} = -\frac{R_F}{R_1}u_{I1} + \left(1+\frac{R_F}{R_1}\right)\frac{R_3}{R_2+R_3}u_{I2} \tag{7-51}$$

为了保证运放的两个输入端对地的电阻平衡，并消除共模信号，通常要求两输入端电阻严格匹配，即满足 $R_1=R_2$，$R_F=R_3$，则输出电压可简化为

$$u_O = \frac{R_F}{R_1}(u_{I2} - u_{I1}) \tag{7-52}$$

当 $R_1 = R_F$ 时，有

$$u_O = u_{I2} - u_{I1} \tag{7-53}$$

实现了减法运算。

【例 7－7】 图 7－31 所示是测量放大电路，试分析电路的输入、输出关系。

解： 测量放大器又称精密放大器或仪用放大器，具有较高的精度和良好的性能，在弱信号检测中得到广泛应用。图 7－31 所示三个运放组成的测量放大电路，图中 A_1、A_2 组成差动输入级，均接成同相输入方式，因而输入阻抗极高。A_3 组成后级差分运算电路。

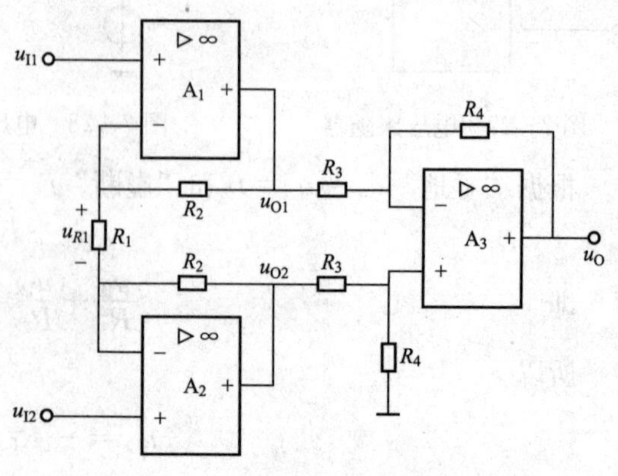

图 7－31　测量放大器

由 A_1、A_2 输入端虚短可得

$$u_{R1}=u_{I1}-u_{I2}$$

又由 A_1、A_2 反相端虚断可知，流过 R_1、R_2 的电流相等，因此第二级电路的差模输入电压为

$$u_{O1}-u_{O2}=(R_1+2R_2)\frac{u_{R1}}{R_1}=\left(1+\frac{2R_2}{R_1}\right)(u_{I1}-u_{I2})$$

根据减法运算电路输出电压的计算公式，可得

$$u_O=u_{O2}-u_{O1}=-\left(1+\frac{2R_2}{R_1}\right)\frac{R_4}{R_3}(u_{I1}-u_{I2})$$

可见，输出 u_O 与输入（$u_{I1}-u_{I2}$）之间成线性放大关系。

（四）积分电路和微分电路

1. 积分电路

积分电路如图 7－32 所示，图中用电容 C 替代了反相比例运算电路中的电阻 R_F。

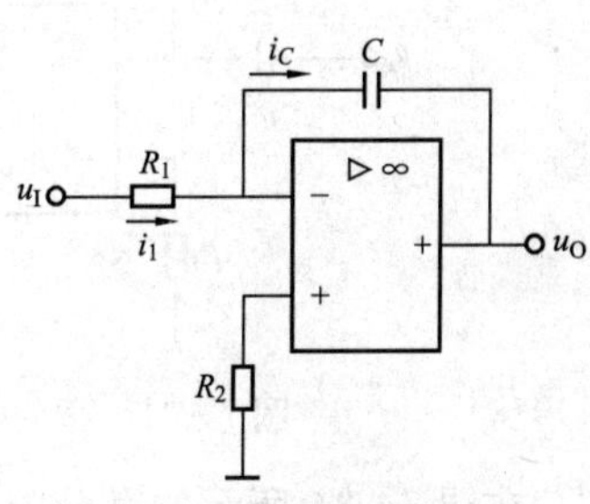

图 7－32 积分电路

根据 $i_+=i_-=0$，故 $u_+=u_-=0$，可得

$$i_1=i_C=\frac{u_I}{R_1}$$

由于电容 C 上的电压等压流过电容的电流对时间的积分，即 $u_C=\frac{1}{C}\int i_C\mathrm{d}t$，故可得输出电压为

$$u_o=-u_C=-\frac{1}{C}\int i_C\mathrm{d}t=-\frac{1}{R_1C}\int u_I\mathrm{d}t \tag{7-54}$$

式（7－54）表示输出电压 u_O 与输入电压 u_I 的积分成正比，故能完成积分功能。R_1C 称为积分时间常数。

如果需要求某一时间段［t_1，t_2］内的积分值，则有

$$u_O=-\frac{1}{R_1C}\int_{t_1}^{t_2}u_I(t)\mathrm{d}t+u_C(t_1)$$

式中，$u_C(t_1)$ 为积分运算时电容的初值，即积分起始时刻的电压值。

若输入信号 u_I 为阶跃信号［见图 7－33（a）］，并设 $u_C(0)=0$，则

$$u_O=-\frac{U_I}{R_1C}t$$

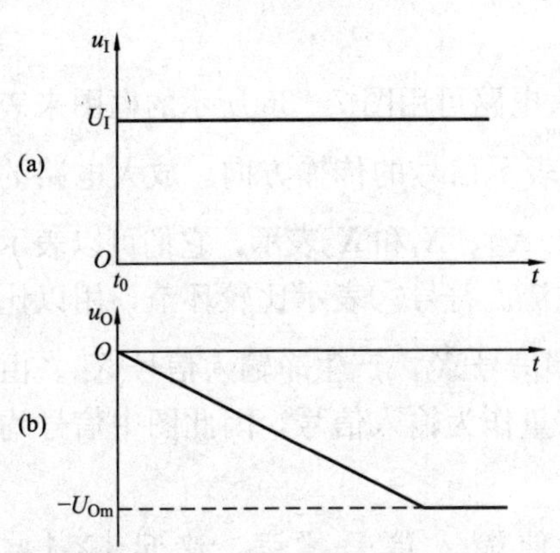

图 7－33 积分运算电路阶跃响应波形

其波形如图 7－33（b）所示，最后达到负饱和值 $-U_{Om}$。

积分运算电路是一种应用比较广泛的模拟信号运算电路，也是控制和测量系统的重要单元，利用其充放电过程可以实现延时、定时。也可以应用在 A/D 转换电路中，将电压量转换为与之成正比的时间量，还可应用于波形变换电路，以实现各种波形变换产生和变换。

2. 微分电路

如果将积分电路中反相输入端的电阻与反馈电容

位置互换，就构成了微分电路，如图 7-34 所示。由图可知

$$i_C = i_F, u_+ = u_- = 0$$

所以

$$u_O = -i_F R_F = -R_F C \frac{du_I}{dt} \tag{7-55}$$

式（7-55）表明输出电压 u_O 与输入电压 u_I 的微分成正比，可实现微分运算。

微分电路可以实现波形变换，当输入信号为阶跃信号时，输出信号变为尖脉冲，如图 7-35 所示。

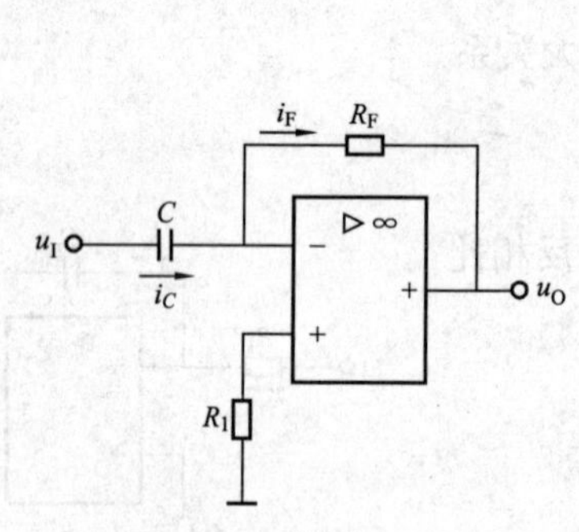

图 7-34　微分电路

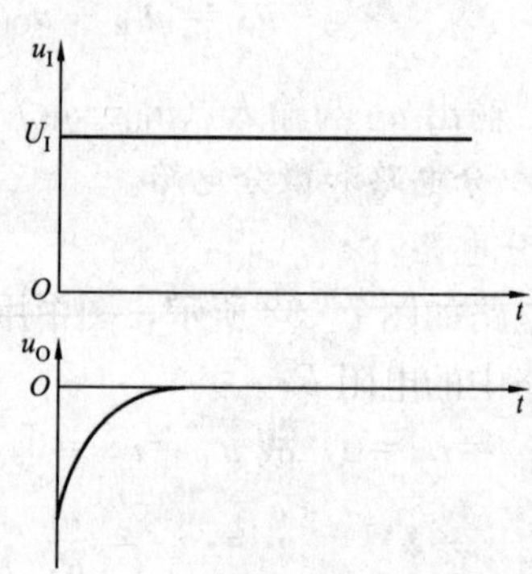

图 7-35　微分器的输入、输出波形

在图 7-34 所示的微分电路中，由于电容 C 在输入回路，对于输入信号的快速变化分量十分敏感，抗干扰能力较差。

第四节　放大电路中的负反馈

一、反馈的基本概念

（一）反馈的概念

将放大电路的输出量（电压或电流）的一部分或全部，通过一定的电路（反馈网络），再送到输入回路中的过程称为反馈。要判断一个放大电路是否有反馈，只要看放大电路中是否存在将输入回路和输出回路联系起来的反馈网络（反馈通路）。反馈网络通常由电阻、电容元件构成。放大电路无反馈称为开环，有反馈则称为闭环。

（二）反馈放大电路的组成

具有反馈的放大电路，称为反馈放大电路。反馈放大电路可用图 7-36 所示的框图来表示。图中 $\dot{A}$ 表示基本放大电路，$\dot{F}$ 表示反馈网络，箭头表示信号的传输方向。放大电路的输入信号、反馈信号、净输入信号和输出信号分别用 $\dot{X}_i$、$\dot{X}_{id}$、$\dot{X}_f$ 和 $\dot{X}_o$ 表示，它们可以表示电压，也可以表示电流。符号⊗表示比较环节，用以比较输入信号 $\dot{X}_i$ 和反馈信号 $\dot{X}_f$，产生净输入信号 $\dot{X}_{id}$。由于放大电路常用正弦量作为输入信号，因此图中信号均使用相量来表示。

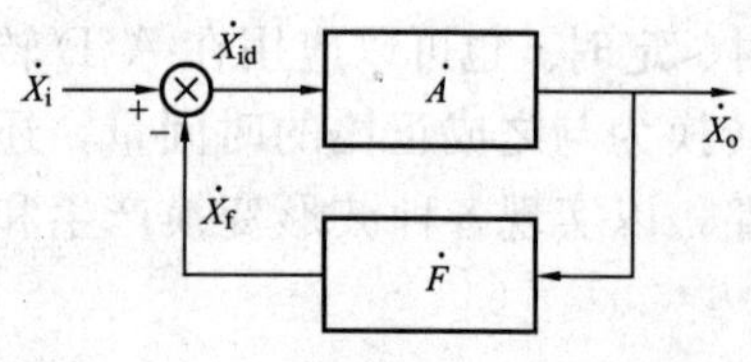

图 7-36　反馈放大电路的组成

如果反馈信号使输入信号增强，满足 $|\dot{X}_i| <$

$|\dot{X}_{id}|$关系，这种反馈称为正反馈；反之，反馈信号减弱输入信号，满足$|\dot{X}_i|>|\dot{X}_{id}|$关系，则为负反馈。无论是正反馈还是负反馈，都十分有用。正反馈主要用于振荡电路及波形发生电路；负反馈则用于改善放大电路的性能。在实际放大电路中，负反馈应用更为普遍。

（三）负反馈放大电路的基本反馈关系式

对于负反馈放大电路，净输入信号 $\dot{X}_{id}=\dot{X}_i-\dot{X}_f$，而放大电路的开环增益 $\dot{A}$ 为 $\dot{A}=\dot{X}_o/\dot{X}_{id}$，反馈系数 $\dot{F}$ 为 $\dot{F}=\dot{X}_f/\dot{X}_o$。由放大电路的闭环增益 $\dot{A}_f$ 为 $\dot{A}_f=\dot{X}_o/\dot{X}_i$，可以推导出负反馈放大电路增益的一般表达式为

$$\dot{A}_f=\frac{\dot{A}}{1+\dot{A}\dot{F}} \tag{7-56}$$

式中，$1+\dot{A}\dot{F}$ 称为反馈深度，$\dot{A}\dot{F}$ 称为环路增益，即 $\dot{A}\dot{F}=\dot{X}_f/\dot{X}_o$。式（7-56）是负反馈放大电路的基本反馈关系式。

若输入信号处于中频段，反馈网络为纯电阻，以上各量可用实数表示，即

$$A_f=\frac{A}{1+AF} \tag{7-57}$$

二、负反馈的类型

（一）反馈极性

通常采用瞬时极性法判别反馈极性。先假设输入信号在某一瞬间对地的极性为+，然后根据各级电路输出端与输入端的信号的相位关系，标出电路各点的瞬时极性，得到反馈信号的极性，最后判断反馈的极性是增强还是削弱输入信号。如果是消弱输入信号，便可判定是负反馈；反之为正反馈。

在具体判断极性时，当输入信号与反馈信号在不同端子引入时，反馈信号与输入信号极性相同，则为负反馈；否则为正反馈。当输入信号和反馈信号在同一节点引入时，若二者极性相同，则为正反馈，否则为负反馈。

（二）直流反馈和交流反馈

反馈也可分为直流反馈和交流反馈。如果直流通路中存在反馈通路，则表明电路中存在直流反馈，若交流通路中有反馈通路，则存在交流反馈。直流负反馈常用于稳定电路的静态工作点；交流负反馈用于改善放大器的交流性能。

（三）电压反馈和电流反馈

根据输出端取样方式的不同，可分为电压反馈和电流反馈。若反馈信号与输出电压成正比，取样的是电压，称为电压反馈；若反馈信号与输出电流成正比，取样的是电流，称为电流反馈，如图 7-37 所示。

判别是电压反馈还是电流反馈，可将负载短路，若此时反馈消失，则为电压反馈；否则为电流反馈。也可以直接根据基本放大器与反馈网络的连接方式来确定：若反馈线与输出线接在同一点上，则为电压反馈；否则为并联反馈。

（四）串联反馈与并联反馈

根据输入端比较方式的不同，可分为串联反馈和并联反馈。串联反馈是将反馈电压 u_f 与输入信号电压 u_i 进行比较，即 u_f 和 u_i 串联在一起，一般要求输入信号源应接近恒压源。并联反馈是将反馈电流 i_f 和输入信号电流 i_i 进行比较，即 i_f 与 i_i 并联在一起，一般要求输

入信号源应接近恒流源，如图 7－38 所示。

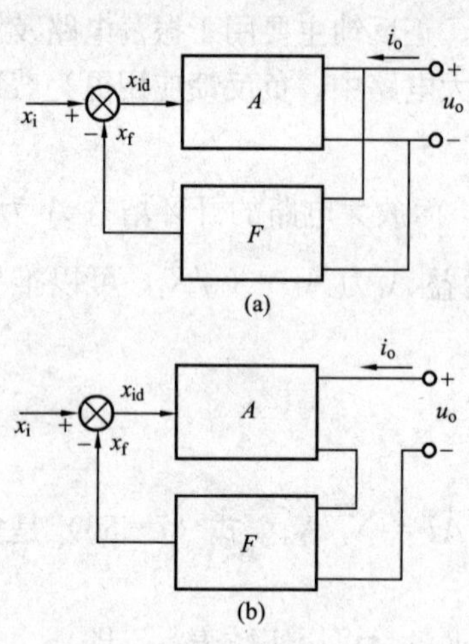

图 7－37　取样方式

（a）电压反馈；（b）电流反馈

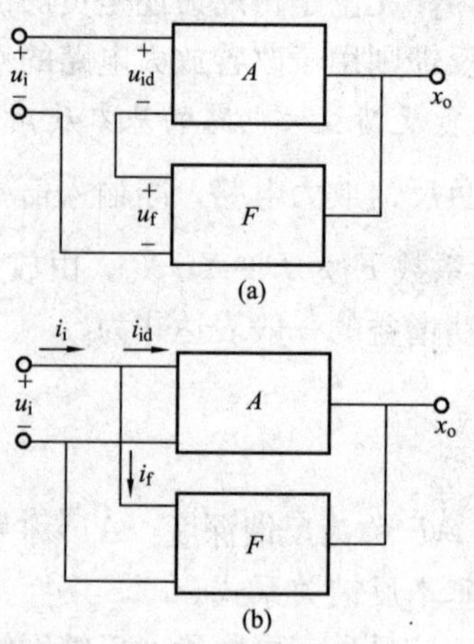

图 7－38　比较方式

（a）串联比较；（b）并联比较

判别是串联反馈还是并联反馈，可将反馈放大器的输入端短路，若反馈信号仍能作用到基本放大器的输入端，则为串联反馈；否则为并联反馈。也可以直接根据基本放大器与反馈网络的连接方式来确定：若输入信号与反馈信号加在放大电路的不同输入端，则为串联反馈；若二者并接到同一输入端上，则为并联反馈。

由此可见，对于交流负反馈，可以组成四种类型的负反馈放大电路：电压串联负反馈、电压并联负反馈、电流串联负反馈和电流并联负反馈。

【例 7－8】 试判断下列电路中交流反馈的极性，如果是负反馈判断其反馈组态。

解： 判断反馈极性可用瞬时极性法：在图 7－39（a）中，集成运放为基本放大电路，

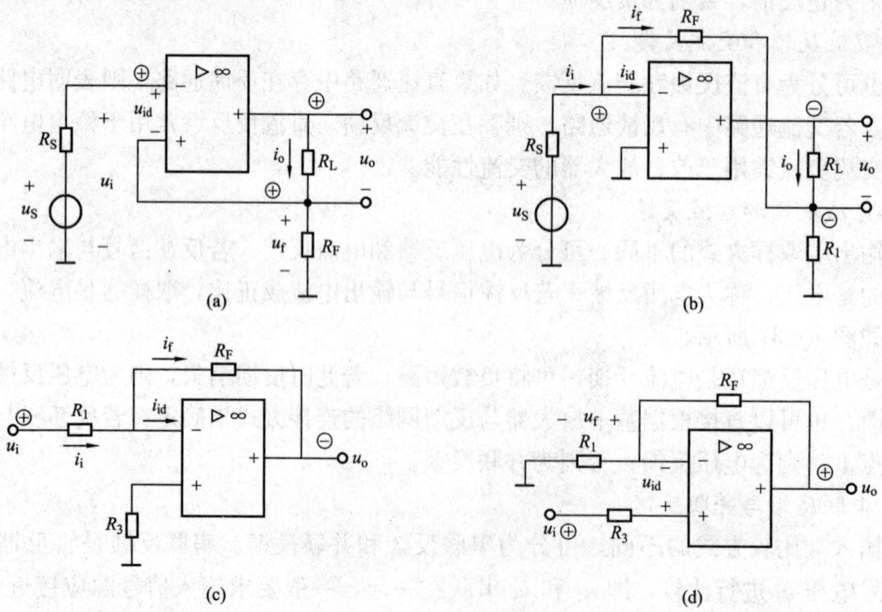

图 7－39　【例 7－8】附图

R_F 为输入回路和输出回路的公共电阻，故 R_F 为反馈网络，假设 u_i 的瞬时对地极性为⊕，由于 u_i 接到运放的同相输入端，可确定运放输出电压的瞬时对地极性为⊕，故输出电流 i_o 的瞬时流向如图 7-39（a）中所示，它流过 R_F 产生反馈电压 u_f，u_f 的瞬时极性也为⊕，则净输入电压 $u_{id}=u_i-u_f$，因此反馈电压 u_f 削弱了 u_{id}，故为负反馈。

由于反馈网络 R_F 在输入端与基本放大电路相串联，故为串联反馈；在输出端，R_F 与基本放大电路、负载 R_L 相串联，反馈信号 $u_f=i_oR_F$，因此反馈取样于输出电流 i_o，故为电流反馈。

由此可判断出图 7-39（a）中所引入的是电流串联负反馈。

同理可判断出图 7-39（b）中 R_F、R_1 构成电流并联负反馈；图 7-39（c）中 R_F 构成电压并联负反馈；图 7-39（d）中 R_F、R_1 构成电压串联负反馈。

三、负反馈对放大电路性能的影响

负反馈使放大电路的增益下降，但可使放大电路的许多方面的性能得到改善。

（一）提高增益的稳定性

由于电源电压、环境温度以及三极管参数的变化，造成放大电路增益的不稳定。引入负反馈后可以大大提高增益的稳定性。

增益的稳定性可用增益的相对变化量来描述，根据式（7-57），则有

$$\frac{dA_f}{A_f}=\frac{1}{1+AF}\frac{dA}{A} \tag{7-58}$$

式（7-58）表明，引入负反馈后，增益的相对变化量$\frac{dA_f}{A_f}$是未加负反馈时增益相对变化量$\frac{dA}{A}$的 $1/(1+AF)$。反馈越深，增益稳定性越高。深度负反馈时，即$|1+AF|\gg 1$时，有

$$A_f \approx 1/F \tag{7-59}$$

这时，A_f 只取决于反馈系数，而与基本放大电路的增益几乎无关。反馈网络一般选用性能比较稳定的无源线性元件组成，从而保证了 A_f 的稳定性。在实际工程中，也常利用式（7-59）对深度负反馈放大电路进行近似估算。

（二）减小了非线性失真

由于放大电路中放大元件伏安特性的非线性，使信号在被放大的同时产生非线性失真。

当放大电路开环时，假设正弦信号 x_i 经过放大器 A 后，变成了正半周大、负半周小的放大波形，如图 7-40（a）所示。如果反馈网络是不会引入失真的纯阻无源网络，这时将得到正半周大、负半周校的反馈波形 x_f，如图 7-40（b）所示。那么净输入信号 $x_{id}=x_i-x_f$，则是正半周小、负半周大的失真波形，经过基本放大电路放大后，就可使输出波形趋于正弦波，减小了非线性失真。

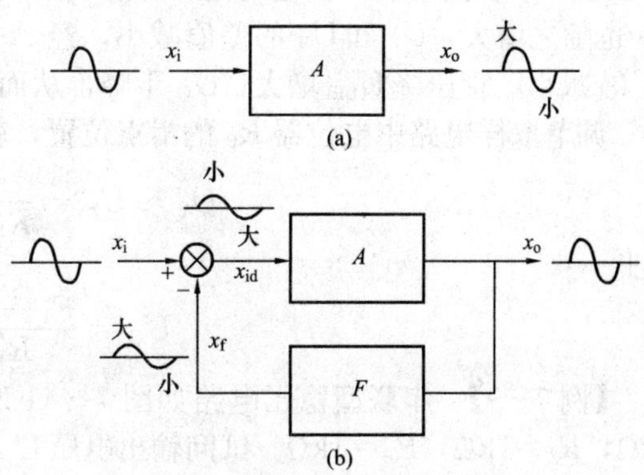

图 7-40 非线性失真的改善

（a）无反馈时信号波形；（b）有反馈后信号波形

非线性失真的减小只限于反馈放大电路内部产生的非线性失真，对外来信号中已有的非线性失真不起作用。引入负反馈还可以

抑制电路内部的干扰和噪声。

（三）展宽通频带

可以证明引入负反馈后的放大电路的频带 BW_f 比未引入反馈时的通频带 BW 展宽了约 $(1+AF)$ 倍，即 $BW_f=(1+AF)BW$。

（四）对输入电阻和输出电阻影响

1. 对输入电阻的影响

凡是串联负反馈，因为反馈信号与输入信号串联，故使输入电阻增大；凡是并联负反馈，因为反馈信号与输入信号并联，故使输入电阻减小。

2. 对输出电阻的影响

凡是电压负反馈，因具有稳定输出电压的作用，使其接近于恒压源，故使输出电阻减小；凡是电流负反馈，因具有稳定输出电流的作用，使其接近于恒流源，故使输出电阻增大。

第五节 集成稳压器

整流滤波后的直流电压是不稳定的，它会因电网波动、负载和温度变化而变化。因此在整流滤波后还需加稳压电路，维持输出直流电压的稳定。

一、串联型稳压电路

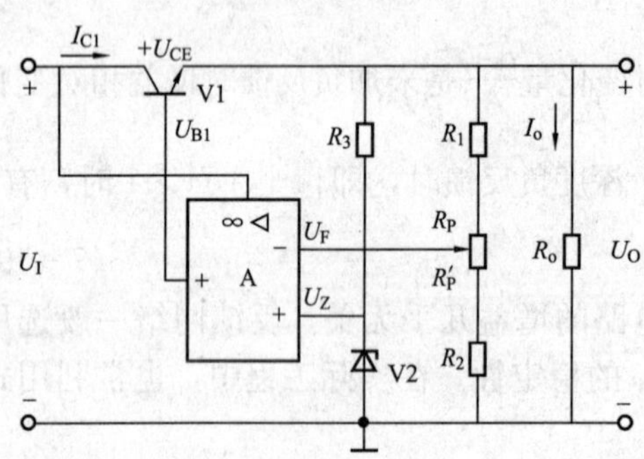

图 7-41 串联型稳压电路

图 7-41 所示为串联型稳压电路，三极管 V1 为调整元件，工作在线性放大区，故称为线性稳压电路。R_1、R_2 和 R_P 组成取样电路，运放 A 为比较放大器，R_3 和 V2 组成基准电压源。由于负载 R_L 与调整元件串联，因此又称为串联型稳压电路。

取样电路将取样电压 $U_F=\dfrac{R_P'+R_2}{R_1+R_P+R_2}U_O$ 作为反馈信号，送到比较放大器的反向输入端，与同相输入端的基准电压 U_Z 进行比较，因而构成了电压串联负反馈。当电网电压升高或负载电流减小引起输出电压 U_O 增加时，取样电压 U_F 也随之增大，U_Z 和 U_F 的差值减小，经 A 放大后使调整 V1 的基极电压 U_{B1} 和集电极电流 I_{C1} 减小，管压降 U_{CE1} 增大，U_O 下降，从而维持输出电压 U_O 稳定。反之亦然。

调节取样电路中电位器 R_P 的滑点位置，就可调节输出电压 U_O。由图 7-41 可得

$$U_Z\approx U_F=\frac{R_P'+R_2}{R_1+R_P+R_2}U_O$$

因此

$$U_O=\frac{R_1+R_P+R_2}{R_P'+R_2}U_Z \tag{7-60}$$

【例 7-9】 串联型稳压电路如图 7-41 所示。已知稳压管的稳定电压 $U_Z=6V$，$R_1=2k\Omega$，$R_2=1k\Omega$，$R_P=1k\Omega$。试问输出电压 U_O 的调节范围？

解： 当 R_2 的滑动端位于最上方时，U_O 有最小值 U_{Omin}，即

$$U_{Omin}=\frac{R_1+R_2+R_P}{R_2+R_P}U_Z=12V$$

当 R_2 的滑动端位于最下方时，U_O 有最大值 U_{Omax}，即

$$U_{Omax}=\frac{R_1+R_2+R_P}{R_2}U_Z=24V$$

因此，输出电压 U_O 的调节范围为 12～24V。

二、集成三端稳压器

集成稳压器具有高性能、高效率、低成本、体积小、易使用、外围元件少等优点，应用越来越广泛。目前国内外生产的集成稳压器多达上千种，大致可分成线性集成稳压器和开关式集成稳压器两大类。线性集成稳压器因其内部调整管与负载相串联且调整管工作在线性工作区而得名，又称为串联调整式集成稳压器。

三端集成稳压器在小功率稳压电源中使用最为广泛。这种稳压器只有输入端、输出端和公共端三个接线端，分为固定式和可调式两种类型。其内部电路采用串联型稳压电路，因此是线性集成稳压器。

（一）三端固定输出集成稳压器

1. 基本原理

三端固定输出集成稳压器通用产品有 CW7800 系列（输出正电压）和 CW7900 系列（输出负电压）。输出电压由具体型号中的后两个数字代表，有 5、6、9、12、15、18、24V 等。其额定输出电流以 78（或 79）后面的字母来区分。L 表示 0.1A，M 表示 0.5A，无字母表示 1.5A。如 CW78M12 表示输出电压为+12V，额定输出电流为 0.5A。

CW7800 系列和 CW7900 系列的外形与引脚图如图 7-42 所示。其内部电路设有比较完善的保护电路，具有过热、过压和过热保护等功能。

2. 应用电路

（1）典型应用电路。

图 7-43 所示为 CW7800 系列的典型应用电路。整流滤波后的直流电压输入到引脚 1，从引脚 3 获得稳定的输出电压。为使电路正常工作，输入输出压差应大于 2.5V。输入端电容 C_1 用来抵消输入端接线较长时所产生的电感效应，以防止自激振荡，并可消除高频脉冲干扰，一般取 0.33μF，其安装位置应靠近集成稳压器；输出端电容 C_2 可改善负载的瞬态响应，一般取 0.1～1μF；C_3 用于滤出输出电压中的纹波电压，一般取几十微法的电解电容。V 是保护二极管，用来防止在输入端短路时输出电容 C_3 所存储电荷通过稳压器放电而损坏器件。

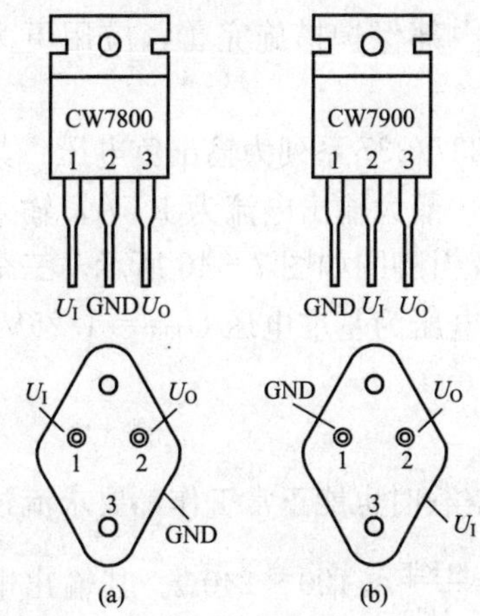

图 7-42　CW7800 系列和 CW7900 系列的外形与引脚图
（a）CW7800 系列；（b）CW7900 系列

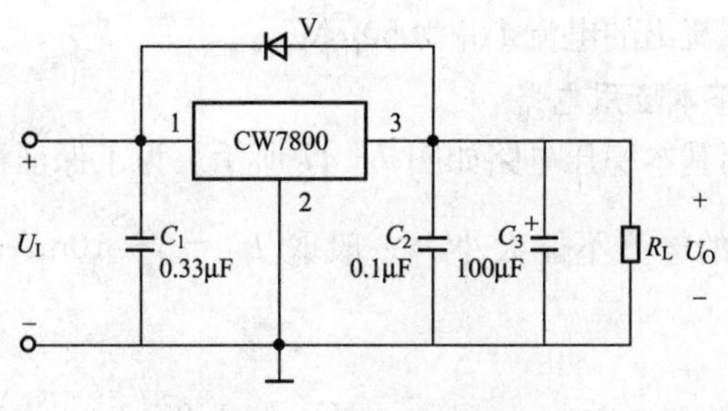

图 7-43　基本应用电路

（2）提高输出电压的电路。

电路如图 7－44 所示，I_Q 为公共端静态电流，一般为 5mA，最大可达 8mA。$U_{\times\times}$ 为稳压器的标称输出电压，要求由图可得电路的输出电压 U_O 为

$$U_O = U_{\times\times} + (I_1 + I_Q)R_2 = U_{\times\times} + \left(\frac{U_{\times\times}}{R_1} + I_Q\right)R_2 \quad (7-61)$$

当 R_1、R_2 的阻值较小时，静态电流 I_Q 在电阻 R_2 两端的电压降 I_QR_2 可以忽略，则

$$U_O \approx \left(1 + \frac{R_2}{R_1}\right)U_{\times\times} \quad (7-62)$$

可见，输出电压仅与 R_2/R_1 的比值和 $U_{\times\times}$ 有关，提高 R_2 与 R_1 的比值，可提高 U_O。但这种接法的缺点是当输入电压变化时，稳压器的静态电流 I_Q 也变化，I_Q 的变化将降低稳压器的稳压精度。

（3）输出正、负电压电路。

用 CW7800 和 CW7900 三端稳压器可组成具有同时输出＋15V、－15V 电压的稳压电路，如图 7－45 所示。

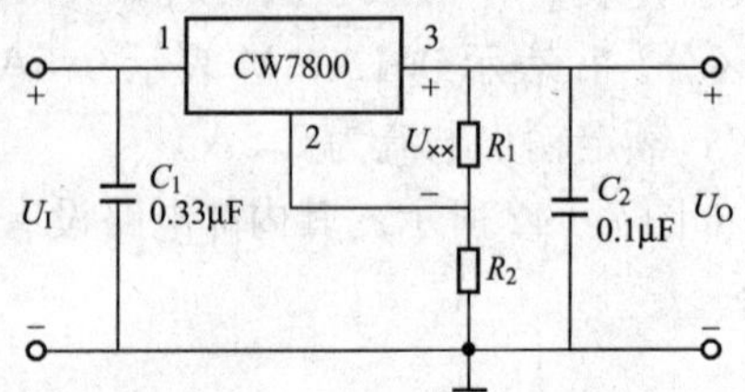

图 7－44 提高输出电压电路

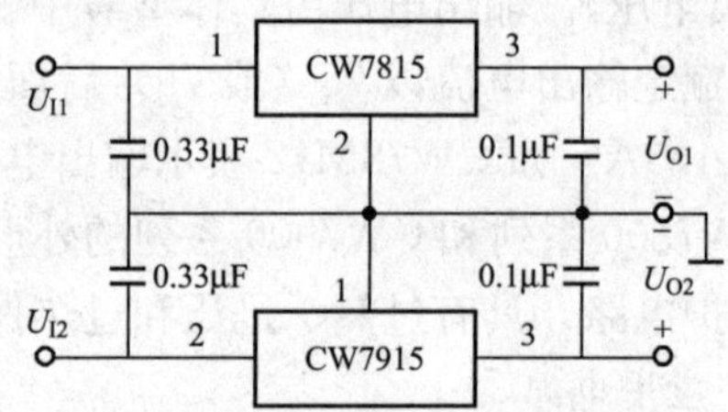

图 7－45 输出正、负电压电路

（二）三端可调输出集成稳压器

1. 基本原理

三端可调输出集成稳压器的输出电压可调，不仅具备三端固定集成稳压器的优点，而且电压调整率和负载调整率均优于三端固定集成稳压器，内部保护措施完善，应用更为灵活。

典型产品 CW117/217/317 系列为正电压输出，CW137/237/337 系列为输出负电压。其输出电压的调整范围为 1.2～37V（负电压为－37～－1.2V），最大输出电流为 1.5A，输入输出电压差允许范围为 3～40V。CW317 和 CW337 的外形及引脚图如图 7－46 所示，三个端子分别为输入端、输出端和调整端。输出端与输入端之间电压为基准电压 U_{REF}＝1.25V，从调整端流出的电流 I_{ADJ} 为 50μA。

2. 基本应用电路

常用基本稳压电路如图 7－47 所示。为了保证稳压器在空载时也能正常工作，要求流过电阻 R_1 的电流不能太小。一般取 $I_{R1}=5\sim10\text{mA}$，故 $R_1=\frac{U_{REF}}{I_{R1}}\approx120\sim240\Omega$。其输出电压为

$$U_O = 1.25\left(1 + \frac{R_P}{R_1}\right) + I_{ADJ}R_P \quad (7-63)$$

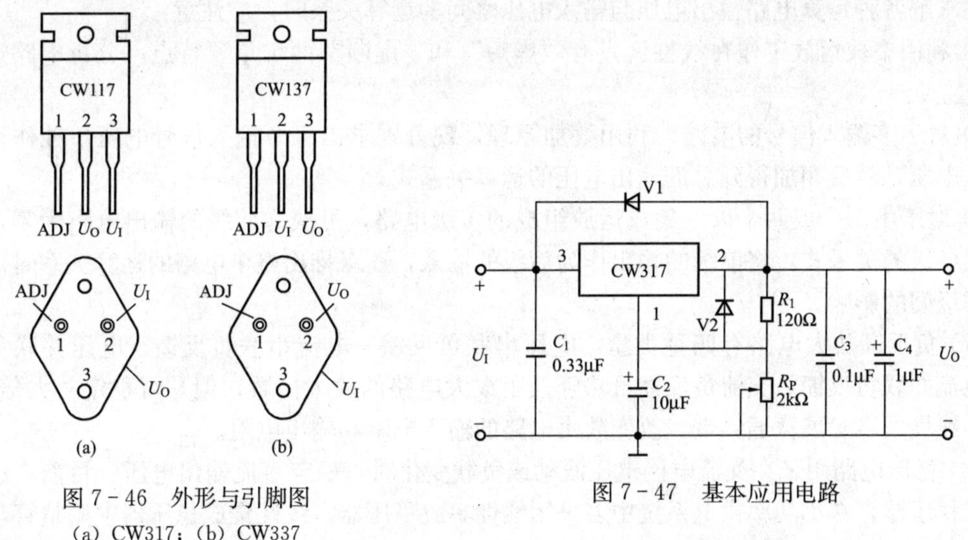

图 7-46　外形与引脚图

(a) CW317；(b) CW337

图 7-47　基本应用电路

电路中的 C_1 用来消除输入长线引起的自激振荡，C_2 用以抑制纹波，C_4 为 1μF 的钽电容，用来防止输出产生自激振荡。若 C_4 改用电解电容，容量需增加到 33μF。二极管 V1 防止输入端发生短路时，容性负载向稳压器放电。V2 可以防止输入或输出短路时，C_2 通过调整端放电而损坏稳压器。V1 和 V2 一般选用 1N4000 系列。

本 章 小 结

(1) 三极管是一种电流控制器件，利用三极管的电流控制作用可实现放大功能。三极管的放大条件是发射结正偏，集电结反偏。

(2) 单级放大电路由三极管、负载电阻、直流电源和提供工作点的偏置电路组成。工作点要求稳定，常采用基极分压式偏置电路。

(3) 放大电路的分析有静态分析和动态分析。静态分析就是求解电路的静态工作点；动态分析就是求解放大电路的性能指标，即电压放大倍数、输入电阻和输出电阻。其基本分析方法有两种：图解法和小信号等效电路法。图解法一般用于大信号工作情况，而小信号等效电路法用于小信号工作条件下。

(4) 基本放大电路有三种类型，即共发射极放大电路、共基极放大电路和共集电极放大电路。其中共发射极放大电路使用最多，因为它的电压放大倍数大。共集电极放大电路输入电阻高、输出电阻小，常用来做输入级、输出级和中间缓冲级。共基极放大电路同频带宽，一般用在高频电路中。

(5) 通用型集成运放实质上是一个高增益直接耦合多级放大电路。集成运放最主要的性能指标有 A_{ud}、R_{id}、R_o、K_{CMR} 及失调参数等。由于采用集成工艺，集成运放的性能指标非常接近理想化参数，可把集成运放看成理想运放。

(6) 利用集成运放引入深度负反馈，使集成运放工作在线性区，可以实现信号的比例、加减、积分、微分等运算。从输入方式来看，主要有反相输入方式、同相输入方式和差分输入方式三种。

在求解各种运算电路输出电压与输入电压之间的运算关系时，应注意：

1）利用集成运放工作在线性区具有“虚短”和“虚断”两个重要特点，分析电路运算关系。

2）对于多输入信号的电路，利用叠加原理，现分别求出每个输入信号电压单独作用时的输入电压，然后相加得到总的输出电压的运算关系式。

3）对于由两个或两个以上集成运放组成的多级电路，可认为前级的输出电阻为零，分别求出各级的关系式，将前级的输出作为后级的输入，逐级推出整个电路的运算关系时而无须考虑级间的影响。

(7) 负反馈放大电路有四种类型：电压串联负反馈、电流串联负反馈、电压并联负反馈、电流并联负反馈。交流负反馈虽然降低了放大电路的放大倍数，但是可稳定放大倍数、减小非线性失真、展宽通频带、改变放大电路的输入电阻和输出电阻。

(8) 稳压电路用来在交流电网电压波动或负载变化时，稳定直流输出电压。目前广泛采用集成稳压器，在小功率供电系统中多采用线性集成稳压器。线性集成稳压器中调整管与负载相串联，且工作在线性状态，它由调整管、基准电压、取样电路、比较电路及保护电路等组成。

习 题 与 思 考 题

1. 用万用表如何判别双极型三极管的基极、集电极和发射极？

2. 已知图 7－48 中各三极管均为硅管，测得各管脚的电压值分别如图中所示值，试判断各三极管的工作状态。

3. 对放大器电路中三极管测量，其各极对地电位分别为 2.7V，2V，6V，试区分此三极管的三个电极，并判断它是 NPN 管还是 PNP 管。

4. 放大电路的功能是什么？用哪些指标来衡量它的性能？

5. 什么是放大电路的静态工作点？为什么要设置静态工作点？

6. 用双极型三极管组成放大电路，有哪几种组态？它们在电路结构上有哪些相同点？哪些不同点？

7. 在图 7－49 中，若分别出现下列故障，电路会产生什么现象？为什么？

(1) 耦合电容 C_1 被击穿或失效；(2) 偏置电阻 R_{B1} 开路或短路；(3) 偏置电阻 R_{B2} 开路或短路；(4) 射极旁路电容 C_E 被击穿；(5) 射极电阻 R_E 短路。

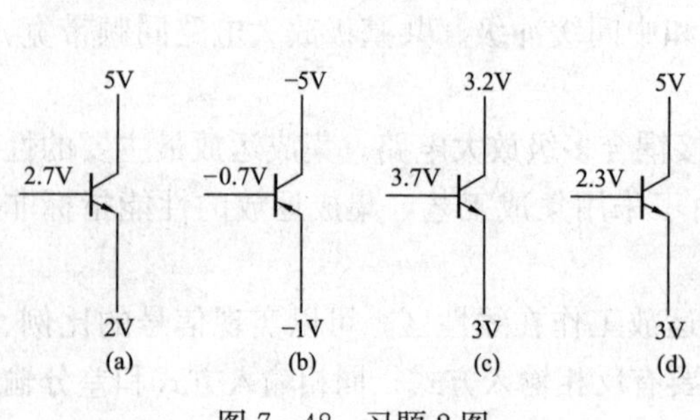

图 7－48 习题 2 图

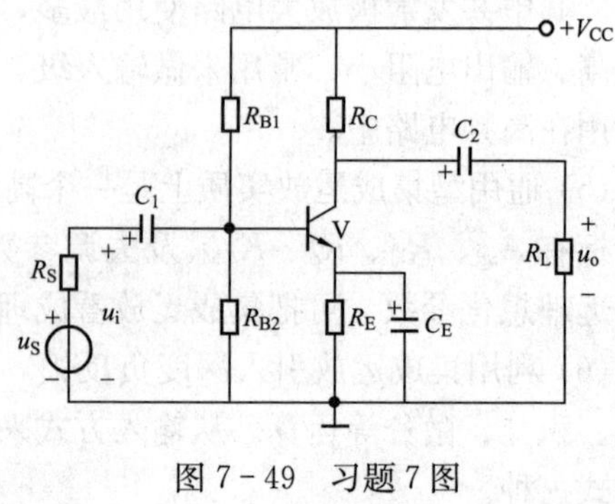

图 7－49 习题 7 图

8. 在图 7-49 中，已知$+V_{CC}=+12V$，$R_{B1}=22k\Omega$，$R_{B2}=4.7k\Omega$，$R_C=2.7k\Omega$，$R_E=1k\Omega$，$R_L=3.9k\Omega$，$\beta=60$，电容C_1、C_2、C_E足够大，试求：

(1) 放大电路的静态工作点；

(2) 放大电路的电压放大倍数、输入电阻和输出电阻。

9. 射极输出器有什么特点？它在整机电路中常用来做什么电路使用？

10. 试求图 7-50 所示各电路输出电压与输入电压之间的运算关系。

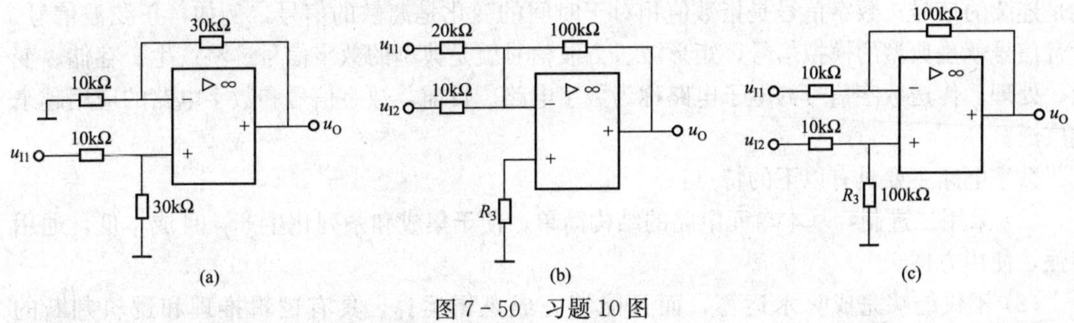

图 7-50 习题 10 图

11. 图 7-51 所示为一扩大输出电压电路，试求出输出电压u_O与输入电压u_I之间的关系。

12. 图 7-52 所示是利用集成运放构成的高输入阻抗差分放大电路。(1) 试说明电路是如何提高输入阻抗的？(2) 求出输出电压u_O和输入电压u_{I1}、u_{I2}之间的运算关系。

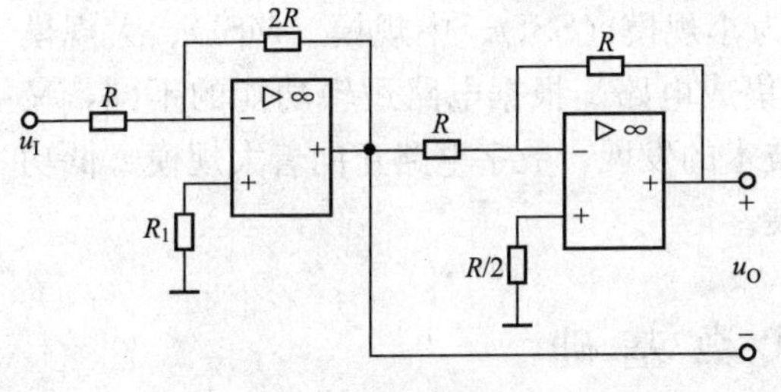

图 7-51 习题 11 图

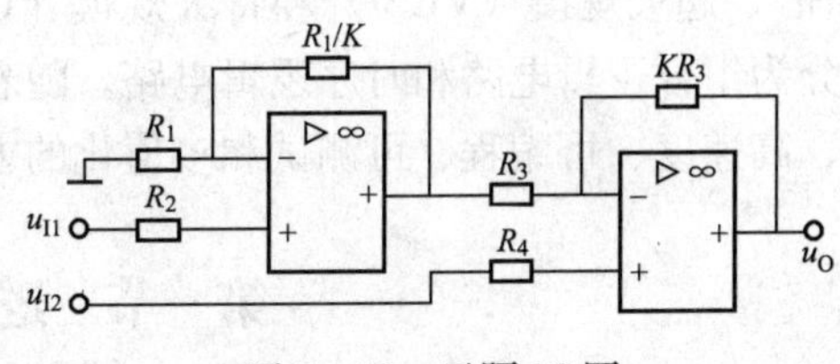

图 7-52 习题 12 图

13. 什么是正反馈和负反馈？如何判断之？

14. 什么是串联负反馈和并联负反馈？如何判断之？它们对信号源内阻有何要求？为什么？

15. 什么是电压负反馈和电流负反馈？如何判断之？它们对放大电路输出电压和输出电流的稳定性各有什么影响？

16. 串联型稳压电路由哪几部分组成？各部分的作用是什么？

17. 电路如图 7-53 所示，$R_1=500\Omega$，$R_2=1k\Omega$，试求输出电压U_O，说明该电路具有什么作用。

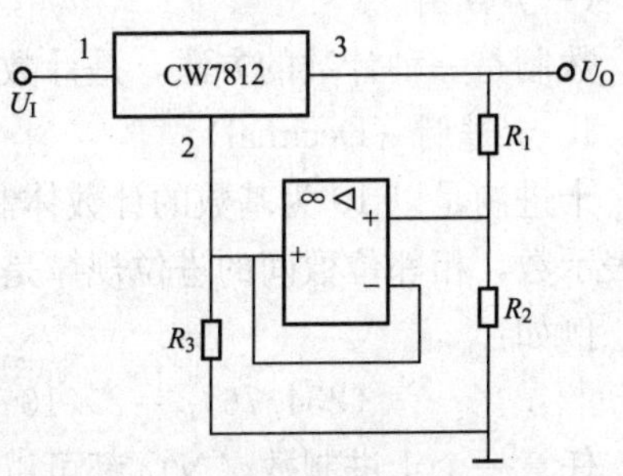

图 7-53 习题 17 图

第八章 数字电子电路介绍

工程上把电信号分为模拟信号和数字信号两大类。模拟信号是指数值相对于时间上的变化是连续的信号；数字信号是指数值相对于时间的变化是离散的信号，例如，正弦波信号、话音信号就是典型的模拟信号，矩形波、方波信号就是典型的数字信号。将产生、存储、变换、处理、传送数字信号的电子电路称为数字电路。目前，数字信号和数字电路的应用越来越广泛。

数字电路主要具有以下的特点：

(1) 采用二进制，基本单元电路的结构简单，便于集成和系列化生产，且成本低，通用性强，使用方便。

(2) 不仅能够完成算术运算，而且能够完成逻辑运算，具有逻辑推理和逻辑判断的能力。

(3) 由数字电路组成的数字系统，抗干扰能力强，可靠性高，精确性和稳定性好，便于使用、维护和进行故障诊断。

数字电路分类方法很多，根据电路所用器件的不同，数字电路可分为双极型（如 TTL）电路和单极型（如 CMOS）电路。根据电路结构的不同，数字电路又可分为分立元件电路和集成电路两大类。数字集成电路按集成度可分为小规模（SSI）、中规模（MSI）、大规模（LSI）、超大规模（VLSI）和特大规模（ULSI）集成电路。根据电路逻辑功能的不同，又可分为组合逻辑电路和时序逻辑电路。随着电子技术的发展，数字电路正向着大规模、低功耗、高速度、可编程、可测试和多值化的方向发展。

第一节 逻辑代数基础

一、数制和码制

（一）数制

数制是一种计数的方法，是计数进位制的简称。这里主要介绍常用的十进制和二进制。

1. 十进制（Decimal）

十进制是以 10 为基数的计数体制，采用 0，1，2，3，4，5，6，7，8，9 共 10 个数码来表示数，相邻位数间的进位规律是“逢十进一”。十进制数可写成以 10 为底的幂求和的形式。例如：

$$(234.76)_{10}=2\times10^2+3\times10^1+4\times10^0+7\times10^{-1}+6\times10^{-2}$$

任意一个十进制数 $(N)_{10}$ 都可以写成：

$$\begin{aligned}(N)_{10} &= a_{n-1}\times10^{n-1}+a_{n-2}\times10^{n-2}+\cdots+a_1\times10^1+a_0\times10^0\\ &\quad+a_{-1}\times10^{-1}+a_{-2}\times10^{-2}+\cdots+a_{-m}\times10^{-m}\\ &=\sum_{i=-m}^{n-1}a_i\times10^i \end{aligned} \tag{8-1}$$

式（8－1）称为数的按权展开式。式中，a_i 为第 i 位数码；10^i 为第 i 位的权(Weight)；n 为整数部分的位数；m 为小数部分的位数。

2. 二进制（Binary）

二进制是以 2 为基数的计数体制，采用 0 和 1 两个数码来表示数，进位规律是“逢二进一”。

任意一个二进制数 $(N)_2$ 可写成按权的展开式：

$$\begin{aligned}(N)_2 &= a_{n-1}\times 2^{n-1}+a_{n-2}\times 2^{n-2}+\cdots+a_1\times 2^1+a_0\times 2^0\\ &\quad +a_{-1}\times 2^{-1}+a_{-2}\times 2^{-2}+\cdots+a_{-m}\times 2^{-m}\\ &= \sum_{i=-m}^{n-1} a_i\times 2^i \end{aligned} \tag{8-2}$$

例如：$(11001.01)_2=1\times 2^4+1\times 2^3+0\times 2^2+0\times 2^1+1\times 2^0+0\times 2^{-1}+1\times 2^{-2}$

由于二进制数只有 0 和 1 两个数码，与电路的两个状态（饱和与截止）相对应，所以二进制是数字电路中经常采用的。

3. 数制间的转换

十进制是人们日常生活中最熟悉和常用的计数体制，任何数字系统（如数字计算机）的原始输入数据和终了输出数据一般均为十进制数。但数字电路运算都按二进制来进行，因为二进制运算规则简单，易于用电路实现。

(1) 二进制数转换成十进制数。将二进制数按权展开，然后各项相加，就可得到相应的十进制数。

【例 8－1】 $(1001.01)_2=1\times 2^3+0\times 2^2+0\times 2^1+1\times 2^0+0\times 2^{-1}+1\times 2^{-2}=(9.25)_{10}$

(2) 十进制转换成二进制。十进制数的整数部分和小数部分需分别转换。

整数部分：采用“连除 2 取余法”，即将原十进制数连续除以二进制数的基数 2，一直除到商数为 0，每次除完所得余数就作为要转换数的系数，最后一个余数为最高位。

【例 8－2】 将十进制数 $(26)_{10}$ 转换成二进制数。

除数	商		余数	
2	26	………………	余 0	低位 ↑
2	13	………………	余 1	
2	6	………………	余 0	
2	3	………………	余 1	
2	1	………………	余 1	高位
	0			

所以

$$(26)_{10}=(11010)_2$$

小数转换：采用“连乘 2 取整法”，即将小数部分连乘二进制数的基数 2，取其积的整数部分作为系数，剩余的纯小数部分再乘基数，直至其纯小数部分为 0 或到一定精度为止，先得到的整数作为高位。

【例 8－3】 将十进制小数 $(0.875)_{10}$ 转换成二进制数。

$0.875\times 2=1.750$……………1　↑ 高位

$0.750\times 2=1.500$……………1

$0.500\times 2=1.000$……………1　低位

所以

$$(0.875)_{10} = (0.111)_2$$

即

$$(26.875)_{10} = (11010.111)_2$$

（二）二-十进制编码

在数字系统中，二进制码不仅可表示数值的大小，而且常用于表示特定的信息。将若干个二进制数码 0 和 1 按一定的规则排列起来表示某种特定含义的代码，称为二进制代码。编码就是用二进制代码来表示数据和信息的过程。而二-十进制编码（Binary Coded Decimal）就是用 4 位二进制代码来分别表示十进制数中的 0～9，共 10 个码字，简称 BCD 码。由于 4 位二进制代码共有 16 种不同的组合，所以当采用不同的编码方案时，可以得到不同形式的 BCD 码。最基本和最常用的是 8421BCD 码。

8421BCD 码简称 8421 码，它用 4 位二进制数的前 10 个码组 0000～1001 来代表十进制的 0～9 这 10 个数码，去掉了后 6 种码组 1010～1111。这 4 位二进制数的“权”分别为 2^3，2^2，2^1，2^0（即 8、4、2、1），故称为 8421 码。表 8-1 所示的是十进制数与 8421BCD 码的对应关系。

表 8-1　十进制数与 8421BCD 码的对应关系

十进制数	0	1	2	3	4	5	6	7	8	9
8421BCD 码	0000	0001	0010	0011	0100	0101	0110	0111	1000	1001

二、基本逻辑运算

逻辑是指事物的因果关系，或者说条件和结果的关系，这些因果关系可以用逻辑运算来表示，也就是用逻辑代数来描述。逻辑代数是按一定的逻辑关系进行运算的代数，是分析和设计数字电路的数学工具。逻辑代数中的变量称为逻辑变量，用大写字母表示。逻辑变量的取值只有两种，即逻辑 0 和逻辑 1，0 和 1 并不表示数量的大小，而是表示两种对立的逻辑状态。

在逻辑代数，基本逻辑运算有与、或、非三种，实现这三种逻辑运算的电路称为基本逻辑门。

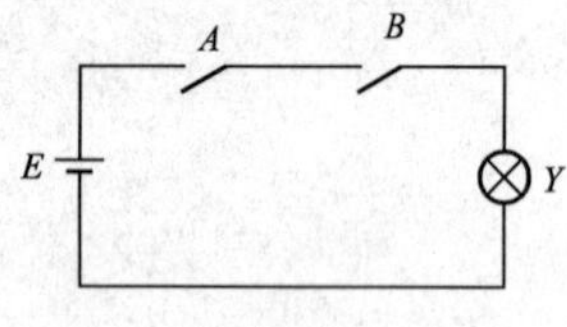

图 8-1　串联开关电路

（一）与逻辑运算

与逻辑关系是指只有当事情的条件全部具备之后，其结果才成立。如图 8-1 所示的串联开关电路中，灯亮的条件是开关 A 和 B 都接通。这里开关 A、B 的闭合与灯亮的关系称为与逻辑。

若规定开关接通为 1，断开为 0；灯亮为 1，灯灭为 0。与逻辑可以用真值表来表示，如表 8-2 所示。所谓真值表，就是描述逻辑电路的输出逻辑变量和输入逻辑变量间逻辑关系的表格。由真值表可将与逻辑归纳为：有 0 出 0，全 1 出 1。与逻辑也称为与运算或逻辑乘，可用逻辑表达式表示为

$$Y = A \cdot B \tag{8-3}$$

式中，“·”表示逻辑乘。

能够实现与逻辑的门电路称为与门电路，图形符号如图 8-2（a）所示，与门电路的输

入和输出的波形图如图 8－2（b）所示。

对于多输入端的与门，其逻辑表达式为

$$Y = A \cdot B \cdot C \cdots \tag{8-4}$$

表 8－2　与逻辑的真值表

A	B	Y
0	0	0
0	1	0
1	0	0
1	1	1

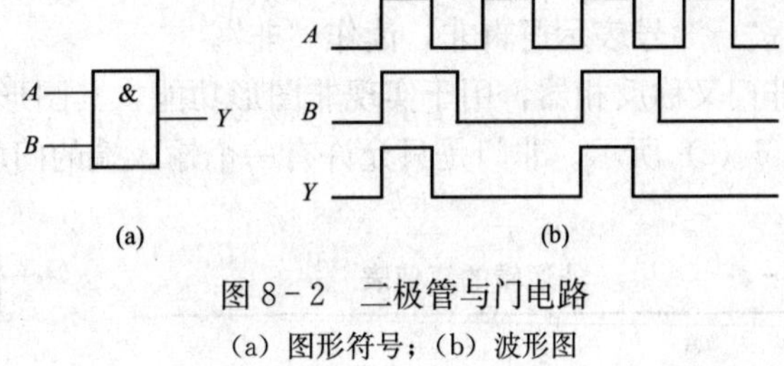

图 8－2　二极管与门电路

（a）图形符号；（b）波形图

（二）或逻辑运算

或逻辑关系是指在事情的各个条件中，只要具备一个以上的条件，结果就会成立。如图 8－3 中所示的并联开关电路，灯亮的条件是 A 或 B 中有一个以上的开关接通。

或逻辑的真值表如表 8－3 所示，其逻辑关系可归纳为：有 1 出 1，全 0 出 0。

或逻辑也称为或运算或逻辑加，其逻辑表达式为

$$Y = A + B \tag{8-5}$$

式中，“＋”表示逻辑加。

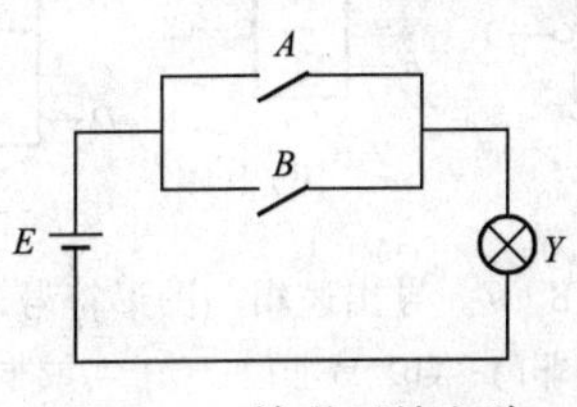

图 8－3　并联开关电路

表 8－3　或逻辑的真值表

A	B	Y
0	0	0
0	1	1
1	0	1
1	1	1

能够实现或逻辑的门电路称为或门，图 8－4（a）为或门的图形符号。或门电路的输入和输出的波形图如图 8－4（b）所示。

对于多个输入端的或门，其逻辑表达式为

$$Y = A + B + C + \cdots \tag{8-6}$$

（三）非逻辑运算

在图 8－5 的开关电路中，开关 A 接通时灯不亮，A 断开时灯亮。这种条件和结果相反的关系，称为非逻辑。

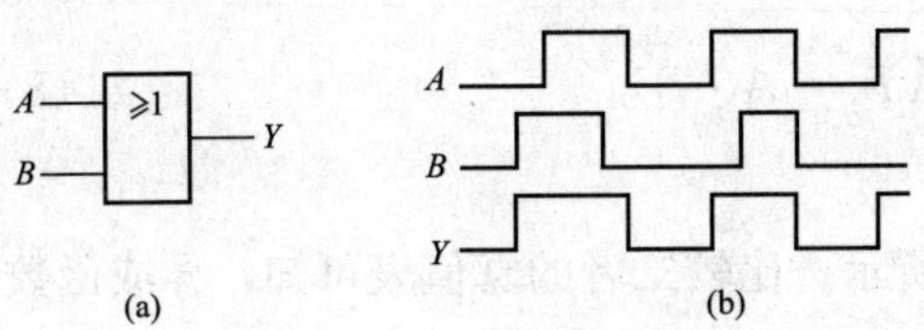

图 8－4　二极管或门电路

（a）图形符号；（b）波形图

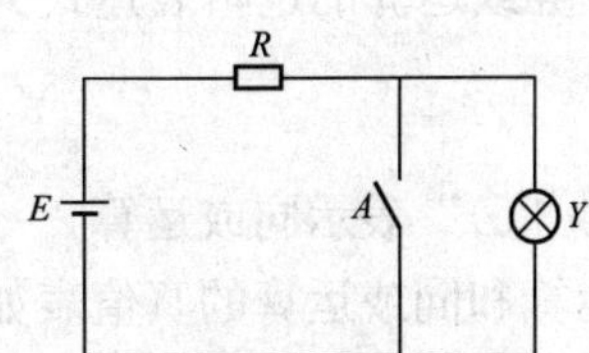

图 8－5　开关电路

非逻辑的真值表如表 8－4 所示，其逻辑关系可归纳为：有 0 出 1，有 1 出 0。

非逻辑的逻辑表达式为

$$Y=\overline{A} \tag{8-7}$$

式中，“—”号表示逻辑非，读作“非”。

非门又称反相器，用于实现非图形功能，其图形符号如图 8－6（a）所示，工作波形如图 8－6（c）所示。非门是只允许有一个输入端的门电路。

表 8－4　非逻辑的真值表

A	Y
0	0
1	1

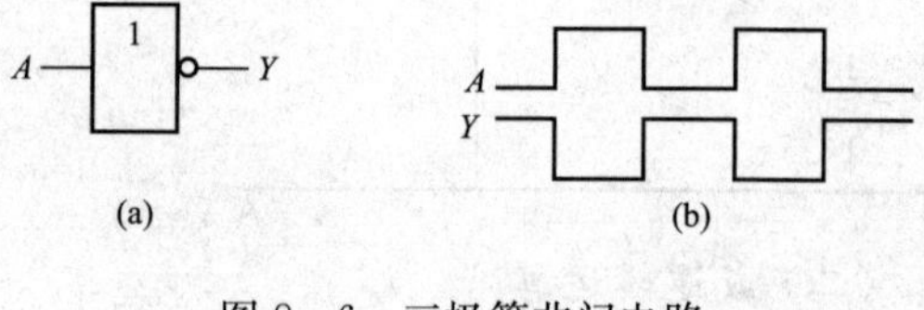

图 8－6　三极管非门电路

（a）图形符号；（b）波形图

（四）几种导出的逻辑运算

1. 与非运算、或非运算和与或非运算

与非运算为先与运算后非运算；或非运算为先或运算后非运算；与或非运算为先与运算后或运算再非运算。设输入逻辑变量为 A、B、C、D，输出逻辑函数为 Y 时，则相应的逻辑表达式为

$$\begin{cases} Y=\overline{A\cdot B} & \text{与非运算} \\ Y=\overline{A+B} & \text{非运算} \\ Y=\overline{AB+CD} & \text{与或非运算} \end{cases} \tag{8-8}$$

实现这些逻辑运算的电路分别为与非门、或非门、与或非门，它们的图形符号如图 8－7 所示。

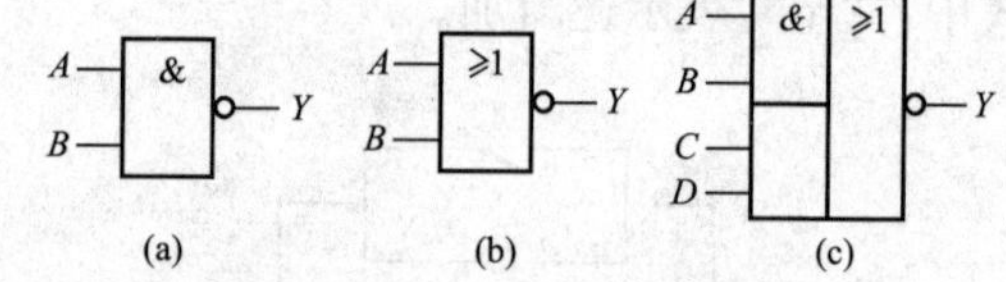

图 8－7　导出逻辑门图形符号

（a）与非门；（b）或非门；（c）与或非门

2. 异或运算和同或运算

异或运算和同或运算都是二变量逻辑运算。设输入逻辑变量为 A、B，输出逻辑函数为 Y 时，异或运算的逻辑关系为：当输入 A、B 相异时，输出 Y 为 1；当输入 A、B 相同时，输出 Y 为 0。异或运算的逻辑表达式为

$$Y=A\overline{B}+\overline{A}B=A\oplus B \tag{8-9}$$

式中，符号“$\oplus$”表示异或运算。

同或运算的逻辑关系为：当输入 A、B 相同时，输出 Y 为 1；当输入 A、B 相异时，输出 Y 为 0。异或运算的逻辑表达式为

$$Y=AB+\overline{A}\,\overline{B}=A\odot B \tag{8-10}$$

式中，符号“$\odot$”表示同或运算

异或运算和同或运算的真值表如表 8－5 所示。比较二者的真值表可知，异或函数和同或函数在逻辑上互为反函数。

实现异或运算和同或运算电路分别称为异或门、同或门，它们的图形符号如图 8－8 所示。异或门和同或门都是二输入端的逻辑门。

表 8-5　异或运算和同或运算的真值表

A	B	$Y=A\oplus B$	$Y=A\odot B$
0	0	0	1
0	1	1	0
1	0	1	0
1	1	0	1

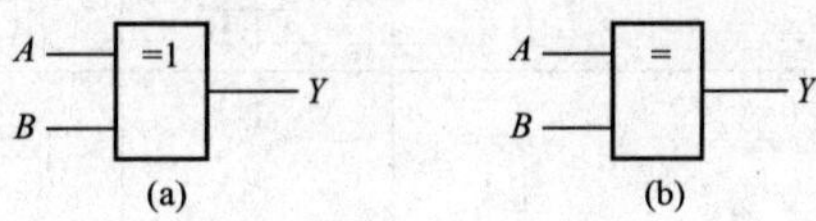

图 8-8　异或门和同或门图形符号
(a) 异或门；(b) 同或门

三、逻辑代数

(一) 逻辑代数的基本运算法则和定律

根据逻辑代数中的与、或、非三种基本运算，可推导出逻辑运算的一些基本公式和基本定律。

1. 逻辑代数的基本公式

0-1 律：$A+1=1$，$A\cdot 0=0$

自等律：$A+0=A$，$A\cdot 1=A$

等幂律：$A+A=A$，$A\cdot A=A$

互补律：$A+\overline{A}=1$，$A\cdot\overline{A}=0$

否否律：$\overline{\overline{A}}=A$

2. 逻辑代数的基本定律

(1) 交换律、结合律和分配律。交换律、结合律和分配律如表 8-6 所示。

表 8-6　交换律、结合律和分配律

交换律	$A+B=B+A$	$A\cdot B=B\cdot A$
结合律	$A+(B+C)=(A+B)+C$	$A\cdot(B\cdot C)=(A\cdot B)\cdot C$
分配律	$A+BC=(A+B)(A+C)$	$A(B+C)=AB+AC$

(2) 吸收律。吸收律可以利用上面的一些基本公式推导出来，如表 8-7 所示。

表 8-7　吸　收　律

吸收律	证　明
1. $AB+A\overline{B}=A$ 2. $A+AB=A$ 3. $A+\overline{A}B=A+B$ 4. $AB+\overline{A}C+BC=AB+A\overline{C}$	1. $AB+A\overline{B}=A(B+B)\ =A\cdot 1=A$ 2. $A+AB=A(1+B)=A\cdot 1=A$ 3. $A+\overline{A}B=(A+\overline{A})(A+B)=1\cdot(A+B)=A+B$ 4. $AB+\overline{A}C+BC$ $=AB+\overline{A}C+BC(A+\overline{A})$ $=AB+\overline{A}C+ABC+\overline{A}BC$ $=AB(1+C)+\overline{A}C(1+B)$ $=AB+\overline{A}C$

(3) 摩根定律。摩根定律又称反演律，它有以下两种形式：

$$\overline{A+B}=\overline{A}\cdot\overline{B} \tag{8-11}$$

$$\overline{AB}=\overline{A}+\overline{B} \tag{8-12}$$

摩根定律可用真值表证明，如表 8-8 所示。

表 8-8 摩根定律的证明

A	B	$\overline{A+B}$	$\overline{A}\cdot\overline{B}$	A	B	$\overline{A\cdot B}$	$\overline{A}+\overline{B}$
0	0	1	1	0	0	1	1
0	1	0	0	0	1	1	1
1	0	0	0	1	0	1	1
1	1	0	0	1	1	0	0

（二）逻辑函数的表示方法

逻辑函数有多种不同的表示方法，常用的有真值表、逻辑函数式、逻辑图、波形图等四种。它们各有特点，既相互联系，又可以相互转换。

1. 真值表

真值表可以直观、明了地反映逻辑函数与逻辑变量取值之间的一一对应关系，具有唯一性。若两个逻辑函数具有相同的真值表，则两个逻辑函数必然相等。n 变量的逻辑函数，共有 2^n 个不同的变量组合，在列真值表示时，为避免遗漏，一般按 n 位二进制递增的方式列出。

2. 逻辑函数式

逻辑函数式是用与、或、非等基本运算来表示输入变量和输出函数因果关系的逻辑代数式。书写简洁、方便，有利于用逻辑代数的公式进行化简和转换。

由真值表可以得到逻辑函数式：将真值表中每一组使输出函数值为 1 的输入变量都写成一个与项。在这些与项中，取值为 1 的变量写成原变量，取值为 0 的变量写成反变量，将这些与项相加，就得到了逻辑函数式。

3. 逻辑图

逻辑图是用基本逻辑门和复合逻辑门的图形符号组成的对应于某一逻辑功能的电路图。根据逻辑函数式画逻辑图时，只要把逻辑函数式中的各逻辑运算用相应门电路的图形符号代替，就可以画出与逻辑函数对应的逻辑图。

4. 波形图

波形图是按真值表画出的输入、输出关系的一系列波形，直观地反映了输入变量和输出函数在时间上的对应关系。

【例 8-4】 设计一个 3 变量一致逻辑电路。当逻辑变量 A、B、C 一样时输出为 1，否则输出为 0，试写出逻辑函数式，并画出逻辑图。

解：（1）建立描述逻辑问题的真值表。

A、B、C 三个变量共有 $2^3=8$ 种组合，根据题目要求，可得电路真值表如表 8-9 所示。当 A、B、C 均为 0 或 1 时，输出为 1。

（2）写逻辑函数式。

在真值表中，Y 为 1 的变量组合只有 000 和 111，将 0 代以反变量，1 代以原变量，得到两个与项为：$\overline{A}\overline{B}\overline{C}$和 ABC，把它们相加便得到逻辑函数式：

$$Y=\overline{A}\,\overline{B}\,\overline{C}+ABC$$

（3）画逻辑图。

根据逻辑函数式画出逻辑图，如图 8-9 所示。

表 8-9　　【例 8-4】真值表

A	B	C	Y
0	0	0	1
0	0	1	0
0	1	0	0
0	1	1	0
1	0	0	0
1	0	1	0
1	1	0	0
1	1	1	1

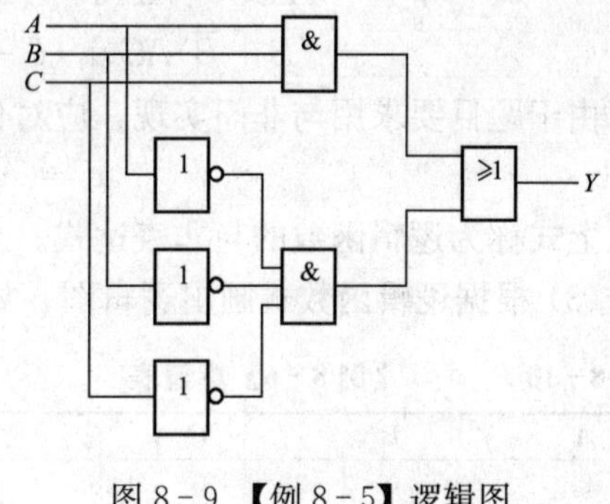

图 8-9　【例 8-5】逻辑图

（三）逻辑函数的化简

对逻辑函数进行化简，可以简化逻辑表达式，减少实现电路时所需的元件，这样既可以降低成本，又可以提高电路的可靠性。

1. 最简与或式

最常见的逻辑函数的表达形式是与或式。如逻辑表达式 $Y=AB+\overline{A}C$ 就是一个与或式。最简与或式的标准是：

(1) 逻辑函数表达式中的与项最少；

(2) 每个与项中的变量数最少。

值得注意的是：由于同一个逻辑函数化简时所使用方法的不同，其最简表达式有时可能会有多个表达式。

2. 逻辑函数的代数化简法

代数化简法就是运用逻辑代数的运算法则和定律把复杂的逻辑函数化为最简式。

【例 8-5】 用代数法化简下列逻辑函数。

(1) $Y=AB+\overline{A}C+\overline{B}C$

(2) $Y=A\ (BC+\overline{BC})+A(B\overline{C}+\overline{B}C)$

(3) $Y=AD+A\overline{D}+AB+\overline{A}C+\overline{C}D+A\overline{B}EF$

解： (1) $Y=AB+\overline{A}C+\overline{B}C=AB+(\overline{A}+\overline{B})C=AB+\overline{AB}C=AB+C$

(2) $Y=A(AB+\overline{B}\,\overline{C})+A(B\overline{C}+\overline{B}C)=A(\overline{BC+\overline{B}C})+A(B\overline{C}+\overline{B}C)=A$

(3) $Y=AD+A\overline{D}+AB+\overline{A}C+\overline{C}D+A\overline{B}EF$

$=A(D+\overline{D})+AB+\overline{A}C+\overline{C}D+A\overline{B}EF=A+AB+\overline{A}C+\overline{C}D+A\overline{B}EF$

$=A+\overline{A}C+\overline{C}D=A+C+\overline{C}D=A+C+D$

【例 8-6】 设计一个 A、B、C 三人表决电路。当表决某个提案时，多数人同意，提案通过，同时 A 具有否决权。试写出逻辑函数式，化为最简与或式，并用与非门电路实现。

解： (1) 建立真值表。

设 A、B、C 三个人表决同意提案时用 1 表示，不同意用 0 表示；Y 为表决结果，提案通过用 1 表示，通不过用 0 表示，同时还应考虑 A 具有否决权。由此可以列出表 8-10 所示的真值表。

(2) 写逻辑函数式，并化简，可得

$$Y = A\overline{B}C + AB\overline{C} + ABC = A\overline{B}C + AB\overline{C} + ABC + ABC$$
$$= (B+\overline{B})AC + (C+\overline{C})AB = AC + AB$$

由于题目要求用与非门实现，应对化简结果进行如下变换：

$$Y = \overline{\overline{AC + AB}} = \overline{\overline{AC}\,\overline{AB}}$$

上式称为逻辑函数的与非表达式。

(3) 根据逻辑函数式画出逻辑图，如图 8-10 所示。

表 8-10　　【例 8-6】真值表

A	B	C	Y
0	0	0	0
0	0	1	0
0	1	0	0
0	1	1	0
1	0	0	0
1	0	1	1
1	1	0	1
1	1	1	1

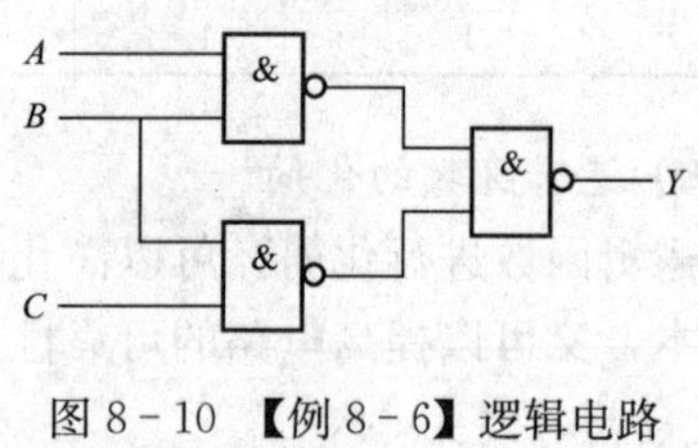

图 8-10 【例 8-6】逻辑电路

第二节　常见集成数字电路

目前使用广泛的数字集成电路是 TTL 电路和 CMOS 电路两类电路。TTL 是三极管-三极管逻辑电路的简称，它主要由双极型三极管组成。TTL 集成电路生产工艺成熟、产品参数稳定、工作可靠、开关速度高，获得了广泛的应用。CMOS 是互补金属-氧化物-半导体场效应管逻辑电路的简称。与 TTL 集成电路相比，CMOS 电路的突出优点是微功耗、高抗干扰能力，在中、大规模数字集成电路中有着广泛的应用。

这里以 TTL 集成电路为例，介绍一些常见的中、小规模集成电路。应当注意，对于 CMOS 同一逻辑功能的数字电路，它们所用的逻辑符号也是一样的。

一、TTL 集成逻辑门电路

逻辑门电路是构成数字电路的基本单元。在 TTL 集成逻辑门电路中基本门是与非门。与非门不仅是 TTL 集成逻辑门电路的基本部件，而且也是 TTL 触发器的基本组成部分。

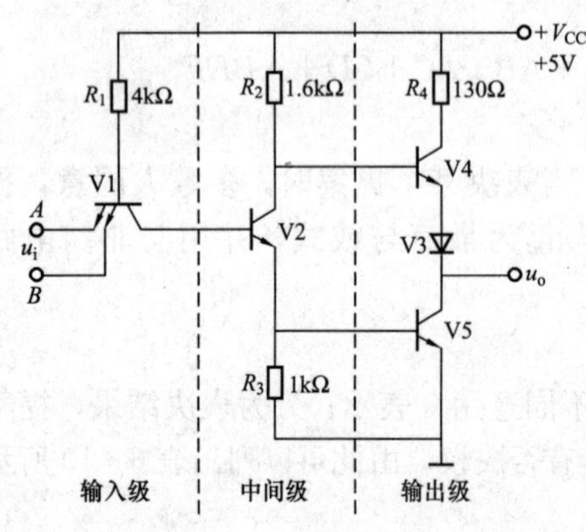

图 8-11　TTL 与非门电路图

（一）TTL 与非门电路

1. TTL 与非门的电路结构

图 8-11 是典型的 TTL 与非门电路图，它属于国产型号中的 74（T1000）系列产品。A、B 为输入端，Y 为输出端，输入信号高电平为 3.6V，低电平为 0.3V。它由输入级、中间级和输出级三部分构成。

输入级由多发射极三极管 V1 和 R_1 构成，多发射极三极管中的基极和集电极是共用的，发射极有两个或多个且相互独立；中间级由 V2 和 R_2、R_3 构成，在 V2 的集电极和发射极产生两个相位相反的信号，用它们分别驱动 V4、V5；输出级由 V4、V3、V5 和 R_4 构成推拉式电路。

2. 工作原理

(1) 输入信号中有一个（或两个）为低电平。

假定输入端 A、B 中至少有一个为低电平 0.3V，对应该端的发射结导通，V1 的基极电位被钳制在

$$U_{B1} = 0.3 + 0.7 = 1.0\text{V}$$

很显然，V2 和 V5 都处于截止状态，要使 V2 和 V5 都导通，至少需要 $U_{B1}=2.1\text{V}$。由于 V2 截止，电源 V_{CC} 通过 R_2 和与非门的负载（电路图中未画），使 V4 和 V3 导通，输出电平为

$$u_o = V_{CC} - I_{B4}R_2 - U_{BE4} - U_{V3}$$

式中，$I_{B4}R_2$ 很小，可以忽略不计，所以

$$u_o \approx V_{CC} - U_{BE4} - U_{V3} = 5 - 0.7 - 0.7 = 3.6\text{V}$$

输出为高电平 U_{OH}。电路的这种状态称为关闭状态。

(2) 输入全为高电平。

当输入 A、B 都为高电平 3.6V 时，电源 V_{CC} 通过电阻 R_1、V1 的集电结先使 V2 和 V5 导通，V1 基极电平 U_{B1} 就被钳制在 2.1V，多发射极管 V1 的两个发射结均处截止状态。由此

$$u_o = U_{CES} \approx 0.3\text{V}$$

输出电平为低电平 U_{OL}。电路的这种状态称为开启状态。

通过以上分析可知，该电路具有与非逻辑功能。即

$$Y = \overline{AB}$$

国产 TTL 数字集成电路 74 系列有 74 标准系列、74H 高速系列、74L 低功耗系列、74S 肖特基系列和 74LS 低功耗肖特基系列等子系列，其中 74LS 系列性能优良、生产量大、品种多、价格便宜，是目前 TTL 数字集成电路的主要产品。

在不同子系列 TTL 数字集成器件中，如器件型号后面几位数字相同时，通常它们的逻辑功能、外形尺寸、外引线排列都相同。如图 7400、74H00、74L00、74S00、74LS00 等，它们都是四 2 输入与非门，外引脚排列顺序都相同，如图 8-12 所示。

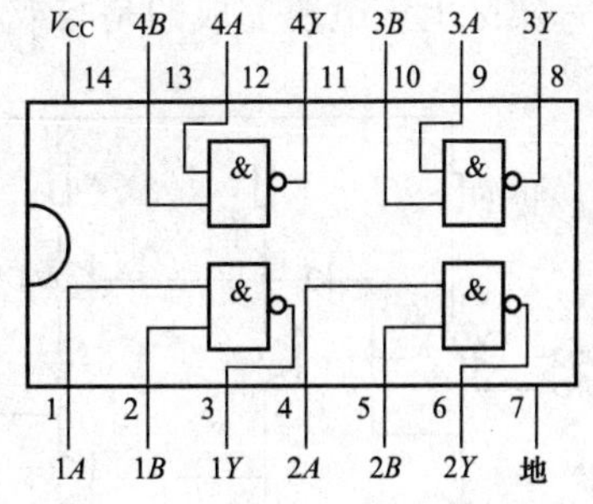

图 8-12　7400、74H00、74L00、74S00、74LS00 外引脚排列图

(二) 其他 TTL 集成门电路

在 TTL 数字集成电路中，集电极开路门（OC 门）和三态门是应用比较广泛的电路。

1. 集电极开路门

TTL 与非门输出采用推拉式结构具有输出电阻低的优点，但不能把它们的输出端并联

使用，输出端并联后将造成逻辑混乱或器件的损坏。要使门电路的输出端直接并联，可以把TTL与非门电路的推拉输出级改为三极管集电极开路输出，称为集电极开路（Open Collector，OC）门电路，简称OC门电路。

集电极开路与非门的电路和图形符号如图8-13（a）、（b）所示。同前面介绍的与非门电路比较，就是用外接电阻R_L代替了原来的V4、V3和R_4部分。在使用时，必须在输出端加外接电阻R_C，并将其连接到电源上，OC门才能正常工作。该电路具有与非逻辑功能，即

$$Y=\overline{AB}$$

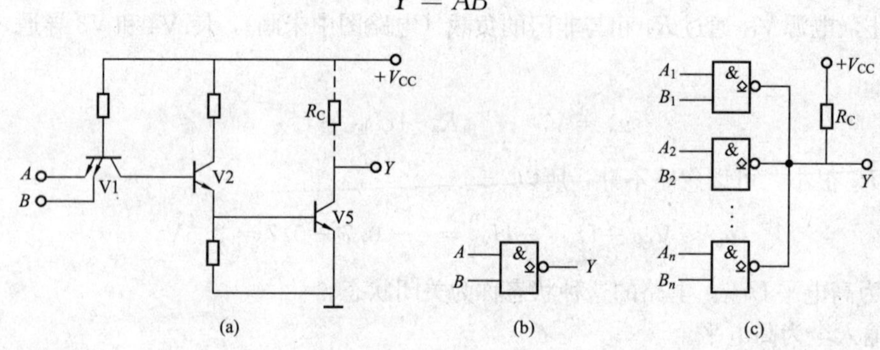

图8-13 TTLOC门

（a）电路；（b）图形符号；（c）n个OC门线与

OC门在应用中的主要特点是能实现线与功能。n个OC门实现线与的电路如图8-13（c）所示。OC门只要有一个输出是低电平，Y就是低电平；只有当每一个OC门输出都是高电平时，Y才是高电平。这种不用与门而完成的与运算称为**线与**逻辑。电路的逻辑关系式为

$$Y=\overline{A_1B_1}\cdot\overline{A_2B_2}\cdots\overline{A_nA_n}=\overline{A_1B_1+A_2B_2+\cdots+A_nB_n} \tag{8-13}$$

实际上该电路完成的是与或非功能。

2. 三态门电路

TTL三态门的电路结构和图形符号如图8-14所示。A、B为输入端，EN（$\overline{EN}$）为使能端，Y为输出端。

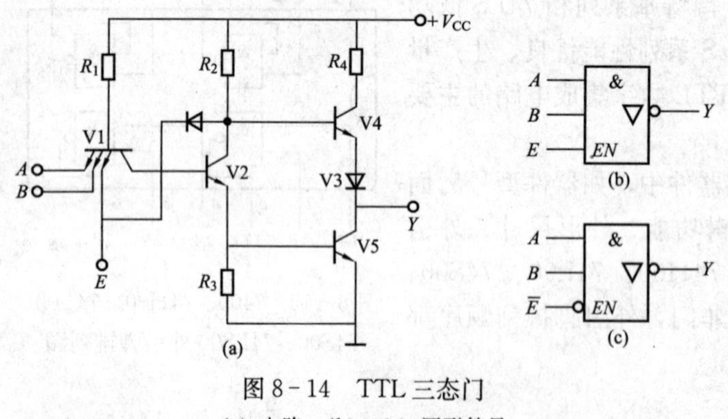

图8-14 TTL三态门

（a）电路；（b）、（c）图形符号

工作原理：当$EN=1$时，二极管截止，电路处于正常工作状态，即$Y=\overline{AB}$。当$EN=0$时，低电平不仅使V2和V5截止，同时它还经二极管将V4的基极电位钳制在1V左右，使其截止，从输出端看进去，电路处于高阻状态。这样输出端Y总共有三种可能的状态：高阻、高电平、低电平，故称为三态门。图形符号图中EN端没有圆圈表示高电平有效（有圆圈表示低电平有效）。

由三态门可以构成单向传输数据的总线电路如图 8-15 所示。这个单向总线是分时传送的总线，每次只能传送 $G_1 \sim G_n$ 中的一个输出信号。当某个三态门的使能端为 $EN=0$ 时，其对应输入的数据传送到总线上，当三态门的使能端都为 $EN=1$ 时，不传送信号，总线与各三态门呈高阻状态。此电路常用作计算机系统中各部件的输出级。

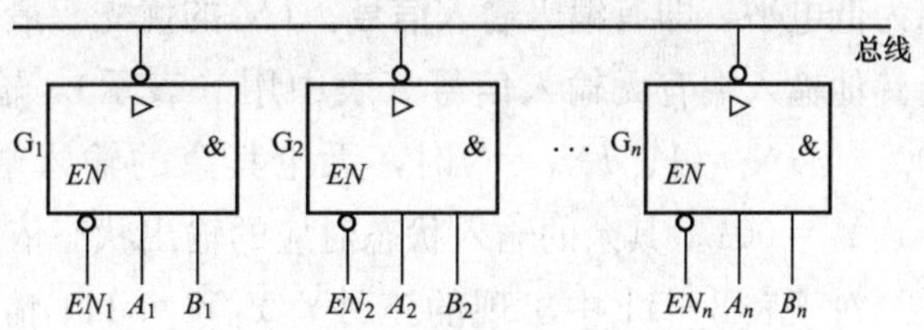

图 8-15 三态门用于总线传输

二、编码器和译码器

数字电路按功能的不同可分为两大类：一类是组合逻辑电路（简称组合电路），另一类是时序逻辑电路（简称时序电路）。所谓组合电路是指电路在任一时刻的输出状态只与同一时刻各输入状态的组合有关，而与前一时刻的输出状态无关。其结构示意图如图 8-16 所示。

常见的组合电路有编码器、译码器、数据选择器、数据分配器、数值比较器、加法器等。这里主要介绍编码器和译码器。

（一）集成编码器 74LS148

编码器就是把输入的每一个高、低电平信号编成一组对应的二进制代码。

目前常用的编码器有普通编码器和优先编码器两类。现以 8 线-3 线优先编码器 74LS148 为例，说明优先编码器的逻辑功能。

图 8-16 组合电路示意图

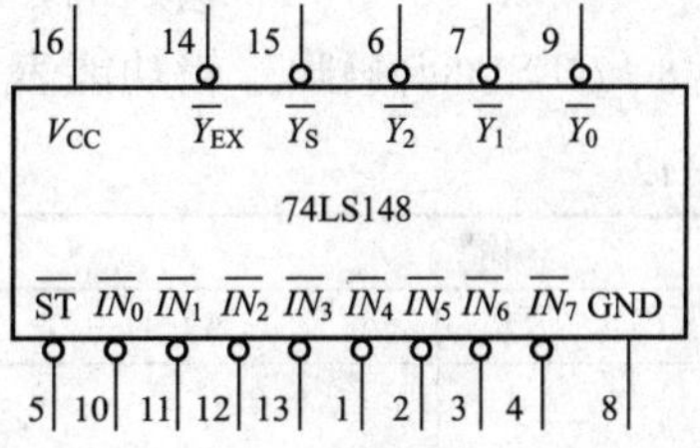

图 8-17 74LS148 编码器

图 8-17 为 74LS148 编码器。$\overline{ST}$为选通输入端，$\overline{IN}_0 \sim \overline{IN}_7$ 为编码输入端，$\overline{Y}_0 \sim \overline{Y}_2$ 为编码输出端，$\overline{Y}_{EX}$为扩展端，$\overline{Y}_S$为选通输出端。它的输入和输出均以低电位为有效信号。根据 74LS148 集成电路的工作原理可以列出表 8-11 所示 74LS148 的功能表。

表 8-11 74LS148 的真值表

$\overline{ST}$	$\overline{IN}_0$	$\overline{IN}_1$	$\overline{IN}_2$	$\overline{IN}_3$	$\overline{IN}_4$	$\overline{IN}_5$	$\overline{IN}_6$	$\overline{IN}_7$	$\overline{Y}_0$	$\overline{Y}_1$	$\overline{Y}_2$	$\overline{Y}_{EX}$	$\overline{Y}_S$
1	×	×	×	×	×	×	×	×	1	1	1	1	1
0	1	1	1	1	1	1	1	1	1	1	1	1	0
0	×	×	×	×	×	×	×	0	0	0	0	0	1
0	×	×	×	×	×	×	0	1	0	0	1	0	1
0	×	×	×	×	×	0	1	1	0	1	0	0	1
0	×	×	×	×	0	1	1	1	0	1	1	0	1
0	×	×	×	0	1	1	1	1	1	0	0	0	1
0	×	×	0	1	1	1	1	1	1	0	1	0	1
0	×	0	1	1	1	1	1	1	1	1	0	0	1
0	0	1	1	1	1	1	1	1	1	1	1	0	1

由表 8 - 11 不难看出，在$\overline{ST}=0$时电路正常工作，允许$\overline{IN_0}\sim\overline{IN_7}$当中同时有几个输入端为低电平，即有编码输入信号。$\overline{IN_7}$的优先权最高，$\overline{IN_0}$的优先权最低。当$\overline{IN_7}=0$时，无论其他输入端有无输入信号（表中用×表示），输出端只能给出$\overline{IN_7}$的编码，即$\overline{Y_2}\,\overline{Y_1}\,\overline{Y_0}=000$。当$\overline{IN_7}=1$、$\overline{IN_6}=0$时，无论其余的输入端有无输入信号，只对$\overline{IN_6}$编码，输出为$\overline{Y_2}\,\overline{Y_1}\,\overline{Y_0}=001$。其余的输入状态对应的输出状态依次类推。

对于表 8 - 11 中出现的三种$\overline{Y_2}\,\overline{Y_1}\,\overline{Y_0}=111$情况可以用$\overline{Y}_{EX}$和$\overline{Y}_S$的不同状态加以区分。$\overline{Y}_S\overline{Y}_{EX}=01$表示电路工作，但无编码输入；$\overline{Y}_S\overline{Y}_{EX}=10$表示电路工作，而且有编码输入；$\overline{Y}_S\overline{Y}_{EX}=11$表示电路不能正常工作。

$\overline{Y}_S$为低电平表示电路工作，但无编码输入；$\overline{Y}_{EX}$为低电平表示电路工作，而且有编码输入。采用$\overline{Y}_S$和$\overline{Y}_{EX}$信号还可以实现电路功能的扩展。

（二）集成译码器

译码是编码的逆过程，译码器就是一个把表示一个确定信号或对象的一组代码“翻译”出来的电路。译码器的种类很多，常用的有二进制译码器、二-十进制译码器和显示译码器。这里主要介绍集成二进制译码器 74LS138 的逻辑功能及应用。

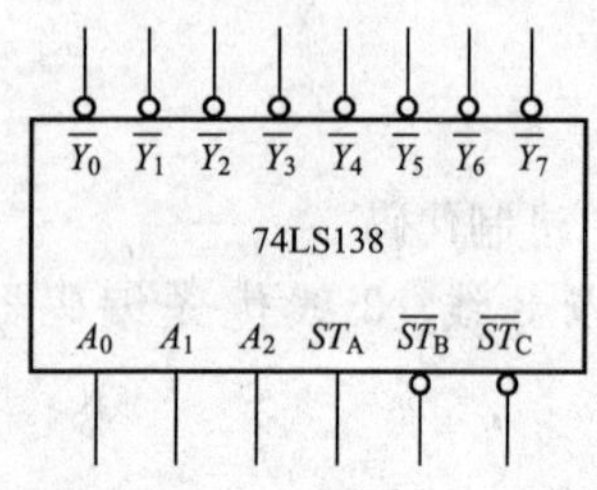

图 8 - 18　74LS138 译码器

将输入二进制代码译成相应输出信号的电路，称为二进制译码器。图 8 - 18 为 74LS138 译码器。ST_A、$\overline{ST_B}$、$\overline{ST_C}$为选通输入端，$A_0\sim A_2$为地址输入端，$\overline{Y_0}\sim\overline{Y_7}$为输出端。74LS138 逻辑功能表如表 8 - 12 所示。

表 8 - 12　74LS138 的真值表

输入						输出							
ST_A	$\overline{ST_B}$	$\overline{ST_C}$	A_2	A_1	A_0	$\overline{Y_0}$	$\overline{Y_1}$	$\overline{Y_2}$	$\overline{Y_3}$	$\overline{Y_4}$	$\overline{Y_5}$	$\overline{Y_6}$	$\overline{Y_7}$
×	1	1	×	×	×	1	1	1	1	1	1	1	1
0	×	×	×	×	×	1	1	1	1	1	1	1	1
1	0	0	0	0	0	0	1	1	1	1	1	1	1
1	0	0	0	0	1	1	0	1	1	1	1	1	1
1	0	0	0	1	0	1	0	1	1	1	1	1	1
1	0	0	0	1	1	1	1	0	1	1	1	1	1
1	0	0	1	0	0	1	1	1	0	1	1	1	1
1	0	0	1	0	1	1	1	1	1	0	1	1	1
1	0	0	1	1	0	1	1	1	1	1	1	0	1
1	0	0	1	1	1	1	1	1	1	1	1	1	0

由 74LS138 逻辑功能表可见，当$ST_A=0$，或$\overline{ST_B}+\overline{ST_C}=1$时，译码器不工作，输出$\overline{Y_0}\sim\overline{Y_7}$都为高电平 1。当$ST_A=1$，且$\overline{ST_B}+\overline{ST_C}=0$时，译码器正常工作，输出低电平有效。此时译码器的输出$\overline{Y_0}\sim\overline{Y_7}$由输入二进制代码决定，即

$$\begin{cases}\overline{Y_0}=\overline{\overline{A_2}\,\overline{A_1}\,\overline{A_0}}=\overline{m_0}, & \overline{Y_1}=\overline{\overline{A_2}\,\overline{A_1}A_0}=\overline{m_1}\\ \overline{Y_2}=\overline{\overline{A_2}A_1\overline{A_0}}=\overline{m_2}, & \overline{Y_3}=\overline{\overline{A_2}A_1A_0}=\overline{m_3}\\ \overline{Y_4}=\overline{A_2\overline{A_1}\,\overline{A_0}}=\overline{m_4}, & \overline{Y_5}=\overline{A_2\overline{A_1}A_0}=\overline{m_5}\\ \overline{Y_6}=\overline{A_2A_1\overline{A_0}}=\overline{m_6}, & \overline{Y_7}=\overline{A_2A_1A_0}=\overline{m_7}\end{cases}\tag{8-14}$$

在上面所有输出逻辑表达式的与项中包含有逻辑函数的全部变量，并且每个变量都以原变量或反变量的形式仅出现一次，称这些与项为逻辑函数的最小项。n个变量的最小项有2^n个，则3个变量的最小项有$2^3=8$个。为了书写方便，通常用“m_i”表示最小项，“i”为最小项的编号。可见，二进制译码器的输出提供了输入变量全部最小项的反函数。

由于二进制译码器的输出为输入地址变量的全部最小项，而任何一个逻辑函数都可以变换为最小项之和的与或标准式，即表达式中的每个与项都是最小项，因此，用译码器和门电路可以实现任何单输出或多输出的组合逻辑函数。当译码器输出低电平有效时，选用与非门；当输出为高电平有效时，选用或门。

【例8-7】 用3线-8线译码器74LS138和门电路实现下列多输出逻辑函数：

$$\begin{cases} Y_A = \overline{A}\,\overline{B}C + BC \\ Y_B = \overline{A}B\,\overline{C} + A\overline{B} \end{cases}$$

解： 首先将上式变换为最小项之和的形式，得到

$$Y_A = \overline{A}\,\overline{B}C + (A+\overline{A})BC = \overline{A}\,\overline{B}C + \overline{A}BC + ABC$$

$$= m_1 + m_3 + m_7 = \overline{\overline{m_1} \cdot \overline{m_3} \cdot \overline{m_7}}$$

$$Y_B = \overline{A}B\,\overline{C} + A\overline{B}(C+\overline{C}) = \overline{A}B\,\overline{C} + A\overline{B}\,\overline{C} + A\overline{B}C$$

$$= m_2 + m_4 + m_5 = \overline{\overline{m_2} \cdot \overline{m_4} \cdot \overline{m_5}}$$

令74LS138的地址输入端$A_2=A$、$A_1=B$、$A_0=C$，则它的各输出端就是各输入变量最小项的反函数，即$\overline{Y}_0 \sim \overline{Y}_7$分别对应$\overline{m}_0 \sim \overline{m}_7$，则有

$$Y_A = \overline{\overline{Y}_1 \cdot \overline{Y}_3 \cdot \overline{Y}_7}$$

$$Y_B = \overline{\overline{Y}_2 \cdot \overline{Y}_4 \cdot \overline{Y}_5}$$

这样在74LS138之后再加两个与非门就可以实现这些函数了。具体电路如图8-19所示。

（三）显示译码器

在数字系统中，经常需要将数字、文字、符号的二进制代码翻译出来，直观地显示，以便直接的读取或进行监视。数字显示系统包括译码器和数码显示器。

1. 数码显示器

图8-20（a）、（b）是共阴极七段发光二极管（简称LED）显示器BS201A的符号和等效电路，又称LED七段显示器（*DP*表示小数点符号）。二极管发光是由高电平驱动的（但不可以将a～g段直接接+5V电源，否则烧坏PN结）。另一种LED七段显示器是共阳极电路如图8-20（c）所示，二极管发光由低电平驱动，如BS201B器件。LED七段显示器的优点是工作电压低（1.5～3V），体积小，工作可靠性高，寿命长等。缺点是工作电流大，每一段的工作电流在10mA左右。目前已有不同类型的产品，用来显示数字、文字和符号，数字显示器正朝向小型化，多位数，平面集成化发展。

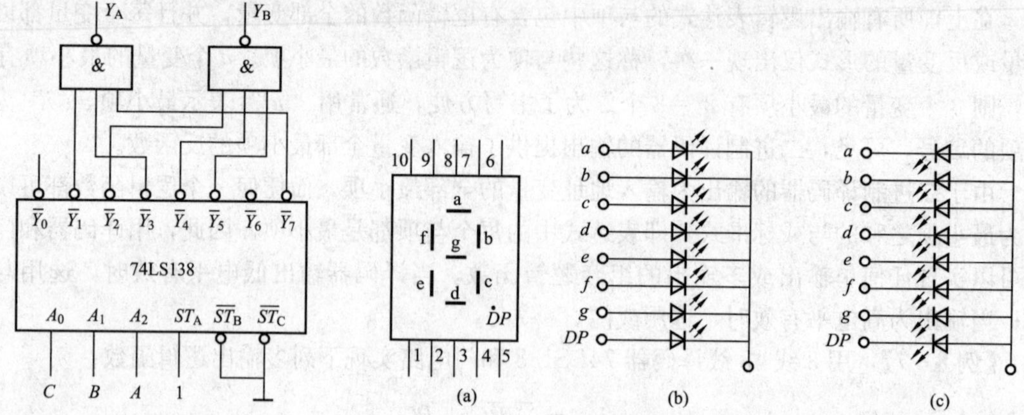

图 8-19　【例 8-7】电路图

图 8-20　半导体数码管

(a) 外形；(b) 共阴极接法；(c) 共阳极接法

2. 七段显示译码器 74LS248

七段显示译码器 74LS248 的图形符号如图 8-21 所示。其功能表如表 8-13 所示，它的输入信号有 4 位二进制数 $A_3A_2A_1A_0$（也可以是 BCD 码），输出端有 $Y_aY_bY_cY_dY_eY_fY_g$ 分别去驱动七段显示器。74LS248 与 BS201A 的接法如图 8-22 所示。

表 8-13　　74LS248 功能表

十进制数	A_3	A_2	A_1	A_0	Y_a	Y_b	Y_c	Y_d	Y_e	Y_f	Y_g	字形
0	0	0	0	0	1	1	1	1	1	1	0	0
1	0	0	0	1	0	1	1	0	0	0	0	1
2	0	0	1	0	1	1	0	1	1	0	1	2
3	0	0	1	1	1	1	1	1	0	0	1	3
4	0	1	0	0	0	1	1	0	0	1	1	4
5	0	1	0	1	1	0	1	1	0	1	1	5
6	0	1	1	0	0	0	1	1	1	1	1	6
7	0	1	1	1	1	1	1	0	0	0	0	7
8	1	0	0	0	1	1	1	1	1	1	1	8
9	1	0	0	1	1	1	1	0	0	1	1	9

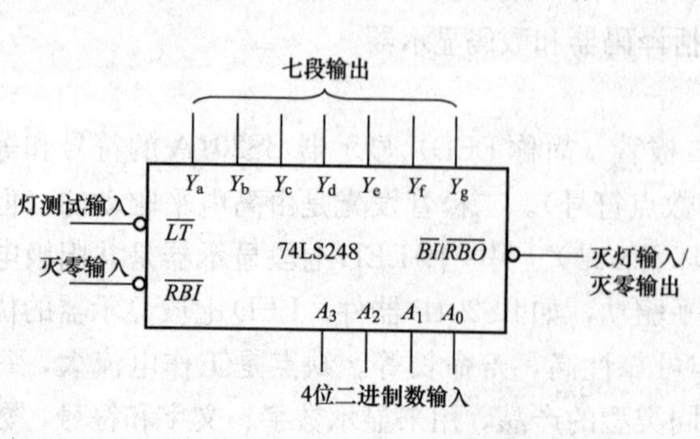

图 8-21　74LS248 译码器

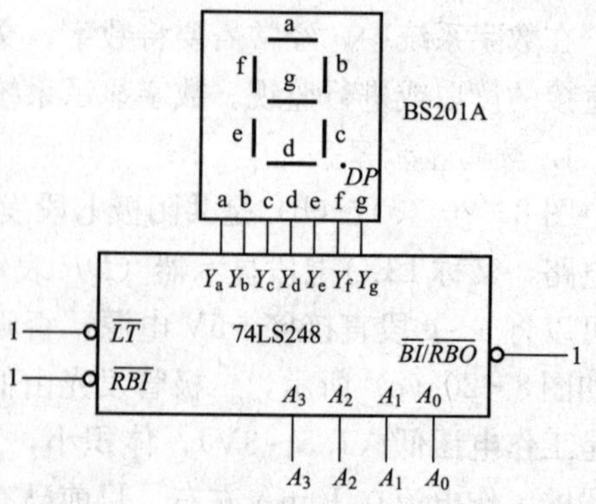

图 8-22　74LS248 与 BS201A 的接法

74LS248 还有三个选择端。$\overline{LT}$灯测试输入端，低电平有效。当$\overline{LT}=0$ 时七段发光二极管同时点亮，以检查数码管各段是否正常发光。

$\overline{RBI}$灭零输入端，低电平有效。$\overline{RBI}=0$ 是为了能把输入为零，但不希望显示的零熄灭。

$\overline{BI}/\overline{RBO}$灭灯输入/灭零输出端，低电平有效，这个端既可作为输入也可作为输出。$\overline{BI}/\overline{RBO}$ 作输入端使用并接低电平时，则不论其他各输入是什么，a～g 各段均灭，这一功能可以用来控制整体不显示。$\overline{RBO}$ 作输出端应和$\overline{RBI}$ 配合使用，当 $\overline{RBI}=0$，而且只有 $A_3A_2A_1A_0=0000$ 时，$\overline{RBO}$才会输出低电平。因此，$\overline{RBO}=0$ 表示译码器已将本来应该显示的零熄灭了。

灭零功能的应用：将 $\overline{RBO}$ 和 $\overline{RBI}$ 配合使用，可以实现多位数码显示器的灭零控制。

三、集成触发器

触发器是构成时序逻辑电路的基本逻辑部件。它有两个稳定的状态：0 状态和 1 状态。在不同的输入情况下，它可以被置成 0 状态或 1 状态；当输入信号消失后，所置成的状态能够保持不变。触发器具有记忆功能，可用于存储二进制数据、记忆信息等。

触发器的种类很多，按逻辑功能可分为 RS 触发器、D 触发器和 JK 触发器。

（一）基本 RS 触发器

1. 电路结构

基本 RS 触发器由两个与非门 G_1 和 G_2 交叉耦合而成，其逻辑电路和图形符号如图8－23 所示。它有两个输入端$\overline{R}$和$\overline{S}$，$\overline{R}$称为置 0 端，$\overline{S}$称为置 1 端，两个输出端 Q 和$\overline{Q}$。正常工作时，Q 和$\overline{Q}$是互为取非的关系。通常规定触发器的状态由 Q 端决定，即 $Q=1$、$\overline{Q}=0$ 时，称触发器为 1 状态；$Q=0$、$\overline{Q}=1$ 时，称触发器为 0 状态。因此，触发器具有两个稳态。

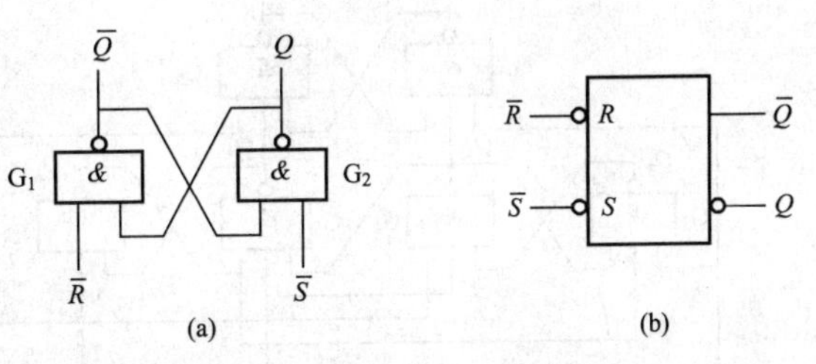

图 8－23　基本 RS 触发器

（a）逻辑图；（b）图形符号

2. 逻辑功能

由图 8－23 可知，G_1 和 G_2 门有两个输入变量，故分四种不同情况分析基本 RS 触发器输出和输入的逻辑关系。

（1）当$\overline{R}=0$、$\overline{S}=1$ 时，由于$\overline{R}=0$ 时，G_1 门输出$\overline{Q}=1$，这时 G_2 门输入都为高电平 1，输出 $Q=0$，此时触发器处于 0 状态。在 $\overline{R}$ 端的 0 消失后，触发器保持 0 状态不变。因此，称$\overline{R}$ 端为置 0 输入端，也称复位端，低电平有效。

（2）当$\overline{R}=1$、$\overline{S}=0$ 时，由于$\overline{S}=0$ 时，G_2 门输出 $Q=1$，这时 G_1 门输入都为高电平 1，输出$\overline{Q}=0$，此时触发器处于 1 状态。在$\overline{S}$端的 0 消失后，触发器仍保持 1 状态不变。因此，称$\overline{S}$端为置 1 输入端，也称置位端，低电平有效。

（3）当$\overline{R}=1$、$\overline{S}=1$ 时，触发器当$\overline{R}$、$\overline{S}$全为 1 时，G_2 门输出 $Q=\overline{1\cdot\overline{Q}}=Q$，$G_1$ 门输出 $\overline{Q}=\overline{1\cdot Q}=\overline{Q}$，故触发器保持原状态不变，体现了触发器具有存储和记忆功能。

（4）当$\overline{R}=0$、$\overline{S}=0$ 时，触发器当 $\overline{R}$、$\overline{S}$全为 0 时，$Q=1$，$\overline{Q}=1$，这种情况不符合 Q 和$\overline{Q}$的逻辑要求，而且当$\overline{R}$、$\overline{S}$同时回到 1 时 Q 和$\overline{Q}$输出状态不确定，所以此情况不允许出现。

基本 RS 触发器逻辑关系可用表 8－14 所示的特性表示出来。在表中，Q^n 表示现态，指触发器输入信号变化前的状态；Q^{n+1} 表示次态，指触发器输入信号变化后的状态。基本 RS 触发器虽然结构简单，但是其状态转换受输入信号的直接控制，还有约束条件的限制，不便使用。

表 8－14　基本 RS 触发器的真值表

$\overline{R}$	$\overline{S}$	Q^{n+1}	$\overline{Q}^{n+1}$	逻辑功能
0	1	0	1	置 0
1	0	1	0	置 1
1	1	Q^n	$\overline{Q^n}$	保持
0	0	1	1	不允许

（二）集成触发器

1. 集成 TTL 边沿 D 触发器

（1）电路结构。

图 8－24 为 TTL 边沿 D 触发器 74LS74 的逻辑图和图形符号。它由三个基本 RS 触发器构成，CP 为时钟输入端，D 为信号输入端，$\overline{R}_D$ 和 $\overline{S}_D$ 为异步置 0、置 1 输入端。一般在工作之初，在 $\overline{R}_D$ 或 $\overline{S}_D$ 端输入一负脉冲，使触发器预先置于 0 或 1，在工作开始后，$\overline{R}_D$、$\overline{S}_D$ 应处于高电平。图形符号图中 CP 端没有圆圈表示 CP 上升沿触发有效（CP 端有圆圈表示 CP 下降沿触发有效）。

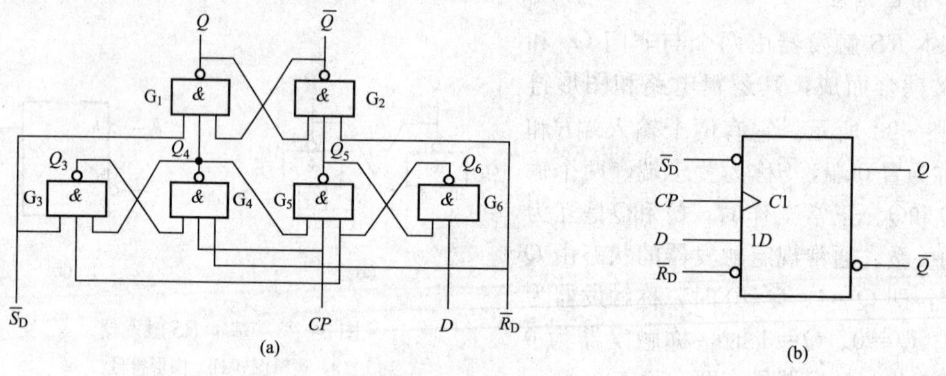

图 8－24　边沿 D 触发器 74LS74 的逻辑图和图形符号

（a）逻辑图；（b）图形符号

（2）工作原理。

当 $CP=0$ 时，G_4、G_5 门被封锁，使 $Q_4=Q_5=1$，由 G_1、G_2 门构成的基本 RS 触发器维持原来状态不变。此时，由于 Q_4、Q_5 反馈信号的作用，使 $Q_6=\overline{D\cdot Q_5}=\overline{D}$，$Q_3=\overline{Q_4\cdot Q_6}=\overline{Q_4\cdot \overline{D}}=D$。

当 CP 由 0 变 1（CP 上升沿到来）时，G_4、G_5 门开启，使 $Q_5=\overline{CPQ_4Q_6}=\overline{1\cdot 1\cdot \overline{D}}=D$、$Q_4=\overline{CPQ_3}=\overline{1\cdot D}=\overline{D}$，基本 RS 触发器 G_1、G_2 的输出状态将由 D 信号决定。

若 $D=1$，则 $Q_4=0$，$Q_5=1$，一方面使 $Q_{n+1}=1$ 触发器置 1，另一方面将 $Q_4=0$ 送至 G_3、G_5 产生维持阻塞作用，即使输入信号 D 发生变化也不会影响触发器输出 1 状态。

若 $D=0$，则 $Q_4=1$，$Q_5=0$，一方面使 $Q_{n+1}=0$ 触发器置 0，另一方面将 $Q_5=0$ 送至 G_6 产生维持阻塞作用，即使输入信号 D 发生变化也并不影响触发器输出 0 状态。

由以上分析可见，边沿 D 触发器是在 CP 上升沿到达时刻接收 D 输入信号，真值表如

表 8－15 所示。图 8－25 是边沿 D 触发器在 CP 和 D 信号作用下 Q 的工作波形。

表 8－15　D 触发器的真值表

D	Q^n	Q^{n+1}	逻辑功能
0	0	0	置 0
0	1	0	
1	0	1	置 1
1	1	1	

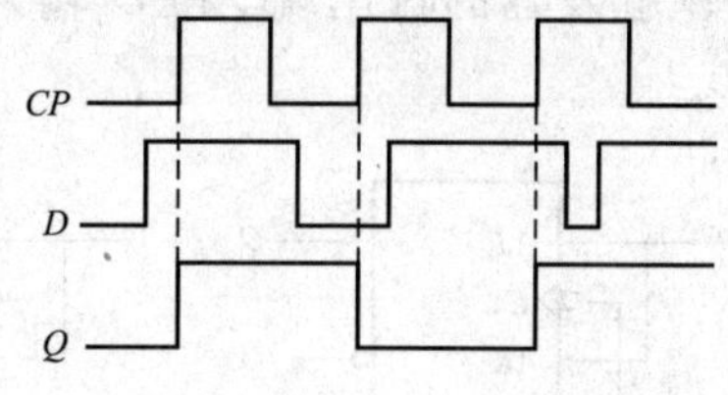

图 8－25　边沿 D 触发器的工作波形

2. TTL 边沿 JK 触发

TTL 边沿 JK 触发器可以在 D 触发器的 D 输入端增加 G_7、G_8、G_9 门构成。逻辑电路和图形符号如图 8－26 所示。由图可知 G_9 门的输出（相当于 D 触发器的 D 输入端）为

$$D=\overline{\overline{J+Q^n}+Q^nK}=(J+Q^n)(\overline{K}+\overline{Q^n})=J\overline{Q^n}+\overline{K}Q^n$$

由此可见，在 D 触发器输入端增加三个门电路后，触发器的输入端转变为 J 和 K，CP 时钟输入端不变，该触发器便转换成了边沿 JK 触发器。其真值表如表 8－16 所示。

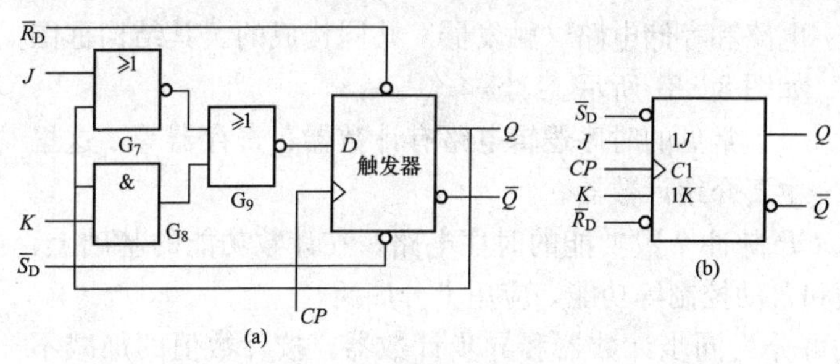

图 8－26　JK 触发器的逻辑图和图形符号

（a）逻辑图；（b）图形符号

表 8－16　JK 触发器的真值表

J	K	Q^n	Q^{n+1}	逻辑功能
0	0	0	0	保持
0	0	1	1	
0	1	0	0	置 0
0	1	1	0	
1	0	0	1	置 1
1	0	1	1	
1	1	0	1	计数
1	1	1	0	

图 8－27 是图 8－26 所示边沿 JK 触发器在 CP 和 J、K 信号作用下 Q 的工作波形。

图 8－28 为 CP 下降沿触发器有效的边沿 JK 触发器的图形符号和工作波形图。

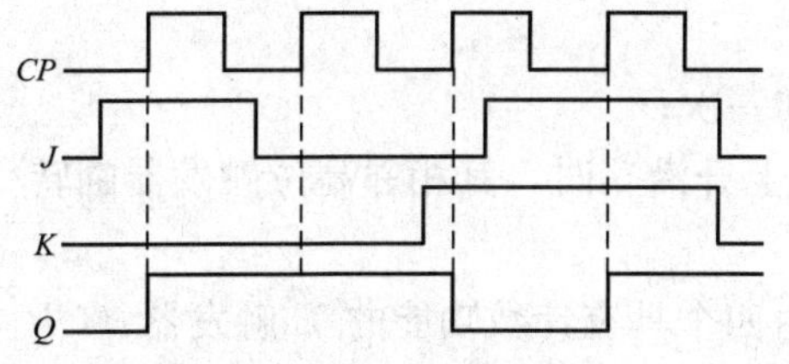

图 8－27　边沿 JK 触发器的工作波形

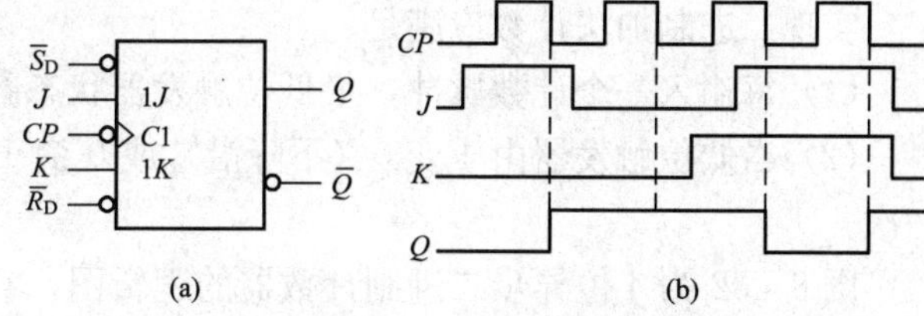

图 8－28　边沿 JK 触发器的逻辑符号和工作波形图

（a）图形符号；（b）工作波形图

3. T 触发器和 T' 触发器

将 JK 触发器的 J、K 端相连，作为一个输入端 T，此时，JK 触发器就成了 T 触发器，如图 8－29 所示。在 CP 下降沿时，$T=0$，$Q^{n+1}=Q^n$，触发器处于保持状态；$T=1$ 时，$Q^{n+1}=\overline{Q^n}$ 触发器处于翻转状态。因此 T 触发器具有保持和翻转两种功能。

将 T 触发器的 T 端接 1，T 触发器就成了 T' 触发器。它仅有一种功能：翻转（又称计

数）功能，即 $Q^{n+1}=\overline{Q^n}$。

将 D 触发器的输出端 $\overline{Q}$ 和 D 输入端相连也可以实现 T' 触发器的计数功能，电路如图8－30。

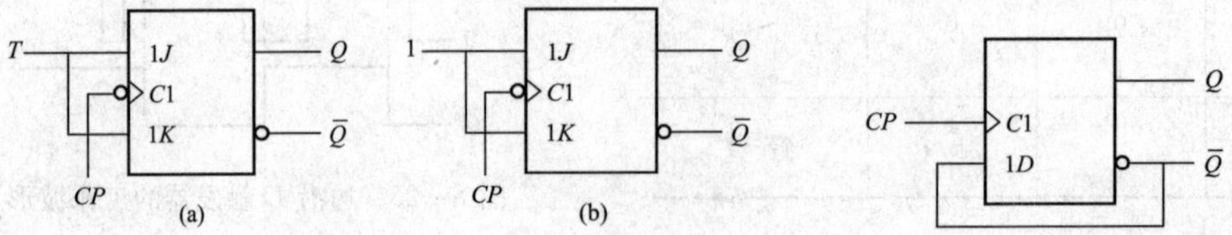

图 8－29　JK 转换为 T、T' 的逻辑图

(a) JK 转换为 T 的逻辑图；(b) JK 转换为 T' 的逻辑图

图 8－30　D 转换为 T' 的逻辑图

四、集成计数器

时序逻辑电路简称时序电路，是数字系统中非常重要的一类逻辑电路。所谓时序逻辑电路是指电路此刻的输出不仅与电路此刻的输入组合有关，还与前一时刻的输出状态有关。它是由组合逻辑电路和存储电路（触发器）共同构成的。其结构框图如图 8－31 所示。

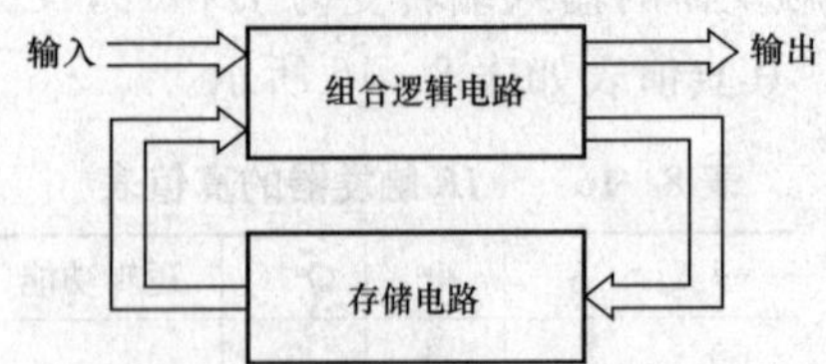

图 8－31　时序逻辑电路结构框图

常见的时序逻辑电路有计数器、寄存器等，这里主要介绍计数器。

计数器是用来实现累计电路输入 CP 脉冲个数功能的时序电路。在计数功能的基础上，计数器还可以实现计时、定时、分频和自动控制等功能，应用十分广泛。

计数器按照 CP 脉冲的输入方式可分为同步计数器和异步计数器。按计数值的加减不同，可分为加法计数器和减法计数器；按计数体制不同，又可分为二进制计数器、十进制计数器和其他进制计数器。

（一）异步二进制计数器

二进制数只有 0 和 1 两个数码，可以用一个触发器的 0 和 1 两种状态来分别表示。因此，n 个触发器串联起来便构成了 n 位二进制计数器。

实现二进制加法计数应满足：

（1）每输入一个计数脉冲，最低位触发器状态翻转一次；

（2）当低位触发器由 1 变 0（下降沿）或 0 变 1（上升沿）时，其相邻高位触发器翻转一次。

图 8－32 为 4 位异步二进制计数器的逻辑图，它由四个具有计数功能的 T' 触发器（CP 下降沿触发有效）构成。计数脉冲从最低位触发器 FF_0 的 CP 端输入，每输入一个脉冲，它就翻转一次。低位触发器的 Q 端与相邻触发器的 CP 端相连，每当低位触发器的状态由 1 变 0 或由 0 变 1 时，就向高位触发器的 CP 端送一负跳变的进位信号，使其翻转。可

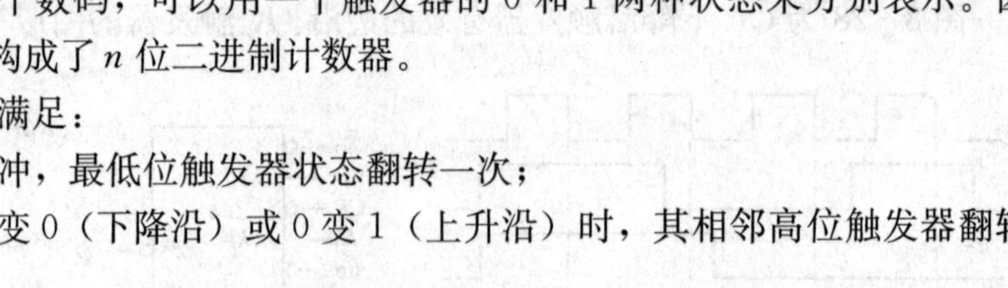

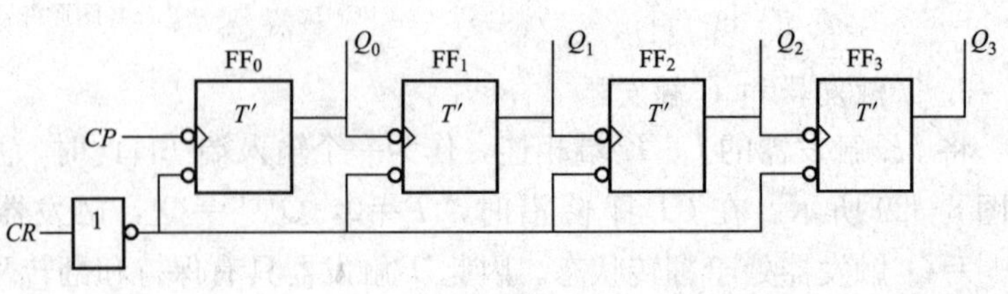

图 8－32　4 位异步二进制计数器的逻辑图

见，触发器之间的连接方式完全满足二进制加法计数规律。

4 位异步二进制计数器的工作过程如下：

计数前，在清零端 CR 加一正脉冲，使计数器的初始状态 $Q_3Q_2Q_1Q_0$＝0000。第 1 个计数脉冲下降沿到来时，触发器 FF_0 翻转 Q_0＝1。Q_0 由 0 变为 1，是正跳变，对 FF_1 不起作用，此时计数的状态 $Q_3Q_2Q_1Q_0$＝0001。第 2 个计数脉冲下降沿到来时，Q_0＝0。Q_0 由 1 变为 0，是负跳变，它使 FF_1 由 0 变 1，所以计数器的状态 $Q_3Q_2Q_1Q_0$＝0010。依次类推，可得计数器的时序图如图 8－33 所示。由时序图可知，每位触发器的输出频率均为其输入频率的二分之一，所以 1 位二进制计数器就是一个 2 分频器，4 位二进制计数器就是一个 2^4（16）分频器。总之，几进制计数器，就可构成几分频电路。

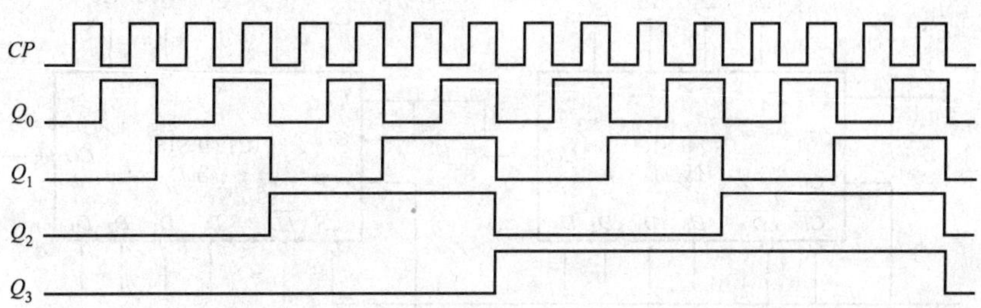

图 8－33　4 位异步二进制加法计数器的时序图

应当指出，对于 CP 下降沿触发有效的二进制计数器，若用低位端的 Q 作进位脉冲，此计数器满足加法计数；若用低位端的 $\overline{Q}$ 作进位脉冲，此计数器满足减法计数；而对 CP 上升沿触发有效的二进制计数器则相反。

（二）集成同步二进制加计数器 CT74LS161

图 8－34 为 4 位同步二进制计数器 CT74LS161 的图形符号和功能表。CT74LS161 是 CP 上升沿触发有效的 4 位二进制计数器，它除了具有二进制加法计数功能外，还具有预置数、保持和异步清零等附加功能。图中 $\overline{LD}$ 为预置数控制端，$D_3 \sim D_0$ 为预置数据输入端，CO 为进位输出端，$\overline{CR}$ 为异步置零（清零或复位）端。

4 位同步二进步计数器 CT74LS161 的具体四个功能如下：

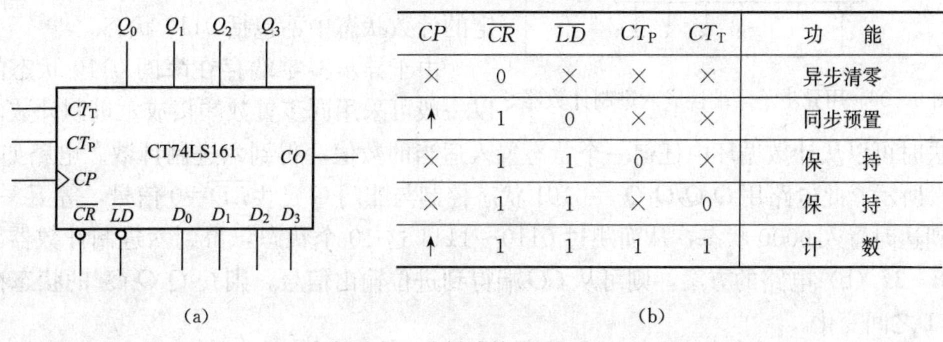

CP	$\overline{CR}$	$\overline{LD}$	CT_P	CT_T	功　能
×	0	×	×	×	异步清零
↑	1	0	×	×	同步预置
×	1	1	0	×	保　持
×	1	1	×	0	保　持
↑	1	1	1	1	计　数

图 8－34　4 位同步二进制计数器 CT74LS161

(a) 图形符号；(b) 功能表

(1) 异步清零。当 $\overline{CR}$＝0 时，$Q_3Q_2Q_1Q_0$＝0000。

(2) 同步置数。当 $\overline{CR}$＝1、$\overline{LD}$＝0 时，在 CP 上升沿到来时计数器置数，$Q_3Q_2Q_1Q_0$＝

$D_3D_2\ D_1D_0$。

(3) 计数器保持。当$\overline{CR}$=1、$\overline{LD}$=1、CT_T 和 CT_P 不全为 1 时，计数器保持。

(4) 同步计数。当$\overline{CR}$=1、$\overline{LD}$=1 时，在 CP 上升沿到来时计数器实现二进制加法计数。只有当 $Q_3Q_2Q_1Q_0$=1111 时，计数器进位输出 CO 才为 1，否则为 0。

如要得到 8 位二进制计数器，可利用 CT74LS161 的扩展功能将两个芯片级连，如图 8－35 所示。图中两个芯片的 CP、$\overline{CR}$、和$\overline{LD}$端分别并联，低位芯片的进位输出 CO 接高位芯片的计数控制端 CT_T 和 CT_P。整个计数器便实现 8 位二进制计数，同一个芯片一样具有同步预置和异步清零功能。

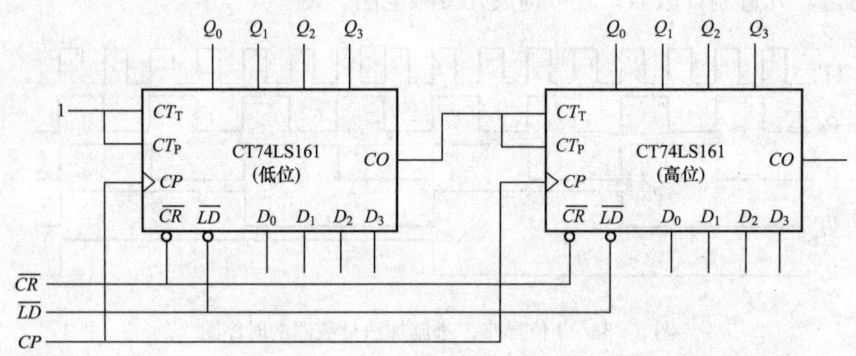

图 8－35　8 位二进制计数电路

利用集成计数器的清零端和置数端实现归零，从而构成按自然态序进行计数的 N 进制计数器。

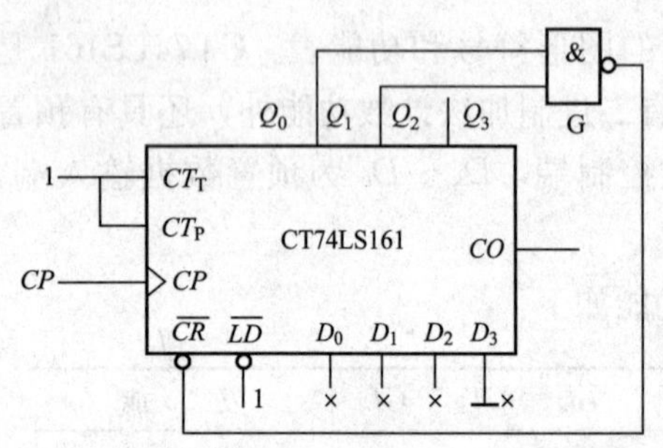

图 8－36　用异步清零端接成六进制计数器

图 8－36 所示电路采用异步清零端接成六进制计数器。由图可知，当计数器计到 $Q_3Q_2Q_1Q_0$ = 0110 时，与非门 G 输出低电平，使$\overline{CR}$=0，此时，计数器清零，回到 0000 状态，完成了六进制计数。由于电路一旦进入 0110 状态后立即又被置成 0000 状态，所以 0110 状态仅在极短的瞬间出现，在稳定的计数状态中不包括 0110 状态。

由于异步清零端存在瞬间 0110 状态问题，所以一般可采用同步置数端接成六进制计数。采用置数法时可以从计数循环中任何一个状态置入适当的数值，得到六进制计数。电路如图 8－37 (a) 所示。此电路用 $Q_3Q_2Q_1Q_0$=0101 状态控制与非门 G 产生$\overline{LD}$=0 信号，等下一个 CP 信号到达时置入 0000 状态，从而跳过 0110～1111 这 10 个状态，得到六进制计数器。若采用图 8－37 (b) 电路的方案，则可从 CO 端得到进位输出信号，则 $Q_3Q_2Q_1Q_0$ 的状态在 1010～1111 之间变化。

(三) 集成异步二-五-十进制计数器 CT74LS290

CT74LS290 引脚排列如图 8－38 (a) 所示，其中 $R_{0(1)}$、$R_{0(2)}$ 为异步置 0 端，$S_{9(1)}$、$S_{9(2)}$ 为异步置 9 端。CT74LS290 由一个独立的二进制计数器和一个五进制计数器构成。若将两个计数器串接可构成十进制计数器。CP_0 为二进制计数器时钟脉冲输入端，Q_0 为它的

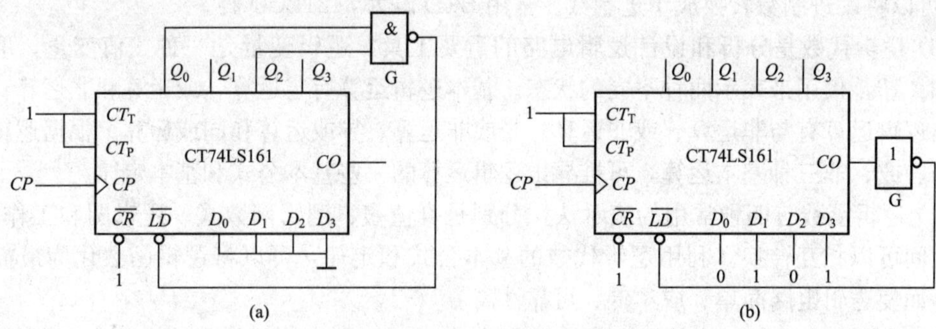

图 8-37 用同步置数法接成六进制计数

(a) 置数 0000；(b) 置数 1010

输出端。CP_1 为五进制计数器时钟脉冲输入端，Q_3、Q_2、Q_1 为它的输出端。若将 Q_0 与 CP_1 连接，计数脉冲从 CP_1 输入，由 $Q_3Q_2Q_1Q_0$ 端输出，则构成 8421BCD 码十进制计数器，图形符号如图 8-38（b）所示。无论是二、五或十进制计数器，只有在异步清 0 端和异步置 9 端均无有效输入信号时，电路才能正常计数。若 $R_{0(1)}=R_{0(2)}=1$ 时，$Q_3Q_2Q_1Q_0=0000$ 置 0；若 $S_{9(1)}=S_{9(2)}=1$ 时，$Q_3Q_2Q_1Q_0=1001$ 置 9。

利用 CT74LS290 的清零端也可构成按自然态序进行计数的 N 进制计数器。将 8-37（a）中 8421 码十进制计数器接成图 8-39 所示的电路，就构成六进制电路。其工作过程同 CT74LS161 构成的六进制计数器。读者可自行分析。

和同步计数器相比，异步计数器的各级触发器是以串行进位方式连接的，所以工作速度低，应用受到了很大的限制。

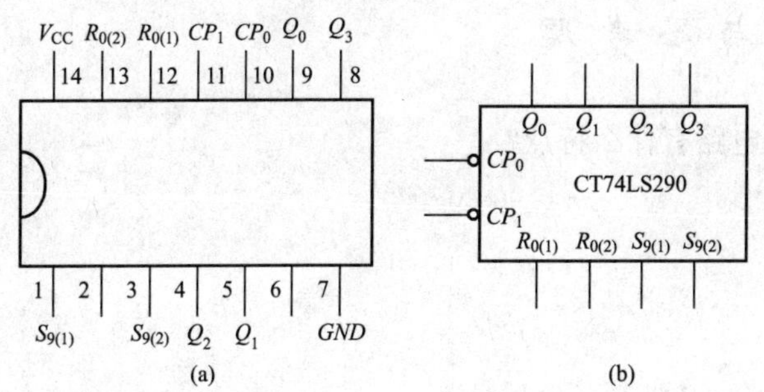

图 8-38 二-五-十进制计数器 CT74LS290

(a) 引脚排列；(b) 图形符号

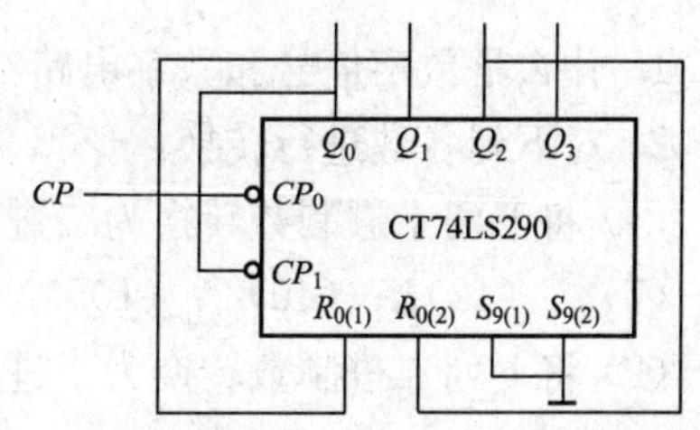

图 8-39 用异步清零端接成六进制计数器

本 章 小 结

（1）数字信号是指数值相对于时间的变化是离散的信号，将产生、存储、变换、处理、传送数字信号的电子电称为数字电路。数字电路有分立元件电路和集成电路两大类，目前分立元件电路已基本被数字集成电路所替代。

（2）在数字电路中，采用二进数，它是以 2 为基数的计数体制，进位规律是“逢二进一”。可以将二进制数转换成十进制数。常用 BCD 码为 8421BCD 码。

(3) 逻辑代数是分析和设计逻辑电路的重要工具。逻辑变量是一种二值变量，取值为“0”和“1”，仅用来表示两种不同的状态。基本逻辑运算有与运算、或运算和非运算。常用的导出逻辑运算有与非运算、或非运算、与或非运算、异或运算和同或运算。根据逻辑代数中的与、或、非三种基本运算，可推导出逻辑运算的一些基本公式和基本定律。

(4) 逻辑函数有四种常用的表示法，分别是真值表、逻辑函数式、逻辑图和工作波形。它们之间可以相互转换。利用逻辑代数的基本公式和定律，可以将逻辑函数化为最简逻辑式，从而使逻辑电路简单、成本低、可靠性高。

(5) 逻辑门电路是构成数字电路的基本单元。TTL 集成逻辑门电路中基本门是与非门，是 TTL 集成逻辑门电路的基本部件。集电极开路门的输出端可并联使用，可在输出端实现线与。三态门可用来实现总线结构。

(6) 组合逻辑电路是由各种门电路组成的没有记忆功能的电路。常用中规模组合逻辑器件中，编码器是将输入的电平信号编成二进制代码，而译码器则是将输入的二进制代码译成相应的电平信号，利用译码器可以实现组合逻辑函数。

(7) 触发器是构成时序逻辑电路的基本逻辑部件。它有两个稳定的状态：0 状态和 1 状态。触发器具有记忆和翻转功能，常用来保存二进制信息或组成计数器等时序逻辑器件。根据触发器的逻辑功能不同，可分为 RS 触发器、JK 触发器和 D 触发器。

(8) 时序逻辑电路是由组合逻辑电路和存储电路（触发器）共同构成的，具有记忆功能。计数器是用来实现累计电路输入 CP 脉冲个数功能的时序电路。计数器按照 CP 脉冲的输入方式可分为同步计数器和异步计数器。中规模集成计数器的功能完善、使用方便灵活，利用其清零端或置数端可放方便地构成 N 进制计数器。

习题与思考题

1. 什么是数字信号和数字电路？数字电路有什么特点？

2. 对下列各数进行转换：

(1) 将下列十进制数转换为二进制。

$(7)_{10}$；$(12)_{10}$；$(40)_{10}$；$(105)_{10}$。

(2) 将下列二进制数转换为十进制。

$(1000101)_2$；$(101101.011)_2$；$(11101)_2$；$(0.10101)_2$。

3. 试用与非门电路实现下列逻辑函数（门电路类型不限）。

(1) $Y=AB+AC$

(2) $Y=(A+B)(C+D)$

(3) $Y=\overline{AB+CD}$

4. 写出图 8 - 40 中逻辑函数的函数式。

5. 证明下列逻辑恒等式（方法不限）：

(1) $\overline{AC}+\overline{AB}+BC+\overline{ACD}=\overline{A}+BC$

(2) $(A+\overline{C})(B+D)(B+\overline{D})=AB+B\overline{C}$

6. 用代数法化简下列逻辑函数：

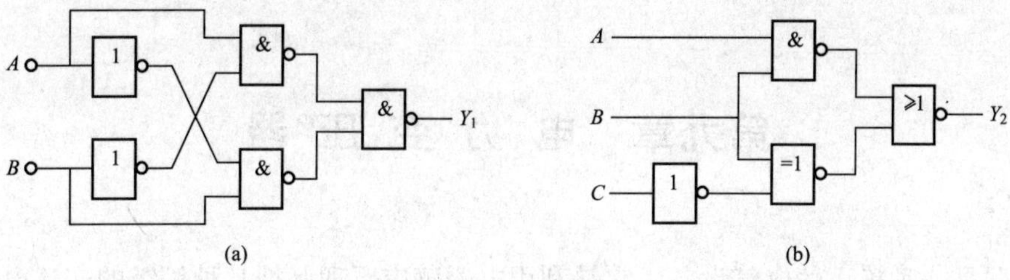

图 8-40　习题 4 图

(1) $Y=A\overline{B}+B+\overline{A}B$

(2) $Y=\overline{A\overline{\overline{B}}}+\overline{\overline{A}BC}$

7. 设计一个逻辑不一致电路，要求三个输入逻辑变量取值不一致时输出为 1，取值一致时输出为 0。

8. 在举重比赛中有 A、B、C 三名裁判，A 为主裁判，当两名以上裁判（必须包括 A 在内）认为运动员上举杠铃合格，按动电钮可发出裁决合格信号，请设计该逻辑电路。

9. 试说明编码器和译码器的逻辑功能有什么不同？

10. 试用译码器 74LS138 和门电路产生如下多输出逻辑函数（画出接线图）：

$$\begin{cases} Y_1=AC \\ Y_2=\overline{A}\,\overline{B}C+A\overline{B}\,\overline{C}+BC \\ Y_3=\overline{B}\,\overline{C}+AB\overline{C} \end{cases}$$

11. 时序逻辑电路有何特点？它和组合逻辑电路有什么本质不同？

12. 什么是计数？什么是分频？和异步计数器相比，同步计数器有哪些优点？

13. 分析图 8-41 所示电路，画出状态图，指出是几进制计数器。

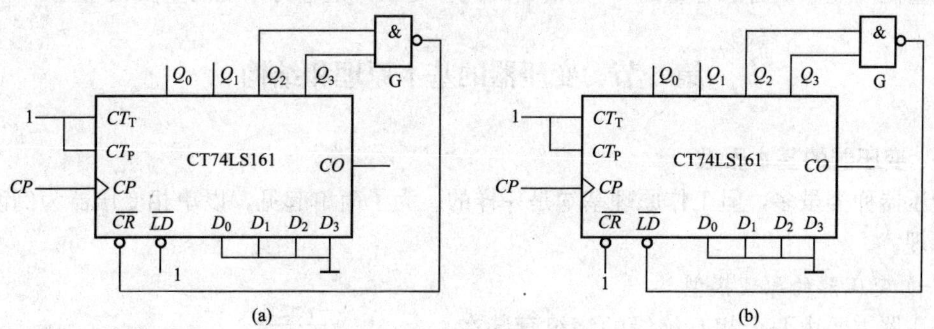

图 8-41　习题 13 图

14. 若用 CT74LS290 构成九进制计数器，试画出电路图。

第九章　电 力 变 压 器

变压器是一种静止的电气设备，它是利用电磁感应原理，把某种等级的交流电压变换为同频率的另一等级的交流电压。

变压器种类很多，按用途分为有电力变压器、特种变压器、仪用互感器、调压器、试验用高压变压器等；按相数分为单相变压器、三相变压器；另外，还可以按铁心结构、绕组数、冷却方式、调压方式等分类。

应用于电力系统（包括发电厂和变电站）中供输电和配电的变压器，统称为电力变压器。

发电厂欲将 $P=3UI\cos\varphi$ 的电功率输送到用电的区域，在 P、$\cos\varphi$ 为一定值时，若采用的电压越高，则输电线路中的电流越小，因而既可以节约导电材料又可减少输电线路上的损耗。所以远距离输电采用高电压是最为经济的。目前，我国交流输电的电压最高已达750kV。

发电机的输出电压一般有3.15、6.3、10.5、15.75、18、20kV等几种，因此必须用升压变压器将电压升高才能实现远距离经济输送。

电能输送到用电区域后，为了适应用电设备的电压要求以实现安全用电，还需通过各级变电站（所）利用变压器将电压降低为各类用电设备所需要的电压值。

由于电能从发电厂到用户的传输和分配，需要经过多次电压变换，一般电力系统中变压器总容量是发电厂设备总容量的6～8倍，因此，变压器是电力系统的重要设备之一。

第一节　变压器的基本原理和结构

一、变压器的基本原理

变压器种类虽多，但工作原理基本是一样的。为了简单起见，以单相变压器为例说明其工作原理。

（一）变压器的原理模型

变压器主要由两个相互绝缘的绕组套装在具有良好导磁性能材料制成的一个闭合铁心上构成，如图9-1所示。接交流电源的绕组称为一次绕组，该侧是通入交流电流侧，即吸收电能侧。接负载的绕组称为二次绕组，该侧是接负载侧，即输出电能侧。一、二次绕组之间只有磁的耦合，没有电的直接联系。

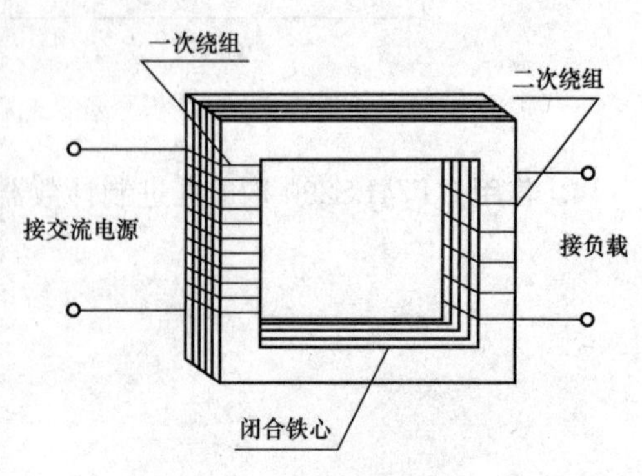

图9-1　变压器原理模型图

下面为了区别，一、二次电路的各物理量和参数分别用下标"1"和"2"标注。

(二) 变压器的基本工作原理

变压器的原理示意图如图 9-2 所示。

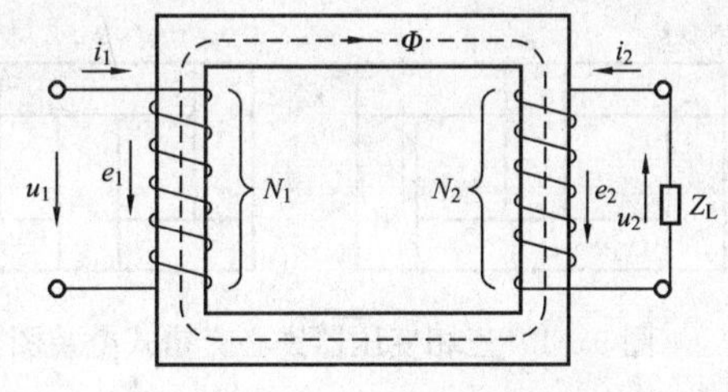

图 9-2　变压器的原理示意图

当一次绕组接在电压为 u_1 的交流电源上时，一次绕组中流过交变电流从而产生交变磁通 Φ，该磁通由铁心闭合同时交链于一、二次绕组。根据电磁感应定律可知，交变磁通 Φ 在一、二次绕组中分别产生感应电动势 e_1、e_2。当感应电动势的正方向与磁通的正方向符合右手螺旋关系时，其感应电动势可分别表示为

$$e_1 = -N_1 \frac{\mathrm{d}\Phi}{\mathrm{d}t},\ e_2 = -N_2 \frac{\mathrm{d}\Phi}{\mathrm{d}t}$$

式中　N_1、N_2——一、二次绕组的匝数；

$\frac{\mathrm{d}\Phi}{\mathrm{d}t}$——磁通变化率。

一般情况下，由于 $N_2 \neq N_1$，所以 $e_2 \neq e_1$，如果忽略一、二次绕组本身的阻抗压降这个次要因素时，$e_1 \approx u_1$，$e_2 \approx u_2$，则 $u_2 \neq u_1$。这就实现了改变电压等级的目的。若二次绕组接上负载，就有电流流过，变压器就向负载输出电能，从而实现了不同电压等级的电能传递。

由分析显而易见，变压器能够改变电压等级的条件是：①由铁心闭合同时交链于一、二次绕组的磁通必须交变；②一、二次绕组的匝数应不相等。

二、变压器的基本结构

电力变压器根据其容量、电压等级、绕组数不同，虽然外形和附件不尽相同，但是它们的主要部件是基本相同的。铁心和绕组是变压器的最主要部件，铁心和绕组装配在一起统称为器身。油浸式变压器把器身放置在装满变压器油的油箱里。油箱外还有一些附件：如储油柜、冷却装置、绝缘套管、继电器等。下面以图 9-3 油浸式变压器为例，介绍变压器的基本结构。

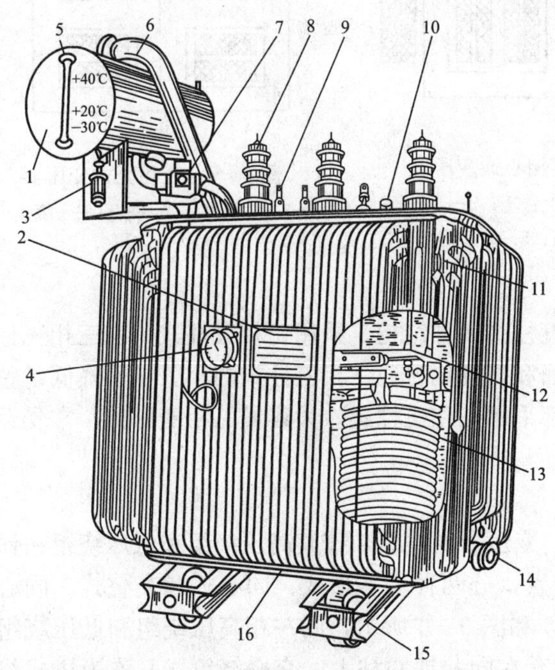

图 9-3　油浸式变压器结构图

1—储油柜；2—铭牌；3—呼吸器；4—温度计；5—油标；6—防爆管；7—气体继电器；8—高压套管；9—低压套管；10—分接开关；11—油箱；12—铁心；13—绕组；14—放油阀；15—小车；16—接地端子

(一) 铁心

铁心是变压器耦合磁通的磁路部分。为了降低铁心在交变磁通作用下的磁滞和涡流损耗，铁心采用厚度为 0.35mm 或更薄的优质硅钢片叠成。目前广泛采用磁导率高的冷扎晶粒取向硅钢片，以缩小铁心体积和质量等。

变压器铁心包括铁心柱和铁轭两部分，铁心柱上套绕组，铁轭将铁心柱连接起来，使之形成闭合磁路。装配铁心时一

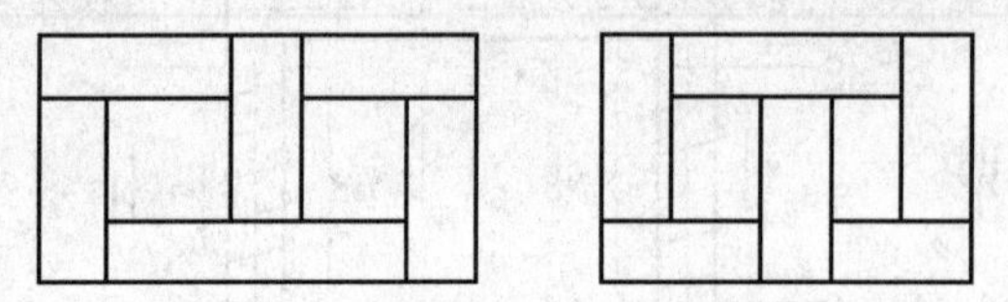
图 9-4 三相变压器铁心交错式叠装图

般采用交错式叠装，以减小接缝间隙从而降低空载励磁电流。如图 9-4 为铁心交错式叠装图。

按照绕组在铁心中的布置方式不同，变压器主要分为心式和壳式两种。心式变压器是绕组包围着铁心柱，其结构比较简单且高压绕组与铁心的距离较远，绝缘较易处理。一般电力变压器为心式结构，单相心式变压器如图 9-5 所示，三相心式变压器如图 9-6 所示。壳式变压器是把全部绕组绕在中间的铁心柱上，两个分支铁心柱和铁轭包围着绕组。其机械强度较高，但制造工艺较复杂，铁心用材也较多，且高压绕组与铁心柱的距离较近，绝缘处理较困难。壳式结构易于加强对绕组的机械支撑，使其能承受较大的电磁力，特别适用于通过大电流的特殊变压器，也用于大容量电力变压器。如图 9-7 所示为三相壳式变压器。

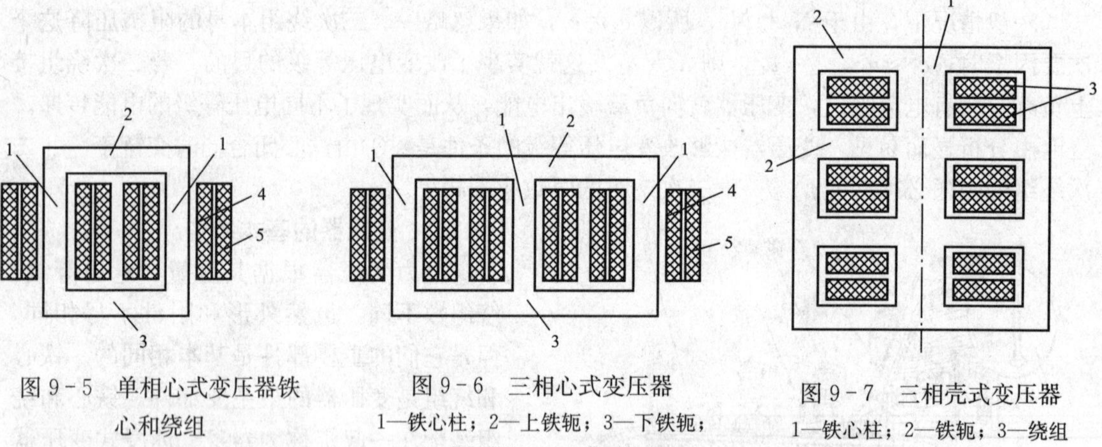

图 9-5 单相心式变压器铁心和绕组

1—铁心柱；2—上铁轭；3—下铁轭；4—低压绕组；5—高压绕组

图 9-6 三相心式变压器

1—铁心柱；2—上铁轭；3—下铁轭；4—低压绕组；5—高压绕组

图 9-7 三相壳式变压器

1—铁心柱；2—铁轭；3—绕组

三相心式变压器又有三相三柱式和三相五柱式两种结构。采用三相五柱式是在三相三柱式外侧加两个旁轭而构成，其上下铁轭的截面和高度比普通三相三柱式的小。从而降低了整个变压器的高度。中、小容量的三相变压器都采用三相三柱式。大容量三相变压器，常受运输高度限制，故多采用三相五柱式。

（二）绕组

绕组是变压器传递交流电能的电路部分。变压器的绕组，按其高压绕组和低压绕组在铁心上相互间的布置，分两种基本形式：同心式和交叠式。同心式绕组如图 9-5 和图 9-6 所示，同一相高压绕组和低压绕组均做成圆筒形，套在同一铁心柱上。交叠绕组，又称为饼式绕组，如图 9-8 所示，高压绕组和低压绕组各分为若干线饼，沿着铁心柱的高度交错地排列着。交叠绕组多用于壳式变压器。

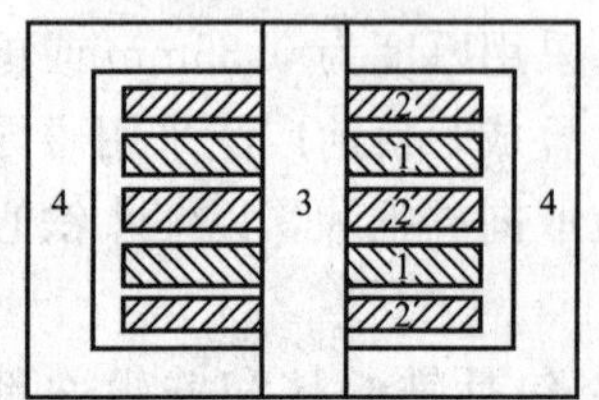

图 9-8 单相壳式变压器

1—高压绕组；2—低压绕组；3—铁心柱；4—旁轭

心式变压器一般都采用同心式绕组。为了绝缘布置方便，通常高压绕组套在低压绕组的外面，低压绕组装在铁心的附近，高、低压绕组之间，以及低压绕组与铁心之间都留有一定的绝缘间隙和散热油道，并用绝缘纸筒隔开，使绕组有效地散热。

（三）变压器油箱及油

油箱是用钢板焊接而成的，一般油箱由箱壳和箱盖组成，变压器的器身就放在箱壳内，打开箱盖则可吊出器身进行检修。

油浸式变压器油箱中充满了变压器油，变压器油是从石油中提炼出来的矿物油，其介质强度高、黏度低、闪燃点高、酸碱度低、杂质与水分极少。一般净化的变压器油的耐电压强度可达200～250kV/cm。变压器油既是绝缘介质又是冷却介质。为保证油的品质，在使用中要防止潮气侵入油中，否则即便进入少量水分，也会使变压器的绝缘性能大为降低。运行中变压器油通过受热后的对流，将铁心和绕组中的热量带到箱壁及冷却装置，再散发到空气中。

（四）主要附件

1. 储油柜、油位计及呼吸器

油箱内的变压器油，当温度变化时，其体积会膨胀或收缩。为了使油箱内的油面能自由地升降，而又要求不会有大面积油面与空气接触，一般在变压器箱盖上部加装一个圆筒形的储油柜（俗称油枕或膨胀器）。如图9-9所示，储油柜2底部有管道与其下部的主油箱1连通。主油箱内总是充满变压器油，变压器油一直充到储油柜内适当高度。储油柜内的油面高度随油箱中油温变化而变动。在储油柜的一侧装有油位表，以便观察油位的高低。

在中小型变压器上，常在储油柜端侧装设一只可直接观察油位的玻璃油位计。为了能使储油柜内的油面自由地升降，而又防止空气中的水分和灰尘进入储油柜内油中，中、小型变压器的储油柜通过一根管道，再经一个呼吸器与大气连通。呼吸器内装有干燥剂（或称吸湿剂），通常采用硅胶。

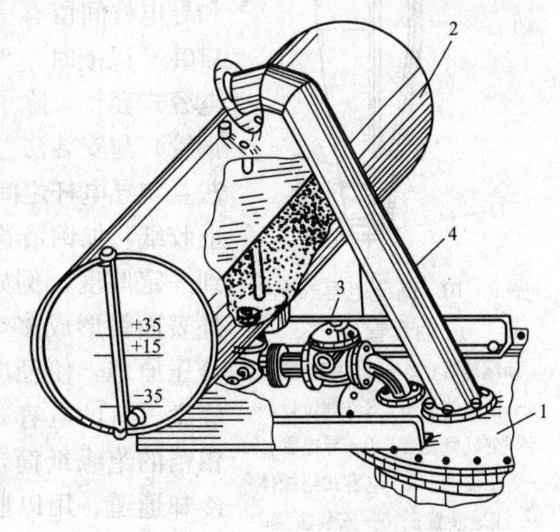

图9-9　储油柜和排气管

1—主油箱；2—储油柜；3—气体继电器；4—防爆管

2. 压力释放装置

压力释放装置在变压器油箱顶盖上，压力释放装置在保护电力变压器方面起重要作用。充有变压器油的电力变压器，如果内部出现故障或短路，电弧放电就会在瞬间使油汽化，导致油箱内压力极快升高。如果不能极快释放该压力，油箱就会破裂，将易燃油喷射到很大的区域内，可能引起火灾，造成更大破坏，因而通过压力释放装置使油箱内减压防止上述情况发生。

3. 气体继电器

气体继电器装在储油柜与主油箱之间的连通管中。当变压器发生故障时，内部绝缘物汽化，产生气体，气体从油箱上升进入储油柜时，使气体继电器的触点动作，发出信号通知运行人员处理，或直接使断路器跳闸。

4. 分接开关

变压器分接头切换开关，简称分接开关，一般安装在箱盖并置于油箱内。它是用来

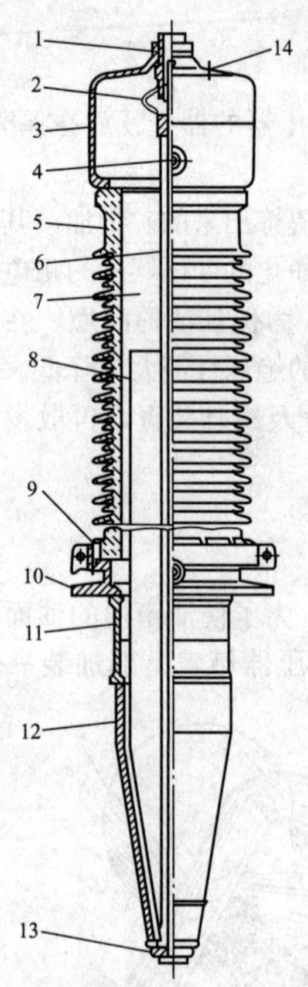

图 9-10 高压电容式充油套管

1—顶端螺母；2—可伸缩连接段；3—顶部储油室；4—油位计；5—空气侧瓷套；6—导电管；7—变压器油；8—电容式绝缘体；9—压紧装置；10—安装法兰；11—安装电流互感器；12—油侧瓷套；13—底端螺母；14—密封塞

改变高压绕组匝数，实现小范围调节二次电压。变压器为适应电网电压的变化，在其高压绕组（或中压绕组）设有一定数量的抽头（即分接头）。如果切换分接头必须将变压器从电网切除后进行（不带电才能切换），称为无励磁调压，这种分接开关称为无励磁分接开关，也称为无载调压分接开关。如果切换分接头可在带负荷下进行，则为有载调压，这种开关称为有载分接开关。

5. 绝缘套管

变压器高、低压绕组的引出线从箱内穿过油箱引出时，必须经过绝缘套管，它是引线对地的绝缘，担负着固定的作用。绝缘套管主要由中心导电杆和瓷套组成。导电杆在油箱内的一端与绕组连接，在外面的一端与外线路连接。

绝缘套管的结构主要取决于电压等级。电压低的一般采用简单的实心瓷套管。电压较高时，为了加强绝缘能力，在瓷套和导电杆间留有一道充油层，这种套管称为充油套管。电压在110kV以上时，采用电容式充油套管，也简称为电容式套管。电容式套管，除了在瓷套内腔中充油外，在中心导电杆（空心铜管）与安装法兰之间，还有电容式绝缘体包着导电杆，作为法兰与导电杆之间的主绝缘。电容式绝缘体是用油纸（或单面上胶纸）加铝箔卷制成型。卷制时，是在油纸（绝缘纸）每卷到一定厚度，例如1～2mm时，即卷一层铝箔。这样从内到外表面就形成多个同心的圆柱形电容串联。目的是利用电容分压原理，使径向和轴向电位分布趋于均匀，以提高绝缘击穿度。有的电容式套管，则是环绕着导电杆包有几层贴附有铝箔的绝缘纸筒，各纸筒之间还留有筒形空间，构成有效的冷却通道，用以散热，以提高载流容量和热稳定性。高压电容式充油套管的一种结构如图9-10所示。

此外，还有冷却装置、安全气道、净油器等其他附件。

第二节 三相变压器的极性和连接组别

现代电力系统都采用三相制，在三相电力系统中，一般使用三相变压器。当容量过大受到制造条件或运输条件限制时，在三相电力系统中也可由三台单相变压器连接成三相组使用。三相变压器与单相变压器的原理和结构相似。但三相变压器也有其特殊的问题需要研究，本节主要分析三相变压器的极性和连接组别。

一、绕组的首、末端标志与极性

变压器绕组的首、末端的标志如表9-1所示。

同一时刻具有相同极性的两个（或多个）端子称为同极性端，也称为同名端。由于主磁通同时交链着变压器高、低压绕组，当某一瞬间高压绕组的某一端为高电位时，在低压绕组

表 9-1 电力变压器的出线标志

绕组名	单相变压器		三相变压器		
	首端	末端	首端	末端	中点
高压绕组	A	X	A B C	X Y Z	N
中压绕组	A_m	X_m	A_m B_m C_m	X_m Y_m Z_m	N_m
低压绕组	a	x	a b c	x y z	n

上必有一个端点的电位也为高电位，则这两个对应的端点称为同极性端。通常在几个绕组对应的同名端上用符号“·”标出。

绕组首、末端的标志是人为规定的，且规定从首端指向末端为绕组电压的正方向，而绕组的极性只取决于绕组的绕向。当同一铁心柱上高、低压绕组首端的极性相同时，其电压相位相同，如图 9-11（a）、（b）所示。当同一铁心柱上高、低压绕组首端极性不同时，高、低压绕组电压相位相反，如图 9-11（c）、（d）所示。

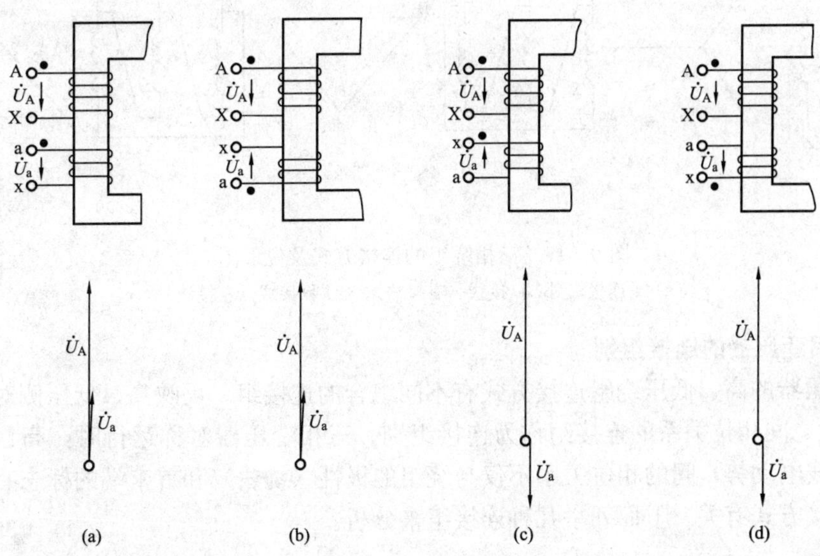

图 9-11 高、低压绕组的同名端和电压的相位关系

二、单相变压器的连接组标号

用不同的连接组标号可以反映变压器两侧绕组对应的电压或电动势之间的相位关系。它由绕组的绕向和端头标志决定。通常用时钟法来表示，即把高压绕组的线电压或线电动势的相量作为时钟的分针，且固定指向 12 的位置，对应低压绕组的线电压或线电动势相量作为时针，其所指的钟点数就是变压器连接组的标号。

对于单相变压器，当同极性端同标志时，高、低压绕组电压同相位，如图 9-11（a）、（b）所示，连接组为 I，I0。其中 I，I 表示高、低压绕组都是单相绕组。当同极性端异标志时，高、低压绕组电压相位相反，如图 9-11（c）、（d）所示，连接组为 I，I6。

我国国家标准规定 I，I0 为单相变压器的标准连接组。

为了方便，用一个相量图既表示电压相量，也表示电动势相量，同时，不再标注电压或电动势相量符号，只标明首、末端标志字母。采用这种表示方法，各电压或电动势之间的相位关系不变。这种图称为位形图，图 9-12 中相量表示 $\dot{E}_{XA}=\dot{U}_{AX}$。

三、三相绕组的连接方式

三相变压器的高压绕组还是低压绕组，主要采用星形连接或三角形连接两种接法。

把三相绕组的三个末端连在一起，结成中性点，把三个首端引出，便是星形连接，用 Y（或 y）表示。以高压绕组为例，连接方式及位形图如图 9-12（a）所示。如果有中性点引出线，则用 YN 表示。

图 9-12 位形图

如果把一相的末端和另一相的首端连接起来，顺序形成一闭合电路，称为三角形连接，用 D（或 d ）表示。三角形连接有两种连接顺序：以高压绕组为例，一种按 AX-CZ-BY 的顺序连接，称为右接法，如图 9-13（b）所示；另一种按 AX-BY-CZ 的顺序连接，称为左接法，如图 9-13（c）所示。

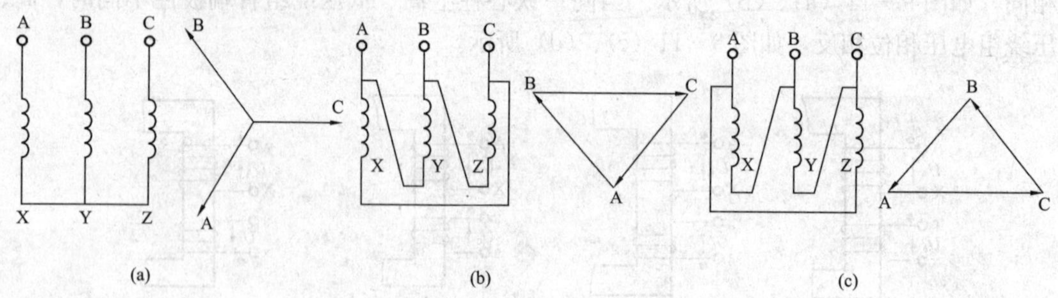

图 9-13 三相绕组的连接方式及位形图

（a）Y 连接；（b）D 接线（右接法）；（c）D 接线（左接法）

四、三相变压器的连接组别

三相变压器的高、低压绕组连接方式有不同组合的连接组。反映高、低压侧对应线电压（线电动势）之间相位关系的连接组称为连接组别。三相变压器对称运行时，高、低压侧对应线电压（线电动势）间的相位关系不仅与绕组的极性（绕法）和首末端的标志有关，而且与绕组的连接方式有关。下面列举几种连接组来分析。

1. Yy 接法

三相绕组分别同铁心柱时，Yy 接法有两种情况。

2. 同极性端同标志

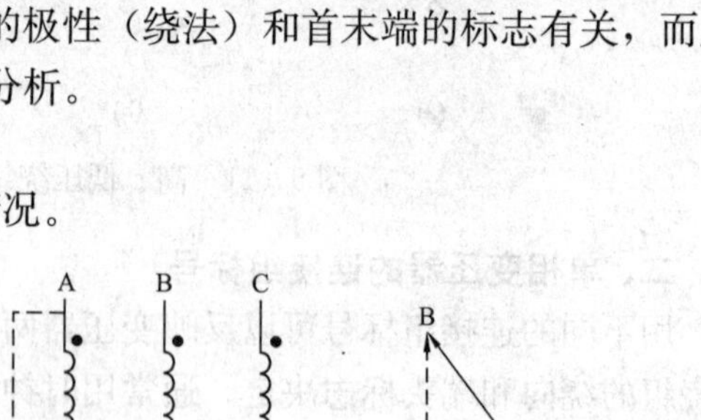

如图 9-14（a）所示。先作出高压侧 Y 接线的位形图，为了便于比较，将 A、a 连成等电位点，作为时针的轴心。根据同极性端在对应端、高、低压绕组电压同相位的结论，作出低压侧的位形图：ax 与 AX 平行同向，by 与 BY 平行同向，cz 与 CZ 平行同向［见图 9-14（b)］，代表线电压（或线电动势）的 AB（分针）与 ab（时针）平行同向，即高、低压绕组对应线电压 $\dot{U}_{AB}$ 与 $\dot{U}_{ab}$（或 $\dot{E}_{ab}$ 和 $\dot{E}_{AB}$）同相位，其连接组为 Yy0，意义为：高压绕组 Y 连接，

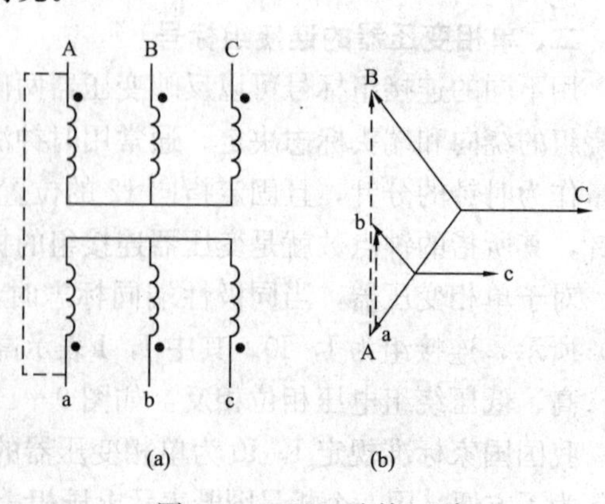

图 9-14 Yy0 连接组别

（a）接线；（b）位形图

低压绕组为 y 连接，高、低压侧的线电压（或电动势）同相。

3. 同极性端异标志

如图 9－15（a）所示，先作出高压侧 Y 接线的位形图，将 A、a 连成等电位点。根据同极性端不在对应端、高低压绕组电压反相的结论，作出低压侧的位形图：ax 与 AX 反向，by 与 BY 反向，cz 与 CZ 反向，[见图 9－15（b）]，代表 AB 与 ab 反向，即高、低压绕组对应线电压 $\dot{U}_{AB}$与 $\dot{U}_{ab}$（或 $\dot{E}_{ab}$和 $\dot{E}_{AB}$）反相位，其连接组为 Yy6，意义为：高压绕组 Y 连接，低压绕组为 y 连接，高、低压侧的线电压（或电动势）反相。

4. Yd 接法（d 为右接法）

同极性端同标志时，如图 9－16（a）所示。先作出高压侧 Y 接线的位形图，将 A、a 连成等电位点。根据同极性端在对应端、高低压绕组电压同相的结论，作出低压侧的位形图：ax 与 AX 同向，by 与 BY 同向，cz 与 CZ 同向，如图 9－16（b）所示。AB 指向 12 点，ab 指向 11 点，即连接组标号是 Yd11，表示高压绕组为 Y 接法，低压绕组为 d 接法，低压侧线电压（或电动势）滞后高压侧线电压（或电动势）330°。

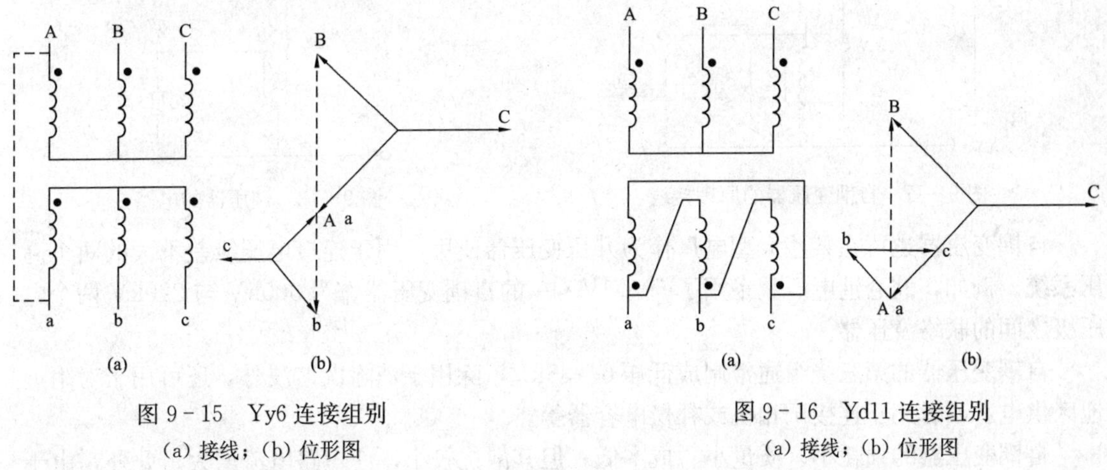

图 9－15　Yy6 连接组别
（a）接线；（b）位形图

图 9－16　Yd11 连接组别
（a）接线；（b）位形图

为了便于制造和并联运行，国家标准规定 Yyn0、Yd11、YNd11，YNy0，Yy0 为标准连接组。

第三节　特 殊 变 压 器

普通变压器的绕组都是分开绕制的，虽然都装在同一个铁心上，但是相互绝缘，只有磁的耦合，没有电的直接联系，能量是靠电磁感应传递的。而自耦变压器的结构与普通变压器的结构有很大不同，即一、二次绕组有公用的绕组部分。在电力系统中，要做一个直接测高电压、大电流的仪表是很困难的，操作起来也是十分危险的。利用变压器能改变电压和电流的功能，制造出特殊的仪用变压器——电压互感器与电流互感器。

一、自耦变压器

自耦变压器的工作原理与普通变压器的工作原理有所不同。自耦变压器的两个绕组之间不仅有磁的联系，而且还有电的直接联系。其原理接线如图 9－17 所示，高压绕组 N_1 由公共绕组 N_Q（低压绕组）和串联绕组 N_C 构成。通过自耦变压器传输的功率也由两部分组成：

一部分是通过串联绕组由电路直接传输，另一部分通过公共绕组由电磁感应传输。图 9－17 所示为单相双绕组自耦变压器，如果接成三相，以星形-星形连接最为经济而常用。

与普通变压器一样，自耦变压器一、二次绕组电压之比和电流之比也为

$$\frac{U_1}{U_2}=\frac{N_1}{N_2}=K_z$$

$$\frac{I_1}{I_2}=\frac{N_2}{N_1}=\frac{1}{K_z}$$

式中 K_z——自耦变压器的变比。

若自耦变压器的抽头可移动，如图 9－18 所示，使用时，改变滑动端的位置，便可得到不同的输出电压。实验室中用的调压器就是根据此原理制造。注意：一、二次侧千万不能对调使用，以防变压器损坏。因为一次匝数变少时，磁通增大，电流会迅速增加。

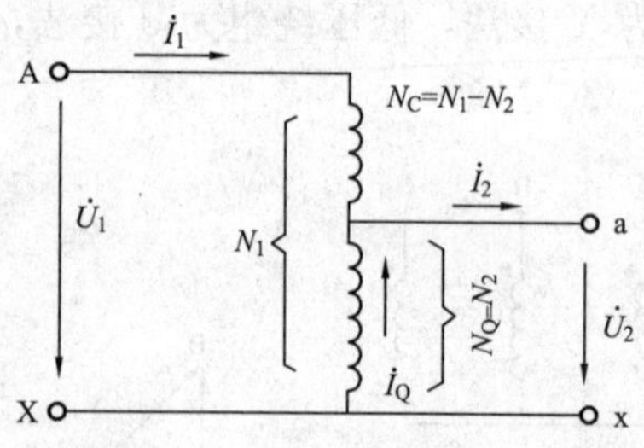

图 9－17 自耦变压器的原理接线

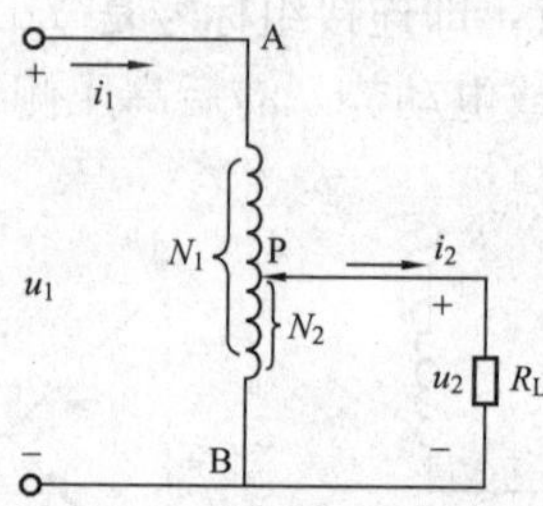

图 9－18 调压器的电路

自耦变压器也可在某些大型电厂作为升压变压器使用，用于连接电压级差不大的两个高压系统。例如，北仑港电厂就采用了 500MV·A 的自耦变压器作为 500kV 与 220kV 两个电压级之间的联络变压器。

自耦变压器的第三绕组通常制成低压 6～35kV，除用于消除次谐波外，还可用于对附近地区供电，或者用于连接调相机或补偿电容器等。

自耦变压器的损耗小、质量小、成本低，但其漏抗较小，使短路电流增大。此外，由于高、中压绕组在电路上相通，为了过电压保护，自耦变压器的中性点必须直接接地或经小电抗接地。

二、仪用变压器（互感器）

1. 电压互感器

把高电压变成低电压的仪用变压器，就是电压互感器。其原理接线如图 9－19 所示。

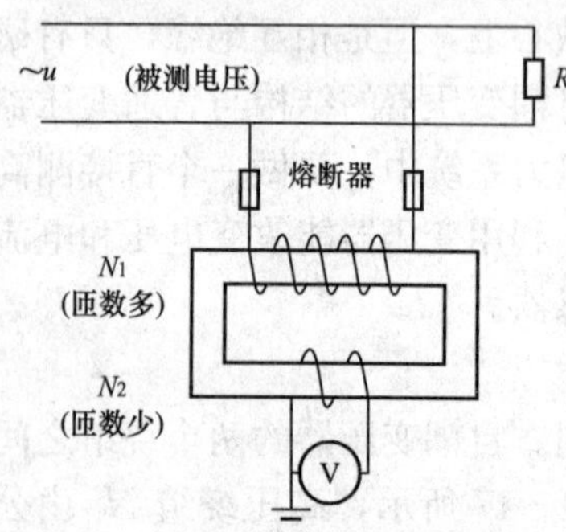

图 9－19 电压互感器的原理接线

电压互感器是利用变压器能改变电压的原理制成的，其结构与原理同普通降压变压器相似，也有铁心和一、二次绕组，但它的二次侧绕组只有 1 匝到几匝。电压互感器一次侧接高电压，二次侧接有电压表或其他仪表的电压线圈，用来实现用低量程的电压表测量高电压的目的。

一般规定二次侧电压额定值为 100V。被测电压通过计算得到，即

$$被测电压 = 电压表读数 \times N_1/N_2$$

使用电压互感器时，需主要注意以下事项：①二次侧

不能短路，以防产生过电流；②铁心、低压绕组的一端接地，以防在绝缘损坏时，在二次侧出现高压。

2. 电流互感器

把大电流变成小电流的仪用变压器，就是电流互感器。其原理接线如图 9－20 所示。

电流互感器是利用变压器能改变电流的原理制成的，它的结构与普通双绕组变压器相似，也有铁心和一、二次绕组，但它的一次侧绕组只有 1 匝到几匝，导线都很粗，串联在被测电路中。电流互感器二次侧绕组匝数较多，它与电流表或功率表的电流线圈串联成为闭合电路，以实现用低量程的电流表测量大电流的目的。

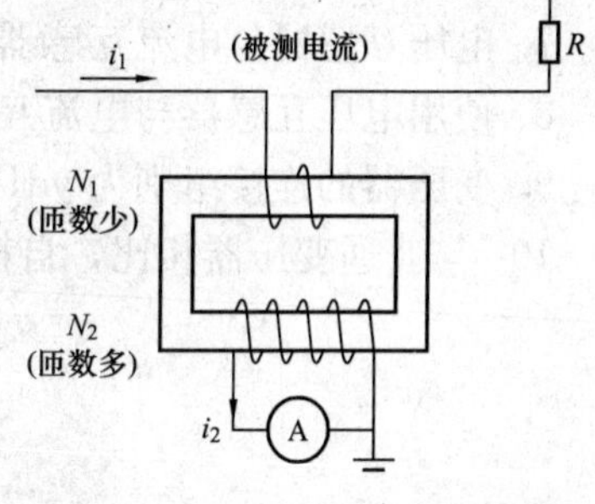

图 9－20　电流互感器的原理接线

一般规定二次侧电流额定值为 5A 或 1A。被测电流通过计算得到，即

$$\text{被测电流}=\text{电流表读数}\times N_2/N_1$$

使用电流互感器时，需主要注意以下事项：①二次侧不能开路，以防产生高电压；②铁心、低压绕组的一端接地，以防在绝缘损坏时，在二次侧出现过电压。

仪用变压器被广泛用于交流电压、电流、功率的测量中，以及各种继电保护和控制电路中。

本 章 小 结

作为能量传递的电气设备，变压器的工作原理建立在电磁感应基础上，把一种电压等级的交流电能转化为另一种电压等级的交流电能。

电力变压器根据其容量、电压等级、绕组数的不同，虽然外形和附件不尽相同，但是它们的主要部件是基本相同的。铁心和绕组是变压器的最主要部件，铁心和绕组装配在一起放置在装满变压器油的油箱里。油箱外还有一些附件：如储油柜、冷却装置、绝缘套管、继电器等。

根据结构不同，三相变压器可分为组式和心式两种，组式变压器由三台完全相同的单相变压器组成；三相心式变压器又有三相三柱式和三相五柱式两种。

变压器的连接组别反映一、二次侧线电压或线电动势之间的相位关系，可用位形图来判断。

与普通变压器相比，自耦变压器的两个绕组之间不仅有磁的联系，而且还有电的直接联系。为了便于测量和安全起见，利用变压器能改变电压和电流的功能，制造出特殊的仪用变压器——电压互感器与电流互感器。

习 题 与 思 考 题

1. 变压器能够变压的条件是什么？
2. 变压器的主要结构部件有哪些？各部件的作用是什么？
3. 变压器铁心采用硅钢片叠装的目的是什么？
4. 组式三相变压器和三相心式变压器在结构上各有什么特点？

5. 一台额定电压为 220/110V 的变压器，若误将低压侧接到 220V 的交流电源上，将会产生什么样的后果？

6. 一台 220/110V 的变压器，变比 $k=\frac{N_1}{N_2}=2$，能否一次绕组用 2 匝，二次绕组用 1 匝，为什么？

7. 电压互感器与电流互感器各有什么用途？

8. 使用电压互感器与电流互感器时，各应主要注意哪些事项？

9. 变压器的连接组别为 yd11，试说明该组别表示的含义。

10. 与普通变压器相比，自耦变压器有什么特点？

第十章　异步电动机

异步电动机是一种交流电动机，也称为感应电动机。它是将交流电能转化为机械能的设备。现代各种生产机械大都采用异步电动机来驱动。

异步电动机具有结构简单，制造、使用和维护方便，运行可靠及质量轻，成本较低的优点，它还具有较高的效率和接近恒速的负载特性。因此，在生产实际中异步电动机得到了最广泛的应用。

异步电动机又分为三相异步电动机和单相异步电动机。三相异步电动机广泛地用来驱动各种金属切削机床、起重机、锻压机、传送带、铸造机械、水泵等。单相异步电动机常用于功率不大的电动工具和某些家用电器中。本篇主要介绍三相异步电动机的基本结构与工作原理、特性及其控制，对单相异步电动机仅作简单的介绍。

第一节　三相异步电动机的基本结构

异步电动机是旋转电机，它是由固定的定子和旋转的转子两大部分组成。定子和转子之间存在较小的空气隙，称为气隙。为了减小空载电流，气隙应尽量小，异步电动机的气隙一般为 0.2～2.0mm。笼型异步电动机的结构如图 10－1 所示。

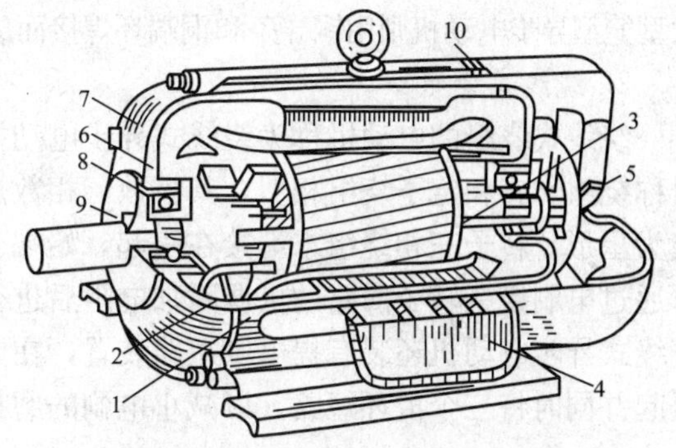

图 10－1　笼型异步电动机的结构图

1—定子；2—定子绕组；3—转子；4—出线盒；5—风扇；6—轴承；7—端盖；8—内盖；9—外盖；10—风罩

一、定子

异步电动机定子的主要是建立旋转磁场。定子主要由定子铁心、定子绕组、机座组成。

定子铁心是异步电机主磁路的一部分，为了减少铁心损耗，其铁心通常由 0.5mm 厚的片间绝缘的硅钢片叠压而成，并固定在机座内。一般大容量电动机定子硅钢片间涂有绝缘漆，且采用扇形冲片。当定子铁心较长时，为了增加散热面在轴向长度上，每隔 3～6cm 留有径向通风沟。为了嵌放定子绕组，在定子铁心内圆冲出许多形状相同的槽。

定子绕组是电动机的电路部分，其主要作用是通过电流产生主磁场，以实现机电能量的转换。定子绕组一般采用带绝缘的铜导线或铝导线绕制的线圈连接而成。小型异步电动机采用高强度漆包圆线圈，大型异步电动机采用矩形截面成型线圈。三相异步电动机的定子绕组为三相对称绕组。

机座的主要作用是固定和支撑定子铁心，因此要求其有足够的机械强度和刚度，能够承受运输和运行中的各种作用力。中、小型电动机通常采用铸铁机座，为增加散热面，在机座外表面有散热片。大容量电动机采用钢板焊接机座，为满足通风散热要求，机座内表面和定子铁心隔开适当的距离以形成空腔，作为冷却空气的通道。

此外，机座两端装有端盖，端盖由铸铁或钢板制成。有的端盖中央还装有轴承，轴承用来支撑转子。

二、转子

异步电动机转子主要是利用旋转磁场感应产生转子电流，从而产生电磁转矩。转子主要由转轴、转子铁心、转子绕组组成。

转轴用强度和刚度较高的中碳钢加工而成，一方面是为了支撑和固定转子铁心，另一方面起着传递功率的作用。整个转子靠轴承和端盖支撑着。

转子铁心也是电动机主磁路的一部分，通常也是由 0.5mm 厚的硅钢片叠压成圆柱体套装在转轴上，转子铁心表面均匀分布的槽内嵌放有转子绕组。

转子绕组是短路绕组，其作用是产生感应电动势，流过感应电流。转子绕组分为鼠笼式和绕线式两种。

1. 鼠笼式绕组

鼠笼式绕组的电动机称为笼型异步电动机。鼠笼式绕组结构较简单，它是由嵌在转子铁心槽内的铜条或铝条组成，两端分别与两个端环相连成一个整体，形成一个自身闭合的短接回路。如不考虑铁心，仅由导条和端环构成的转子绕组外形像一个松鼠笼子，故称鼠笼式转子绕组。为了节约用铜，一般中、小型笼型异步电动机的转子导条、端环和端环外的风扇由铝液铸成一体。大型笼型异步电动机则用铜导条和铜端环焊接而成。鼠笼式转子绕组外形图如图 10－2 所示。

2. 绕线式绕组

绕线式绕组的电动机称为绕线式异步电动机。绕线式绕组是指转子铁心槽内放置的三相对称绕组。它和定子绕组相似，其极数、相数也和定子的极数、相数相等。绕线式绕组一般接为星形，转子三相绕组末端接在一起，始端分别引至轴上的三个互相绝缘的铜质滑环上，再通过电刷接在转子回路的可调附加电阻后进行短接，其接线示意图如图 10－3 所示。有的绕线式异步电动机还装有提电刷短路装置，在电动机起动完毕且不需要调节转速时，把电刷提起并同时将三个滑环短路，以减小电刷的磨损和摩擦损耗。

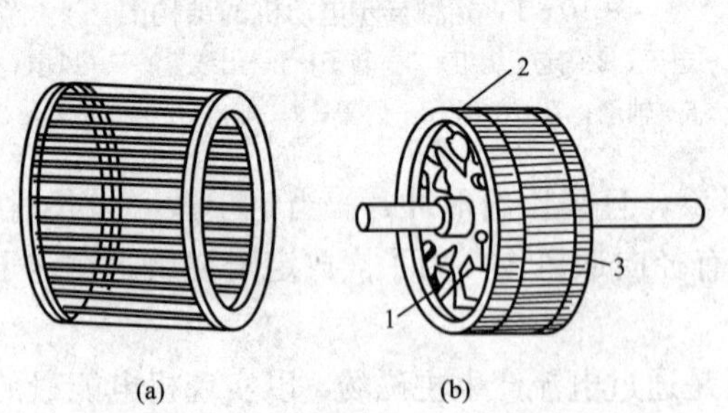

图 10－2 鼠笼式转子绕组外形图

（a）铜条转子绕组；（b）铜条转子

1—铁心；2—导条短路环；3—嵌入的导条

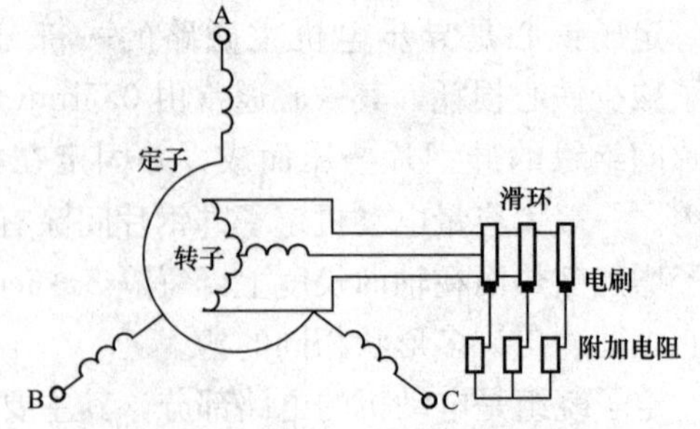

图 10－3 绕线式异步电动机接线示意图

绕线式电动机可以通过改变转子回路串入的附加电阻，改善电动机的起动性能，或调节电动机的转速。但与笼型异步电动机相比，绕线式异步电动机的结构复杂，维修较麻烦，造价高等。因此，对起动性能要求较高和需要调速的场合才选用绕线式异步电动机。

第二节 异步电动机的工作原理

由第一节内容可知，异步电动机主要由定子和转子两大部分组成。定子铁心中分布有三相对称绕组（匝数相等、结构相同、空间互差120°分布的绕组），转子铁心中分布的转子绕组为自身短接绕组。异步电动机之所以能够旋转，是由于转子载流导体在定子磁场中受到了电磁力的作用。因此，要掌握异步电动机转动原理，就必须搞清楚定子磁场的建立、转子绕组中的感应电流以及转子绕组的感应电流在定子磁场中受到的电磁力。

一、定子旋转磁场

（一）定子旋转磁场的建立

定子三相对称绕组接成星形或三角形，三相出线端接在三相交流电源上，三相定子绕组中便流过三相对称电流，即

$$i_A = I_m \sin\omega t$$
$$i_B = I_m \sin(\omega t - 120°)$$
$$i_C = I_m \sin(\omega t - 240°)$$

其波形如图10-4所示。规定：电流从绕组首端流向末端为正方向。电流在正半周时，为正值；电流在负半周时，为负值。

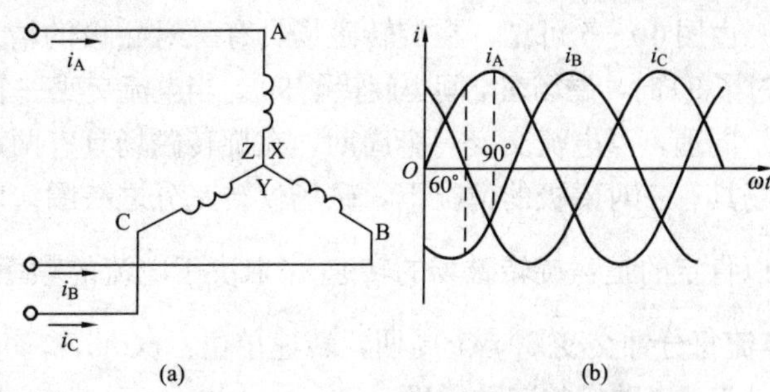

图10-4　三相电流正方向规定和波形
(a) 接线图；(b) 波形图

当$\omega t = 0$的瞬时，定子绕组中的电流方向如图10-5所示，此时$i_A = 0$，i_B为负值，i_C为正值。将每相电流产生的磁场相加，便得到三相电流的合成磁场。如图10-5（a）所示，合成磁场的方向是由上指向下。

当$\omega t = 60°$的瞬时，定子绕组中的电流方向和三相电流的合成磁场方向如图10-5（b）所示。此时，合成磁场已在空间转过了60°。

当$\omega t = 90°$的瞬时，如图10-5（c）所示，此时，三相电流的合成磁场比$\omega t = 60°$的合成磁场在空间又转过了30°。

由上推知，当三相定子绕组中流过三相对称电流时，其产生的合成磁场是随电流的交变在空间不断旋转的旋转磁场。

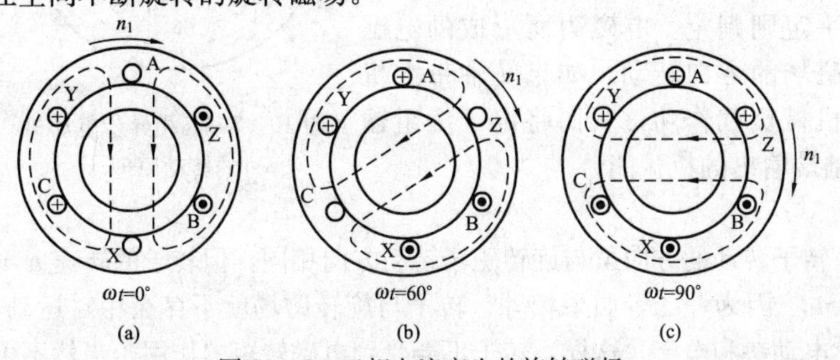

图10-5　三相电流产生的旋转磁场

（二）旋转磁场的特点

1. 旋转磁场的转向

如图10-5所示，三相定子绕组中通入三相对称电流的相序为A→B→C，其旋转磁场的转向与该顺序是一致的。如果将三相对称电流的相序变为

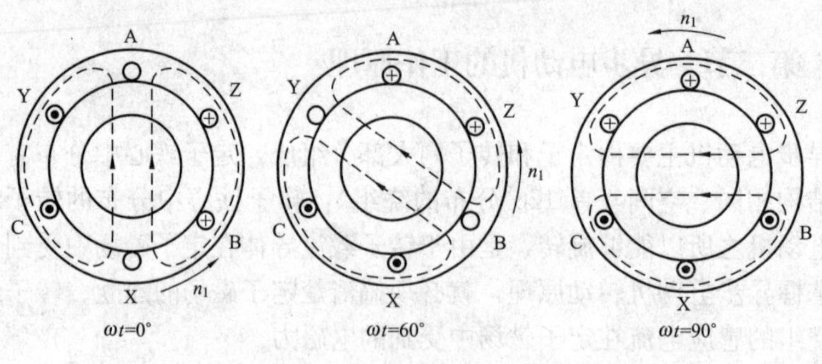

图 10－6 旋转磁场的反转

A→C→B（将定子接电源的三根导线中的任意两根导线对调即可），旋转磁场则反转，如图 10－6 所示。可见，旋转磁场的转向与通入定子绕组的三相电流相序有关。

2. 旋转磁场的磁极数

旋转磁场的磁极数即定子绕组的磁极数，而定子绕组的磁极数与定子绕组端部的连接有关。若每相只有一个线圈组，相邻线圈组的首端之间相差 120°空间角，此时旋转磁场具有一对磁极，即 $p=1$（p 是磁极对数），如图 10－5所示。以此类推，若每相绕组在空间均匀分布三个串联线圈组，相邻线圈组的首端之间相差 40°空间角，则产生的旋转磁场具有三对磁极，即 $p=3$。

3. 旋转磁场的转速

由图 10－5 可见，在旋转磁场具有一对磁极的情况下，当定子电流从 $\omega t=0°$ 到 $\omega t=90°$ 经过了 90°时，磁场在空间也旋转了 90°。当电流交变一个周期时，该磁场在空间恰好转过一圈。

同理，当电流交变一个周期，在旋转磁场具有两对磁极的情况下，磁场转半圈；在旋转磁场具有三对磁极的情况下，磁场仅转三分之一圈。对于这一点不作详细分析了，但有一点可以肯定的是：旋转磁场的转速 n_1 取决于电流的频率和旋转磁场的磁极对数 p，即 $n_1=\frac{60f}{p}$（电流每分钟交变 $60f$ 个周期，转速单位：r/min）。

二、电动机的转动原理

1. 电动机转动原理

图 10－7 所示为三相异步电动机转动原理图，当异步电动机定子三相绕组通入三相电流时，在气隙中便产生旋转磁场。由于旋转磁场与转子绕组存在着相对运动，旋转磁场切割转子绕组，转子绕组中便产生感应电动势。因为转子绕组自成闭合回路，所以就有电流流过。转子绕组感应电动势的方向由右手定则确定，若略去转子电阻电抗，则感应电动势的方向即是感应电流的方向。转子绕组中的感应电流与旋转磁场相作用，在转子上产生电磁力，电磁力的方向按左手定则判定。电磁力所形成的电磁转矩，驱动转子沿着旋转磁场的方向转动。如果转轴带上机械负载，电动机便拖动该机械负载作功，从而将定子绕组输入的三相交流电能转化为轴端输出的机械能。

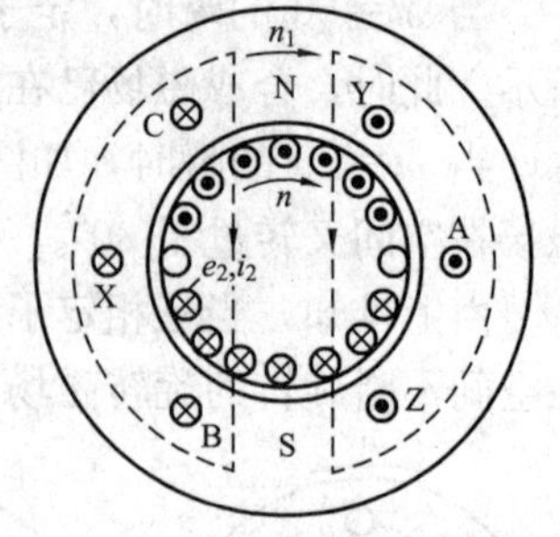

图 10－7 三相异步电动机的转动原理

2. 转差率 s

从转动原理分析可知，转子转动的方向虽与旋转磁场转动方向相同，但转子的转速 n 不能达到同步转速 n_1，即 $n<n_1$。因为，二者如果相等，转子与旋转磁场就不存在相对运动，转子绕组中也就不会感应出电动势和电流，这样，转子不会受到电磁转矩的作用，当然不可

能继续转动。由此可见，异步电动机转子的转速 n 总是和旋转磁场的转速 n_1 存在一定的差异，“异步”也从这得名。n 和 n_1 的差异是异步电动机产生电磁转矩的必要条件。

定子旋转磁场的转速 n_1 与转子的转速 n 之差 $\Delta n=n_1-n$ 称为转差。通常将转差（n_1-n）与旋转磁场的转速 n_1 的比值称为异步电动机的转差率，用 s 表示，即

$$s=\frac{n_1-n}{n_1} \tag{10-1}$$

由式（10－1）可知，当 $n=0$ 时，$s=1$；当 $n=n_1$ 时，$s=0$，因此，异步电动机正常运行时 s 值的范围是 $0<s<1$。由于异步电动机额定转速 n_N 与定子旋转磁场的转速 n_1 接近，故一般额定转差率 s_N 在 0.01～0.06 之间。转差率是分析异步电动机运行性能的一个重要物理量，通过转差率 s 的大小和正负可确定异步电机的运行状态。

【例 10－1】 有一台三相异步电动机，其额定转速 $n_N=1440$r/min，所接电源频率为 50Hz，试求该电动机的极数以及额定转速运行时的转差率。

解： 因异步电动机额定转速与旋转磁场的转速接近，故

$$p=\frac{60f}{n_1}\approx\frac{60f}{n_N}=\frac{60\times 50}{1440}=2.083 \quad 取\ p=2$$

$$n_1=\frac{60f}{p}=\frac{60\times 50}{2}=1500\text{r/min} \quad s=\frac{n_1-n}{n_1}=\frac{1500-1440}{1500}=0.04$$

第三节 异步电动机的特性

异步电动机是利用电磁感应作用把能量从定子侧传递到转子侧的，定子、转子之间仅有磁的耦合，没有电的直接联系，这一点和变压器一、二次侧的电磁联系很相似，定子侧相当于变压器的一次侧，转子侧相当于变压器的二次侧。因此，可将变压器的基本分析方法和结论用到分析研究异步电动机的运行中。

一、定子绕组内的情况

当定子三相绕组接到三相对称电源时，定子绕组中流过三相对称电流，建立定子旋转磁动势 $\boldsymbol{F}_0$，从而产生以同步速 n_1 旋转的旋转磁场（除产生主磁通 $\dot{\Phi}$ 外，还要产生定子漏磁通 $\dot{\Phi}_{1\sigma}$）。主磁通 $\dot{\Phi}$ 以同步转速 n_1 的相对速度切割定子绕组产生感应电动势 $\dot{E}_1$，其感应电动势的有效值为

$$E_1=4.44f_1N_1k_{w1}\Phi_m \tag{10-2}$$

由于定子绕组的电阻压降及定子漏磁通产生的漏电动势与外加电压相比很小，通常为额定电压的 2%～5%，为了分析问题简单起见，可忽略不计。故

$$U_1\approx E_1=4.44f_1N_1k_{w1}\Phi_m \tag{10-3}$$

式中 $\dot{\Phi}_m$——气隙旋转磁场的每极磁通量幅值；

f_1——定子绕组的感应电动势频率；

N_1——定子绕组每相串联的匝数；

k_{w1}——定子的基波绕组系数。

对于给定的异步电动机，N_1、k_{w1} 均为常数，当频率一定时，主磁通 Φ_m 与电源电压 U_1

成正比，如外施电压不变，主磁通 Φ_m 也基本不变，这一特点与变压器相同，它也对分析异步电动机的运行很重要。

异步电动机空载时，由于转子空载转速 n_0 非常接近于旋转磁场的同步速 n_1，因此，$\Delta n=n_1-n_0\approx 0$，$s\approx 0$。此时定子旋转磁场几乎不切割转子，转子感应电动势和感应电流近似为零，即 $\dot{E}_2\approx 0$，$\dot{I}_2\approx 0$，转子磁动势可忽略。和变压器空载运行一样，异步电动机空载运行时，由定子旋转磁势 F_0 单独作用产生主磁通。这时的定子电流，即空载电流 $\dot{I}_0$ 近似等于励磁电流 $\dot{I}_m$。由于异步电动机存在气隙，其空载电流对额定电流的百分值比变压器的要大。

当异步电动机负载运行时，定子旋转磁场仍以 n_1 旋转，而转轴上机械负载的阻力矩使转子转速从 n_0 下降到某值 n，故此时 $n<n_1$。则电动机以低于同步转速 n_1 的速度旋转，其转向仍与气隙旋转磁场的方向相同。这时，定子旋转磁场以相对速度 $\Delta n=n_1-n$ 切割转子绕组，转子绕组中将感应电动势，因转子绕组是短路的，在转子感应电动势作用下，转子绕组中也将流过电流 $\dot{I}_2$。与变压器负载运行相似，根据磁动势平衡原理，定子电流 $\dot{I}_1$ 也相应地增大，即电源供给电动机的电功率增加。

二、转子绕组内的情况

定子旋转磁动势的转速是 n_1，负载运行时，转子转速为 n，则气隙旋转磁场以相对速度 $\Delta n=n_1-n$ 切割转子绕组，在转子绕组中感应出电动势和电流，其频率为

$$f_2=\frac{p\Delta n}{60}=\frac{p(n_1-n)}{60}=s\frac{pn_1}{60}=sf_1 \tag{10-4}$$

由于旋转磁动势的转速取决于其绕组中电流的频率，所以转子磁动势相对于转子的转速为

$$n_2=\frac{60f_2}{p}=s\frac{60f_1}{p}=sn_1 \tag{10-5}$$

又因转子本身以转速 n 旋转，故转子磁动势相对于不动的定子的转速为

$$n_2+n=sn_1+n=n_1 \tag{10-6}$$

即转子旋转磁动势与定子旋转磁动势在气隙中转速相等。

由上述分析可见，转子旋转磁动势和定子旋转磁动势转向相同、转速相等，即它们在空间相对静止，共同建立稳定的气隙主磁场。

电动机负载运行时，因转子绕组中感应电动势的频率 $f_2=sf_1$，故转子感应电动势的有效值为

$$E_2=4.44f_2N_2k_{w2}\Phi_m=s4.44f_1N_2k_{w2}\Phi_m \tag{10-7}$$

但当转子静止时，$s=1$，$f_2=f_1$，此时转子感应电动势用 E_{20} 表示，即

$$E_{20}=4.44f_1N_2k_{w2}\Phi_m \tag{10-8}$$

将式（10-7）与式（10-8）相比较，可得

$$E_2=sE_{20} \tag{10-9}$$

由以上三式可知，转子静止时其电动势最大；正常运行时转差率很小，转子频率很低（0.5～3Hz），相应的转子电动势就较小。

与定子侧相似，转子漏电动势也可以用漏电抗压降来表示，即

$$\dot{E}_{20}=-\mathrm{j}\dot{I}_2x_2 \tag{10-10}$$

式中　x_2——转子绕组漏电抗，与转子漏磁通相对应的等效电抗，电抗的大小与电流频率有关，即 $x_2=2\pi f_2L_2=2\pi sf_1L_2=sx_{20}$，$x_{20}$ 为静止时转子绕组漏电抗。

由于转子绕组短路，转子电压为 0，因此，感应电动势全部加在转子阻抗上。按照变压器二次侧各电磁量的正方向规定，根据基尔霍夫第二定律，可得转子侧电动势方程式为

$$\left.\begin{aligned}\dot{E}_2+\dot{E}_{20}-\dot{I}_2r_2=0\\ \dot{E}_2=\dot{I}_2(r_2+\mathrm{j}x_2)\end{aligned}\right\} \tag{10-11}$$

由转子侧电动势方程式，可得转子每相电流为

$$\dot{I}_2=\frac{\dot{E}_2}{r_2+\mathrm{j}x_2}=\frac{s\dot{E}_{20}}{r_2+\mathrm{j}sx_{20}} \tag{10-12}$$

每相电流有效值为

$$I_2=\frac{E_2}{\sqrt{r_2^2+x_2^2}}=\frac{sE_{20}}{\sqrt{r_2^2+(sx_{20})^2}} \tag{10-13}$$

转子回路的功率因数为

$$\cos\varphi_2=\frac{r_2}{\sqrt{r_2^2+x_2^2}}=\frac{r_2}{\sqrt{r_2^2+(sx_{20})^2}} \tag{10-14}$$

式中　φ_2——$\dot{I}_2$ 滞后 $\dot{E}_2$ 的相位角，即为转子回路的功率因数角。

三、异步电动机的电磁转矩

(1) 用每极磁通量和转子电流表示（物理表达式）。异步电动机的电磁转矩是由旋转磁场的每极磁通 Φ 与转子电流 I_2 相互作用产生的。但因转子电路是阻感性的，转子电流比转子电动势滞后一个相位角 φ_2 角，于是可得电磁转矩为

$$T_{\mathrm{em}}=C_{\mathrm{T}}\Phi_{\mathrm{m}}I_2\cos\varphi_2 \tag{10-15}$$

式中　C_{T}——转矩常数，与电机结构有关，$C_{\mathrm{T}}=\dfrac{4.44m_2pN_2K_{\mathrm{w2}}}{2\pi}$。

式（10-15）表明：电源电压不变，每极磁通量为定值时，电磁转矩与转子电流的有功分量成正比。

(2) 用电机参数和转差率 s 表示（参数表达式）。将式（10-13）、式（10-14）中的 I_2 与 $\cos\varphi_2$ 代入式（10-15）中，则得到

$$T_{\mathrm{em}}=C_{\mathrm{T}}\Phi_{\mathrm{m}}E_{20}\frac{sr_2}{r_2^2+(sx_{20})^2} \tag{10-16}$$

当电源电压 U_1 和频率 f_1 一定时，电磁转矩将随转差率的变化而变化。它们之间的函数关系可用 $T_{\mathrm{em}}=f(s)$ 表示，称为异步电动机的转矩特性。其特性曲线如图 10-8 所示。

从特性曲线中可以看出，转差率较小时，转矩随转差率的增大而增大，转差率较大时，转矩随转差率的增大而减小。可见，$T_{\mathrm{em}}=f(s)$ 曲线有一最大值 $T_{\max}$，称为最大转矩。与最大转矩 $T_{\max}$ 相对应的转差率 s_{m} 称为临界转差率。在电动机在起动瞬间，转差率 $s=1$，此时的电磁转矩 T_{st} 称为起动转矩。

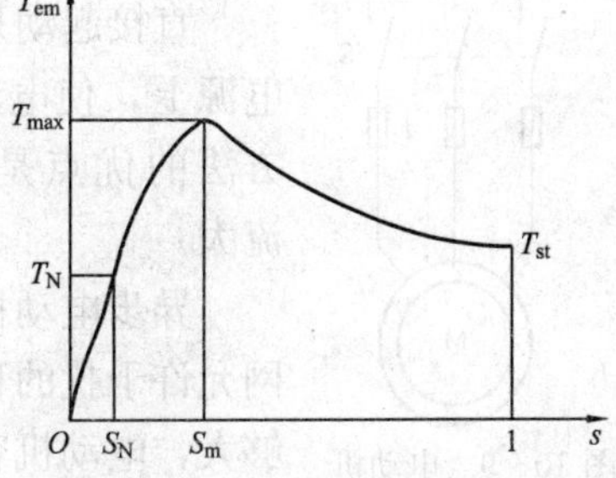

图 10-8　转矩特性曲线

第四节　三相异步电动机的起动

起动过程是指电动机从静止状态升速到正常工作转速（额定转速）的过程。起动过程时间虽短，但起动电流一般较大，起动电流为额定电流的 4～7 倍。起动电流过大会使线路产生很大电压降，导致电网电压波动，从而影响到接在电网上其他用电设备的正常工作。特别是容量较大的电动机起动时，此问题更突出。为了避免电动机在起动过程中损坏，降低起动电流对电网的影响，一般希望起动过程越快越好。

一、概述

为了使电动机能够转动并快速达到额定转速，对异步电动机起动的要求是：

（1）起动转矩 T_{st}足够大；

（2）起动电流 I_{st}不能太大；

（3）起动要简单、经济，起动时操作方便。

而普通电动机直接接到额定电压的电源上起动时，最初起动电流很大，起动转矩却不大。

直接起动时，最初起动电流很大的原因是：刚起动时，$n=0$，$s=1$，气隙旋转磁场切割转子的相对速度最大，因此，转子绕组中产生的感应电动势最大，则转子电流也达到最大值。根据磁势平衡关系，定子电流随转子电流变化而相应变化，故起动时定子电流 I_{st}也很大，可达额定电流的 4～7 倍。这么大的起动电流将带来不良后果。

起动转矩却不大的原因是：因为起动时，$s=1$，$f_2=f_1$，$x_{20}\gg r_2$，转子功率因数角 $\varphi_2=\arctan(x_{20}/r_2)\approx 90°$，功率因数 $\cos\varphi_2$ 很低；同时，大的起动电流也会引起电源电压降低，使电动机主磁通 Φ_m 有所减小。由于这两方面因素，根据电磁转矩公式 $T_{em}=C_m\Phi_m I_2\cos\varphi_2$ 可知，尽管起动电流 I_{st}很大，但异步电动机的起动转矩却不大。

因此，在保证一定转矩的情况下，应采取不同的措施限制起动电流。综合考虑电网容量、电动机容量和具体应用场合，来决定异步电动机起动方法。

电动机容量相对于电网容量很小时，可以直接起动；如果生产机械对转矩要求不大，则只考虑限制电流；如生产机械对转矩要求较高，则既要限制起动电流，又要保证需要的起动转矩。

下面具体分析鼠笼型异步电动机和绕线式异步电动机的起动。

二、鼠笼式异步电动机起动

鼠笼型异步电动机的起动方法有两种，即直接起动（全压起动）和降压起动。

（一）直接起动

直接起动是利用闸刀或者接触器把电动机直接接到具有额定电压的电源上，使电动机起动，又称全压起动，如图 10－9 所示。这种起动方法的优点是起动设备简单、操作方便、起动迅速；缺点是起动电流大。

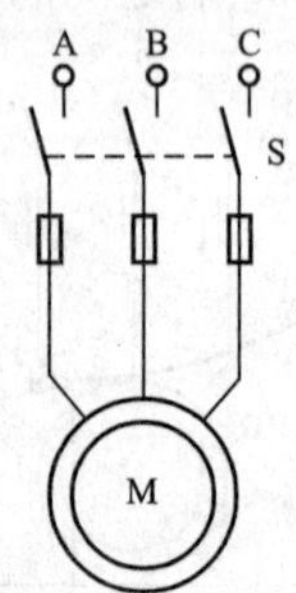

图 10－9　电动机直接起动接线图

异步电动机能否采用直接起动应由电网的容量、起动频繁程度、电网允许干扰的程度以及电动机的容量、形式等因素决定。若电网容量足够大，电动机容量较小时，而直接起动不会引起电源电压有较大的波动（电压降不超过 15%），一般采用直接起动。

（二）降压起动

减小起动电流的方法：降低加在电动机定子绕组上的电源电压或增加电动机转子回路阻抗。对鼠笼型异步电动机，由于转子绕组两端是短接的，故只能采用降低加在电动机定子绕组上的电源电压的办法来改善起动性能。降压起动虽然可以降低起动电流，但是起动转矩也大大减小了，故此方法只是用于电动机的空载和轻载起动。一般降压起动的方法有以下几种。

1. 定子回路串电抗起动

如图 10－10 所示，起动时，接触器触点 KM1 闭合，在异步电动机定子回路串入适当的电抗器，起动电流在电抗器 X 上产生电压降，对电源电压起分压作用，使定子绕组上所加电压低于电源电压，待电动机转速升高后，接触器触点 KM2 闭合，切除电抗器 X，使电动机在全电压下正常运行。

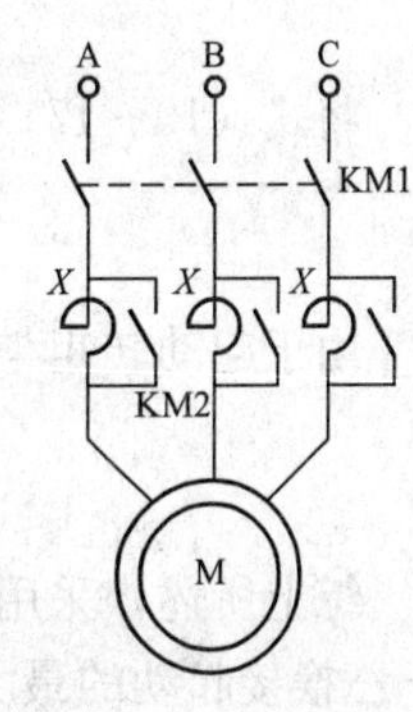

图 10－10 定子回路串电抗器起动接线图

定子回路串电抗降压起动时，由于起动电流与起动电压成比例减小，若加在电动机上的电压减小到原来的 $1/k$ 倍，则起动电流也减小到原来的 $1/k$ 倍，而起动转矩因与电源电压平方成正比，因而减小到原来的 $1/k^2$ 倍。

定子回路串电抗器降压起动，其设备费用较高，故通常用于高压电动机。

2. 星形-三角形换接起动（Y-△换接起动）

这种起动方法只适用于定子绕组为△接法运行的电动机。起动时将绕组改接成 Y 连接，当电动机转速上升到接近额定转速时再改连接。其原理接线如图 10－11（a）所示。

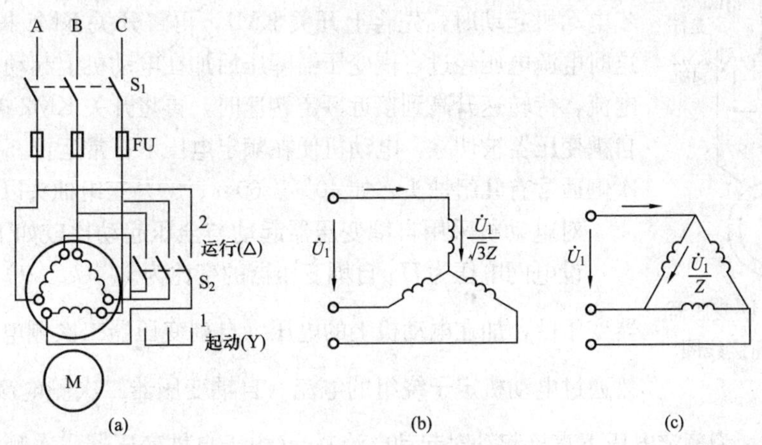

图 10－11 Y-△换接起动接线图

（a）原理接线；（b）Y 起动；（c）△起动

星形-三角形换接起动是利用 Y－△起动器来实现的。起动时，合上开关 KM1，再把 KM2 置于起动位置（Y 侧），定子绕组作 Y 接法，每相绕组加的相电压为线压的 $1/\sqrt{3}$，起动电流较小。待电动机转速升高到接近额定转速，再把开关 KM2 置于运行位置（△侧），定子绕组改接成△连接，所加电压即为线电压，电动机在额定电压下正常运行。

设电源电压为U_N，电动机每相阻抗为Z，如图10-11（b）所示，起动时，三相绕组接成Y，故电网供给电动机的起动电流为

$$I_{stY}=\frac{U_N}{\sqrt{3}Z} \tag{10-17}$$

如图10-11（c）所示，若电动机用△直接起动，则绕组相电压为电源线电压，定子绕组每相起动电流为U_N/Z，故电网供给电动机的起动电流为

$$I_{st\triangle}=\sqrt{3}\frac{U_N}{Z} \tag{10-18}$$

将式（10-17）与式（10-18）相比，得到两种起动电流比值为

$$\frac{I_{stY}}{I_{st\triangle}}=\frac{1}{3} \tag{10-19}$$

由于起动转矩与相电压的平方成正比，故Y与△起动的起动转矩比值为

$$\frac{T_{stY}}{T_{st\triangle}}=\frac{(U_N/\sqrt{3})^2}{U_N^2}=\frac{1}{3} \tag{10-20}$$

综上所述，采用Y-△换接起动，其起动电流及起动转矩都减小到直接起动时的1/3，Y-△换接起动的最大的优点是起动设备简单，成本低。我国生产的J02型及Y系列4～100kW的三相笼型异步电动机定子绕组都采用△连接，使Y-△换接起动方法得以广泛应用。此法的缺点是起动转矩只有△直接起动时的1/3，起动转矩降低较多，因此只能用于轻载或空载起动的设备上。

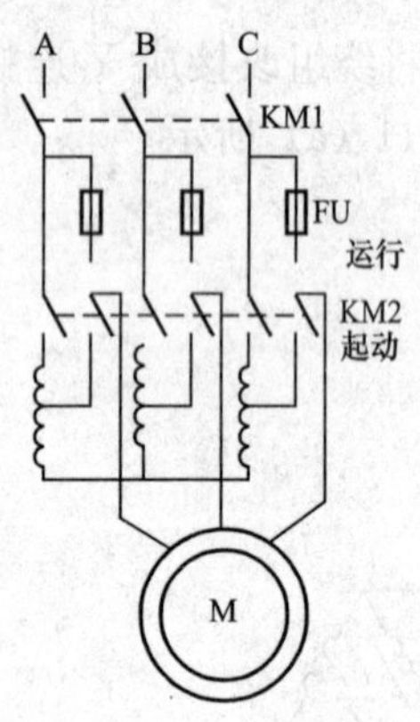

图10-12 自耦变压器降压起动原理接线图

3. 自耦变压器降压起动

自耦变压器降压起动原理接线图如图10-12所示。这种起动方法是利用自耦变压器来降低加在电动机定子绕组上的端电压。异步电动机起动时，先合上开关KM1，再将开关KM2掷于起动位置，这时电源电压经过自耦变压器降压后加在电动机上起动，限制了起动电流，待转速升高到接近额定转速时，再将开关KM2掷于运行位置，自耦变压器被切除，电动机便在额定电压下正常运行。自耦变压器二次侧通常有几组抽头，如40%、60%、80%三组抽头以供选用。

对电动机采用自耦变压器起动与全压起动比较如下：

设电网电压为U_N自耦变压器的变比为k_A（$k_A>1$），经自耦变压器变压后，加在电动机上的电压（自耦变压器二次侧电压）为$\frac{1}{k_A}U_N$，故通过电动机定子绕组的电流（自耦变压器二次侧电流）为I_{2st}，即$I_{2st}=\frac{1}{k_A}I_{stN}$（$I_{stN}$为额定电压下直接起动时起动电流）。又由于自耦变压器一次侧电流为其二次侧电流的$\frac{1}{k_A}$，故电网供给电动机的起动电流为

$$I_{1st}=\frac{1}{k_A}I_{2st}=\frac{1}{k_A}\left(\frac{1}{k_A}I_{stN}\right)=\frac{1}{k_A^2}I_{stN} \tag{10-21}$$

由于起动转矩与电源电压的平方成正比，采用自耦变压器降压起动时，加在电动机上的电压为额定电压的$\frac{1}{k_A}$倍，所以起动转矩为直接起动时的$\frac{1}{k_A^2}$，即

$$T_{st}=\frac{1}{k_A^2}T_{stN} \tag{10-22}$$

由此可见，利用自耦变压器降压起动，电网供给的起动电流及电动机的起动转矩都减小到直接起动时的$\frac{1}{k_A^2}$倍。

自耦变压器降压起动的优点是不受电动机绕组连接方式的影响，可以根据需要选择自耦变压器抽头。其缺点是设备体积大、投资高。此方法适用于不需频繁起动的大容量电动机。

三、绕线式异步电动机的起动

降压起动在限制起动电流的同时，大大降低了起动转矩。在需要较大起动转矩的应用场合，人们不得不选择价格昂贵的绕线式异步电动机。

从前面对起动转矩的分析中可知，绕线式异步电动机的特点是可以在转子回路中接入附加电阻，以改善其起动和调速性能。如果使转子回路的电阻增加，T_{st}就增加，当$r_2'=x_1+x_{20}'$，则获得最大起动转矩（$T_{st}=T_{max}$）。此外，转子电阻增大也会使起动电流I_{st}减小。故绕线式异步电动机采用转子回路串入电阻起动。

绕线式异步电动机起动时，转子回路串入的外接电阻通常有起动变阻器和频敏变阻器。

1. 转子回路串起动变阻器起动

如图10-13所示，绕线式异步电动机转子三相绕组的端头引线接到滑环上经电刷串入外加电阻（起动变阻器）。起动时，通过滑环、电刷串入起动变阻器，使全部电阻接入，随转速上升再逐级切除所串入的起动电阻，以缩短起动过程。起动完毕，退出起动变阻器，将转子回路短路。

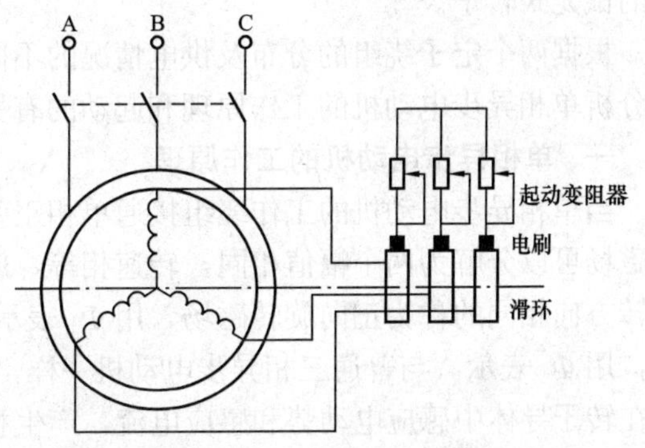

图10-13　转子回路串变阻器起动接线图

绕线式异步电动机的起动性能，可用式（10-15）、式（10-16）来简要说明。刚起动时$s=1$，转子回路所串电阻置于最大，从式（10-16）可看出，增大r_2可以提高起动转矩。从式（10-15）可以看出，起动时，增大r_2可使转子电流减小，定子电流也相应减小，即降低了起动电流。

绕线式异步电动机转子回路串入电阻可以抑制起动电流并获得较大的起动转矩，但选择适当的电阻，可使起动转矩达到最大值，故可以允许在重载下起动。其缺点是随转速的升高分级切除电阻时，电磁转矩突然增加会引起机械冲击，且起动设备较笨重、复杂，维护工作量较大。故一般采用此方法。

2. 转子回路串频敏变阻器起动

频敏变阻器的结构如图10-14（a）所示。频敏变阻器类似于只有一次绕组的三相三柱式变压器，与变压器铁心不同的是，其铁心是由几片到十几片厚钢板或铁板叠成，且铁心间有可调节的气隙。可用类似变压器的分析方法，画出其等效电路如图10-14（b）所示。

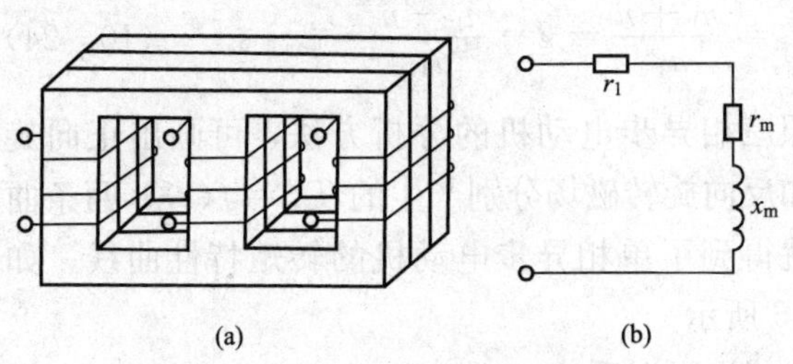

图10-14　频敏变阻器原理接线图
（a）结构示意图；（b）等效电路

频敏变阻器是利用铁心涡流损耗随频率的变化而变化的原理改变起动电阻的。电动机接上电源，在起动瞬间，转子频率 $f_2=f_1=50\text{Hz}$，频敏变阻器铁心中涡流损耗大，故等效电路中电阻 r_m 也大，从而限制了起动电流，增大了起动转矩。随着转速升高，f_2 逐渐降低，频敏变阻器铁心损耗随之逐渐减小，串入转子回路的电阻 r_m 自动减小，因此不需要分级切换电阻就能使电动机迅速而平稳地起动起来。

可见，转子回路串入频敏变阻器起动是随着转子转速升高、转子频率降低而自动改变频敏变阻器电阻的。由于频敏变阻器静止无触点，结构简单，成本低，所以应用较为广泛。

*第五节 单相异步电动机

单相异步电动机由单相电源供电，使用方便，广泛应用于家电、电动工具、医疗器械中。与同容量的三相异步电动机比较而言，单相异步电动机的体积大、运行性能较差，所以单相异步电动机只做成小容量的。

单相异步电动机通常在定子上装有两组绕组，一组分布绕组称为工作绕组（主绕组），另一组分布绕组称为起动绕组（辅绕组），这两组绕组通常在空间错开90°电角度。转子是普通的鼠笼式转子。

根据两个定子绕组的分布及供电情况的不同，可以产生不同的起动和运行性能。本节主要分析单相异步电动机的工作原理和起动的有关问题。

一、单相异步电动机的工作原理

当单相异步电动机的工作绕组接通单相正弦交流电源后，便产生一个脉动磁场。一个脉动磁场可以分解为两个幅值相同，转速相等，旋转方向相反的旋转磁场。在这里，把与转子旋转方向相同的称为正向旋转磁场，用 Φ_+ 表示，把与转子旋转方向相反的称为反向旋转磁场，用 Φ_- 表示。与普通三相异步电动机一样，正向和反向旋转磁场均切割转子导体，并分别在转子导体中感应电动势和感应电流，产生相应的电磁转矩。由正向旋转磁场所产生的正向转矩 T_{em+} 试图使转子沿正向旋转磁场方向旋转，而负向旋转磁场所产生的负向转矩 T_{em-} 试图使转子沿反向旋转磁场方向旋转。T_{em+} 与 T_{em-} 方向相反，单相异步电动机的电磁转矩为两者产生的合成转矩。

若电动机的转速为 n，则对正向旋转磁场而言，转差率为

$$s_+=\frac{n_1-n}{n_1} \tag{10-23}$$

而对反向旋转磁场而言，转差率为

$$s_-=\frac{n_1+n}{n_1}=2-\frac{n_1-n}{n_1}=2-s_+ \tag{10-24}$$

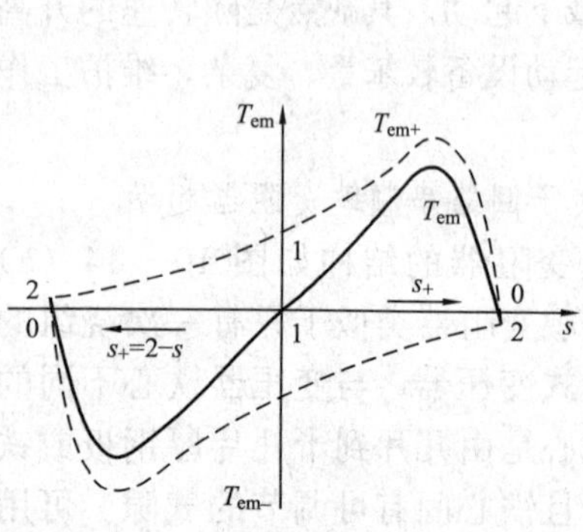

按照三相异步电动机的分析方法，可画出正向旋转磁场和反向旋转磁场分别产生的 $T_{em}=f(s)$，两条曲线叠加就得到了单相异步电动机的转矩特性曲线，如图 10-15 所示。

图 10-15 单相异步电动机的转矩特性曲线

从曲线上可以看出：

（1）单相异步电动机无起动转矩，不能自行起动。

因 $s=1$ 时，$T_{em}=T_{em+}+T_{em-}=0$，若不采取其他措施，电动机不能起动。

(2) 若外施转矩使转子正转时，合成转矩 T_{em} 为正，此时如果合成转矩大于负载转矩，转子将顺正向旋转磁场的方向继续转动下去。反之亦然。可见，单相异步电动机没有固定的转向，它运行时的转向取决于起动时的外施转矩（起动转矩）方向。

二、单相异步电动机的起动方法

如上所述，单相异步电动机不能自行起动，但若能有一个起动转矩，则可使电动机按起动转矩的方向转动。也就是说，单相异步电动机不能产生起动转矩的根本原因，在于单相绕组产生的是脉振磁场，因此，设法使电动机产生一个旋转磁场，是解决单相异步电动机起动的关键。常用的起动方法有分相起动和罩极起动两种。

1. 分相起动

为产生起动时的旋转磁场，除主绕组外，在定子铁心上与主绕组空间相距 90°电角度处装一个辅绕组，并且辅绕组与电容 C 串联后与主绕组并联在同一个单相电源上。由于辅绕组中有串联电容，使得辅绕组中的电流 $\dot{I}_{st}$ 与主绕组中的电流 $\dot{I}_{M}$ 相位差 90°，如图 10－16 所示。在空间相位差 90°的两个绕组，流过时间相位差 90°的电流，则可以产生一个圆形旋转磁场，从而产生较大的起动转矩，当电动机转速升高到 75%～80%同步速时，离心开关 S 自动断开，切除辅绕组，仅主绕组仍接在电源上正常工作。这种电动机称为电容起动电动机。

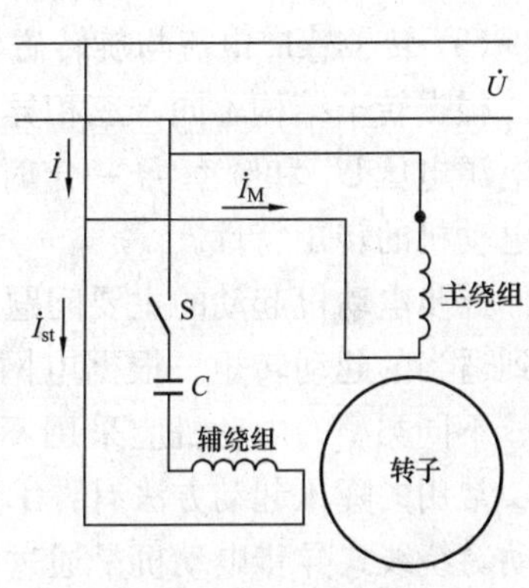

图 10－16　电容分相电动机

有的单相异步电动机的辅绕组是按长时间工作设计的。正常运行时，辅绕组仍连接在电路上。这种电动机的辅绕组中串联一个适当数值的电容器，使电流呈容性，比主绕组的感性电流约超前 90°。由于正常运行中仍接入一个电容，所以还可提高功率因数，改善运行性能。这种电动机就称为电容式单相异步电动机。

2. 罩极起动

罩极电动机的定子铁心通常为凸极式，凸极上套装一个集中绕组，称为主绕组。在凸极极靴表面 $\frac{1}{3}$ 处开有一凹槽，把凸极分为两部分，在极靴较窄的那部分（称为罩极）上套一个很粗的短路铜环，称为辅绕组（又称罩极绕组），如图 10－17 所示。当主绕组通入单相交流电流时，产生脉振磁通，其中一部分磁通通过短路铜环，根据楞次定律，在短路铜环中所产生的感应电流将阻止罩极中磁通的变化，这样就使极面下的磁通分成两部分 $\dot{\Phi}_1$（部穿过罩极绕组）和 $\dot{\Phi}_2$（穿过短路环的总磁通），这两部分磁通不仅在空间，而且在时间上都存在着相位差。于是，在磁极的端面上就产生一个移动的磁场，转子受到这个“局部的旋转磁场”的作用，便能自行起动。

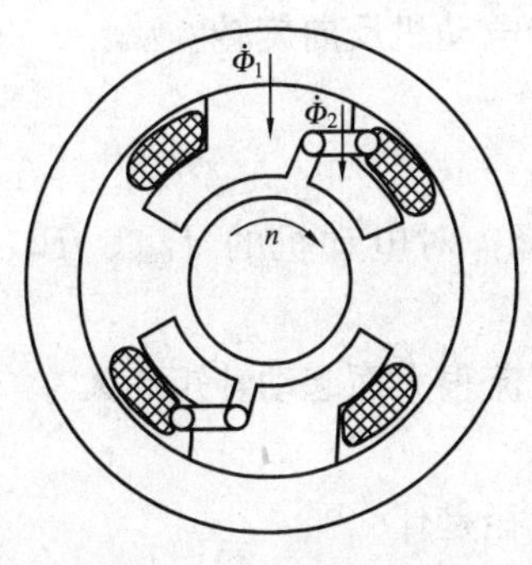

图 10－17　罩极电动机

罩极电动机定子磁场移动的方向，是从磁极未罩部分移向被罩部分。因此，转子的旋转方向也是从磁极未罩部分向被罩部分转动。

罩极电动机结构简单，运行可靠，但起动转矩小，所以常用于对转矩要求不高且不需改变转向的小型电动机中，如用于小电扇、电唱机、录音机中。

本章小结

本章介绍了异步电动机的主要结构，重点研究了电动机的转动原理，明确了转差率的概念，熟悉笼型异步电动机特点。

掌握三相异步电动机的工作原理，需要抓以下几个方面：

(1) 定子三相绕组流过三相对称电流产生旋转磁场；

(2) 转子导体切割旋转磁场产生感应电动势和感应电流；

(3) 转子感应电流与旋转磁场相互作用产生电磁转矩。

根据转子结构不同，三相异步电动机分为鼠笼型和绕线式两大类。异步电动机所接的交流电源电压 U_1 和频率 f_1 一定时，其电磁转矩与转差率之间的函数关系 $T_{em}=f(s)$ 称为异步电动机的转矩特性。

异步电动机起动的主要问题是起动电流大，而起动转矩却不大。为了限制起动电流，并得到适当的起动转矩。根据电网的容量、负载的性质、电动机起动的频繁程度，对不同容量、不同类型的电动机应采用不同的起动方法。笼型异步电动机可采用直接起动和降压起动。常用的降压起动方法有：①定子回路串电抗器起动；②Y-△换接起动；③自耦变压器起动。绕线式异步电动机是通过增大起动时的转子电阻，使起动电流较小，起动转矩增大来改善起动性能的。

单相异步电动机产生一个脉振磁场，而一个脉动磁场可以分解为两个幅值相同，转速相等，旋转方向相反的旋转磁场。当电动机起动时，这两个旋转磁场对于静止的转子产生的总转矩为零，电动机不能自行起动。设法使电动机产生一个旋转磁场，是解决单相异步电动机起动的关键。常用的起动方法有分相起动和罩极起动两种。

习题与思考题

1. 什么是转差率？为什么异步电动机不能在转差率 $s=0$ 时正常工作？

2. 一台绕线式异步电动机，若将定子三相绕组短路，转子三相绕组通入三相交流电流，这时电动机能旋转吗？若能旋转，其转向如何？

3. 三相异步电动机的转向主要取决于什么？如何使一台异步电动机反向旋转？

4. 试说明三相异步电动机是如何转动起来的？

5. 试简要说明异步电动机定子旋转磁场的特点。

6. 三相异步电动机带额定负载运行时，如果电源电压下降，对电动机的 T_{max}、T_{st}、Φ_m、I_2、s 有何影响？

7. 普通笼型异步电动机在额定电压下起动时，为什么起动电流很大而起动转矩不大？

8. 笼型异步电动机降压起动的方法有哪些？

9. 单相异步电动机为什么不能自行起动？解决起动的主要途径是什么？

10. 绕线式异步电动机为什么具有优良的起动性能？

11. 试述绕线式异步电动机转子回路串频敏变阻器起动的原理。

12. 有一台异步电动机，如果 $2p=6$，$s=5\%$，$f_1=50\text{Hz}$，问电动机的同步转速和额定转速各是多少？

13. 发电厂输煤传送带使用异步电动机，已知 $2p=4$，$P_N=37\text{kW}$，△接法 $T_{st}/T_N=2.2$。现需带动负载转矩为 $60\% T_N$ 的输煤传送带起动，采用 Y-△换接能否起动？

14. 一台三相 4 极绕线式异步电动机，$f_1=50\text{Hz}$，转子每相电阻 $r_2=0.015\Omega$，额定运行时转子相电流为 200A，转速 $n_N=1475\text{r/min}$，试求：(1)额定转差率 s_N；(2)额定电磁转矩。

第十一章　同　步　电　机

第一节　同步发电机的基本结构和工作原理

发电机是发电厂的主要设备，其功能是将原动机转轴上的机械能通过发电机转子与定子间的磁场耦合作用，转换到定子绕组上变成交流电能。

按照原动机的不同，通常把同步发电机分为：水轮发电机、汽轮发电机、燃气轮发电机及柴油发电机等。水轮发电机和柴油发电机的转速较低，极数较多，多采用凸极式转子。汽轮发电机和燃气轮发电机的转速很高，则采用隐极式转子。

同步电机是一种旋转电机，转子转速与定子电流频率维持严格的关系。从运行原理上讲，同步电机既可以用作发电机，也可作为电动机或调相机运行。但实用中同步电机主要作为发电机使用。

在现代电力系统中，几乎全部的交流电能是由同步发电机发出的。下面简要介绍汽轮发电机的基本结构、同步发电机的基本工作原理和额定值。

一、同步发电机的基本结构

随着容量和冷却技术的发展，汽轮发电机的结构出现很大的变化，但是空气冷却的汽轮发电机所采用的结构仍然是各种冷却方式的汽轮发电机结构的基础，故以空冷汽轮发电机为例说明汽轮发电机的主要结构部件及其作用。汽轮发电机的基本结构如图 11－1 所示。

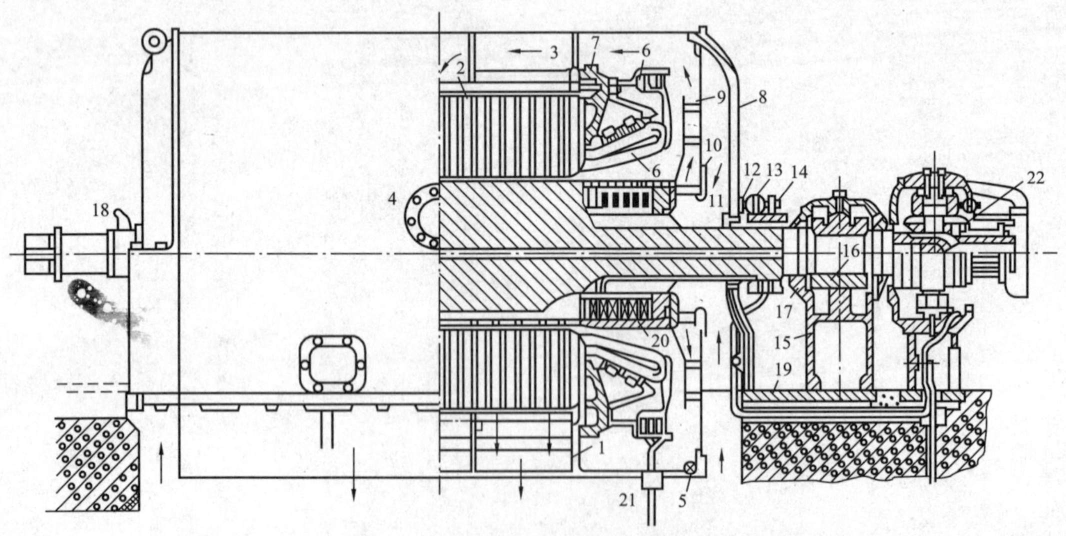

图 11－1　汽轮发电机的基本结构图

1—定子机座；2—定子铁心；3—外壳；4—调起定子设备；5—防火导水管；6—定子绕组；7—定子压紧环；8—外护板；9—里护板；10—通风壁；11—导风屏；12—电刷架；13、14—电刷；15—轴承座；16—轴承衬；17—油封口；18—汽轮机的油封口；19—基木板；20—转子；21—端线；22—励磁机

汽轮发电机主要由定子和转子两大部分组成。

(一) 定子

同步发电机的定子也称为电枢，由定子铁心、定子绕组、机座和端盖等部件组成。

1. 定子铁心

定子铁心是由 0.5mm 厚的两面涂有绝缘漆的硅钢片冲成带有开口槽的扇形片按圆周拼合叠装而成，如图 11－2 所示。定子铁心沿轴向长度每隔 3～6cm，留有 0.6～1cm 的径向通风沟，以增加定子铁心的散热面积。定子铁心的两端齿压板压住齿部，用非磁性材料制成的压圈通过拉紧螺杆压紧，并固定在机座上，如图 11－3 所示。

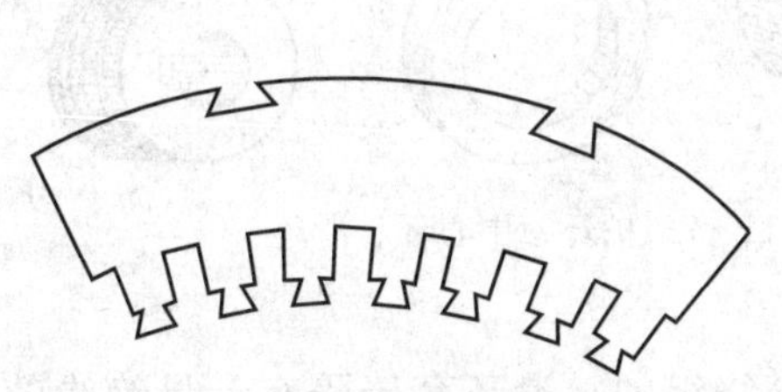

图 11－2 定子铁心扇形片

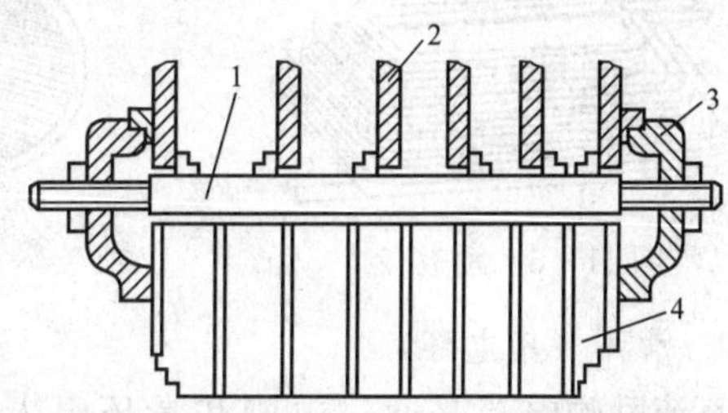

图 11－3 定子铁心结构

1—拉紧螺杆；2—机座隔板；3—端压板；4—铁心

2. 定子绕组

汽轮发电机的定子绕组一般为双层叠绕组。它由扁铜线绕制成形后，包以绝缘而成，形状如图 11－4 所示。直线部分嵌于槽内，是感应电动势的有效部分，端接部分有两个出线端头，用以绕组的连接。定子绕组在槽内靠用绝缘材料制成的槽楔作径向固定，端部用绑扎或压板固定，以防止突然短路产生巨大电磁力而引起线圈端部变形。

3. 机座

机座主要是固定定子铁心和构成冷却风道，由钢板焊接而成。机座和铁心外圆之间留有空间，加上隔板形成风道。外壳、端盖和隔板构成的空间，加上风道、冷却器及风扇等，构成密闭的通风冷却系统。

定子部分除上述主要部件外，还有轴承、轴承座、端盖及电刷等部件。

(二) 转子

转子由转子铁心、励磁绕组、护环、滑环和风扇等组成。

1. 转子铁心

汽轮发电机转速很高，转子所受离心力很大，由于导磁和固定励磁绕组的要求，转子铁心由高机械强度和导磁性能好的合金钢锻成。转子表面铣有辐射形的开口槽，如图 11－5 所示。转子圆周上有三分之一部分没有槽，称为大齿，为发电机的主磁极。

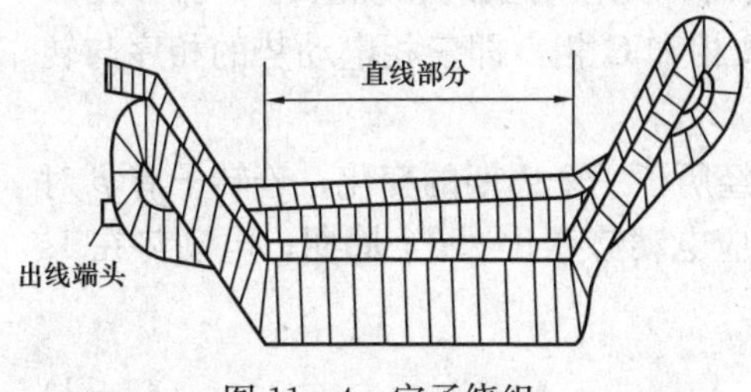

图 11－4 定子绕组

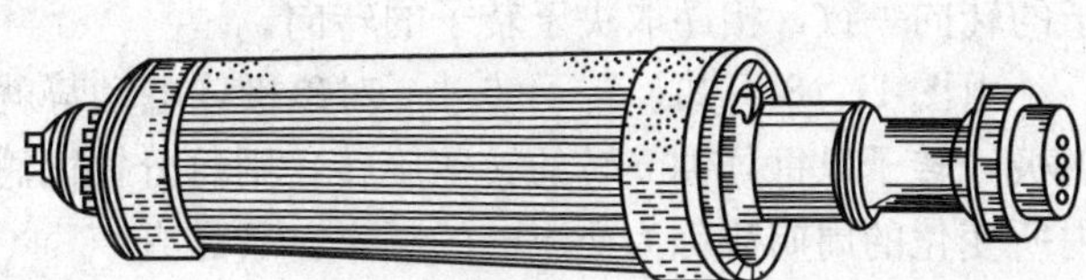

图 11－5 汽轮发电机转子

2. 励磁绕组

励磁绕组是由扁铜线绕成的同心式绕组，如图 11－6 所示。励磁绕组在槽内部分靠槽楔压紧。由于发电机转速高，离心力大，因此槽楔用磁导率小的硬铝或铝青铜做成。

3. 护环和中心环

励磁绕组的端部用非磁性的合金钢护环和中心环来固定。护环是一个圆筒形的钢套，中心环是一个圆盘形的环，它们的形状如图 11－7 所示。护环套紧励磁绕组端部，中心环支持护环和防止端部的轴向位移。

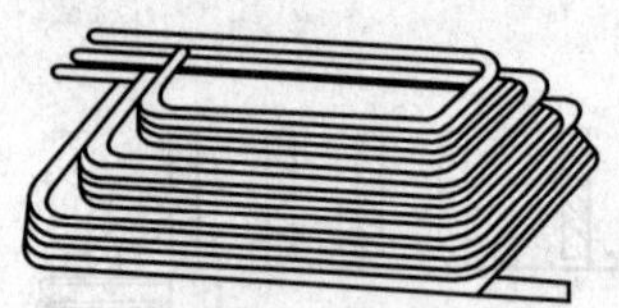

图 11－6 励磁绕组

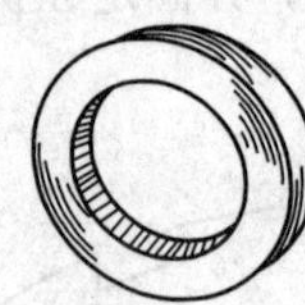
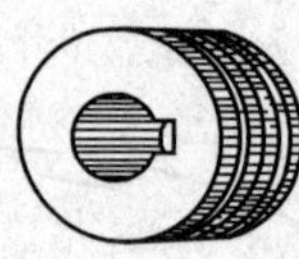

图 11－7 护环、中心环、滑环

4. 滑环（集电环）

直流励磁电流是通过电刷和滑环引入转子励磁绕组的，滑环套于隔有云母绝缘的转轴上。

5. 阻尼绕组

有的大容量汽轮发电机转子上装有阻尼绕组。它是一个短路绕组，是由槽楔下的阻尼铜条和置于转子两端护环下的铜环焊接而成。由于汽轮发电机转子铁心中的涡流具有阻尼作用，所以一般中、小容量汽轮发电机不采用阻尼绕组。

二、三相同步发电机的基本工作原理

同步发电机是利用电磁感应原理将机械能转换为交流电能的。

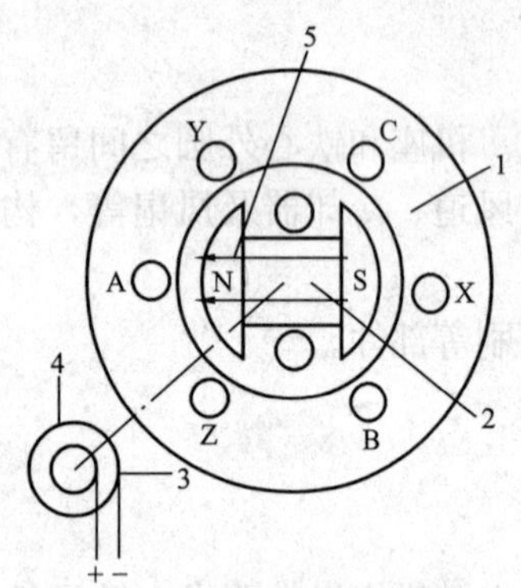

图 11－8 三相同步发电机的原理示意图

1—定子铁心；2—转子；3—电刷；4—滑环；5—磁力线

图 11－8 所示为三相同步发电机的原理示意图。在定子的铁心槽内安放着空间相隔 120°电角度的三相对称绕组 AX、BY、CZ。转子是磁极，绕有励磁绕组。当励磁绕组通入直流电流后，建立转子磁场。转子由原动机带动匀速旋转，转子磁场不断切割定子三相对称绕组，就在三相绕组中感应出三相交变电动势，若带上三相负载便向负载输送三相交流电能，从而将来自原动机的机械能转化成了交流电能。

由于三相绕组对称，所以在三相绕组中感应电动势也是对称的。转子磁场旋转，切割定子绕组在时间上有先后，当转子为顺时针方向旋转时，先被切割的相绕组为 A 相，则后被切割的两相分别是 B 相和 C 相，即三相电动势的相序与转子的转向一致，相序取决于转子的转向。

由图 11－8 可知，转子转过一对磁极，电动势就经历了一个周期的变化；若转子有 p 对磁极，转子以每分钟 n 转的转速旋转，则每分钟内感应电动势变化 pn 个周期；电动势在 1s 内所变化的周期数称为交流电的频率，于是有

$$f=\frac{pn}{60} \quad \text{Hz} \tag{11-1}$$

对已制造好的同步发电机，磁极对数 p 一定，要求 $f=50\text{Hz}$，转速必为恒定。换句话说，电动势频率和转速之间保持严格不变的关系，这就是同步发电机的特点。

三、额定值

同步发电机机座外表面装有一个醒目的铭牌。发电机额定值标在铭牌上。

(1) 额定容量 S_N 或额定功率 P_N。

S_N 是指发电机在额定运行时三相定子绕组出线端的视在功率，单位为 kV·A 或MV·A。

P_N 是指发电机在额定运行时输出的有功功率，单位为 kW 或 MW。

(2) 额定电压 U_N（kV）是指发电机在额定运行时定子三相绕组出线端的线电压。

(3) 额定电流 I_N（A）是指发电机在额定运行时定子绕组的工作线电流。

(4) 额定功率因数 $\cos\varphi_N$ 是指额定有功功率和额定视在功率的比值。

同步发电机的额定功率、额定电压和额定电流之间的关系为

$$P_N=\sqrt{3}U_N I_N\cos\varphi_N \tag{11-2}$$

除此之外，同步发电机的额定值还有额定转速 n_N（r/min）、额定频率 f_N（Hz）及额定效率 η_N 等。

第二节　单独运行的同步发电机的工作特性

一、空载特性

前面已叙述过，同步发电机的空载特性是指在发电机处于额定转速（$n=n_N$）、定子绕组开路（$I=0$）状态时，空载电压 U_0（$U_0=E_0$）与励磁电流 I_f 之间的关系为 $U_0=f(I_f)$。

空载特性实质就是发电机的磁化曲线 $\Phi_0=f(F_f)$，它体现了发电机中电和磁之间的关系。通常空载特性曲线通过实验方法测取，得到的曲线如图11-9所示。

空载特性曲线反映出发电机主磁路的饱和程度。当 I_f 很小时，磁路处于不饱和状态，曲线起始部分为一段直线，延长后的直线称为气隙线，如图 11-9 中 2 所示。随着 I_f 增加，铁心逐渐饱和，特性曲线就偏离气隙线。

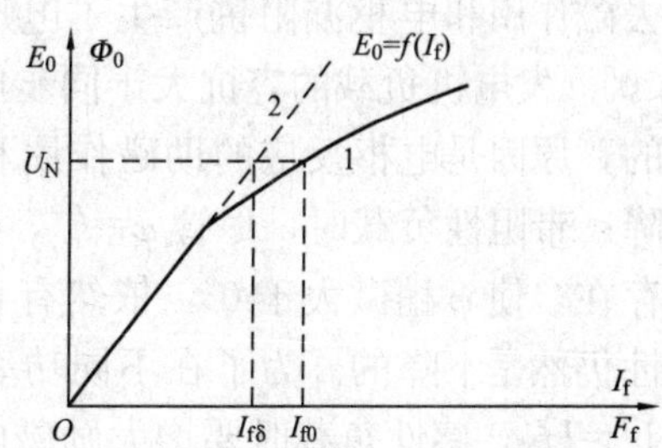

图 11-9　发电机的空载特性曲线

当磁路饱和时，对应额定电压的励磁电流 $I_{f\delta}$ 增到 I_{f0}，称两电流的比值为饱和系数。即

$$k_s=\frac{I_{f0}}{I_{f\delta}} \tag{11-3}$$

饱和系数 k_s 是一个大于 1 的数，它反映发电机的饱和程度，与发电机的运行特性和制造成本均有关，其值越大，磁路饱和越深。同步发电机的 k_s 一般为 1.1～1.2。

空载特性是发电机的基本特性之一。它一方面表征了磁路的饱和情况，另一方面把它和短路特性、零功率因数负载特性配合，可确定发电机的基本参数、额定励磁电流和电压变化率等。生产实际中，它还可以检查三相定子绕组的对称性、判断励磁绕组和定子铁心有无故障等。

二、短路特性

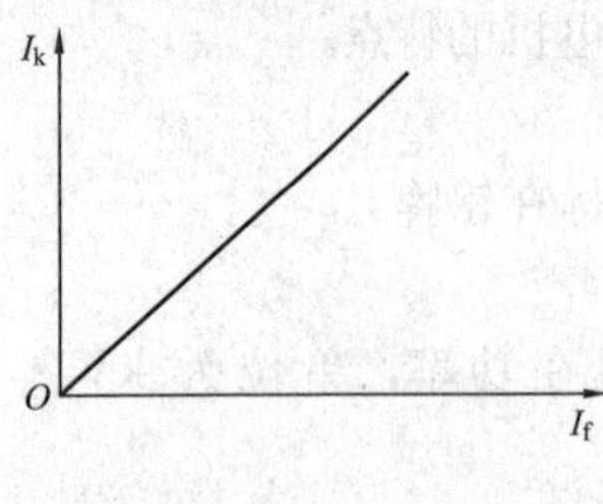

图 11-10 短路特性曲线

短路特性是指发电机在同步转速（$n=n_1$）下，定子绕组三相短路（$U=0$）时，定子稳态短路电流 I_k 与励磁电流 I_f 的关系：$I_k=f(I_f)$。

短路特性可由发电机三相稳态实验短路求取。实验时，发电机转速保持同步速度，调节励磁电流 I_f，使定子的短路电流 I_k 从零开始，一直到 $1.25I_N$ 左右为止，记取对应的 I_k 和 I_f 的值。得到短路特性曲线如图 11-10 所示。短路特性为一条过原点的直线。

同步发电机三相稳态短路时，因发电机内部电路近似呈感性，定子电流产生直轴电枢反应磁动势对气隙磁动势去磁的结果，使气隙磁通和电动势都很小，所以短路电流不会过大。

发电机一般在额定电压附近运行，磁路总是有些饱和，因此可利用短路和空载特性曲线，求取饱和时同步发电机的重要参数——同步电抗与短路比；在电厂中也常用它判断励磁绕组有无匝间短路等故障。显然，若励磁绕组存在匝间短路时，因励磁安匝数的减少，短路特性曲线会降低的。

三、外特性

外特性是指发电机的励磁电流 I_f、转速 n 和负载功率因数 $\cos\varphi$ 一定时，发电机的端电压与负载电流的关系为：$U=f(I)$。

外特性可用直接负载法测定，也可用作图法间接求得。

不同性质负载时的外特性曲线，如图 11-11 所示。当发电机带感性负载时，外特性是下降的，原因是电枢反应的去磁作用和电枢漏阻抗产生了电压降；带容性负载时且 $\varphi<0°$（发电机负载的容抗大于同步电抗）时，外特性是上升的，原因是电枢反应的助磁作用和容性电流在漏抗上的压降；带阻性负载时，尽管 $\varphi=0°$，但由于发电机同步电抗的存在，使 φ 稍微大于 0°，依然有直轴去磁电枢反应，外特性仍然是下降的。为了在不同功率因数下 $I=I_N$ 时能得到 $U=U_N$，感性负载时要增大励磁电流，容性负载时应减小励磁电流。

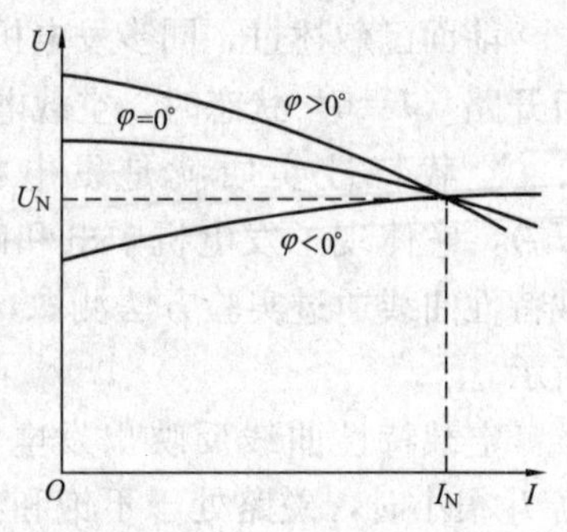

图 11-11 不同功率因数时发电机的外特性

负载变化，必然引起发电机端电压波动。可通过电压变化率的大小来描述电压波动的程度。而电压变化率是指发电机在励磁电流和转速保持不变的条件下，从额定负载（$U=U_N$、$I=I_N$、$\cos\varphi_N$）变到空载时，端电压的变化值（E_0-U_N）对额定电压的百分比，用 ΔU 表示：

$$\Delta U=\frac{E_0-U_N}{U_N}\times 100\% \tag{11-4}$$

电压变化率是同步发电机运行性能的重要数据之一。电压变化率过大，发电机端电压波动程度大。现代同步发电机一般装有快速自动调压装置，可及时自动调节励磁维持电压基本不变。为了防止因故障跳闸甩负荷时电压急剧升高而击穿绝缘，$\Delta U\%$最好小于 50%。一般，当 $\cos\varphi_N=0.8$（滞后）时，水轮发电机的 ΔU 为 18%～30%，汽轮发电机的 ΔU

为 30%～48%。

四、调整特性

调整特性是指发电机的转速 n、端电压 U 和负载功率因数 $\cos\varphi$ 一定时，励磁电流与负载电流的关系：$I_f=f(I)$。发电机的调整特性曲线如图 11-12 所示。在感性和阻性负载时，随着负载电流的增加，必须增加励磁电流，补偿电枢反应的去磁作用和漏阻抗压降，保持端电压恒定；对容性负载，随着负载电流的增加，必须减小励磁电流。

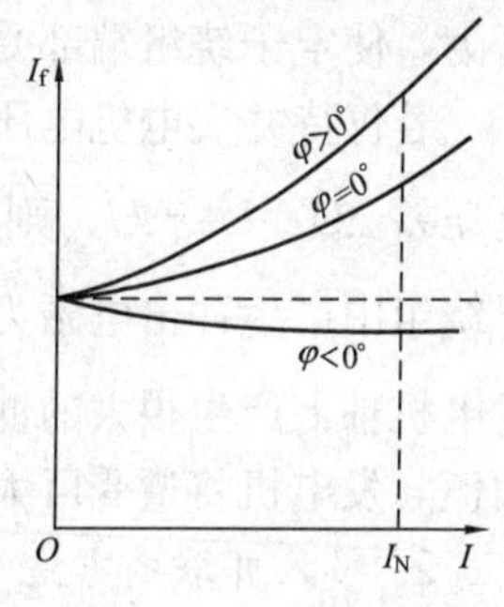

图 11-12 不同功率因数时发电机的调整特性

同步发电机在功率因数一定情况下运行，运行人员可利用调整特性曲线，可确定在给定的负载变化范围内，维持电压不变所需的励磁电流的变化范围，从而使电力系统中无功功率的分配更合理一些。

第三节 同步发电机的并联运行及功率调节

现代发电厂通常采用几台发电机并联起来运行，其主要优点有：①可以根据负载的变化来调整投入运行的机组台数，使发电机组在较高的效率下运行。②便于轮流检修，提高供电的可靠性。③可以提高供电的质量及供电的可靠性。此外，电力系统中的火电厂和水电站可以相互配合，在枯水期间主要由火电厂发电，丰水期间则由水电站发出大量廉价的电力。这样，水电站和火电厂并联可综合利用能源，降低电能成本，从而使整个电力系统在最经济的条件下运行。

下面着重分析汽轮发电机与无限大容量电网的并联、功角特性、正常调节等运行状况。

一、同步发电机的并联运行

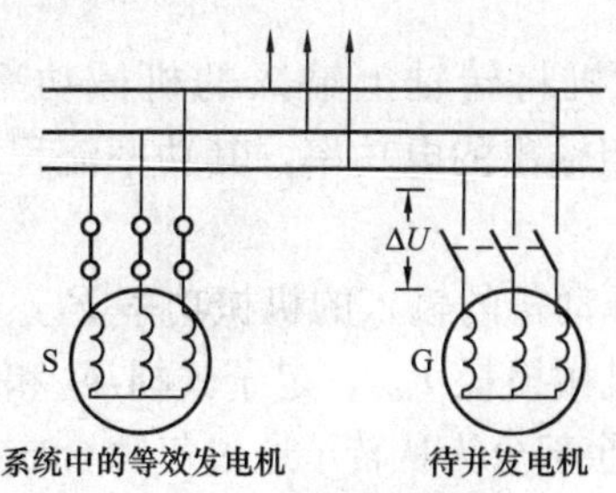

图 11-13 发电机并联时接线示意图

所谓并联投入，就是将发电机并联到电网的过程，也称为并列、并车。图 11-13 中 S 代表电网的等效发电机，G 代表待并的发电机。

同步发电机的并联运行，是同步发电机的最基本的运行方式。

1. 并联投入的条件

发电机投入电网时，为了避免在发电机和电网中产生冲击电流，从而在发电机转轴上产生冲击转矩，待并的发电机应满足下列条件：

(1) 发电机的相序应与电网相序一致；

(2) 发电机的频率应与电网频率相同；

(3) 发电机的电压与电网电压大小相等，相位相同，即 $\dot{U}_G=\dot{U}$；

(4) 发电机的电压波形与电网电压波形相同。

上述四个条件中，其中第一个条件必须满足。否则，在发电机与电网之间两相将产生巨大的电压差，从而产生无法消除的大冲击电流和大冲击转矩。

若仅发电机的频率与电网频率不同时，会在转轴上产生周期性交变的冲击转矩，使发电机振动。同时会使定子绕组端部受冲击力而变形，还会使定子绕组发热。

若仅 $\dot{U}_G$ 与 $\dot{U}$ 相差较大时，不但会在转轴上产生转矩，还会在定子绕组中产生很大的冲击力，使定子绕组端部受到冲击力而变形。

若仅待并发电机电压与电网电压相位不同时，将发电机投入并联，在开关两端也会形成电压差 $\Delta\dot{U}=\dot{U}_G-\dot{U}$，则在发电机与电网组成的回路中将产生一定的冲击电流。此电流在定子绕组中产生冲击电磁力，使定子绕组端部受冲击力而变形。同时，有功分量电流 $\dot{I}_{ca}$ 会在发电机轴上产生很大的冲击阻转矩，使机轴扭曲变形。且当 $\dot{U}_G$、$\dot{U}_c$ 反相时，冲击电流为最大值，发电机将遭受巨大的电磁力而损坏。

2. 投入并联的方法

将发电机投入电网并联有两种不同的方法：准同步法和自同步法。大型汽轮发电机正常并联一般采用准同步法。

准同步法就是发电机 G 必须调整到完全符合投入并联的条件，然后投入电网。大型发电厂中的并联操作都采用全自动准同步装置进行。

准同步法的优点是合闸时没有冲击电流，缺点是操作复杂，它对每一个条件都要进检查和调节，所以较费时。当电力系统出现故障情况，急需发电机并入电网予以补充时，由于电网的频率和电压可能因事故而发生波动，准同步法往往很难实现。这时可采用自同步法。

自同步法是在已知发电机的相序与电网相一致的情况下先将励磁绕组通过适当的电阻短路，同时把发电机带动到接近同步转速（相差±2%～5%），在没有通直流励磁电流情况下，将发电机并入电网，然后将直流电加于励磁绕组上，调节励磁使发电机的转子由自同步作用牵入同步。这种方法的优点是操作简单、迅速，不需要增加复杂的并联装置；缺点是合闸后，产生冲击电流。

二、有功功率的平衡及功角特性

（一）有功功率的平衡

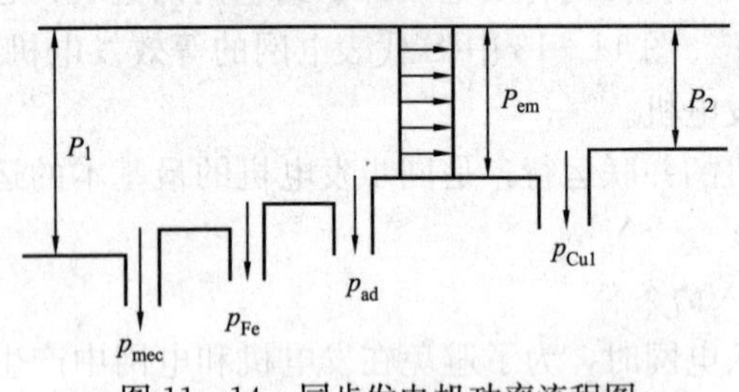

图 11-14 同步发电机功率流程图

同步发电机将转轴上输入的机械功率，转换为定子绕组输出的电功率，其功率流程图为 11-14 所示。

发电机自原动机的输入的机械功率 P_1，一部分用以抵偿机械损耗 p_{mec}、定子铁损 p_{Fe} 和附加损耗 p_{ad}，其余部分为从转子通过气隙合成磁场传递到定子的电磁功率 P_{em}，计算式为

$$P_{em}=P_1-(p_{mec}+p_{Fe}+p_{ad})=P_1-p_0 \tag{11-5}$$

式中 p_0——空载损耗，$p_0=p_{mec}+p_{Fe}+p_{ad}$。

电磁功率 P_{em} 减去定子绕组的铜损耗 p_{Cu1}，得到发电机的输出功率 P_2，计算式为

$$P_2=P_{em}-p_{Cu1} \tag{11-6}$$

$$p_{Cu1}=mI^2r_a$$

对大、中容量的同步发电机，r_a 很小，p_{Cu1} 不超过额定功率的 1%，因此可忽略，则

$$P_{em}\approx P_2=mUI\cos\varphi \tag{11-7}$$

式中的电压、电流为每相值。

功率（或损耗）与转矩间的关系：

$$P = T\Omega$$

式中 Ω——转子的机械角速度，$\Omega=\frac{2\pi n}{60}\mathrm{rad/s}$。

将式（10-5）两边同时除以 Ω，得到同步发电机转矩平衡方程：

$$T_{em} = T_1 - T_0$$

或

$$T_1 = T_{em} + T_0 \tag{11-8}$$

式中 T_{em}——对应 P_{em} 的电磁转矩，为制动性质；

T_1——对应 P_1 的原动机加在发电机轴上转矩，为驱动性质；

T_0——对应 p_0 的空载转矩，为制动性质。

式（11-8）表明发电机稳定运行时驱动转矩与制动转矩平衡。

（二）功角特性

功角特性是指接在电网上的同步发电机对称稳态运行时，发电机发出的电磁功率与功率角之间的函数关系。所谓功率角就是指励磁电动势 $\dot{E}_0$ 和发电机的端电压 $\dot{U}$（也即电网电压）这两个相量之间的夹角 δ，功率角也简称功角。

下面研究电磁功率与功率角之间的关系。

由于发电机的定子电阻远小于同步电抗 X_d，所以其电阻可忽略不计。这时，电磁功率就与定子绕组出线端的电功率相等，即

$$P = mUI\cos\varphi \tag{11-9}$$

下面用磁路不饱和时汽轮发电机运行时的相量图来推导稳态功率角特性，如图 11-15 所示。

从相量图知，$\overline{AB}=IX_d\cos\varphi=E_0\sin\delta$，即 $I\cos\varphi=\frac{E_0}{X_d}\sin\delta$，将上式代入式（11-9）整理得

$$P = mU\frac{E_0}{X_d}\sin\delta \tag{11-10}$$

由此可见，发电机输出有功功率的大小与功角 δ 有关。功角 δ 具有双重的物理意义有两个：一种是电动势 $\dot{E}_0$ 与电压 $\dot{U}$ 之间的时间相位角；另一种是感应电动势 $\dot{E}_0$ 的主磁通 $\dot{\Phi}_0$ 与产生端电压 $\dot{U}$ 的定子合成磁通 $\dot{\Phi}_u$ 之间的夹角。

式（11-10）说明，在恒定励磁和恒定电网电压（E_0=常数，U=常数）时，电磁功率的大小就取决于功角 δ，即 $P=f(\delta)$ 就是汽轮发电机的有功功率功角特性，相应的有功功角特性曲线如图 11-16 所示。

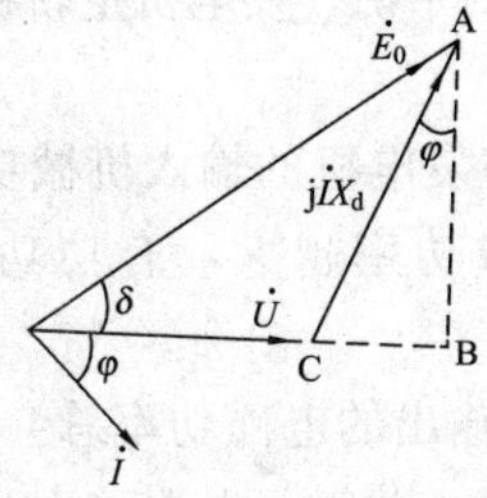

图 11-15 汽轮发电机的简化相量图

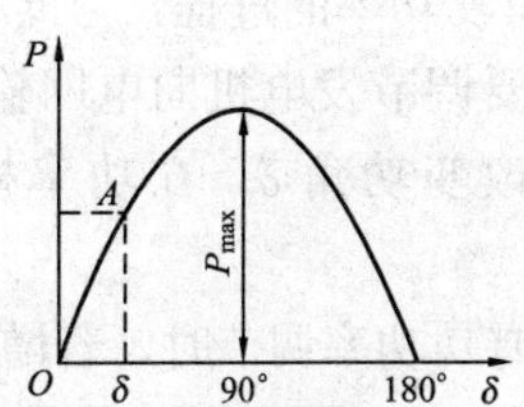

图 11-16 汽轮发电机有功功角特性

对于汽轮发电机的无功功率 Q，可依照下列各式求得

$$Q = mUI\sin\varphi \tag{11-11}$$

由图 11－15 可得

$$\overline{BC} = IX_{\mathrm{d}}\sin\varphi = E_0\cos\delta - U$$

即

$$I\sin\varphi = \frac{E_0}{X_{\mathrm{d}}}\cos\delta - \frac{U}{X_{\mathrm{d}}}$$

将式（11－10）代入式（11－11）并整理得

$$Q = m\frac{E_0U}{X_{\mathrm{d}}}\cos\delta - m\frac{U^2}{X_{\mathrm{d}}} \tag{11-12}$$

当 E_0、U、X_{d} 为常数时，无功功率 Q 与功角 δ 之间的函数关系：$Q=f(\delta)$，称为汽轮发电机的无功功率特性。

稳态功角特性是同步电机的基本特性之一。通过功角特性，就可以确定稳态运行时发电机所能发出的最大电磁功率。可用功角特性讨论同步发电机与电网并联运行时发电机的工作状态，进而确定发电机的稳定运行范围。

三、同步发电机并联后负荷的调节

同步发电机与无穷大电网并联后随着负荷的变化就需要对输出的有功功率和无功功率进行调节。

（一）有功功率的调节

以隐极同步发电机为例，利用功角特性曲线分析有功功率的调节。

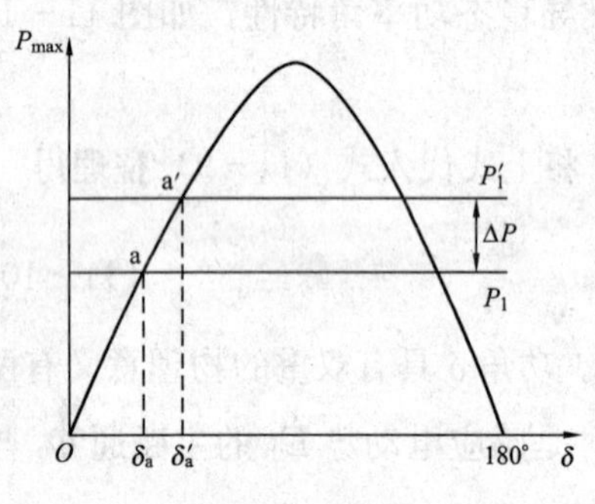

图 11－17　有功功率调节在功角特性上的反映

根据功角的意义，当发电机空载时，从原动机输入的机械功率只需用来平衡各种损耗，无多余功率转化为电磁功率（忽略定子绕组铜损耗），此时 $\delta=0°$，如图 11－17原点所示，$P=0$。

由图 11－17 可知，要想改变输出有功功率，功角 δ 必须改变。发电机的输入功率为 P_1，在忽略各种损耗情况下，$P_1=P_2=P$，其对应工作点为 a，功角 δ_a。当增大原动机转矩，即增大输入功率至 P_1'，此瞬间由于定、转子磁极运动的惯性，二者之间的空间功角 δ 未来得及变化，发电机的输出功率未发生变化，对应的电磁转矩也未变化，这样出现了功率差 $\Delta P=P_1'-P$，在对应 ΔP 的剩余转矩的作用下，转子磁极沿旋转方向相对定子磁极前移，功角 δ 增大，输出功率增大，即电磁转矩增大，直到输入功率和输出功率达到新的平衡，发电机重新稳定运行于 a′点。减小有功功率的过程，与此相反。

可见，要调节发电机向电网输出的有功功率，只需调节发电机的输入机械功率即原动机的转矩，改变功角 δ。在功率极限角范围内，输入机械功率越大，有功功率输出就越大。

发电机有功功率调节时，若增加汽轮机的输入功率时，输出的电磁功率总会相应增大，功角 δ 就增大。当功角增到 90°时，电磁功率将达到其最大值，此时，电磁功率为功率极限值 $P_{\max}$，即

$$P_{max} = mU\frac{E_0}{X_d} \tag{11-13}$$

（二）无功功率的调节

当汽轮发电机与电网并联运行，由式（11－12）可知，在发电机的有功功率一定，调节发电机的励磁电流，即可调节其输出的无功功率。

为分析简单起见，假定发电机输入功率保持不变，根据功率平衡关系可知，在调节励磁的前、后，发电机的电磁功率及输出的有功功率亦应近似不变，即

$$P = mU\frac{E_0}{X_d}\sin\delta = 常量$$

$$P_2 = mUI\cos\varphi = 常量$$

由于电网电压U和发电机的同步电抗X_d均为定值，所以

$$E_0\sin\delta = 常数$$

$$I\cos\varphi = 常数$$

在图11－18中，$\dot{E}_{02}$为发电机在功率因数等于1时的励磁电动势。在$\cos\varphi=1$时，发电机的输出仅为有功功率，此时的励磁称为“正常励磁”。调节发电机的励磁电流，$\dot{E}_0$将随之变化。由于$E_0\sin\theta=$常数，$I\cos\varphi=$常数，所以$\dot{E}_0$的端点只能落在铅垂线AA′上，$\dot{I}$的端点只能落在水平线BB′上。

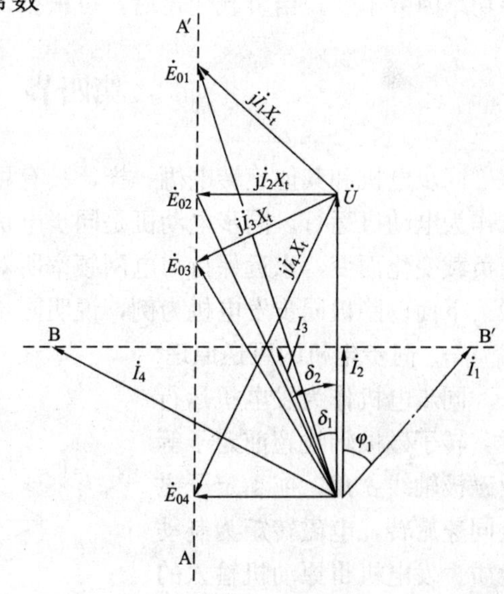

图11－18 汽轮发电机与电网并联时无功功率的调节

若增加发电机的励磁电流，使它大于正常励磁电流，这种情况称为过励，此时励磁电动势将从$\dot{E}_{02}$变为$\dot{E}_{01}$，$E_{01}>E_{02}$，而其端点仍在铅垂线AA′上，相应地，定子电流将从$\dot{I}_2$变为$\dot{I}_1$。此时，定子电流将滞后于电网电压。换言之，发电机除发送有功功率外，还将向电网送出一定的滞后无功功率。

如果减小发电机的励磁电流，使其小于正常励磁，这种情况称为欠励，此时励磁电动势将从$\dot{E}_{02}$变为$\dot{E}_{03}$。相应地，定子电流将从$\dot{I}_2$变为$\dot{I}_3$。此时定子电流将超前于电网电压；换言之，除有功功率外，发电机还将向电网送出一定的超前无功功率。若再继续减小发电机的励磁电流，励磁电动势进一步减小至$\dot{E}_{04}$（$\delta=90°$）为止。

由分析可见，与无限大容量电网并联的发电机，调节其励磁电流的大小，则可改变发电机输出的无功功率的大小及性质。当过励时，定子电流是滞后电流，发电机输出感性无功功率；当欠励时，定子电流是超前电流，发电机输出容性无功功率。

（三）V形曲线

发电机在向电网输送一定的有功功率时，定子电流I与励磁电流I_f之间的关系$I=f(I_f)$曲线被称为发电机的V形曲线。输出不同有功功率时，电流的有功分量不同，V形曲

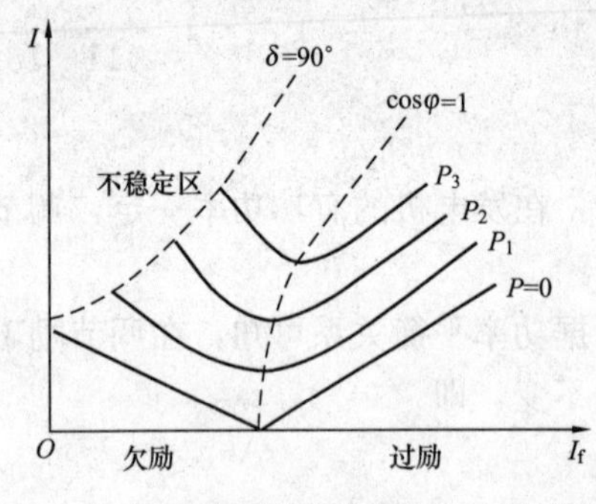

图 11-19　隐极同步发电机的 V 形曲线
$P_3>P_2>P_1>0$

线就不同，形成一簇曲线，如图 11-19 所示。

在该簇曲线中，每一曲线都有一个最小电流值，此时 $\cos\varphi=1$。把曲线中所有最低点连起来，就得到与 $\cos\varphi=1$ 对应的线，这条线微向右倾，即说明输出功率增大时必须相应增加一些励磁电流才能保持 $\cos\varphi$ 不变。在 $\cos\varphi=1$ 的左边为欠励状态，功率因数是超前的，表示发出的无功功率为容性；曲线的右边为过励状态，功率因数是滞后的，表示发出的无功功率为感性。

发电厂运行管理人员利用 V 形曲线有助于了解定子电流与励磁电流之间的关系，从而控制发电机的运行状况。根据负载大小，给定励磁电流，就可以得知定子电流的大小，以及功率因数的数值；反之，也可以在励磁电流不变时，了解负载变化对定子电流和功率因数的影响；若要维持功率因数不变，当负载变化后，可根据 V 形曲线正确地调节发电机的励磁电流。

*第四节　同 步 电 动 机

同步电机和其他旋转电机一样，具有可逆运行特性。同步电机既可作为发电机运行，也可作为电动机运行。同步电动机是同步电机将电能转换为机械能的一种运行方式，其转速不随负载变化而变，永远保持与电网频率所对应的同步转速。

下面以隐极同步发电机为例，说明同步电机的可逆过程。

一、同步电机的可逆原理

同步电机作为发电机运行时，转子磁极轴线超前定子等效磁极轴线 δ 角，拖动定子磁极同速旋转，电磁转矩为制动性质。发电机将原动机输入的机械功率扣除电机本身的损耗后，转变为电磁功率输送到电网。在发电机状态中，空载电动势 $\dot{E}_0$ 超前端电压 $\dot{U}\delta$ 角，电磁功率 P_{em} 和功角 δ 均为正值，如图11-20（a）所示。

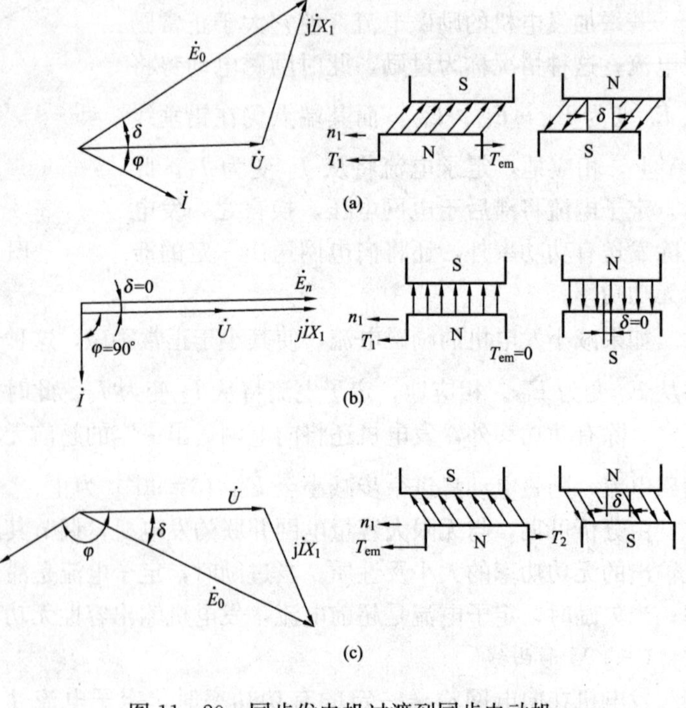

图 11-20　同步发电机过渡到同步电动机
(a) 发电机；(b) 过渡状态；(c) 电动机

若逐渐减小来自原动机的输入功率，功角 δ 逐渐减小，电磁功率 P_{em} 也逐渐减小。当原动机的机械功率减小到发电机的空载损耗时，功角 δ 为零，电磁功率 P_{em} 也为零，发电机处于空载运行状态，如图

11－20（b）所示。

如果继续减小原动机的功率，功角 δ 变为很小的负值，定子等效磁极超前转子磁极 δ 角，电磁功率也为负值，此时电机开始从电网吸取有功功率，用以补偿电机的空载损耗，相应的电磁转矩也由制动转矩变为驱动转矩。此时，实际上就是同步电动机的空载运行。

如果在机轴上加上机械负载，则驱动的电磁转矩不仅要用来克服空载转矩，还要用来克服制动性质的负载转矩，负值的 δ 角将增大，转子磁极比定子等效磁极更落后，此时空载电动势 $\dot{E}_0$ 滞后端电压 $\dot{U}$ 为 δ 角，此时，变成为同步电动机带机械负载的运行，如图 11－20（c）所示。

由以上分析可知，当同步发电机变为电动机运行时，功角 δ、电磁功率 P_{em} 由正变负，电磁转矩 T_{em} 由制动转矩变为驱动转矩。

二、同步电动机

由于同步电动机只是同步电机的一种运行方式，所以它的结构与同步发电机相似。

从运行情况看，同步电动机与同步发电机一样，在有功功率保持不变时，调节励磁电流的大小，可获得三种励磁状态。正常励磁状态时，电动机没有无功功率输出；过励状态时，电动机从电网吸取容性无功功率（或向电网发出感性无功功率）；欠励状态时，电动机从电网吸取感性无功功率（或向电网发出容性无功功率）。调节 I_f，同样可作出定子电流 I 和励磁电流 I_f 之间一簇关系 $I=f(I_f)$ 曲线，即 V 形曲线。当 I_f 减小到一定数值时，电动机也会失去同步。V 形曲线中也有不稳定区域。

调节同步电动机的励磁电流大小可以改变其输出的无功功率大小和性质，这是同步电动机最可贵的特点。尤其是同步电动机在过励状态下，向电网输出感性无功功率从而使电网功率因数得到提高。

同步电动机的缺点主要是本身无起动转矩。一般需借助于辅助的电动机或利用电网电源异步起动，也可采用调频起动。

目前，同步电动机主要用于空气压缩机、球磨机、鼓风机及水泵等中。

本 章 小 结

本章主要分析了同步发电机的工作原理，介绍了汽轮发电机的主要结构。分析了单独运行的同步发电机的工作特性，同步发电机在保持转速为恒定值时，三个主要物理量即端电压 U、定子电流 I 和励磁电流 I_f 之间的关系，可用发电机的空载、短路、外特性和调整特性特性来反映。

同步发电机并联时，大多采用准同步法并联，为的是避免发电机在并网时产生强烈的冲击电流和冲击转矩，并联时必须满足并联条件。

同步发电机输出的有功功率大小取决于功角 δ 的大小。功角 δ 既是电动势 $\dot{E}_0$ 和端电压 $\dot{U}$ 的时间相量间的相位角，又是转子磁极轴线与定子等效磁极轴线的空间夹角。功角特性反映同步发电机的功率和本身参数的关系。

与无穷大电网并联运行的同步发电机，其端电压和频率均为常数，调节原动机的机械功率则能改变发电机输出的有功功率；调节励磁电流大小则能改变发电机输出的无功功率。调节有功功率输出会影响无功功率的输出，而调节无功功率时不会影响有功功率的输出。

保持有功功率输出不变时，定子电流与励磁电流之间的关系可用V形曲线描述。正常励磁时，发电机仅输出有功功率；过励时，发电机不仅输出有功功率而且输出感性无功功率；欠励时，发电机不仅输出有功功率而且输出容性无功功率。

同步电动机是同步电机将电能转换为机械能的另一种运行方式。可以通过调节励磁电流大小改变同步电动机的无功功率的大小和性质。

习题与思考题

1. 同步发电机是如何将机械能转化为三相交流电能的？
2. 同步发电机主要结构部件有哪些？各有什么作用？
3. 同步发电机的额定值主要有哪些？各代表什么含义？
4. 表征同步发电机单机对称稳定运行的性能有哪些特性？其变化规律如何？
5. 同步发电机短路特性曲线为什么是直线？
6. 负载大小和性质对发电机外特性和调整特性有何影响？
7. 试述三相同步发电机准同步并联的条件？为什么要满足这些条件？
8. 同步发电机的功角与有功功率有什么关系？
9. 与无穷大容量电网并联运行的同步发电机，如何调节其输出的有功功率，如何调节其输出的无功功率？

第十二章　常用电工仪表及测量

电力工业的主要产品是电能。电能这种特殊的产品是人们的感觉器官所不能直接感觉和反映的。在电能的生产、传输、分配和使用等各个环节中，只有通过各种仪表的测量才能对系统的运行状态（如电能质量、负荷情况等）加以监视，才能保证系统安全和经济的运行。所以人们常常把电工仪表和测量技术称为电力工业的眼睛和脉搏。电工仪表和测量技术是从事电气工作的技术人员必须掌握的一门学科。因为，在电气设备的安装、调试、试验、运行、维修，以及对电气产品进行检验、调试、鉴定中都会遇到这方面的技术问题。

第一节　电工仪表的一般知识

一、测量指示仪表的组成

电测量指示仪表的结构框图如图 12-1 所示，从图上可以看出，整个指示仪表可以分为测量线路和测量机构两个部分。

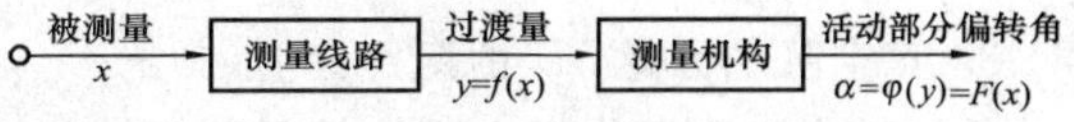

被测量 x → 测量线路 → 过渡量 $y=f(x)$ → 测量机构 → 活动部分偏转角 $\alpha=\varphi(y)=F(x)$

图 12-1　电测量指示仪表的结构框图

测量线路的作用是把被测量 x 转换为测量机构可以接受的过渡量 y（例如转换为电流）；然后通过测量机构把被测量 y 转换为指针的角位移 α。由于测量线路中的 x 和 y，测量机构中的 y 和 α，能够严格保持一定的函数关系，所以可以根据角位移 α 的值，直接读出被测量 x 的值。测量机构是电测量指示仪表的核心，没有测量机构就不成为电测量指示仪表；而测量线路则根据被测对象的不同而有不同的配置，如果被测对象可以直接为测量机构所接受，也可以不配置测量线路。例如变换式仪表，就是用磁电系仪表作为测量机构，不论是功率表、频率表还是相位表都用相同的测量机构表芯，然后配上不同的转换器（即测量线路）达到测量不同被测量的目的。为此，下面着重介绍一下测量机构的组成。

二、测量机构的组成与原理

电测量指示仪表的测量机构是由固定部分和可动部分组成的，以便能将被测量转换为可动部分的偏转角，按可动部分在偏转过程中各元件所完成的功能和作用，可以把测量机构分为以下三个部分。

1. 产生转动力矩 M 的驱动装置

为了使电测量指示仪表的指针能够在被测量的作用下产生偏转，就必须有一个能产生转动力矩的驱动装置。不同类型的仪表，其驱动原理也不一样，例如磁电系仪表是利用永久磁铁和通电线圈间的电磁力，以驱动可动部分偏转。而静电系仪表，则利用固定电极板和可动电极板之间的电场力，使可动部分得到转动力矩。

2. 产生反作用力矩 M_α 的控制装置

测量机构有驱动装置，还需要设置能产生反作用力矩的控制装置。

图 12-2 所示的盘形游丝就是一种常用的产生反作用力矩的装置。当可动部分在转动力

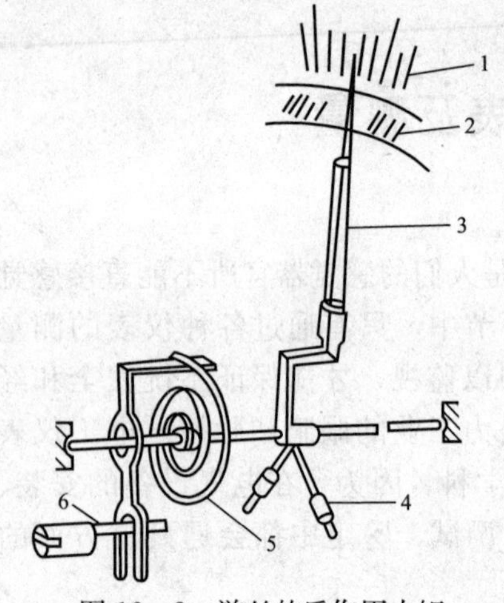

图 12-2 游丝的反作用力矩

1—分度；2—镜面；3—指针；4—平衡锤；5—游丝；6—机械零位调节装置

矩作用下产生偏转时，就会同时扣紧游丝使游丝产生一个与转动力矩方向相反的反作用力矩。游丝是一种弹性材料，所以在弹性范围内反作用力矩的大小正比于转动游丝的偏转角 α。即

$$M_\alpha = D\alpha \tag{12-1}$$

式中 D——反作用力矩系数，由游丝的材料、外形所决定；

α——可动部分的偏转角。

当转动力矩等于反作用力矩时即 $M=M_\alpha$，可动部分就停止偏转，对应的偏转角 α 可按下式推得，对于磁电系仪表，对应的偏转角 α 可按式（12-2）、式（12-3）推得，这时 $M=F(x)$，则

$$F(x) = D\alpha \tag{12-2}$$

$$\alpha = F(x)/D \tag{12-3}$$

除了用游丝产生反作用力矩外，还可以用张丝、吊丝或重力装置，也有用电磁力产生反作用力矩的，例如比率型仪表。

3. 产生阻尼力矩 M_d 的阻尼装置

从转动力矩和反作用力矩的关系可知，可动部分受转动力矩作用后，最终总会停在一个平衡位置上。但由于可动部分具有一定的转动惯量，故可动部分达到平衡位置后，并不立即停止，往往要超过平衡点，而定位力矩又会使它返回到平衡位置，这就发生指针在读数位置来回摆动的现象。为了尽快读数，测量机构必须设有吸收这种振荡能量的阻尼装置，以便产生与可动部分运动方向相反的力矩。应当指出，阻尼力矩是一种动态力矩。当可动部分稳定后，它就不复存在。因此，阻尼力矩并不改变由转动力矩和反作用力矩所确定的偏转角。

常用的阻尼装置有两种，一种是空气阻尼器，利用可动部分运动时带动阻尼片，使阻尼片在一个密封的阻尼箱中运动，从而产生空气阻力作为阻尼力矩。它的结构如图 12-3（a）所示。另一种是感应阻尼器，利用可动部分运动时带动一个金属阻尼片，使之切割阻尼磁场的磁力线，从而使阻尼片产生涡流，涡流与磁场形成的电磁力作为阻尼力矩，它的结构如图 12-3（b）、（c）所示。

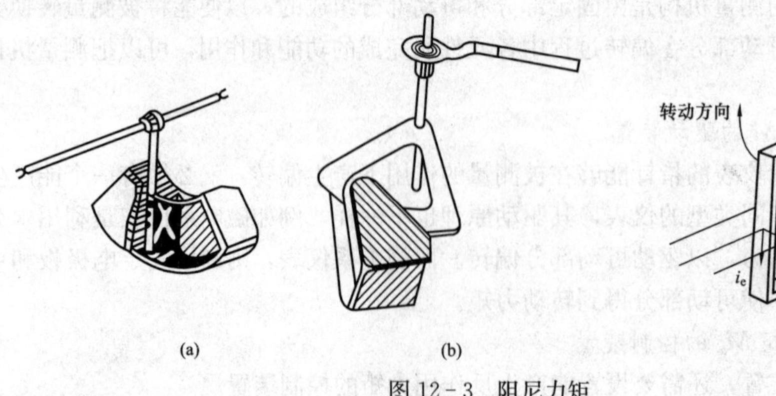

图 12-3 阻尼力矩

(a) 空气式；(b)、(c) 电磁感应式

此外还有油阻尼，这种阻尼装置结构比较复杂，多用于高灵敏度的张丝仪表中。

测量机构除了以上三种主要装置外，还应有指示装置，即指针式的指针与刻度盘（见图12-4）、光标式的光路系统和刻度尺、调零器、平衡锤、止动器、外壳等部分。

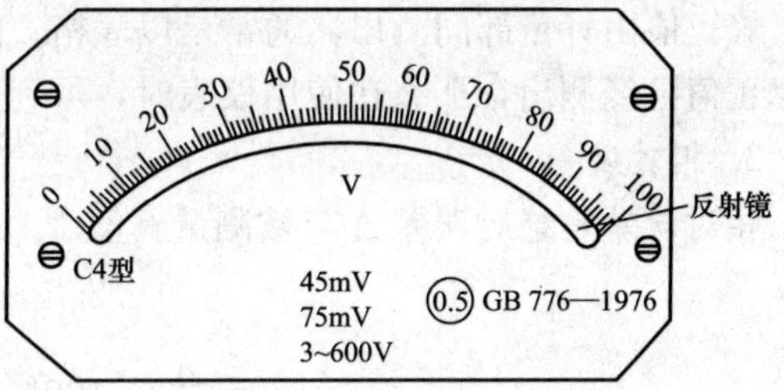

图12-4　刻度盘

三、仪表的误差及准确度

（一）仪表的误差

用任何仪表进行测量，仪表指示的数值与被测量的实际值（亦称真值）之间总有差异，这个差异称为仪表的误差。

按照仪表误差产生的原因，仪表误差可分为两大类。

1. 基本误差

仪表在规定的标准工作条件下，由于结构和制造工艺上的不完善而产生的误差，称为仪表的基本误差。如仪表活动部分存在摩擦、零件装配不好，标尺刻度不准确等，这种误差是仪表本身所固有的。

仪表的标准工作条件是：

(1) 指针该指零的应调到零位；

(2) 仪表按规定的工作位置放置；

(3) 周围的温度是23℃或仪表表面上所标明的温度，在规定的湿度下工作；

(4) 除地磁以外，没有外来的电磁场；

(5) 对于交流仪表而言，电流的波形是正弦波，频率在仪表规定的范围内。

2. 附加误差

仪表在非标准工作条件下所产生的额外误差，称为仪表的附加误差。如温度、频率的变化超过了规定的范围，外界电磁场的影响等。因此，当仪表在非标准工作条件下工作时，除具有基本误差时，还具有附加误差。

（二）仪表误差的表示方式

仪表误差有三种表示方式。

1. 绝对误差

仪表的指示值 A_x 与被测量的真值 A_0 之间的差值，称为绝对误差，用 Δ 表示，即

$$\Delta = A_x - A_0 \tag{12-4}$$

由式（12-4）可以看出，当 $A_x > A_0$ 时，$\Delta > 0$；当 $A_0 > A_x$ 时，$\Delta < 0$；当 $A_x = A_0$ 时，$\Delta = 0$。Δ 的大小和符号表示了测量值偏离真值的程度和方向。

真值 A_0 往往是预先不知道的，在实际工作中，通常把标准表（用来检定工作仪表的高准确度仪表）的指示值作为被测量的真值。

与绝对误差大小相等，但符号相反的值称为修正值，用 C 来表示，即

$$C = -\Delta = A_0 - A_x \tag{12-5}$$

所以

$$A_0 = A_x + C \tag{12-6}$$

修正值由计量部门测出，通常是以表格、曲线或公式给出，如果一个仪表标度尺上各处的修正值已经测出，那么在使用仪表时，可利用给出的修正值求出实际值。

2. 相对误差

相对误差是绝对误差Δ与被测量真值A_0的百分比，它是误差最常用的形式，相对误差γ为

$$\gamma=\frac{\Delta}{A_0}\times 100\% \approx \frac{\Delta}{A_x}\times 100\% \qquad (12-7)$$

相对误差表明了误差对测量结果的相对影响，可以表征测量的准确程度。

3. 引用误差

一只仪表在其测量范围内，各处示值的绝对误差相差不大，但相对误差随测量值的减少而增大。所以相对误差虽然能说明测量结果的准确程度，但是不能反映仪表本身的准确性。如果用绝对误差作分子，仪表的基准值作分母，由于基准值是常数，故这样求得的误差能较好地反映仪表的基本误差。这个误差就称为引用误差，用γ_m表示。

$$\gamma_m=\frac{\Delta}{A_m}\times 100\% \qquad (12-8)$$

4. 最大引用误差

若要反应仪表能够测量的准确度，必须引入最大引用误差γ_{mm}：

$$\gamma_{mm}=\frac{\Delta_m}{A_m}\times 100\% \qquad (12-9)$$

（三）仪表的准确度

仪表的准确度是用来表征其指示值与被测量真值接近程度的量，它反映了仪表的基本误差。准确度分若干等级，用等级指数K表示，它是由仪表在规定的标准工作条件下，按制造厂说明书使用时，在整个刻度范围内允许出现的基本误差的极限（最大引用误差）来表示的。它们之间的关系是

$$\pm K\% \geqslant \frac{\Delta_m}{A_m}\times 100\% \qquad (12-10)$$

式中，K是仪表的准确度等级指数，Δ_m为最大绝对误差。仪表的准确度越高，其误差越小，K也就越小。例如，准确度等级为1.0级的仪表，其基本误差的极限（即允许的最大引用误差）为±1.0%。

我国对不同的电表，规定了不同的准确度等级（国家标准GB 767—1987），如电流表和电压表准确度等级分为0.01、0.05、0.1、0.2、0.3、0.5、1.0、1.5、2.0、2.5、3.5共11级；功率表分为0.05、0.1、0.2、0.3、0.5、1.0、1.5、2.0、2.5、3.5共10级。通常0.05、0.1、0.2级仪表用作标准表，用以检定准确度较低的仪表；0.5、1.0、1.5级仪表主要用于实验室；准确度更低的仪表主要用于现场。

当仪表的标尺不同时，引用误差的计算公式不同，相应地在仪表盘面上准确度等级的标志也就不同。

（四）表面标记

为了使用方便，通常把电测量指示仪表的技术特性用不同的图形符号标在仪表的表盘上，供使用者识别和选择。常用的表面标记的图形符号列于表12-1中。

表 12-1　　电工仪表表面标记的图形符号

分类	符号	名　称	分类	符号	名　称
电流种类	⎓	直　流	端记	+	正端钮
	～	交　流		—	负端钮
		交直流		*	公共端钮
		三相交流	工作位置	⊥	标尺位置垂直
测量控制	A	安		⊓	标尺位置水平
	V	伏		∠60°	标尺位置与水平面 60°
	W	瓦	外界条件		Ⅰ级防外磁场（例如磁电系）
	var	乏			Ⅰ级防外电场（例如静电系）
	Hz	赫		Ⅱ	Ⅱ级防外磁场及电场
工作原理		磁电系仪表		Ⅲ	Ⅲ级防外磁场及电场
		电磁系仪表		Ⅳ	Ⅳ级防外磁场及电场
		电动系仪表		A	A组仪表
		磁电系比率表		B	B组仪表
		铁磁电动系		C	C组仪表
		整流系仪表	绝缘强度	0	不进行绝缘强度试验
准确度等级	1.5	以标尺量限的百分数表示		2	绝缘强度试验为 2kV
	(1.5)	以指示值的百分数表示			

四、常用测量机构

(一) 磁电系测量机构

1. 结构

磁电系测量机构由固定部分和可动部分组成，如图 12-5 所示。

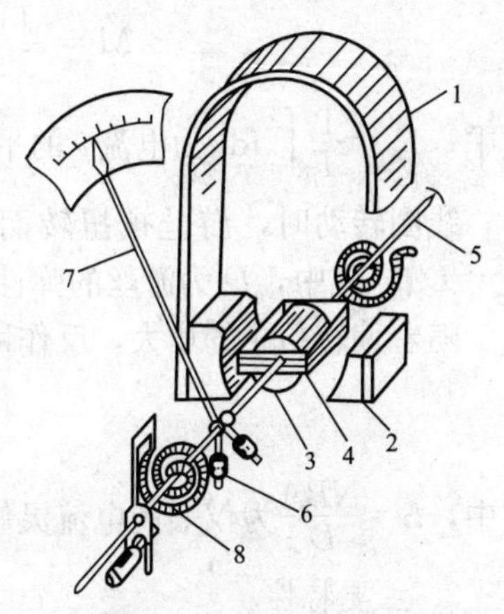

图 12-5　磁电系测量机构

1—永久磁铁；2—极掌；3—圆柱形铁心；4—线圈；5—转轴；6—平衡锤；7—指针；8—游丝

固定部分是测量机构的磁路系统，它包括永久磁铁、连接在永久磁铁两极上的极掌、圆柱形铁心。圆柱形铁心固定在支架上，它与极掌间有一定的空气隙。

可动部分包括可动线圈、指针、游丝及转轴等。绕在铝框上的可动线圈，放置在由软铁做成的极掌与圆柱形铁心之间的均匀磁场里，线圈两端各连接一盘游丝，一盘在顶部，一盘在底部，除作为产生反作用力矩外，还作为导流片将被测电流从一盘游丝引入线圈，再从另一盘游丝引出线圈，铝框和指针都固定在转轴上。磁电系测量机构的阻尼力矩由铝框产生，当铝框转动切割永久磁铁的磁力线时，铝框中会产生感应电流，该感应电流与永久磁铁磁场相互作用产生阻尼力矩。阻尼力矩的方向总是与指针摆动的方向相反，因此指针能很快地稳定在平衡位置上。

磁电系测量机构的磁路有多种形式，采用上述结构的称为外磁式［见图 12-6（a）］，还有将永久磁铁放在线圈内的内外磁式［见图 12-6（b）］。外磁式结构紧凑，磁屏蔽良好，漏磁小，气隙中磁场强。内外磁式磁场更强，结构可做得更紧凑。

2. 工作原理

极掌与圆柱形铁心的结构，使气隙中的磁场呈辐射状，如图 12-7（a）所示。该气隙中的磁感应强度为 B，线圈的有效边长为 l，宽度为 b，面积为 A，线圈的匝数为 N，通过线圈的电流为 i，则作用在 N 匝线圈上的电磁力 $f=NBli$，如图 12-7（b）所示。

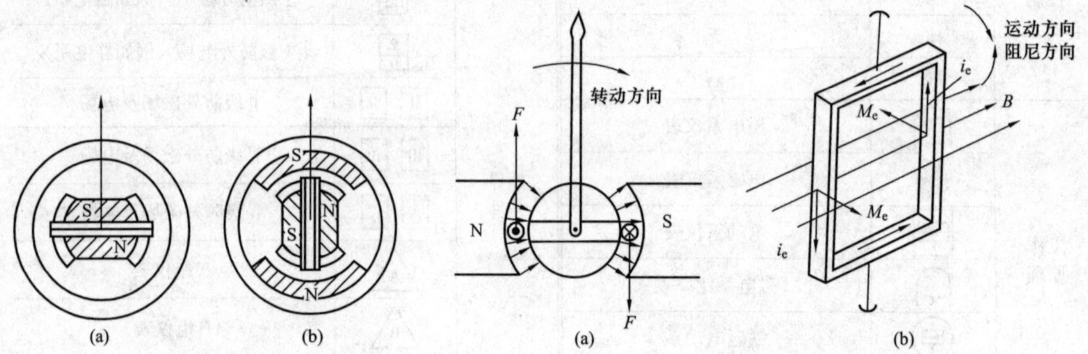

图 12-6 磁电系测量机构的磁路形式
（a）外磁式；（b）内外磁式

图 12-7 磁电系仪表的工作原理
（a）产生转矩的原理图；（b）矩形线圈

在电磁力 f 的作用下，线圈的瞬时转动力矩为

$$m = 2f \cdot \frac{b}{2} = NBlbi = NBAi \tag{12-11}$$

若 i 为周期为 T 的交流电流，则在一个周期内的平均转矩为

$$M = \frac{1}{T}\int_0^T m\mathrm{d}t = NBA\,\frac{1}{T}\int_0^T i\mathrm{d}t = NBAI_{\mathrm{av}} \tag{12-12}$$

式中，$I_{\mathrm{av}}=\frac{1}{T}\int_0^T i\mathrm{d}t$ 为电流 i 的平均值。

线圈转动时，游丝被扭转而产生反作用力矩，此力矩与指针的偏转角 α 成正比，即 $M_\alpha=D\alpha$。式中，D 为游丝的弹性系数。

随着偏转角 α 的增大，反作用力矩 M_α 也不断增大，当 $M=M_\alpha$ 时，指针的偏转角为

$$\alpha = \frac{NBA}{D}I_{\mathrm{av}} = SI_{\mathrm{av}} \tag{12-13}$$

式中，$S=\frac{NBA}{D}$ 为仪表的电流灵敏度，对于确定的仪表，S 为常数。

3. 主要特性

（1）磁电系仪表反映被测量一周期内的平均值，因而若通入线圈的电流为周期性非正弦电流，则偏转角 α 反映的是非正弦电流的直流分量；若通入的是正弦交流电流，则指针不偏转；若通入直流电流，则偏转角 α 与直流电流的大小成正比。从结构来看，因为磁场的极性

是恒定的，则指针的偏转方向取决于通入线圈电流的方向，电流的方向与规定的方向相反时，指针反偏，不但不读数，而且会损坏指针，所以磁电系仪表只能用于测量直流电量，且使用时必须使电流从仪表的“+”端通入。若要用磁电系测量机构来测量交流量，则必须将测量机构与整流流器配合使用。

(2) 刻度均匀，读数方便。

(3) 因可动线圈处于强磁场中，仪表受外磁场的影响小。

(4) 准确度高。

(5) 灵敏度高，仪表的内损耗小。

(6) 过载能力低。

(二) 电磁系测量机构

1. 结构

电磁系测量机构主要分为吸引式和排斥式两种。

(1) 吸引式测量机构。这种测量机构的基本结构是在固定的扁形线圈的一侧安放一个偏心的可动铁片。另外，还有转轴、指针、游丝等，如图 12-8 所示。当线圈通入电流后，铁片被磁化，磁化后的铁片被吸入线圈夹缝，驱动转轴和指针偏转。当线圈通入交流电流后，转动力矩如图 12-9 所示，转动方向不变。

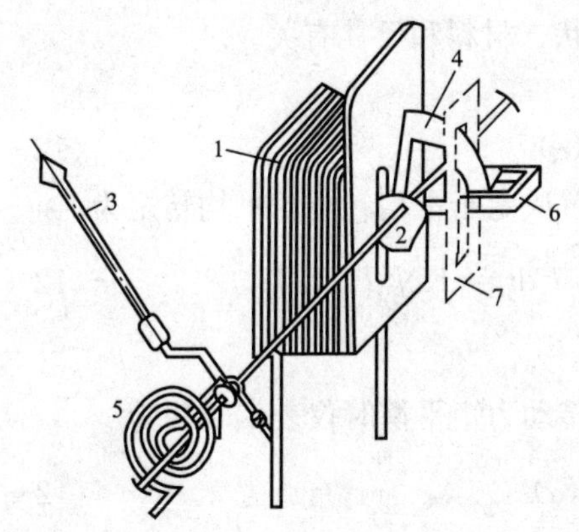

图 12-8　吸引式测量机构

1—固定线圈；2—可动铁片；3—指针；4—阻尼片；5—游丝；6—永久磁铁；7—磁屏蔽

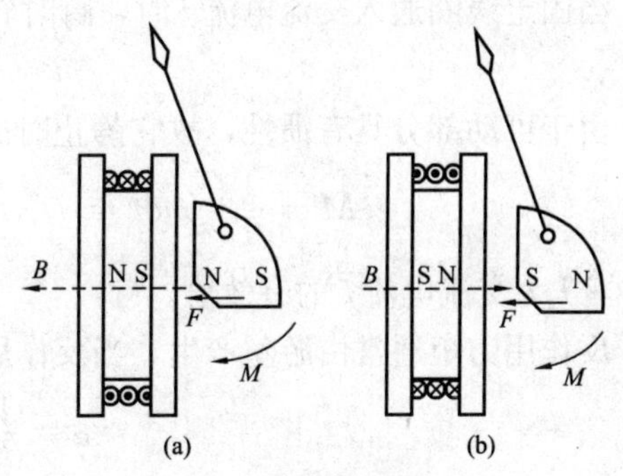

图 12-9　吸引式测量机构原理

(2) 排斥式测量机构。这种测量机构的基本结构是在固定的圆柱形线圈内安放两个彼此靠近的软铁片，其中一片固定在线圈的内壁，另一片固定在转轴上，如图 12-10 所示。当线圈通入电流时，两铁片同时被磁化，产生排斥力，驱动转轴和指针偏转。当线圈通入交流电流时，转动力矩如图 12-11 所示，转动方向不变。

2. 工作原理

电磁系测量机构的转动力矩取决于线圈对铁片的吸引力或两磁化铁片间的排斥力。当线圈通入直流电流 I 时，线圈磁场的强弱与磁势 NI 成正比（N 为线圈匝数），被磁化的铁片磁性的强弱也与 NI 成正比，因此不论是吸引式还是排斥式，转动力矩都与线圈的 $(NI)^2$ 成正比。此外，因为线圈中的磁场是不均匀的，而且动铁片偏转时将改变磁场的分布情况，所以转动力矩是偏转角的函数。因此，电磁系测量机构的转动力矩可表示为

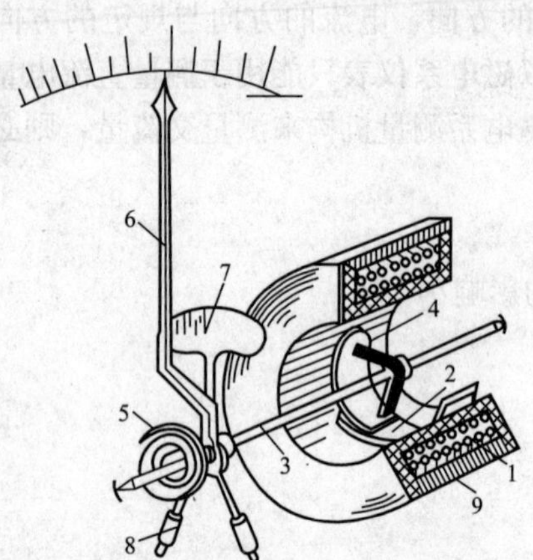

图 12-10 排斥式测量机构

1—固定线圈；2—定铁片；3—转轴；4—动铁片；5—游丝；6—指针；7—阻尼片；8—平衡锤；9—磁屏蔽

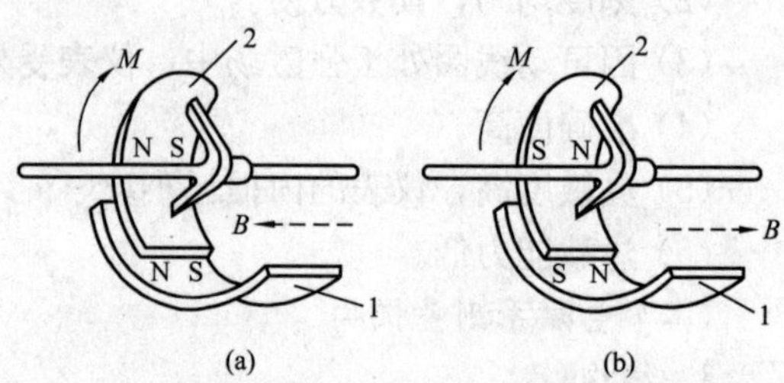

图 12-11 排斥式测量机构原理

（a）线圈中通有电流时两铁片磁化情况；（b）线圈中电流方向改变后两铁片磁化情况

1—固定铁片；2—可动铁片

$$M = K(NI)^2 f(\alpha) \tag{12-14}$$

式中，K 是一个系数，它与线圈的尺寸、铁片的形状、材料和尺寸有关。

当固定线圈通入交流电流 i 时，瞬时转矩为

$$m = k(Ni)^2 f(\alpha) \tag{12-15}$$

由于可动部分具有惯性，故它静止时的平衡位置决定于平均转矩，平均转矩为

$$M = \frac{1}{T}\int_0^T m\mathrm{d}t = f(\alpha)KN^2\ \frac{1}{T}\int_0^T i^2\mathrm{d}t = KN^2 I^2 f(\alpha) \tag{12-16}$$

式中，I 为交流电流 i 的有效值。

反作用力矩通常由游丝产生，当反作用力矩与转动力矩平衡时仪表偏转角为

$$\alpha = \frac{K}{D}(NI)^2 f(\alpha) \tag{12-17}$$

因此仪表的刻度是不均匀的。

3. 主要特性

(1) 电磁系仪表反映被测量的有效值，刻度不均匀，前密后疏。

(2) 过载能力强，功耗较大。

(3) 受外界磁场的影响大。

(4) 可以交直流两用。

(5) 一般只适用于工频测量。频率变化电磁系仪表会有测量误差。

（三）电动系测量机构

1. 结构

电动系测量机构由两组线圈组成，即建立磁场的固定线圈及在该磁场中偏转的可动线圈。电流通过游丝引入可动线圈。电动系测量机构有两种结构。

(1) 无铁心的电动系测量机构。这种测量机构通常简称为电动系测量机构，如图 12-12 所示。

电动系测量机构也是由固定部分和可动部分组成，固定部分是固定线圈，它分成完全相同的两部分，这两部分平行排列，中间留有空隙，以便转轴穿过，也可获得较均匀的磁场。通过这两部分的串并联，还可以改变电流的量程。可动部分包括放置于固定线圈内部的可动线圈、转轴、指针、游丝等。游丝用来产生反作用力矩，并起引导电流的作用。由于线圈的磁场很弱，只能采用空气阻尼器，而且为了避免外界磁场对测量机构的影响，需加磁屏蔽。

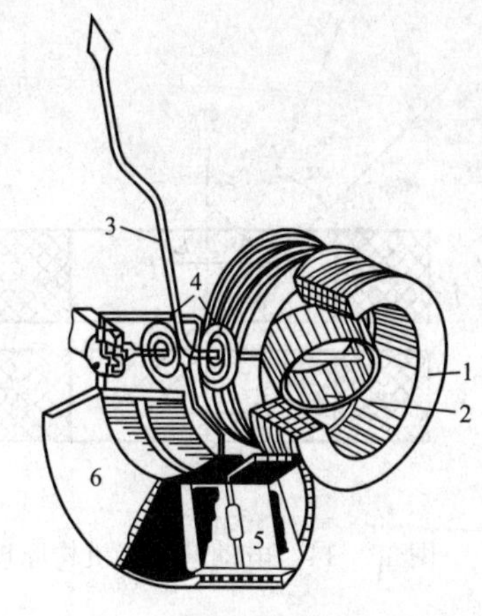

图 12-12　电动系测量机构

1—固定线圈；2—可动线圈；3—指针；4—游丝；5—阻尼片；6—阻尼盒

(2) 铁磁电动系测量机构。该机构如图 12-13 所示。为了产生较强的磁场，增大转动力矩，将固定线圈绕在相互绝缘的硅钢片叠成的铁心上，将动圈套在圆柱形铁心外面。阻尼采用磁阻尼器或空气阻尼器。由于磁场较强，故这种仪表灵敏度较高，防御外磁场的能力较强。但是，由于铁磁材料的磁滞和涡流损失，这种仪表的准确度较低。

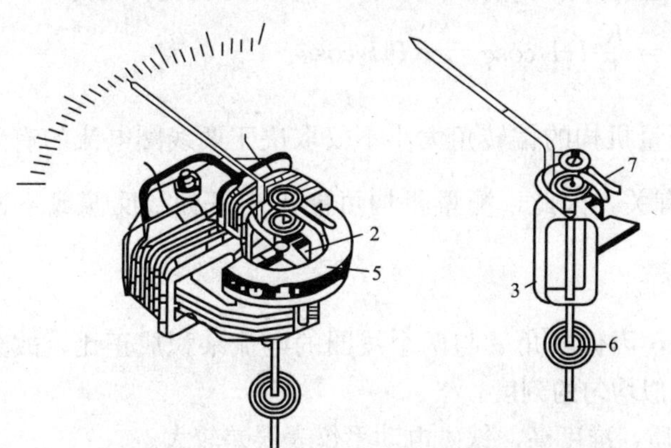

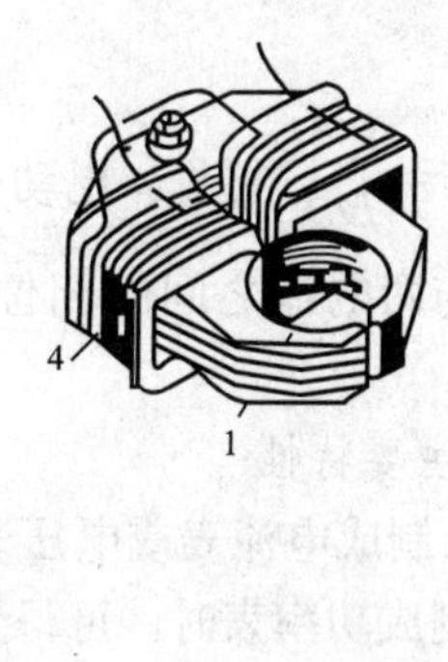

图 12-13　铁磁电动系测量机构

1—铁轭；2—圆柱形铁心；3—动圈；4—定圈；5—阻尼器；6—游丝；7—零位调节器

2. 工作原理

(1) 通入直流电流时的转矩及偏转角。当固定线圈通入电流 I_1 时，产生磁场，其磁感应强度为 B_1，处在此磁场中通有电流 I_2 的可动线圈便会受到电磁力 F 的作用而偏转。

可动线圈所受的转矩与磁感应强度 B_1 和可动线圈电流 I_2 的乘积成正比，而 B_1 又正比于电流 I_1，所以转矩与两线圈的电流的乘积成正比，即

$$M = K_\alpha I_1 I_2 \tag{12-18}$$

式中，K_α是与可动部分偏转角有关的系数，它取决测量机构的结构和尺寸及偏转角 α。适当安排两定圈间的距离和形状，可使 K_α在一定的偏转角范围内为一常数。

游丝产生反作用力矩，平衡时偏转角为

$$\alpha = \frac{K_\alpha}{D} I_1 I_2 = K I_1 I_2 \tag{12-19}$$

即可动部分的偏转角 α 与两线圈电流的乘积成正比。式中，$K=\frac{K_\alpha}{D}$。

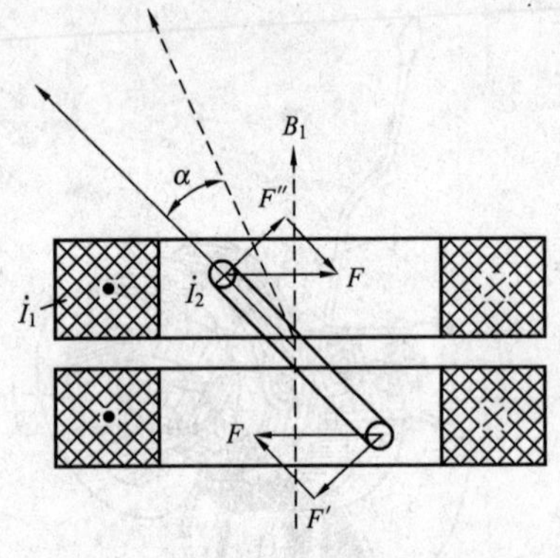

图 12-14 电动系测量机构原理

（2）通入交流电流时的转矩及偏转角。如图 12-14 所示，当定圈和动圈分别通入交流电流 i_1、i_2 时，作用于动圈的瞬时转矩为

$$m = K_\alpha i_1 i_2 \tag{12-20}$$

设通入定圈和动圈的电流分别为

$$i_1 = \sqrt{2} I_1 \sin\omega t$$

$$i_2 = \sqrt{2} I_2 \sin(\omega t + \varphi)$$

则
$$\begin{aligned} m &= 2K_\alpha I_1 I_2 \sin\omega t \cdot \sin(\omega t + \varphi) \\ &= K_\alpha I_1 I_2 [\cos\varphi - \cos(2\omega t + \varphi)] \end{aligned} \tag{12-21}$$

所以平均转矩为

$$\begin{aligned} M &= \frac{1}{T}\int_0^T m \mathrm{d}t = \frac{K_\alpha I_1 I_2}{T}\int_0^T [\cos\varphi - \cos(2\omega t + \varphi)]\mathrm{d}t \\ &= K_\alpha I_1 I_2 \cos\varphi \end{aligned} \tag{12-22}$$

当测量机构的转矩和游丝产生的反作用力矩平衡时，可动部分的偏转角为

$$\alpha = \frac{K_\alpha}{D} I_1 I_2 \cos\varphi = K I_1 I_2 \cos\varphi \tag{12-23}$$

式中，$K=\frac{K_\alpha}{D}$。可见，电动系测量机构的偏转角大小不仅取决于两线圈电流的有效值的大小，还与两电流之间的相位差有关，因此，测量机构可能出现正偏、反偏或不偏转三种情况。

3. 主要特性

（1）制成电流表或电压表时，因偏转角 α 与两个线圈的电流乘积成正比，故刻度不均匀。而制成功率表时，可得到近似均匀的刻度。

（2）电动系仪表因无铁磁物质，准度高。铁磁电动系仪表误差较大。

（3）因电动系仪表在弱磁场中工作，外界磁场影响大，需采用磁屏蔽。

（4）电动仪表可交直流两用，且可测量非正弦量。测量正弦交流或非正弦交流时，读数为有效值，测量直流量时，读数为直流量的数值。

（5）因用游丝引导电流，故电动系仪表过载能力差。

第二节 电量的测量

一、电压电流的测量

（一）直流电流的测量

直流电流通常使用磁电系测量机构，但因为磁电系测量机构仅能通过很小的电流，所以作为电流表只能直接测量微安级到几十毫安之间的电流，即只能做成检流计、微安表以及小量程的毫安表。

若要测量较大的电流，需要与测量电路配合，扩大表头的量程。为此，给表头并联一个分流电阻 R_S，使大部分电流从分流电阻 R_S 中流过，而表头仅流过其允许的电流，如图 12-15 所示。

图 12－15 中，I_C 是表头的满偏电流，R_C 是表头的内阻，I 是扩大量程后能测量的最大电流。

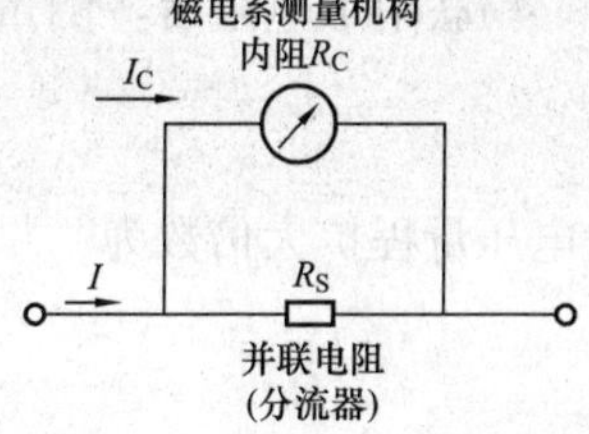

图 12－15　电流表分流电路

由图可得

$$R_C I_C = R_S(I - I_C) \tag{12-24}$$

则分流电阻值为

$$R_S = \frac{R_C I_C}{I - I_C} = \frac{R_C}{\dfrac{I}{I_C} - 1} = \frac{R_C}{n-1} \tag{12-25}$$

式中，n 为电流量程扩大倍数。

电流表的量程不超过 100A 时，分流器装在仪表内部，量程再大，分流器发热量也增大，为防止因过热而改变分流器的阻值，将分流器的尺寸增加，做成一个单独的装置，称为外附分流器，采用外附分流器的仪表，表盘上标明配用分流器的规格。外附分流器通常不标出电阻值，只给出额定电压和额定电流，其额定电压是指与它并联的表头的额定电压，额定电流是指并联分流器后扩大的量程，而不是指通过分流器的电流。例如规格为 75mV、100A 的分流器，应和额定电压为 75mV 的表头并联，并联后仪表的量程为 100A。

实验室使用的便携式电流表，通常为多量程仪表，它具有多个分流电阻，其结构为环形抽头式，如图 12－16 所示。这种结构的优点在于换接开关改变量程时，分流电阻始终与表头并联，不会因为接触不良或换接过程中发生断路而造成大电流通过表头，使表头烧坏。

由图可知，量程为 I_3 挡的分流电阻为 $R_{S3}=R_1+R_2+R_3$，量程为 I_2 挡的分流电阻为 $R_{S2}=R_1+R_2$，量程为 I_1 挡的分流电阻为 $R_{S1}=R_1$。不论在哪个量程，表头支路电压降与分流支路电压降总是相等的，所以有

$$I_1R_1 = I_2(R_1+R_2) = I_3(R_1+R_2+R_3) \tag{12-26}$$

式（12－26）表明，各量程的电流值与其分流电阻的乘积相等，此结构也适用于其他多量程的电流表。

（二）直流电压的测量

若磁电系测量机构的两端接上被测电压 U 时，测量机构中的电流 $I=\dfrac{U}{R_C}$，与被测电压成正比，所以测量机构可以用来指示电压，但因机构本身仅允许通过很小的电流，它作为电压表时只能测量很小的电压，即只能制成小量程的毫伏表。要测量较高的电压，需扩大电压表的量程，扩大量程的方法是用一只被称为附加电阻的大电阻与测量机构串联，如图12－17 所示。

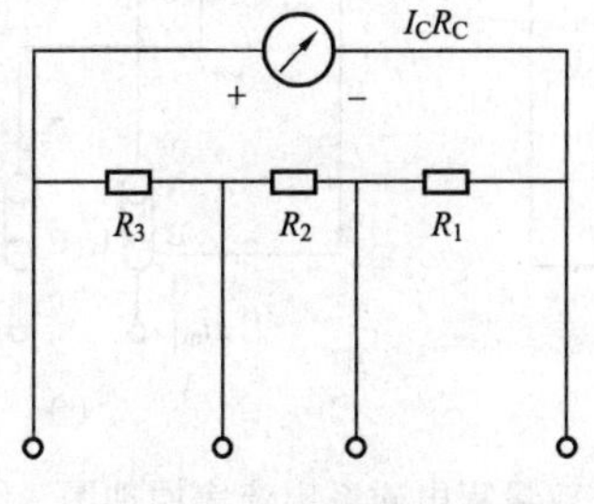

图12－16　三量限环形分流器

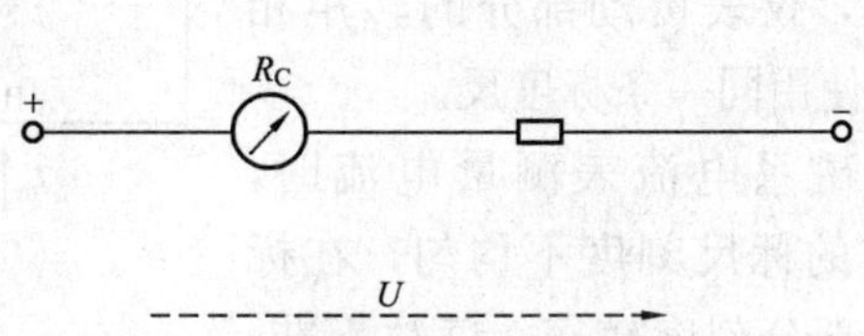

图 12－17　电压表电路

串联附加电阻后，测量机构的满偏电流为

$$I_C = \frac{U}{R_C + R_f} \tag{12-27}$$

设电压量程扩大倍数为

$$m = \frac{U}{U_C} = \frac{R_C + R_f}{R_C} \tag{12-28}$$

因而

$$R_f = (m-1)R_C \tag{12-29}$$

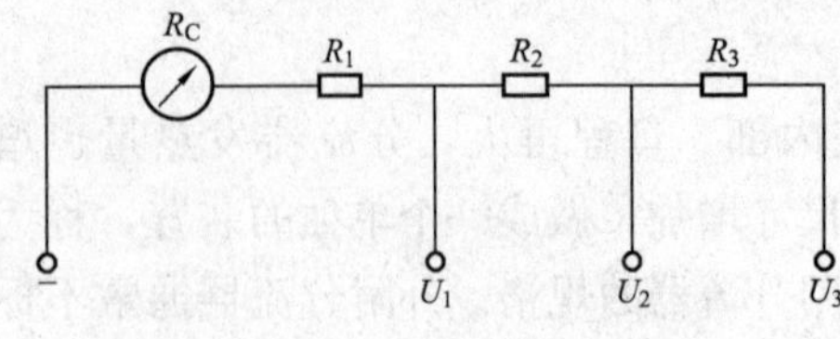

图 12-18 三量程电压表电路

与电流表一样，电压表的附加电阻可以装在仪表内部，也可以装在仪表外部。

便携式电压表常为多量程的。这种电压表内部附加电阻采用分段抽头式接线，如图 12-18 所示。

电压表的内阻（又称输入电阻）R_V 为表头内阻 R_C 与附加电阻 R_f 之和。对多量程电压表来说，量程不同，附加电阻值不同，仪表的内阻也就不同，量程越大，内阻越大。但无论哪一挡，表头的满偏电流 I_C 不变，因此第 K 挡电压表的内阻为

$$\frac{1}{I_C} = \frac{R_{VK}}{U_K}$$

所以

$$\frac{I}{I_C} = \frac{R_{VK}}{U_K} \tag{12-30}$$

式中，$\frac{I}{I_C} = \frac{R_{VK}}{U_K}$是一常数，称为电压表的每伏欧数（Ω/V），或称为电压灵敏度。可见，电压表在某一挡量程的内阻，等于电压表的每伏欧数乘以该挡电压量程。

（三）交流电流的测量

电磁系测量机构，由于固定线圈通过的是被测电流，而固定线圈可用较粗的铜线绕制，使其允许通过的电流较大，所以电磁系测量机构可以直接作为电流表来使用。直接接入电路的电磁系电流表的最大量程一般不超过 200A。

便携式电流表一般都做成多量程的，通过将固定线圈分段绕制，利用转换开关改变各分段的串、并联方式改变量程，如图 12-19 所示。

显然，图 12-19（b）的并联接法比较 12-19（a）的串联接法电流量程扩大了 1 倍，两个量程的总磁势都是 $2NI$，仪表可动部分的转矩相同，可以使用同一条标度尺。

用电磁系电流表测量电流时，由于仪表的标尺刻度不均匀，在标尺的开始部分刻度较密，读数不准，应避免在这一范围内读数。

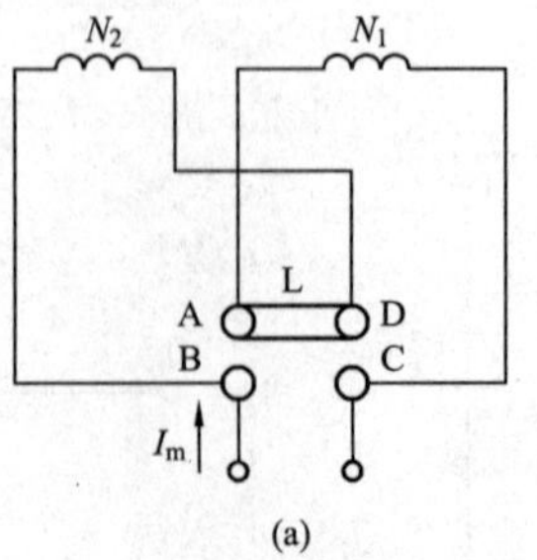

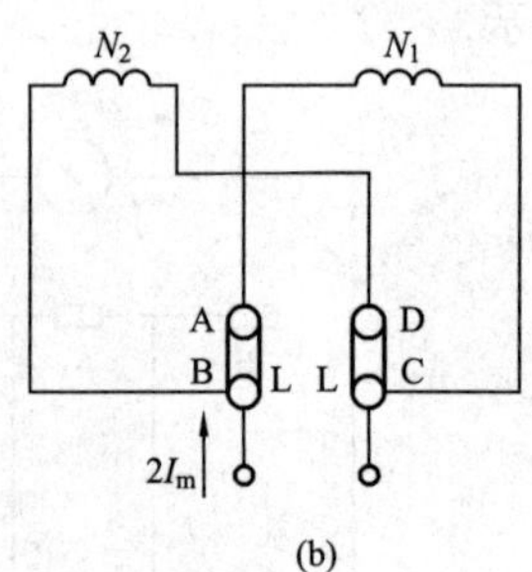

图 12-19 双量程电磁系电流表原理图

(a) 线圈串联；(b) 线圈并联

当被测交流电流大于 200A 时，通常仪表是单量程的。这时，电流表必须与电流互感器（TA）配套使用，如图 12-20 所示。互感器是供测量或控制用的小型变压器，其任务是变换电流或电压的数值。电流互感器的一次绕组串联接入被测电路中，二次绕组与电流表相接，被测电流 $I_1=\frac{N_2}{N_1}I_2=K_iI_2$（$N_1$ N_2 分别为电流互感器一、二次绕组的匝数，K_i 为变流比）。仪用电流互感器，二次绕组的额定电流均为 5A，凡是与电流互感器配套使用的电磁系电流表的量程也都是 5A。测量不同范围的电流，必须采用不同电流互感器。

（四）交流电压的测量

将电磁系测量机构做成电压表时，固定线圈用较细的漆包铜线绕制，匝数较多，若要扩大其量程，必须串联附加电阻。便携式电压表一般做成多量程的，量程不同，串联的附加电阻不同，其电路如图 12-21 所示。

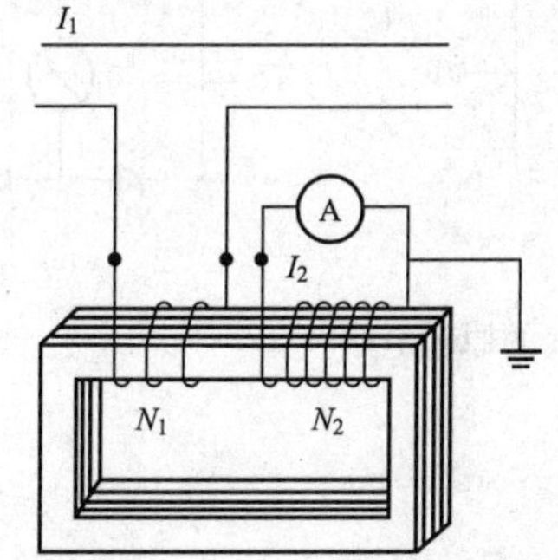

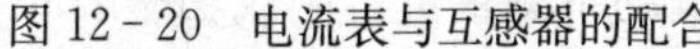
图 12-20　电流表与互感器的配合

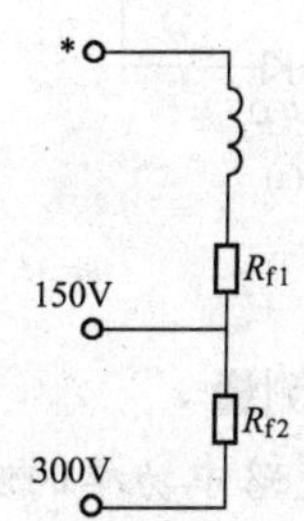

图 12-21　双量程交流电压表原理图

直接接入被测电路的电压表，其最大量程为 600V，测量 600V 以上的交流电压时，要与电压互感器（TV）配套使用，如图 12-22 所示。

电压互感器一次绕组与电压为 U_1 的负载并联，二次绕组接上电压表，被测电压 $U_1=\frac{N_1}{N_2}U_2=K_uU_2$（$K_u$ 为变压比）。仪用电压互感器，二次侧的额定电压均为 100V，与电压互感器配套使用的电压表的量程也都是 100V，被测电路的电压等级不同，采用的电压互感器的变压比也就不同。

（五）大电流和高电压的测量

测量大的直流电流通常采用与表头并联分流器的方法。大的交流电流测量通常采用电流互感器来扩大量程，其接线如图 12-23 所示。

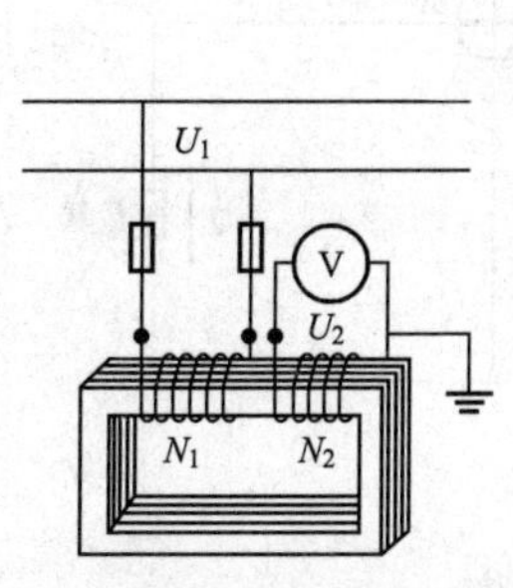

图 12-22　电压表与电压互感器的配合

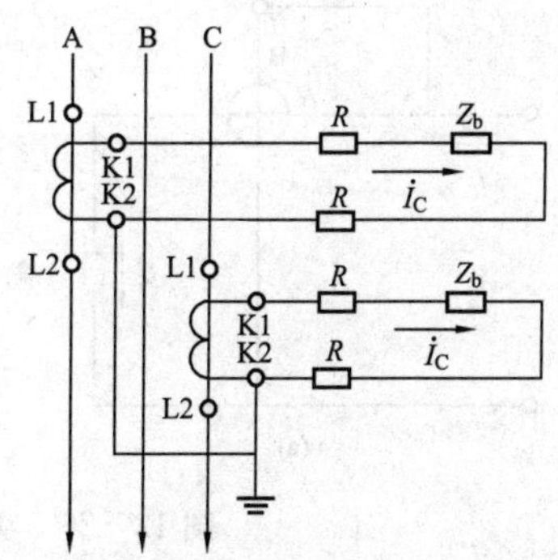

图 12-23　经电流互感器测交流大电流

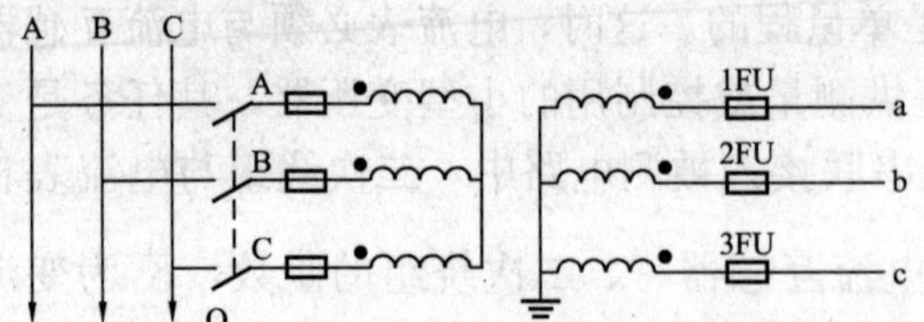

图 12-24　经电压互感器测交流高电压

测量交流高电压时，最常用的方法是利用电压互感器来扩大电压表的量程，如图 12-24 所示。

（六）整流系仪表

磁电系仪表只能用于测量直流电量，不能直接用于测量交流电量，如果将磁电系测量机构与整流电路配合，就可构成能测量交流电量的整流系仪表。

整流系仪表所用的整流电路有半波整流、四整流元件的桥式全波整流及二整流元件的桥式全波整流等，如图 12-25 所示。

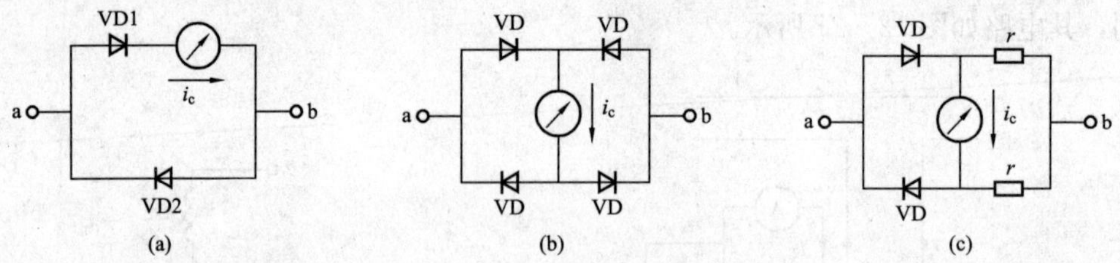

图 12-25　整流系仪表的原理电路

二、功率的测量

（一）直流电路中功率的测量

测量功率一般使用电动系功率表直接测量，电动系测量机构制成功率表时，定圈由较粗的导线绕制，它与负载串联通过负载电流，故称为电流线圈；动圈由细导线绕制，它与一个适当的附加电阻串联后再与负载并联，故称为电压线圈。若负载电流为 I，电压为 U，则通过定圈的电流 $I_1=I$，通过动圈的电流 $I_2=\dfrac{U}{R_U}$（R_U 为电压线圈支路的总电阻），则电动系测量机构的偏转角为

$$\alpha = KII_U = KI \cdot \frac{U}{R_U} = \frac{K}{R_U}UI = K_P P \qquad (12-31)$$

偏转角正比于被测电路消耗的有功功率。

用功率表测量功率时，读数方便，测量误差较小。功率表接入电路中有两种接线方式，如图 12-26 所示。

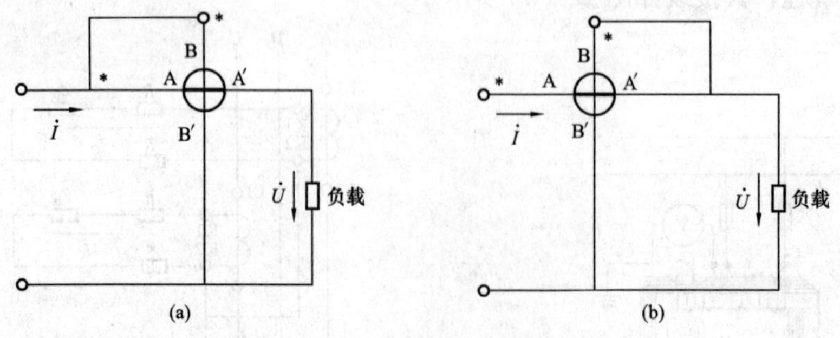

图 12-26　功率表的两种接线方式

（a）电压线圈前接；（b）电压线圈后接

图 12－26（a）为电压线圈跨接在电流线圈之前，简称“前接”；图 12－26（b）为电压线圈跨接在电流线圈之后，简称“后接”。不论“前接”或“后接”，仪表的读数都大于被测负载的功率。为了减少测量误差，当负载电阻远大于电流线圈电阻时，电流线圈损耗较小，宜采用电压线圈前接的接线方式。一般情况下，被测电路的功率远大于仪表的内部损耗，常采用电压线圈前接的接线方式。

电动系功率表的指针偏转方向与通入电压线圈、电流线圈的电流方向有关，如果一个线圈的电流方向接反、指针就会反偏，不仅不能读数，而且还会打弯指针。为了保证接线正确，功率表的电压线圈和电流线圈各有一个端钮标有“＊”或“·”的记号，称为“发电机端”。

接线时，电流线圈的“＊”端接至电源端，另一端接至负载；电压线圈的“＊”端可以接至电流线圈的任一端钮上，只要保证标有“＊”号的两个端钮接于电源的同一极性侧即可。

如果两个线圈都接反了，虽然指针仍然正偏，但是定圈与动圈之间的电压接近于负载或电源电压，这时不仅会产生较大的静电误差，还会损坏线圈的绝缘。因此，当功率表“＊”端连接正确，但指针反偏，表明功率传输的方向与预期的方向相反时，只能调换电流线圈两个端钮的接线，不能调换电压线圈两个端钮的接线。对于具有“＋”、“－”转换开关的功率表，将此开关扳向“－”，指针就会正偏，所读数值应记为负。

当使用功率表测量功率时，功率表的选择必须从功率、电压、电流三方面考虑，不仅被测功率值不能超过功率表的量程，而且被测电路的电压、电流也不能超过功率表电压、电流的额定值。否则，可能发生功率表的指针没有满偏而电压或电流已大大超过其额定值的情况，这也会使仪表损坏。

多量程的功率表通常只有一条标尺，标尺上只标明了分格数，未标出每格所表示的瓦数。若仪表的电压量程为 U_N，电流量程为 I_N，满偏分格数为 α_N，则每格所代表的瓦数 C 为

$$C=\frac{U_N I_N}{\alpha_N} \tag{12-32}$$

读数时，先直接读出分格数，然后乘以每格瓦数，就可得到某一量程下功率的数值。例如，选用的功率表满偏分格数为 75，电压线圈额定值为 300V，电流线圈额定值为 2.5A，则 $C=10\text{W/div}$。

（二）单相交流电路中功率的测量

单相正弦交流电路仍使用电动系功率表来测量它的有功功率，其接线如图 12－27 所示。

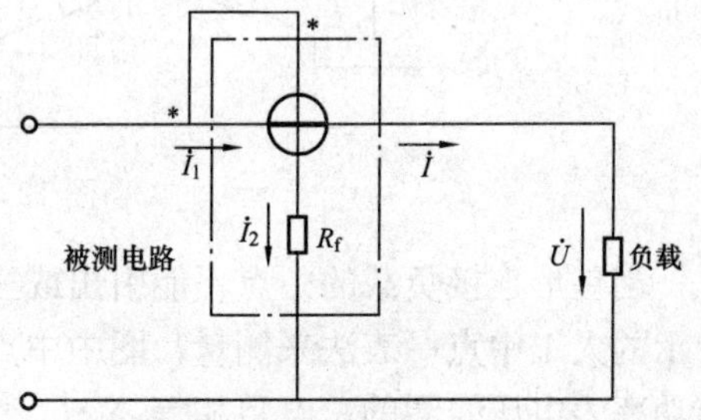

图 12－27　单相正弦交流电路中功率的测量

设负载的电压为 u，电流为 i，若 $i=\sqrt{2}I\sin\omega t$，$u=\sqrt{2}U\sin(\omega t+\varphi)$，则电流线圈的电流 $\dot{I}_1=\dot{I}$，电压线圈的电流为 $\dot{I}_2$，$\dot{I}_2=\frac{\dot{U}}{Z_U}\approx\frac{\dot{U}}{R_U}=I_2\angle\varphi$（$Z_U$、$R_U$ 分别是电压线圈支路的复阻抗、总电阻，因附加电阻较大，动圈的感抗可以忽略不计）。

仪表指针的偏转角为

$$\alpha = KI_1 I_2 \cos\varphi$$
$$= KI \cdot \frac{U}{R_U} \cos\varphi$$
$$= \frac{K}{R_U} UI \cos\varphi = K_P P \qquad (12-33)$$

可见电动系功率表既可测直流功率也可测交流功率，且可用同一标度尺。测量单相交流电路的功率时，功率表接入电路的方式、量程选择、读数均与测量直流电路功率时相同。

在实际测量中，为了保护功率表，需要接入电流表和电压表来监测电路中的电流、电压值，使之不超过功率表的电压、电流的额定值。

普通功率表是在额电电压、额定电流下达到满偏的。当被测电路的功率因数很低时（例如测量线圈的参数、变压器的空载损耗等），若使用普通功率表测量，则仪表指针偏转角很小，不仅读取困难，而且测量误差大。这时，可使用专门的低功率因数功率表来测量，如D34－W型。

低功率因数功率表是在额定电压 U_N、额定电流 I_N 和功率表的额定功率因数 $\cos\varphi_N$ 下达到满偏的，它的每格瓦数 C 为

$$C = \frac{U_N I_N \cos\varphi_N}{\alpha_N} \qquad (12-34)$$

读数时，将读出的分格数乘以每格瓦特数就可得到被测功率的数值。

（三）三相电路有功功率的测量

在工业生产中，三相交流电得到了广泛的应用，所以三相电路功率的测量是基本的电测量之一。

1. 用一表法测对称三相电路的有功功率

当三相电路完全对称时，可用一只单相功率表测出任一相的功率，三相功率等于功率表读数的3倍。一表法的接线图，如图12－28所示。

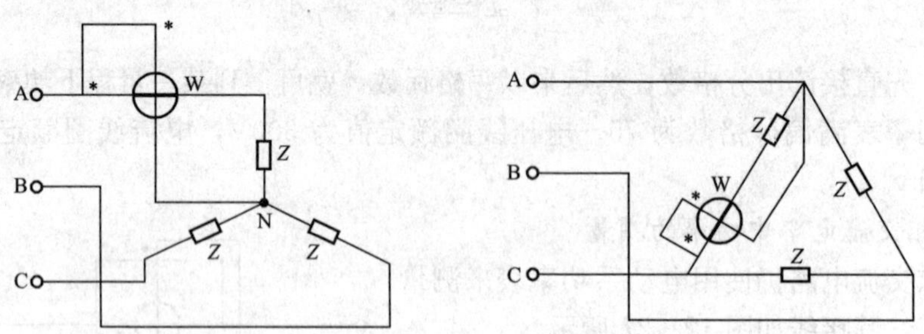

图12－28 一表法接线图

当星形连接负载的中点不能引出或三角形连接负载的一相不能断开时，可采用图12－29所示的人工中点一表法来测量，图中中点O是为测量而设置的人工中点，两个附加电阻 R_0 与功率表电压线圈的总电阻相等。

2. 用两表法测三相三线电路的有功功率

不论电路是否对称，也不论三相负载是三角形连接还是星形连接，只要是三相三线制电路，都可以用两表法来测量其有功功率，其接线与相量图如图12－30所示。

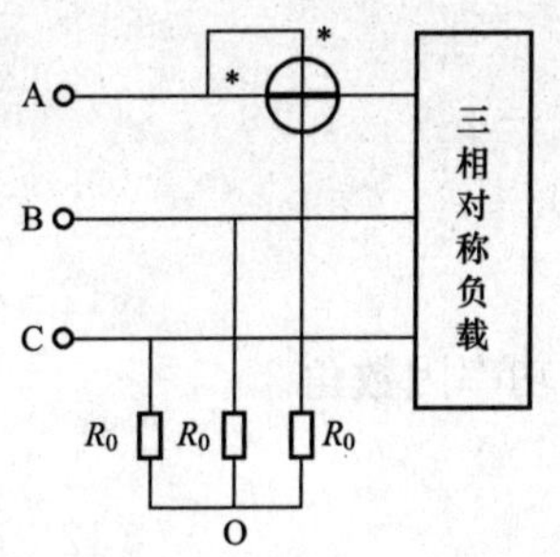

图 12-29　人工中点一表法

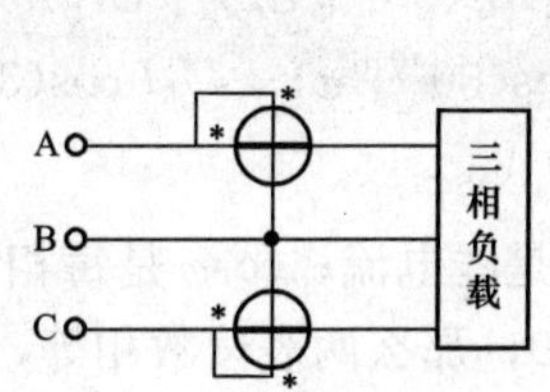

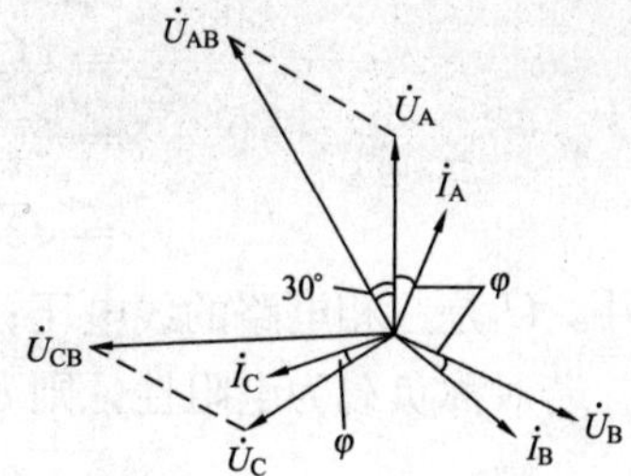

图 12-30　二表法测三相三线制电路有功功率的接线图与相量图

根据电动系功率表的原理，两只有功率表的读数分别为

$$W_1 = U_{AB} I_A \cos(\dot{U}_{AB}, \dot{I}_A) \tag{12-35}$$

$$W_2 = U_{CB} I_C \cos(\dot{U}_{CB}, \dot{I}_C) \tag{12-36}$$

式中，$\cos(\dot{U}_{AB}, \dot{I}_A)$ 为 $\dot{U}_{AB}$ 与 $\dot{I}_A$ 相位差的余弦；$\cos(\dot{U}_{CB}, \dot{I}_C)$ 为 $\dot{U}_{CB}$ 与 $\dot{I}_C$ 相位差的余弦。

若三相负载为 Y 连接，其相电压、相电流分别为 u_A、u_B、u_C 及 i_A、i_B、i_C，则三相瞬时功率为

$$p = u_A i_A + u_B i_B + u_C i_C \tag{12-37}$$

对于三相三线制电路，恒有 $i_A + i_B + i_C = 0$，即 $i_B = -(i_A + i_C)$，将其代入式（12-37）得

$$\begin{aligned} p &= u_A i_A + u_B(-i_A - i_C) + u_C i_C \\ &= (u_A - u_B) i_A + (u_C - u_B) i_C \\ &= u_{AB} i_A + u_{CB} i_C \end{aligned}$$

三相有功功率为

$$\begin{aligned} P &= \frac{1}{T}\int_0^T p\mathrm{d}t = \frac{1}{T}\int_0^T (u_{AB} i_A + u_{CB} i_C)\mathrm{d}t \\ &= U_{AB} I_A \cos(\dot{U}_{AB}, \dot{I}_A) + U_{CB} I_C \cos(\dot{U}_{CB}, \dot{I}_C) = W_1 + W_2 \end{aligned} \tag{12-38}$$

式（12-38）表明，两表读数之和正好等三相三线制电路有功功率。

若 Y 连接的负载不对称而电源对称，则由图 12-30 所示的相量图可得

$$\left.\begin{aligned} (\dot{U}_{AB}, \dot{I}_A) &= 30° + \varphi_A \\ (\dot{U}_{CB}, \dot{I}_C) &= 30° - \varphi_C \end{aligned}\right\} \tag{12-39}$$

式中，φ_A 是电源 A 相电压超前于 A 线电流的相位差，φ_C 是电源 C 相电压超前于 C 线电流相位差，于是

$$W_1 = U_{AB} I_A \cos(30° + \varphi_A)$$

$$W_2 = U_{CB} I_C \cos(30° - \varphi_C)$$

三相有功功率为

$$\begin{aligned} P &= W_1 + W_2 \\ &= U_{AB} I_A \cos(30° + \varphi_A) + U_{CB} I_C \cos(30° - \varphi_C) \end{aligned} \tag{12-40}$$

如果三相三线制电路完全对称，则 $\varphi_A = \varphi_B = \varphi_C = \varphi$ 就等于负载每相的功率因数角，三相有功功率为

$$
\begin{aligned}
P &= W_1 + W_2 \\
&= U_{AB}I_A\cos(30° + \varphi_A) + U_{CB}I_C\cos(30° - \varphi_C) \\
&= U_1I_1\cos(30° + \varphi) + U_1I_1\cos(30° - \varphi) \\
&= \sqrt{3}U_1I_1\cos\varphi
\end{aligned} \tag{12-41}
$$

式中，U_1是三相电路的线电压；I_1是线电流；$\cos\varphi$ 是每相负载的功率因数角。

若对称负载为电阻性，则 $\varphi=0$，那么两表读数相等，这时

$$P = W_1 + W_2 = 2W_1 = 2W_2 \tag{12-42}$$

若对称负载的 $\cos\varphi=0.5$，即 $\varphi=\pm60°$，这时将有一只功率表的读数为零，这时

$$P = W_1 \quad 或 \quad P = W_2 \tag{12-43}$$

若对称负载的 $\cos\varphi<0.5$，即 $|\varphi|>60°$，这时有一只功率表反偏，为取得读数，应将功率的转换开关扳向“－”，或对调功率表电流线圈的两个端钮的接线，该表读数记为负值。这时三相电路的有功功率实际上是两表读数之差，即

$$P = W_1 - W_2 或 P = W_2 - W_1$$

图 12－30 所示的两表法接线仅仅是二表法的一种接线方式，事实上，只要把两只功率表的电流线圈串入任意两根端线（电流线圈的“*”端接于电源侧），使其通过线电流；两只功率表的电压线圈“*”端与各表电流线圈的“*”端接在一起，另一端共同接到未接功率表电流线圈的那一相上，都可对三相三线制的有功功率进行测量，但通常采用 A、C 电流接线方式。

3. 用三表法测三相四线制电路的有功功率

三相四线制电路的负载一般是不对称的，需用三只功率表分别测出各相的功率，如图 12－31 所示，这时，每只功率表的读数是其中一相的有功功率，三只功率表读数的总和等于三相有功功率。

4. 二元件三相功率表

用二表法测量三相三线制电路有功功率在工程实际中应用很广泛。根据二表法的测量原理将两套电动系测量机构装在一只仪表内，并且将它们的两个可动线圈装在同一转轴上，就构成二元件三相功率表。用此表就可直接测量三相三线制电路的有功功率。这种仪表可动部分的偏转角决定于两套元件所产生的平均转矩的代数和，仪表指针直接指示三相三线制电路有功功率的数值，其接线图如图 12－32 所示。

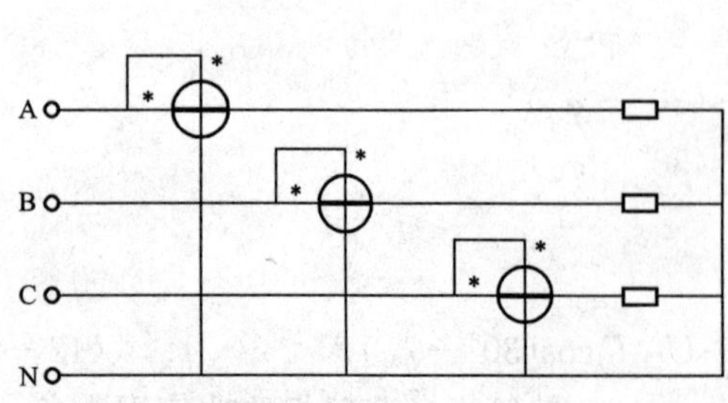

图 12－31　三表法测三相四线制电路总有功功率

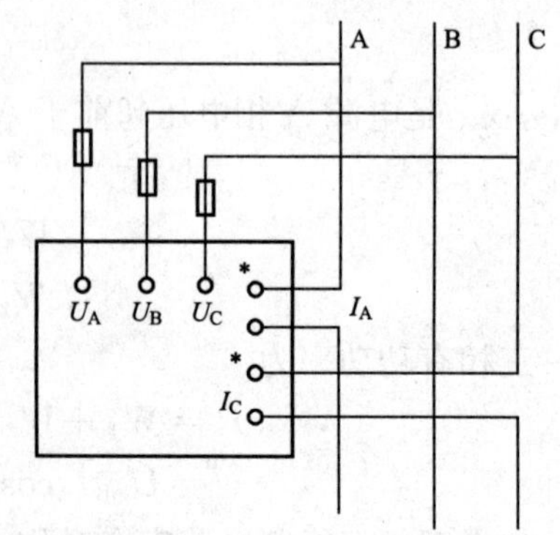

图 12－32　二元件三相功率表接线图

（四）三相电路无功功率的测量

三相电路无功功率的测量仍然使用单相功率表，只是接线方式与测量有功功率不同。常用的测量方法有以下几种。

1. 三表跨相法

三表跨相法可用于测量三相电源对称而负载不一定对称的三相电路的无功功率。其接线方式是将三只功率表的电流线圈分别串入三根端线，将电压线圈跨接到另外两根端线上，如图12-33（a）所示。根据电动系功率表的工作原理及相量图12-33（b）可得功率表的读数。

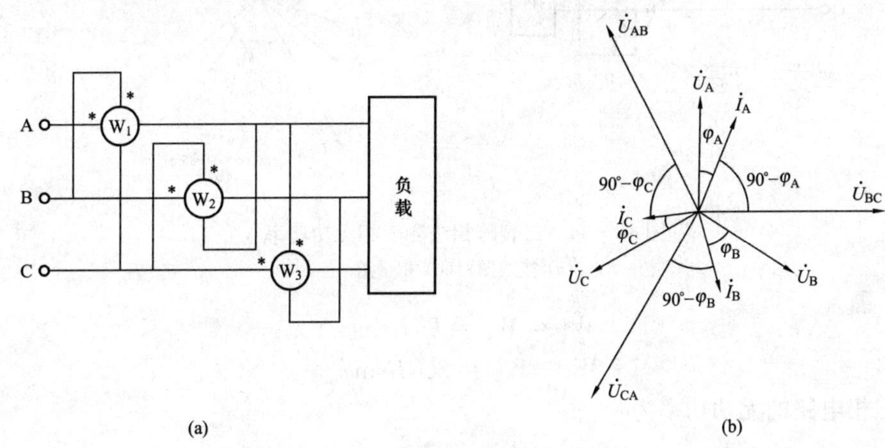

图12-33　三表跨相法测三相无功功率

（a）接线图；（b）相量图

$$W_1 = U_{BC} I_A \cos(90^\circ + \varphi_A) = U_{BC} I_A \sin\varphi_A$$
$$= \sqrt{3} U_A I_A \sin\varphi_A \quad (12-44)$$

同理

$$W_2 = U_{CA} I_B \cos(90^\circ + \varphi_B)$$
$$= \sqrt{3} U_B I_B \sin\varphi_B \quad (12-45)$$
$$W_3 = U_{AB} I_C \cos(90^\circ + \varphi_C)$$
$$= \sqrt{3} U_C I_C \sin\varphi_C \quad (12-46)$$

三只功率表读数之和为

$$W_1 + W_2 + W_3 = \sqrt{3}(U_A I_A \sin\varphi_A + U_B I_B \sin\varphi_B + U_C I_C \sin\varphi_C)$$
$$= \sqrt{3} Q$$

则三相无功功率为

$$Q = \frac{1}{\sqrt{3}}(W_1 + W_2 + W_3) \quad (12-47)$$

即三只功率表读数的代数和除以$\sqrt{3}$就等于三相电路的无功功率。

当三相负载完全对称时，各表的读数相同，可用一只功率表来测量三相无功功率。此法称为一表跨相法。这时三相无功功率为一表读数的$\sqrt{3}$倍，即

$$Q = \sqrt{3} W_1$$

2. 二表跨相法

当三相电路对称时，可用二表跨相法来测量无功功率，接线图及相量图如图 12－34 所示。按照图 12－34（a）的接线方式，两表的读数相同，均为

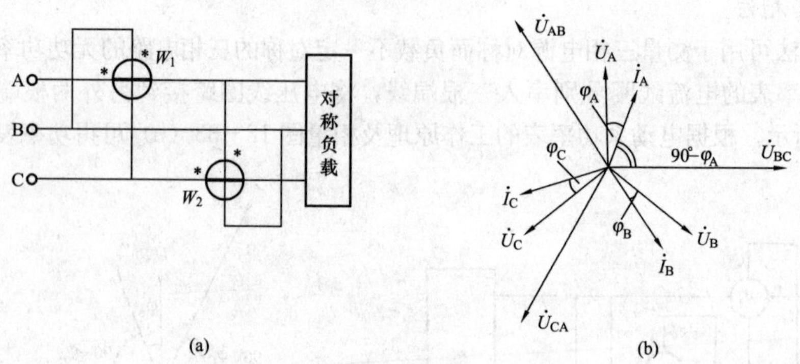

图 12－34 二表跨相法测三相无功功率

（a）接线图；（b）相量图

$$W_1 = W_2 = U_1 I_1 \sin\varphi$$
$$W_1 + W_2 = 2U_1 I_1 \sin\varphi$$

因此对称三相电路的无功功率为

$$Q = \sqrt{3}U_1 I_1 \sin\varphi = \frac{\sqrt{3}}{2}(W_1 + W_2) \tag{12-48}$$

即将两只功率表读数之和乘以$\frac{\sqrt{3}}{2}$就得三相无功功率。

虽然二表跨相法比一表跨相法多用一只功率表，但当电压不完全对称时，它比一表跨相法的误差小。因此，实际中多用二表跨相法而不用一表跨相法。

三、电能的测量

无论是发电厂、供电部门，还是工农业用户以及家庭用户，都需要测量电能，以便计算发电量、供电量以及用电量。

若负载的功率为 p，由 $t_1 \sim t_2$ 一段时间内所消耗的电能为 A，则 $A = \int_{t_2}^{t_1} p\mathrm{d}t$，因此，测量电能的仪表不仅要反映功率的大小，而且要能反映电能随时间的累积总数。电度表是一种专门用来测量电能的仪表，又称电能表。通常，在直流电路中用电动系电度表测电能，在交流电路中用感应系电度表测电能。感应系电度表特点是结构简单、转动力矩大、结构牢固、价格便宜，故得到了普遍的使用。

（一）单相交流电路电能的测量

1. 单相感应系电度表的结构

单相感应系电度表的结构如图 12－35 所示，它主要由以下部分组成。

（1）驱动元件。驱动元件就是产生转动力矩的元件，它包括电流电磁铁和电压电磁铁。电流电磁铁由 U 字形铁心和绕在它上面的电流线圈组成。电流线圈的导线粗，匝数少。电压电磁铁则由 9 字形铁心和绕在它上面的电压线圈组成。电压线圈的导线较细，匝数很多。电流线圈与负载串联，通过负载电流；电压线圈与负载并联，承受负载电压。

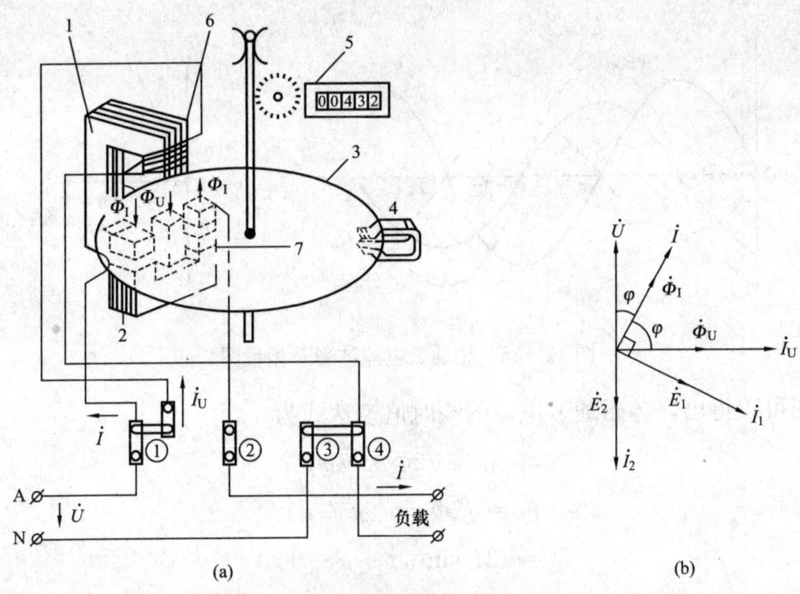

图 12-35　单相感应系电度表

(a) 结构及接线图；(b) 相量图

1—并联电磁铁；2—串联电磁铁；3—铝转盘；4—制动永久磁铁；5—积算机构；6—电压线圈；7—电流线圈；①～④—金属连接片

(2) 转动元件。转动元件由铝制圆盘和转轴组成。驱动元件所产生的交变磁通穿过铝盘，在铝盘上产生涡流，该涡流又和产生它的磁通相互作用而产生电磁力，驱使铝盘转动。

(3) 制动元件。制动元件是一个永久磁铁。铝盘转动时，永久磁铁的磁场切割铝盘并在铝盘中产生感应电流，该感应电流和永久磁铁的磁场相互作用，产生反作用力矩。

(4) 积算机构。通常称为计度器，包括转轴上部的蜗轮、蜗杆及一套齿轮和字轮。它用来计算铝盘的转数并将转数变换为被测电能的千瓦小时数。

2. 单相感应系电度表的工作原理

当把电度表接入交流电路时，电流线圈通过负载电流 $\dot{I}$，在铝盘上产生的磁通为 $\dot{\Phi}_I$，Φ_I与 I 成正比（一般电度表的铁心工作在非饱和区）。该交变磁通穿过铝盘时，将在铝盘上产生感应电动势 $\dot{E}_1$，$\dot{E}_1$ 滞后于 $\dot{\Phi}_I 90^\circ$，在 $\dot{E}_1$ 的作用下，铝盘上产生涡流 $\dot{I}_1$，该涡流所流过的路径可以看成纯电阻，因此，$\dot{I}_1$ 与 $\dot{E}_1$ 同相。同时电压 $\dot{U}$ 加在电度表电压线圈两端，通过电压线圈电流为 $\dot{I}_U$，因线圈匝数很多，且有铁心，感抗很大，可将电压线圈看成纯电感，这时，$\dot{I}_U$ 滞后于 $\dot{U}90^\circ$，由于铁心工作在非饱和区，Φ_U与 I_U 成正比，即 Φ_U与 U 成正比。交变磁通 $\dot{\Phi}_U$ 穿过铝盘，在铝盘中产生感应电动势 $\dot{E}_2$ 及涡流 $\dot{I}_2$，$\dot{E}_2$ 与 $\dot{I}_2$ 同相，当负载为感性，阻抗角为 φ 时，其相量图如图 12-36 所示。

涡流与磁通之间相互作用产生电磁力。由于 $\dot{\Phi}_I$与 $\dot{I}_1$、$\dot{\Phi}_U$ 与 $\dot{I}_2$之间的相位差均为 90°，它们之间产生的平均电磁力为零。只有 $\dot{\Phi}_I$ 与 $\dot{I}_2$、$\dot{\Phi}_U$ 与 $\dot{I}_1$之间产生电磁力，对铝盘产生转动力矩。

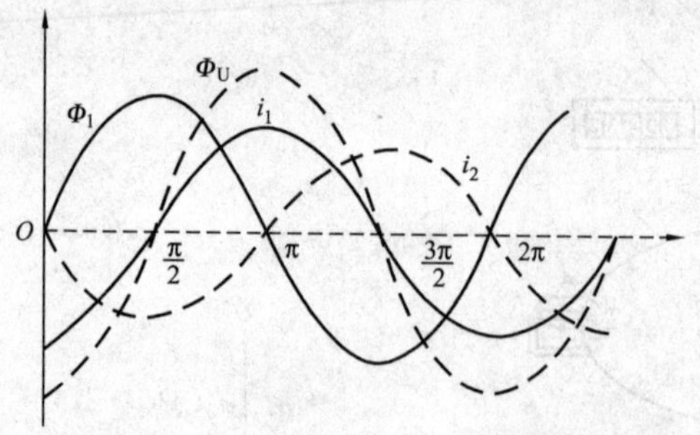

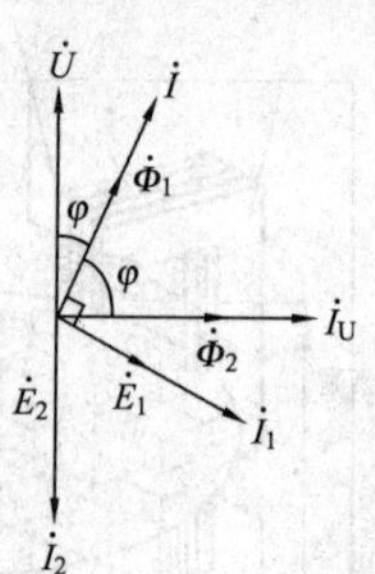

图 12-36　磁通、电流波形及相量图

由相量图可以得出，各磁通、电流的瞬时值表达式为

$$\phi_U=\sqrt{2}\Phi_U\sin\omega t$$

$$\phi_I=\sqrt{2}\Phi_I\sin(\omega t+\varphi)$$

$$i_1=\sqrt{2}I_1\sin(\omega t+\varphi-90°)$$

$$i_2=\sqrt{2}I_2\sin(\omega t-90°)$$

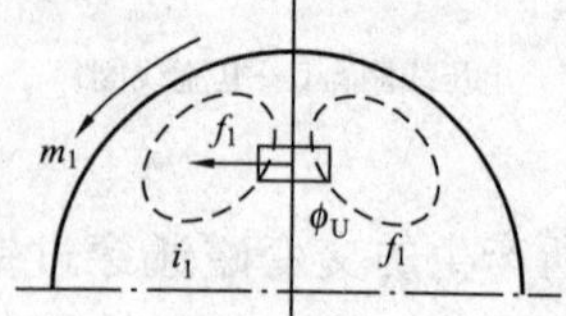

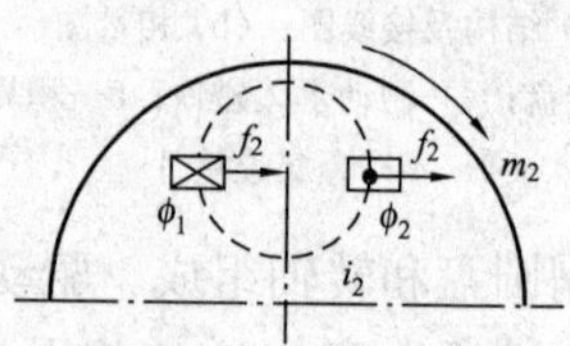

图 12-37　铝盘的转矩

穿过铝盘的交变磁通和磁通所产生的涡流如图 12-37 所示。

从图 12-37 可以看出，电流线圈产生的磁通 Φ_I 两次穿过铝盘，电压线圈产生的磁通 Φ_U 只穿过铝盘一次，选择磁通的参考方向与其产生的涡流参考方向符合右手螺旋关系。根据左手定则可以确定出 Φ_U 与 I_1 之间所产生的电磁力的参考方向及力矩 $m_1(t)$ 的参考方向。同样也可确定出 Φ_I 与 I_2 之间产生的电磁力及力矩 $m_2(t)$ 的参考方向。

电流 i_1 由磁通 Φ_I 产生，电流 i_2 由磁通 Φ_U 产生，因而 i_1 与 Φ_I 成正比，i_2 与 Φ_U 成正比。设 $I_1=k'\Phi_I$，$I_2=k''\Phi_U$，因铝盘所受的转动力矩与磁通值及电流值乘积的大小成正比，因此，各瞬时力矩如下：

$$m_1(t)=k_1\phi_U i_1$$

将 $i_1=\sqrt{2}I_1\sin(\omega t+\psi-90°)=\sqrt{2}k'\Phi_I\sin(\omega t+\varphi-90°)$ 代入上式，得

$$\begin{aligned}m_1(t)&=2k_1k'\Phi_I\Phi_U\sin\omega t\sin(\omega t+\varphi-90°)\\&=K_1\Phi_I\Phi_U[\sin\psi-\sin(2\omega t+\varphi)]\quad(K_1=2k_1k')\end{aligned}$$

$$m_2(t)=k_2\phi_I i_2$$

将 $i_2=\sqrt{2}I_2\sin(\omega t-90°)=\sqrt{2}k''\Phi_U\sin(\omega t-90°)$ 代入上式，得

$$\begin{aligned}m_2(t)&=2k_2k''\Phi_I\Phi_U\sin(\omega t+\varphi)\sin(\omega t-90°)\\&=K_2\Phi_I\Phi_U[-\sin\psi-\sin(2\omega t+\varphi)]\quad(K_2=2k_2k'')\end{aligned}\tag{12-49}$$

各平均转矩为

$$M_1=K_1\Phi_I\Phi_U\sin\Psi$$

$$M_2=-K_2\Phi_I\Phi_U\sin\Psi$$

铝盘受到的总平均转矩为

$$M = M_1 - M_2 = K\Phi_I\Phi_U\sin\Psi \quad (K = K_1 + K_2)$$

铁心未饱和时，Φ_I正比于负载电流I，Φ_U正比于I_U，I_U正比于负载电压U，$\Psi=90°-\varphi$，所以

$$\begin{aligned} M &= K\Phi_1\Phi_2\sin\Psi = K_P IU\sin(90° - \varphi) \\ &= K_P UI\cos\varphi = K_P P \end{aligned} \tag{12-50}$$

转动力矩驱动铝盘，使铝盘转动，若无其他力矩，电度表的铝盘就会越转越快，无法进行电能的测量。为了使铝盘转数能反映被测电能的大小，电度表中装有用于产生制动力矩的永久磁铁。铝盘转动时切割永久磁铁产生的磁场，在铝盘上产生涡流，该涡流与永久磁铁的磁场相互作用，产生制动力矩M_f。铝盘转得越快，涡流越大，制动力矩M_f也就越大，即M_f与铝盘的转速成正比，即$M_f=K_f n$。式中，n为铝盘的转速。

当$M_f=M$时，铝盘以某一转速匀速转动，这时$K_P P=K_f n$，因此

$$P = \frac{K_f}{K_P}n = \frac{1}{C}n$$

在t_1～t_2这段时间里，负载消耗的电能A为

$$A = \int_{t_2}^{t_1} P\mathrm{d}t = \frac{1}{C}\int_{t_2}^{t_1} n\mathrm{d}t = \frac{1}{C}N \tag{12-51}$$

式中，$N = \int_{t_2}^{t_1} n\mathrm{d}t$，它是铝盘从$t_1$～$t_2$时间内的转数。由式（12-51）可以看出，负载消载的电能与铝盘的转数成正比。因此，积算机构记下各段时间内铝盘的积累转数，就可确定负载所消耗的电能。

式（12-51）中的C称为电度表常数，其值为

$$C = \frac{N}{A} \tag{12-52}$$

表示负载消耗1kW·h电能时电度表的铝盘所转过圈数，它是电度表的一个重要的技术指标，通常标在铭牌上，例如“3000r/(kW·h)”。设计电度表传递转数的机构时，已经考虑了电度表常数，所以积算机构直接显示电能的千瓦时数。

3. 电度表的使用

（1）量程的选择。选择电度表时，应使其额定电压与负载额定电压相等，而电度表的额定电流应大于或等于最大负载电流。

（2）单相电度表的正确接线。电度表的接线原则和电动系功率表相同，即电流线圈与负载串联，电压线圈与负载并联，并应遵守发电机端接线规则。为了使用方便，电度表有专门的接线盒，电流线圈和电压线圈“*”端在出厂时已接好。接线盒背面画有接线图，安装时应按图接线，接线盒内有四个引出线的端钮，端线（相线）一进一出，零线一进一出。接线图如图12-38所示。

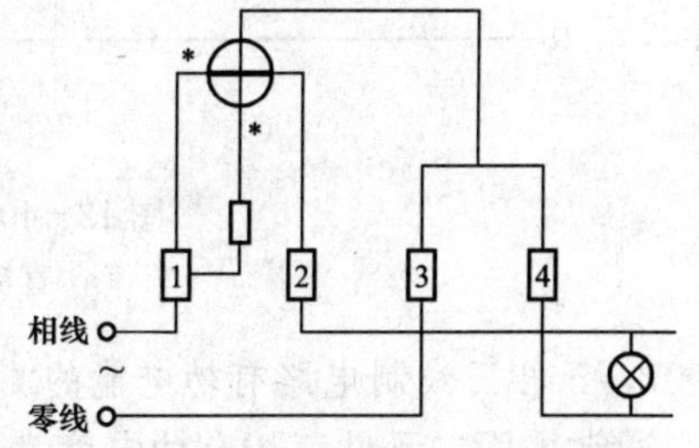

图12-38　单相电度表接线

当负载电流远大于电度表额定电流时，可采用将电度表的电流线圈通过电流互感器接入电路，这时，电度表的读数应乘以电流互感器的变比才是实际所用电能的千瓦时数。

在用单相电度表测量 380V 电焊机时，通用接线形式如图 12－39 所示。

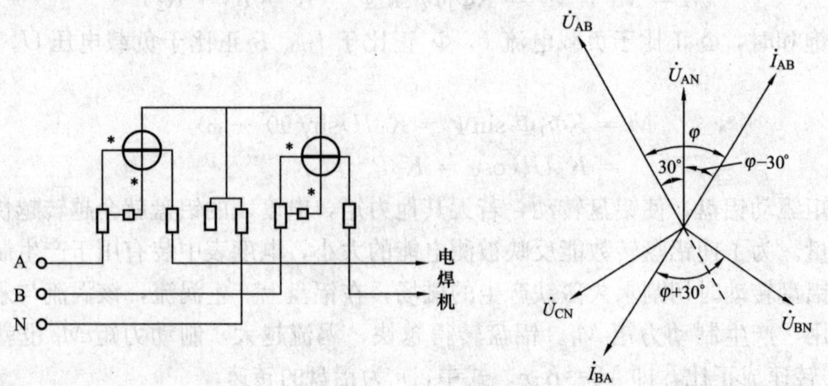

图 12－39　单相电度表测量 380V 电焊机接线图及相量图

（二）三相电路中有功电能的测量

从原理上讲，用一只、两只或三只单相电度表按测量三相有功功率的接线方式接线，就可以分别测量各种三相电路的电能。实际上，完全对称的三相电路是极少的，所以通常不用一只单相电度表测量三相电能。用三表法及二表法测量三相电能时，由于表的数目较多，又需将各表的读数相加，既不经济，又不简便，所以现在广泛应用的是用三相电度表直接测量三相电路的电能。它是将两只（称二元件式）或三只（称三元件式）电度表的测量机构组合在一起，使所有的铝盘固定在同一根转轴上，旋转时带动一个计度器，从计度器就可以直接读出三相有功电能。

1. 三相四线制电路有功电能的测量

通常采用三相三元件有功电度表（如 DT2 型）测量三相四线制电路的电能，如图 12－40（a）所示。若负载电流大，则电流线圈可经电流互感器接入电路，如图 12－40（b）所示。

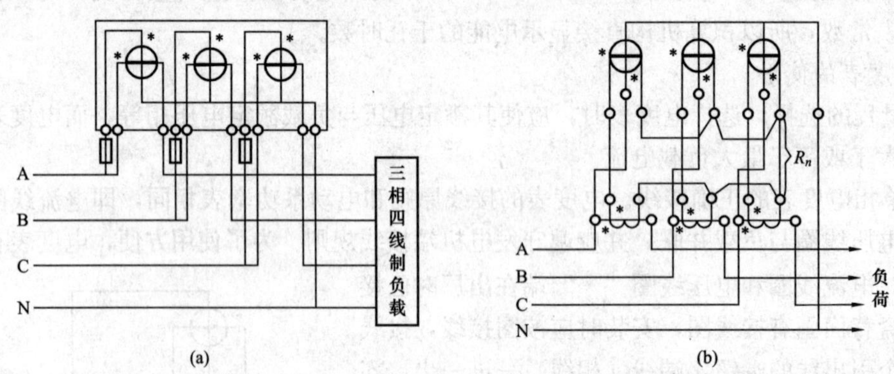

图 12－40　三相四线有功电度表接线图

(a) 直接接入；(b) 经电流互感器接入

2. 三相三线制电路有功电能的测量

通常采用二元件三相有功电度表（如 DS1 型）测量三相三线制电路的电能，其接线方式如图 12－41 所示。其内部结构如图 12－42 所示。

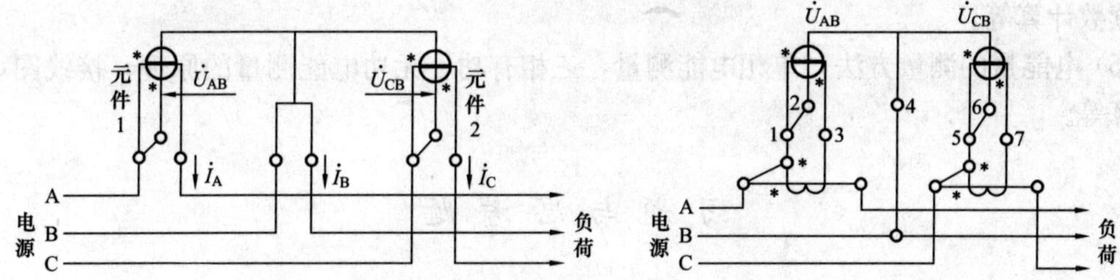

图 12-41　三相三线二元件有功电度表接线图

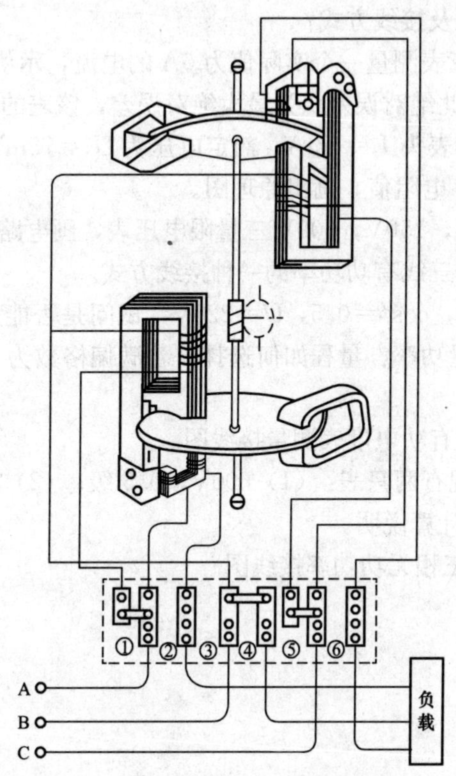

图 12-42　三相三线二元件有功电度表

本　章　小　结

(1) 介绍了测量仪表的基本知识，包括仪表的误差、准确度、仪表的表面标识，重点掌握仪表的准确度的概念。

$$\pm K\% \geqslant \frac{\Delta_m}{A_m} \times 100\%$$

(2) 各类电气仪表的结构、工作原理、特性、使用方法，磁电系仪表、电磁系仪表、电动系仪表等。

(3) 电流电压的测量方法，直流、交流电压电流的测量，大电流、大电压的测量。

(4) 电功率的测量方法，单相有功功率测量，三相有功、无功功率测量的原理、接线图、读数计算等。

(5) 电能量的测量方法，单相电能测量，三相有功、无功电能测量的原理，接线图，读数计算等。

习 题 与 思 考 题

1. 为什么磁电系仪表刻度均匀，而电磁系仪表刻度不均匀？

2. 电磁系电流表如何改变量限？

3. 如何选择家用电度表及接线方式？

4. 用量限为 10A 的电流表测量一个实际值为 6A 的电流，示值为 5.8A，求测量结果的绝对误差和相对误差。若将此绝对误差认为最大绝对误差，该表的准确度等级为多少？

5. 一个磁电系电流表，表头 $I_c=5mA$，额定电压为 $U_c=75mV$，制成 150mA，30mA，15mA，三量限电流表，求各电阻值，画出原理图。

6. 将上述表头作成 75V，150V，300V 三量限电压表，画电路图，求各电阻值？

7. 画出二表法测量三相三线有功功率的一种接线方式。

8. 单相负载功率 800W，$\cos\phi=0.5$，$U=220V$，试问是否能用一只 5/10A，125/250/500V 的 D26－W 功率表测量功率？量程如何选择？若满偏格数为 150 格，按所选量程，分格常数为多少？

9. 画出三相三线两元件有功电度表测量接线图。

10. 测量 200V 电压，现有两只表：(1) 600V，0.5 级；(2) 250V，1.0 级，为减小测量误差，应选用哪只表，并计算说明。

11. 画出两表跨相法测三相无功功率接线图。

参 考 文 献

1　秦曾煌．电工学．北京：高等教育出版社，2004.7

2　周南星．电工测量．北京：中国电力出版社，2006.9